北京高等教育精品教材

BEIJING GAODENG JIAOYU JINGPIN JIAOCAI

新工科建设·计算机类系列教材

国家级精品课程教学成果

C++与数据结构

（第4版）

◆高 飞 主编

◆白 霞 胡 进 吴 浩 聂 青 副主编

電子工業出版社

Publishing House of Electronics Industry

北京·BEIJING

内 容 简 介

本书是国家级（网络教育）精品课程的教学成果，也是北京市高等教育精品教材，根据教育部高等学校大学计算机课程教学指导委员会《大学计算机基础课程教学基本要求》中有关理工类专业的计算机基础课程教学要求组织编写而成，内容由浅入深，案例丰富，通俗易懂，实用性强。

本书在介绍了C++语言的程序设计方法的基础上，采用面向对象的思想和抽象数据类型的概念，用C++语言有效地组织和描述了线性表、堆栈、队列、树和图等各种典型的数据结构和相关类的实现，并介绍了每一种数据结构的不同存储方法、典型操作及其应用。

全书共11章，包括数据结构的基本概念，数组与指针，函数，C++编程基础，继承和多态，模板和STL，线性表，堆栈与队列：树与二叉树，图，查找与散列结构，排序等。本书各章配有习题和实验训练题，方便实践教学，并为任课教师提供了电子课件和示例源代码。

本书可作为高等院校电子信息类以及其他相关专业本科生教材和教学参考书，也可供从事程序设计的工程人员参考使用。

图书在版编目（CIP）数据

C++与数据结构 / 高飞主编. —4版. —北京：电子工业出版社，2018.2

ISBN 978-7-121-31579-4

Ⅰ. ①C… Ⅱ. ①高… Ⅲ. ①C语言－程序设计－高等学校－教材②数据结构－高等学校－教材
Ⅳ. ①TP312.8②TP311.12

中国版本图书馆CIP数据核字（2017）第116800号

策划编辑：章海涛
责任编辑：裴 杰
印　　刷：泰安易捷数字印刷有限公司
装　　订：泰安易捷数字印刷有限公司
出版发行：电子工业出版社
　　　　　北京市海淀区万寿路173信箱　邮编　100036
开　　本：787×1092　1/16　　印张：22.75　　字数：582.4千字
版　　次：2006年9月第1版
　　　　　2018年2月第4版
印　　次：2024年1月第4次印刷
定　　价：52.00元

凡所购买电子工业出版社图书有缺损问题，请向购买书店调换。若书店售缺，请与本社发行部联系，联系及邮购电话：（010）88254888，88258888。

质量投诉请发邮件至zlts@phei.com.cn，盗版侵权举报请发邮件至dbqq@phei.com.cn。

本书咨询联系方式：192910558（QQ群）。

前 言

本书是**北京市高等教育精品教材**，是**北京市精品课程和国家级精品课程**“数据结构与算法设计”的**配套教材**。编写者是**国家级优秀教学团队**和**北京市优秀教学团队“计算机公共课教学团队”**的主要成员。本书的编写以教育部高等学校大学计算机课程教学指导委员会《大学计算机基础课程教学基本要求》中有关理工类专业的计算机基础课程教学要求为指导思想，借鉴了教育部大学计算机课程改革项目关于培养计算思维的相关成果，结合具体教学改革实践，总结了国家级精品课程和北京市精品课程“数据结构与算法设计”的建设经验，坚持以培养学生解决实践问题的能力为特色，以适应信息时代的人才培养模式。

1. 本书的写作特点

本书是《C++与数据结构（第3版）》的修订版，其写作在延续第3版的特点的基础上，根据实际教学的要求，做了相应的改进。数据结构是计算机算法的设计基础，在计算机科学中占有非常重要的地位。深入研究数据结构对构造完美算法结构和设计具有重要的作用。程序设计语言是实现算法的载体，语言只有满足算法实现的需求，才能被认识和掌握，数据结构只有通过程序语言才能在应用中发挥作用。因此，本书力求以算法为中介，以实现读者学习程序设计语言和学习数据结构的共同进步。

本书在介绍了 C++程序设计方法的基础上，采用 C++程序设计语言描述算法。C++是一种既支持面向过程程序设计，又支持面向对象程序设计的混合型语言，它独特的面向对象特征，可以为面向对象技术提供全面支持，是描述算法的一种较为理想的语言。采用面向对象程序设计语言描述施加于数据结构之上的算法，不仅有利于与面向对象技术相结合，也为上机实践提高高级语言程序设计水平提供了方便。

本书共包括 11 章。第 1 章是对数据结构和面向程序设计方法的概述。第 2～5 章是 C++语言程序设计基础，主要内容是 C++编程基础，精炼地介绍了数组与指针、函数、C++类及其对象的封装性、引用、友元和重载、继承与派生、多态性与虚函数、模板以及 STL 的相关内容。第 6～11 章重点介绍典型的数据结构，主要内容包括线性表、堆栈与队列、树与二叉树、图、查找与散列结构、排序。全书每章都配有习题以及相应的程序例题和实验训练题。

本次改版修订，针对读者特点和计算机教学的要求，加强了对编程基础的介绍。在介绍数据结构的同时，在合适的时机引入相关的编程技术的基本原理、原则、实用技巧，以期培养读者良好的编程风格、编程思路，为今后继续深入学习和应用高级编程技巧打下基础。

2. 本书的编排特点

1）本书每章安排有**习题和实验训练题**，可方便实践教学。

2）书中重要内容采用黑体标注。

3）本书**强调可读性**。书中程序全部采用统一的设计风格。例如，类名和变量名的定义做到“望名知义”；采用缩进格式组织程序；对程序中的语句尽可能多地使用注释。

4）本书包含大量的程序示例，给出了运行结果。凡是程序开头带有程序名编号的程序，都是可以直接在计算机上编译运行的程序。

3. 教学支持

本书的电子教案可以在讲课时用多媒体投影演示。教师不仅可以使用本教案，还可以方便地修改和重新组织其中的内容以适应自己的教学需要。使用本教案可以减少教师备课时编写教案的工作量，从而提高教学效果和效率。

本书为教师免费提供电子课件和程序示例源代码。需要的教师可以直接登录华信教育资源网 http://www.hxedu.com.cn 注册后免费下载。

本书由高飞设计总体架构。胡进编写第 1 章和第 6 章，并负责各章节中编程风格、代码改进等；第 2～5 章由白霞编写；第 7 章和第 8 章由高飞编写；第 9 章由聂青编写；第 10 章和第 11 章由吴浩编写。全书由高飞和吴浩统稿、定稿。

感谢北京理工大学“计算机公共课教学团队”中从事教学工作多年的同仁对本书的建议和帮助。电子工业出版社对本书的编写提出了宝贵的意见，在此表示衷心的感谢。

由于计算机算法和程序设计技术发展迅速，编者水平有限，书中的疏漏与不足在所难免，敬请广大读者和同仁不吝赐教，拔冗指正。

感谢大家选用本书，欢迎大家对本书提出意见和建议，编者 E-mail：gaofei@bit.edu.cn。

编　者

于北京理工大学

目　录

第 1 章　数据结构的基本概念

本章学习目标

通过对本章内容的学习，学生应该能够做到：

1）了解：数据结构在计算机数据处理中的作用；基于面向对象描述数据结构算法的优势，以及“对象=数据结构+算法”的概念。

2）理解：数据结构研究的数据之间的逻辑关系、数据在计算机内部的存储结构，以及在数据的各种结构上实施有效的操作或处理（算法）等概念和相互关系。

3）掌握：数据结构的相关基本概念与术语；面向对象的基本概念和基本思想。

计算机已经深入到人类社会的各个领域，计算机的应用已不再局限于科学计算，而是更多地用于控制、管理及数据处理等非数值计算的处理工作。与此相应，计算机加工处理的对象由纯粹的数值发展到字符、表格和图像等各种具有一定结构的数据，这就给程序设计带来了一些新的问题。为了编写出一个好的程序，必须分析待处理对象的特性以及它们之间存在的关系，这就是“数据结构”这门学科形成和发展的背景。分析数据对象之间的逻辑关系，并用计算机存储结构体现出这些逻辑结构并操作这些数据，就是数据结构这门课程要解决的问题。

1.1　数据结构的概念和术语

在讨论数据结构之前，让我们先来介绍几个与数据结构密切相关的概念和术语。

数据（Data）：数据是对客观事物的符号表示，在计算机科学中是指所有能输入到计算机中并被计算机处理的符号的总称。它是信息的载体，是计算机程序加工的原料。对计算机科学而言，数据的含义极为广泛。一般来说，数据主要有两大类，一类是数值数据，包括整数、实数、复数等，主要用于工程、科学计算和商业事务处理；另一类是非数值数据，主要包括字符、字符串、图像、声音等，它们可以通过编码而转变为可被计算机处理的数据。

数据元素（Data Element）：数据元素是数据的基本单位，在计算机程序中通常作为一个整体进行考虑和处理。一个**数据元素**可由若干个**数据项**组成，例如，一个学生的基本信息为一个数据元素，可以包括学号、姓名、性别、年龄、成绩、家庭地址等多个数据项。数据项是数据处理中不可分割的最小单位。

数据对象（Data Object）：数据对象是性质相同的数据元素的集合，是数据的一个子集。例如，英文字母数据对象可以是集合 *L*={ ‘A’、‘B’、‘C’……‘Z’ }，整数数据对象可以是集合 *N*={–32767，–32766，…，–1，0，1，2，…，32768}。

数据结构（Data Structure）：数据结构是相互之间存在一种或多种特定关系的数据元素的集合。任何问题中，数据元素都不是孤立存在的，它们之间存在某种关系，这种数据元素相互之间的关系称为**结构**。

根据数据元素之间关系的不同特性，通常有如图 1.1.1 所示的四类基本结构。

（1）集合结构

这种结构中的数据元素是无序且没有重复的元素，它们之间除了“同属于一个集合”的关系外，无其他关系。

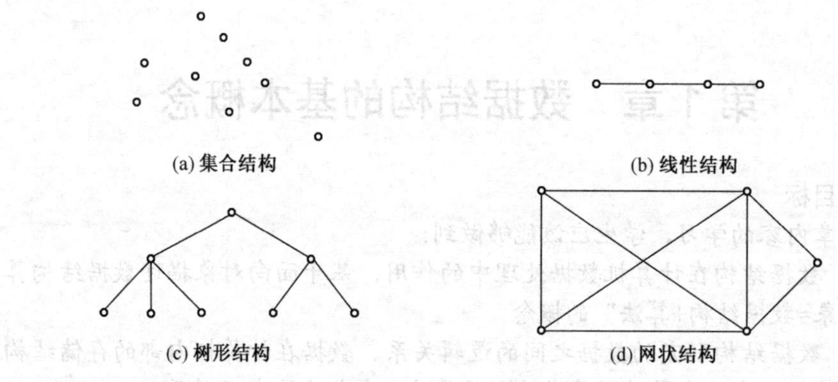

图 1.1.1　四类基本结构

（2）线性结构

这种结构中的数据元素之间存在一个对一个的关系，所有的数据成员按某种次序排列在一个序列中，除第一个元素外，每个元素都有一个且仅有一个直接前驱，第一个数据元素没有直接前驱；除最后一个元素外，每个元素都有一个且仅有一个直接后继，最后一个数据元素没有直接后继。

（3）树形结构

这种结构中的数据元素之间存在一个对多个的关系。

（4）图状结构或网状结构

这种结构中的数据元素之间存在多个对多个的关系。

数据结构是一个二元组：

$$\text{Data\_Structure} = (D, S)$$

其中，D 是数据元素的有限集，S 是 D 上关系的有限集。

上述结构定义中关系描述的是数据元素之间的逻辑关系，因此，又称为数据的**逻辑结构**。然而，讨论数据结构的目的是在计算机中实现对它的操作，因此，我们还需研究如何在计算机中表示它。

数据结构在计算机中的表示称为数据的**物理结构**，又称为**存储结构**，它包括数据元素的表示和关系的表示。在计算机中表示信息的最小单位是二进制的一位，叫做位。在计算机中，我们可以用一个由若干位组合起来形成的一个位串表示一个数据元素，通常称这个位串为**元素或结点**。当数据元素由若干数据项组成时，位串中对应于各个数据项的子位串称为**数据域**。因此，元素或结点可看做数据元素在计算机中的映像。

数据元素之间的关系在计算机中有两种不同的表示方法：**顺序映像和非顺序映像**，对应两种不同的存储结构，即**顺序存储结构和链式存储结构**。顺序映像的特点如下：借助元素在存储器中的相对位置来表示数据元素之间的逻辑关系。非顺序映像的特点如下：借助指示元素存储地址的指针表示数据元素之间的逻辑关系。数据的逻辑结构和物理结构是密切相关的两个方面。一个算法的设计取决于问题的逻辑结构，而算法的实现依赖于采用的存储结构。

通常我们讨论数据结构时，不但要讨论各种在解决问题时可能遇到的典型的逻辑结构，还要讨论这些逻辑结构的存储映像（存储实现），此外，还要讨论这种数据结构的相关操作及其实现。因此，数据结构要研究的主要内容可以简要地归纳为以下三个方面。

1）研究数据之间固有的客观联系（**逻辑结构**）。

2）研究数据在计算机内部的存储方法（**存储结构**）。

3）研究如何在数据的各种结构上实施有效的操作或处理（**算法**）。

1.2 抽象数据类型

数据结构要研究逻辑结构和存储结构，那么，如何描述存储结构呢？存储结构涉及数据元素及其关系在存储器中的物理表示，由于本书是在高级语言的层次上讨论数据结构的，因此不能直接用内存地址来描述存储结构，我们可以借用高级程序语言中提供的数据类型来描述它。例如，可用一维数组类型来描述顺序存储结构，用指针来描述链式存储结构。下面来回顾一下什么是数据类型。

1.2.1 数据类型

数据类型是一组性质相同的值的集合以及定义于这个值集合上的一组操作的总称。

计算机处理的数据是以某种特定的形式存在的，如整数、浮点数、字符等形式。C++可以使用的数据类型有以下几种：

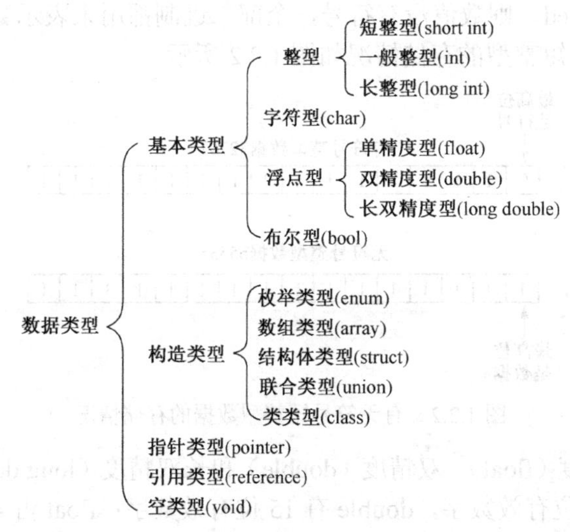

C++没有统一规定各类数据的精度、数值范围和在内存中所占的字节数，计算机所能表示的实际数据范围根据编译器和计算机系统结构不同而不同。表 1.2.1 是 Visual C++数值型和字符型数据在内存中所占的字节数和数值范围。

表 1.2.1 数值型和字符型数据的字节数和取值范围

类型	类型标识符	字节	数 值 范 围
整型	[signed] int	4	−2147483648～+2147483647
无符号整型	unsigned [int]	4	0~4294967295
短整型	short [int]	2	−32768～+32767
无符号短整型	unsigned short [int]	2	0～65535
长整型	long [int]	4	−2147483648～+2147483647
无符号长整型	unsigned long [int]	4	0~4294967295
字符型	[signed] char	1	−128～+127
无符号字符型	unsigned char	1	0～255
单精度型	float	4	3.4×10^{-38}～$3.4\times10^{+38}$
双精度型	double	8	1.7×10^{-308}～$1.7\times10^{+308}$
长双精度型	long double	8	1.7×10^{-308}～$1.7\times10^{+308}$

1）整型数据有长整型（long int）、一般整型（int）和短整型（short int）之分。C++没有规定每一种数据所占的字节数，只规定 int 型数据所占的字节数不大于 long 型数据，不小于 short 型数据。一般而言，在 16 位机的 C++系统中，short 型数据和 int 型数据占 2 字节，long 型数据占 4 字节；在 32 位机的 C++系统中，short 型数据占 2 字节，int 型数据和 long 型数据占 4 字节。

2）整型数据以二进制形式存储，如十进制数 65 的二进制为 01000001，在内存中的存储形式如图 1.2.1 所示。

0	0	0	0	0	0	0	0	0	1	0	0	0	0	0	1

图 1.2.1　整型数据的存储形式

3）整型数据和字符型数据都有带符号和无符号两种形式，分别由修饰符 signed 和 unsigned 表示。如果指定为 signed，则数值以补码形式存放，存储单元最高位表示数值的符号。如果指定为 unsigned，则数值没有符号，全部二进制都用来表示数值本身。占 2 个字节带符号短整型和无符号短整型的存储情况如图 1.2.2 所示。

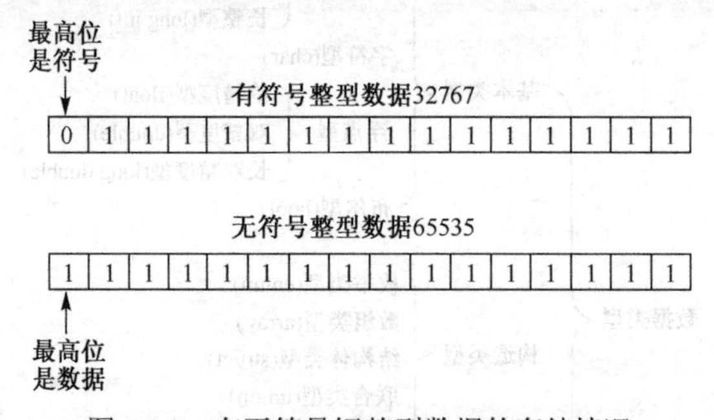

图 1.2.2　有无符号短整型数据的存储情况

4）浮点数有单精度（float）、双精度（double）和长双精度（long double）之分。在 Visual C++ 6.0 中，float 有 6 位有效数字，double 有 15 位有效数字；float 占 4 字节，double 和 long double 占 8 字节。

数据类型不但规定了使用该类型时的取值范围，还规定了该类型可以使用的一组操作。例如，与整型有关的操作有+、–、*、\、%等。C++不但定义了一些基本的数据类型，还提供了复合的数据类型，如数组、结构体、共用体、类等，程序员可以利用这些复合的数据类型，自行定义一些实际所需要的数据类型，例如，程序员可定义自己的线性表类、栈类等数据类型。

1.2.2　数据抽象与抽象数据类型

在面向对象的程序设计中，常常提到“抽象”一词，那么，什么是抽象呢？抽象的本质就是抽取反映问题本质的东西，忽略非本质的细节。

抽象数据类型通常是指由用户定义，用来表示应用问题的**数据模型**。抽象数据类型由基本的数据类型组成，并包括一组相关的操作，抽象数据类型类似于 C++中的类。对于一个数据成员完全相同的数据类型，如果给它定义不同的功能，则可形成不同的抽象数据类型。

抽象数据类型的特点是使用与实现分离，实行封装和信息隐蔽。在抽象数据类型设计时，把类型的声明与其实现分离开来。首先根据问题的要求，定义该抽象数据类型需要包含哪些信息，并根据功能确定公共界面的服务，使用者可以使用公共界面的服务对该抽象数据类型进行操作。此外，抽象数据类型的具体实现作为私有部分封装在其实现模块内，使用者不能看到，也不能直接操作该类型所存储的数据，只能通过界面中的服务来访问这些数据。

从实现者的角度来看，把抽象数据类型的具体实现封装起来，有利于编码、测试，也有利于将来的修改。因为这样做可以使得错误局部化，一旦出现错误，其传播范围不至于影响其他模块，如果为了提高效率希望改进数据结构，可能需要改变抽象数据类型的具体实现，但只要界面中的服务的使用方式不变，其他所有使用该抽象数据类型的程序都可以不变，从而大大提高了系统的稳定性。

从使用者的角度来看，只要了解该抽象数据类型的规格说明，就可以利用其公共界面中的服务来使用这个类型，而不必关心其物理实现，这样使用者可以在开发过程中抓住重点，集中精力考虑如何解决应用问题，使问题得到简化。例如，我们在求解一个最优化问题时常常要使用一个栈，那么，我们应当首先考虑此栈应存放什么信息、应如何组织，至于栈怎样实现、可能会出现哪些例外情况、这些例外情况如何处理等，可以忽略，直接调用堆栈类提供的相关服务即可。

1.3 算法和算法分析

1.3.1 算法

数据结构除了要研究数据的逻辑结构和存储结构外，还要研究如何在数据的各种结构上实施有效的操作或处理，这就涉及算法。算法是对特定问题求解步骤的一种描述，它是指令的有限序列，其中每一条指令表示一个或多个操作。一个算法应具有下列五个重要特性。

1）**有穷性**：对任何合法的输入值，一个算法必须在执行有穷步之后结束，且每一步都应该在有穷时间内完成。

2）**确定性**：算法中每一条指令必须有确切的含义，读者理解时不会产生二义性，在任何条件下，算法只有唯一的一条执行路径，对于相同的输入只能得出相同的输出。

3）**可行性**：一个算法是可行的，即算法中描述的操作都可以通过已经实现的基本运算执行有限次来实现。

4）**输入**：一个算法有 0 个或多个输入，这些输入取自于某个特定的数据对象的集合，它可以使用输入语句从外部提供，也可以在算法内通过赋初值给定。

5）**输出**：一个算法有一个或多个输出，这些输出是同输入有着某些特定关系的量。

1.3.2 算法设计的要求

要高质量、高效率地完成好的算法或好的代码，需要编程人员养成好的编程习惯、编程风格。通常一个好的算法应考虑达到以下目标。

1. 正确性

算法应当满足具体问题的需求。通常一个大型问题的需求，要以特定的规格说明方式给出，而一个实习问题或练习题，往往就不那么严格。目前大多采用自然语言描述需求，它至少应当包括对于输入、输出和加工处理等明确的无歧义性的描述。设计或选择的算法应当能满足这种需求。

正确性大体可分为以下 4 个层次。

1）程序不含语法错误。

2）程序对于几组输入的数据能够得出满足规格说明要求的结果。

3）程序对于精心选择的、典型的、苛刻的几组输入数据能够得出满足规格说明要求的结果。

4）程序对于一切合法的输入数据都能产生满足规格说明要求的结果。

要达到第四层含义下的正确是极为困难的，所有不同输入数据的数据量大得惊人，逐一验证的方法是不现实的。对于大型软件需要进行专业测试，而在一般情况下，通常以第 3 层意义的正确性作为衡量一个程序是否合格的标准。

为保证程序的正确性，需要掌握一定的测试、调试技巧。利用这些技巧，可以事半功倍地发现、排除编码错误，因而，当使用一个编程工具或开发环境时，要注重对其提供的调试功能的了解和使用。一个虽然简单但是非常有用的基本调试方法是对代码设置断点，使得代码运行到断点处停止，这样，程序的整个运行过程将不再是一个不可控的黑匣子。当程序暂停于断点处时，编程者可以查看各种变量或内存状况从而帮助自己分析代码问题，保证程序的正确性或其他质量。

2. 可读性

算法主要是为了人的阅读与交流，其次才是机器执行。可读性好有助于人对算法的理解，晦涩难懂的程序易于隐藏较多错误，往往难以调试和修改。现代软件注重代码的复用，以期更加高效地对软件进行扩展。良好的可读性，不但是代码团队协作开发的需要，也是代码复用的需要。可读性涉及很多方面，如算法本身的逻辑是否清晰易懂，程序结构是否明晰合理，等等。但是作为初学者，可以从一些基本的细节开始，注重培养保持代码可读性的习惯。例如，对函数、重要变量的命名，尽量含义清晰，遵守变量命名的一些习惯（例如，指针前面加“p”），合理地加上代码注释，等等。一些语法规则的运用，既有利于代码的安全性，也能提高代码的可读性。例如，在函数传递的参数前，如果加上了 const 限定，既可以防止函数内部错误地修改该变量，又可告诉代码阅读者此变量在函数体内不需要改变，因而提高了代码的可读性。后面将结合代码示例，适当介绍提高可读性的相关知识。

3. 健壮性

当输入数据非法时，算法也能适当地做出反应或进行处理，而不会产生莫名其妙的结果，处理错误的方法可以是返回一个表示错误或错误性质的值。除了对非法输入的容错之外，健壮性对其他异常情况，如内存异常、磁盘文件异常、网络异常等也要有容错性。另外，健壮性还包括对程序长期稳定运行的要求。有些程序启动后需要长时间运行，因此如果没有很好地管理内存、资源，将会导致程序消耗的内存或资源越来越多,从而引起程序运行迟缓、系统崩溃等问题。还有些程序没有很好地管理产生的临时文件，也会导致时间长了以后运行迟缓、占用存储空间过多等问题。所以，良好的编程的风格和习惯，对提高代码的健壮性很有帮助。

4. 效率

效率指的是算法执行时计算机资源的消耗，它包括运行时间代价和存储空间代价。对于同一个问题，如果有多个算法可以解决，则执行时间短、存储量需求小的算法效率高。效率与问题的规模和性质有关，求 10 个人的平均工资与求 1000 个人的平均工资所花的执行时间或运行空间显然有一定的差别。有时候，程序的效率与可读性、健壮性等是有竞争的，这时需要结合使用背景、程序生命周期等因素进行综合考虑，取得平衡。接下来，我们将重点讨论算法的效率。

1.3.3 算法效率的度量

算法的效率包括算法运行时间代价和存储空间代价，它们分别由**时间复杂度**和**空间复杂度**来度量。

1. 算法的时间复杂度

算法执行时间需依据该算法编制的程序在计算机上运行时所消耗的时间来度量。而度量一个程序的执行时间通常有两种方法，即事后统计的方法和事前分析估算的方法。

（1）事后统计的方法

很多计算机内部都有计时功能，有的甚至可精确到毫秒级，不同算法的程序可通过一组或若干组统计数据来分辨优劣。但这种方法有两个缺陷，一是必须先运行依据算法编制的程序；二是统计数据依赖于计算机的硬件、软件等环境因素，有时容易掩盖算法本身的优劣。因此，人们常常采用另一种事前分析估算的方法。

（2）事前分析估算的方法

一个用高级程序语言编写的程序在计算机上运行时所消耗的时间取决于下列因素。

① 问题的规模。

② 算法选用的策略。

③ 书写程序的语言，对于同一个算法，实现语言的级别越高，执行效率就越低。

④ 编译程序所产生的机器代码的质量。

⑤ 机器执行指令的速度。

显然，同一个算法用不同的语言实现，或者用不同的编译程序进行编译，或者在不同的计算机上运行时，效率均不相同。这表明使用绝对的时间单位衡量算法的效率是不合适的。撇开这些与计算机硬件、软件有关的因素，可以认为，一个特定算法的运行时间，只依赖于问题的规模，或者说，它是问题规模的函数。

一个算法是由控制结构（顺序结构、分支结构和循环结构）和原操作（指固有数据类型的操作）构成的。算法的时间取决于两者的综合效果。为了便于比较同一问题的不同算法，通常的做法是，从算法中选取一种对于所研究的问题来说是基本运算的原操作，以该基本操作的重复执行的次数作为算法的时间度量。

一般情况下，算法中基本操作重复执行的次数是问题规模 n 的某个函数 $f(n)$，算法的时间量度记为

$$T(n) = O(f(n)) \tag{1.3.1}$$

式（1.3.1）表示随问题规模 n 的增大，算法执行时间的增长率和 $f(n)$ 的增长率相同，$T(n)$ 称为算法的渐近时间复杂度，简称**时间复杂度**。

在大多数情况下原操作是最深层循环内的语句中的原操作，它的执行次数和包含它的语句的频度相同（语句的频度指的是该语句重复执行的次数）。

例如：

```
1） ++ x;
2） for ( i = 0;  i < n;  i ++)  x ++;
3） for ( i = 0; i < n;  i ++)
          for ( j=0;  j < n;  j ++)
              x ++;
```

以上三例中，含基本操作"x ++"的语句的频度分别为 1、n 和 n^2，这三个程序段的时间复杂度相应为 O（1），O（n）和 O（n^2），分别称为常量阶、线性阶和平方阶。算法还可能呈现的时间复杂度有对数阶 O（log$n$）、指数阶 O（2^n）等。不同数量级时间复杂度的性状不同，我们应该尽可能选用多项式阶 O（n^k）的算法，而不希望用指数阶的算法。算法复杂度示意图如图 1.3.1 所示。

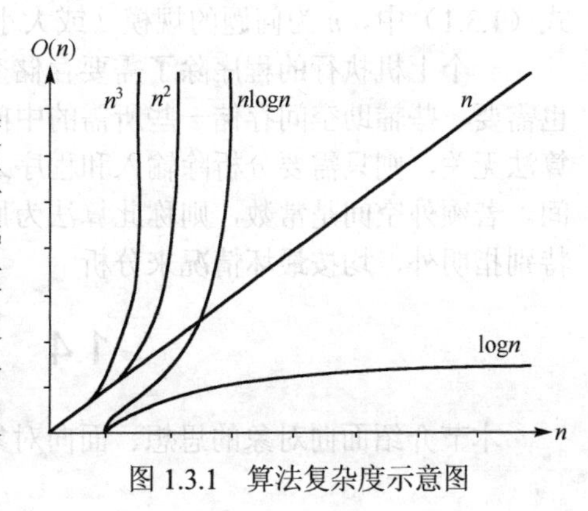

图 1.3.1　算法复杂度示意图

一般情况下，对一个问题（或一类算法）只需选择一种基本操作来讨论算法的时间复杂度即可，有时也需要同时考虑几种基本操作，甚至可以对不同的操作赋以不同的权值，以反映执行不同的操作所需要的相对时间，这种做法便于综合比较解决同一问题的两种完全不同的算法。

有的情况下，算法中基本操作重复执行的次数还随问题的输入数据集不同而不同，如下面起泡排序法的算法：

```
void bubblesort(int *a, int n)
{    for( i = n-1, flag =1; i >=1&& flag; --i )
     {    flag = 0;
          for( j = 0; j < i; ++ j )
               if( a[ j ] > a[ j+1] )
               {    t = a[ j ], a[ j ] = a [ j+1], a[ j+1] = t;
                    flag =1;
               }
     }
}
```

此例中，“交换序列中相邻的两个整数”是基本操作。当数组 a 中初始系列为自小到大有序时，基本操作的执行次数为 0。当初始系列为自大到小有序时，基本操作的执行次数为 $n(n-1)/2$。对这类算法的分析，一种解决方法是计算它的平均值，即考虑它对所有可能的输入数据集的期望值，此时相应的时间复杂度为算法的平均时间复杂度。然而，在很多情况下，各种输入数据集出现的概率难以确定，算法的平均时间复杂度也难以确定。因此，另一种更可行也更常用的办法是讨论算法在最坏情况下的时间复杂度，例如，上述起泡排序的最坏情况为数组 a 中初始序列为自大到小有序，则起泡排序算法在最坏情况下的时间复杂度为 $T(n)=O(n^2)$。在本书以后各章中讨论的时间复杂度，除特别指明外，均指**最坏情况**下的时间复杂度。

实际中我们可以把事前估算和事后统计两种办法结合起来使用。以两个矩阵相乘为例，若上机运行两个 10×10 的矩阵相乘，执行时间为 12ms，则由算法的时间复杂度 $T(n)=O(n^3)$ 可估算两个 20×20 的矩阵相乘所需时间大致为

$$(20/10)^3\times 12=96\text{ms}$$

2. 算法的空间复杂度

类似于算法的时间复杂度，以**空间复杂度**作为算法所需存储空间的量度，记为

$$S(n)=O(f(n)) \tag{1.3.2}$$

式（1.3.1）中，n 为问题的规模（或大小）。

一个上机执行的程序除了需要存储空间来存储本身所用指令、常数、变量和输入数据外，也需要一些辅助空间存储一些所需的中间信息。若输入数据所占空间只取决于问题本身，和算法无关，则只需要分析除输入和程序之外的额外空间，否则应同时考虑输入本身需要的空间。若额外空间是常数，则称此算法为原地工作。如果所占空间量依赖于特定的输入，则除特别指明外，均按**最坏情况**来分析。

1.4 面向对象概述

本节介绍面向对象的思想、面向对象的基本概念以及面向对象程序设计的基本特征。

1.4.1 面向对象的思想

面向对象的方法是为计算机软件的创建提出的一种模型化世界的抽象方法，其基本思想如下：尽可能地运用人类的自然思维方式来建立问题空间的模型，构造尽可能直观、自然地表达问题求解方法的软件系统。现实世界中的问题是由客观实体和实体之间的联系构成的，对象就是客观实体的抽象。面向对象方法将数据和操作放在一起，作为一个相互依存、不可分割的整体来处理。

为了理解面向对象的含义，请看一个现实世界对象的例子——学生。“本科生”是更大的“学生”类的一个成员（称为“子类”）。所有的学生都有一些共同的属性，如姓名、性别、年龄、学习成绩、学分等，这些属性对于“学生”类的成员，如研究生、本科生、专科生等总是可以使用的。因为本科生是“学生”类的成员，“本科生”继承了“学生”类所定义的一切属性和操作。

一旦某个类被定义，当该类的一个新子类被创建时，属性可以被复用。例如，定义一个新的称为“研究生”的对象，它也是“学生”类的成员，“研究生”也继承了“学生”类的所有属性，如姓名、性别、年龄、学习成绩等。

在“学生”类的每个对象上可以定义一系列操作，如入学注册、选课等。这些操作将修改对象的一个或多个属性，如选课操作将修改学习成绩和学分这两个属性的值。软件工程专家用如下等式简明地描述“面向对象”，面向对象＝对象＋分类＋继承＋消息通信。也就是说，面向对象就是既使用对象又使用类和继承等机制，而且对象之间仅能通过消息的传递实现通信。如果一个软件系统使用了这四个概念来设计和实现，则这个软件系统就是面向对象的。

1.4.2 面向对象程序设计

高级语言程序设计包括面向过程和面向对象两种方法。面向过程的程序设计中数据是公用的或共享的，一个数据可以被多个函数调用，这些数据是缺乏保护的，同时数据的交叉使用很容易导致程序的错误。实际上，程序中的每一组数据都是为某一种操作准备的，即一组数据总是与一种操作相对应的。因此，人们设想将一组数据与一种操作放在一起，形成一个整体，与外界相对分隔，此即面向对象程序设计中的对象。与面向过程不同的是，基于对象的程序设计以类和对象为基础，程序的操作是围绕对象进行的。在此基础上利用继承机制和多态性，就称为面向对象的程序设计。基于对象的程序设计所面对的是一个个对象，所有的数据分别属于不同的对象。

在面向过程的程序设计中，常用公式“程序=数据结构+算法”来表示程序，同时将数据结构和算法分开来独立设计。但是，人们在实践中发现数据结构和算法是不可分割的，应当以一个算法对应一组数据结构或者一组数据结构对应多个算法。基于对象和面向对象的程序设计就是将一个算法和一组数据结构封装在一个对象实体中，形成了“对象=数据结构+算法”的新概念，因此，面向对象的程序设计的关键就是对象的设计和使用。

1.4.3 面向对象的语言

面向对象的程序设计语言必须支持抽象数据类型和继承性。面向对象的程序设计语言经历了一个漫长的发展过程。例如，LISP 语言、Simula 67 语言和 SmallTalk 语言，它们都或多或少地引入了面向对象的一些概念，如数据抽象、类结构与继承机制。目前，应用最广泛的面向对象程序设计语言是在 C 语言基础上扩充出来的 C++语言。C++对 C 的向后兼容，使得很多基于 C 的程序稍加修改就可以重用，许多有效的算法也可以重用。C++是一种混合型的面向对象程序设计语言，它的出现使得面向对象的各种语言越来越多地得到重视和广泛应用。

1.4.4 面向对象的基本概念

对象是面向对象程序设计的核心，正确地认识和定义对象，对进一步掌握面向对象的思想大有帮助。

1. 对象

对象是现实世界中存在的一个事物，对象可以是具体的有形物体，如学生、房屋、汽车等，也可以是无形的事物或概念，如国家、生产计划等。对象是构成世界的一个独立单位，它具有自己的静态特征（也称属性，描述内部状态的数据）和动态特征（具有的功能或行为）。从系统建模和实现的角度，对象描述了客观事物的一个实体，是构成系统的一个独立的基本单元，它由一组属性（数据）和一组服务（操作）组成。系统的服务是通过新对象的建立和对象之间的消息通信来完成的。对象中的服务（操作）是对象动态特征的体现，它常是一个可执行的语句或过程，对属性进行操作，实现某种服务。从系统实现的角度，可以把对象看做由一组数据以及有权对这些数据施加操作的一组服务封装在一起构成的统一体，即对象＝数据＋动作（方法、操作）。

在面向对象程序设计中，对象包含两方面的含义：对象的属性和它的行为。属性是指对象的自然属性或自身状态，如人的年龄、身高、肤色和体重等。行为是指对象的功能，如人的特长或技能等。对象是其自身所具有的特征以及可以对这些状态施加的操作结合在一起构成的一个独立实体，它具有以下特征。

1）有一个名称以区别于其他对象。

2）有一个状态用来描述它的一些属性。

3）有一组操作，每一个操作决定对象的一种功能或行为。

对象的操作可以分为两类：一类是自身所承受的操作，另一类是施加于其他对象的操作。例如，有一个人叫李玉，身高1.65m，体重60kg，可以教高等数学，会程序设计。下面是这个对象的特性描述。

对象名：李玉

对象的状态：

身高1.65m；

体重60kg。

对象的功能：

回答身高 }
回答体重 } 自身所承受的操作

教高等数学课 }
会程序设计 } 施加于其他对象的操作

2. 对象的特性

对象具有以下3个特性。

1）模块的独立性。利用封装技术将对象的特性隐藏在模块内部，使用者只需了解它的功能，不必知道功能实现的细节。因此，外界的变化不会影响模块内部的状态，各模块可独立为系统所组合选用，也可被程序员重用。

2）动态的连接性。可以通过消息激活机制，将对象之间动态联系连接在一起，使整个机体运转起来。

3）易维护性：由于对象的数据和操作都被封装在模块内部，所以对它们的修改及完善都限制在模块内部，不会涉及对象外部，从而使整个对象和整个系统变得更易于维护。

3. 消息

消息（Message）是对象之间在交互中所传送的通信信息。在 C++中，消息的具体表现为函数，它是对象之间相互请求和协同工作的手段，是请求某个对象执行其中某个功能操作的规格说明，对象之间的联系只能通过传递消息来进行。只有当对象接收到消息时，才会激活有关的对象代码，“知道”如何去操作它的私有数据以完成所要求的服务操作。

消息具有 3 个性质。

1）同一对象可接收不同形式的多个消息，并产生不同的响应。

2）相同形式的消息可以传递给不同类型的对象，所产生的响应可能截然不同。

3）消息的发送可以不考虑具体的接收者，对象可以响应消息，也可以不响应消息。

在面向对象系统中，为了完成某个事件，有时需要向同一个对象发送多个消息或者向不同的对象发送多个消息，我们把多个消息称为消息序列。对一个对象而言，由外界对象直接向它发送的消息称为公有消息；由它自己向本身发送的消息称为私有消息。

某个特定对象的消息，根据功能的不同可分为以下 3 种类型。

1）可以返回对象内部状态的消息。

2）可以改变对象内部状态的消息。

3）可以完成一些特定操作，并改变系统状态的消息。

4. 类

类（Class）是一种具有相同属性和相同操作的对象的集合。一个类就是对一组相似对象的共同描述，它整体地代表一组对象。类封装了对描述某些现实世界对象的内容和行为所需要的数据和服务（操作）的抽象，它给出了属于该类的全部对象的抽象定义，包括类的属性、服务（操作）。对象只是符合某个类定义的一个实体，属于某个类定义的一个具体对象称为该类的一个实例（Instance）。可以把类看做某些对象的模板（Template），它抽象地描述了属于该类的全部对象的共有属性和操作。类与对象的关系是抽象与具体的关系，类是多个对象（实例）的抽象，对象（实例）是类的个体实物。例如，王洋是一位教师。教师是一个类，属于抽象的概念；而王洋是教师类的一个具体对象，即教师类的实例。

面向对象的系统设计主要归结为类的建立和使用，类的确定采用归纳法来完成。在系统设计中，通过对相同性质的物质对象进行类比分析，归纳出它们的共性，包括数据特性和行为特性，构建一个类。C++的类是对所研究问题的若干对象的抽象描述，它对逻辑上相关的数据和函数进行封装。

1.4.5 面向对象的基本特性

在面向对象的程序设计中，几个核心的概念是封装性、继承性和多态性。

1. 封装性

封装（Encapsulation）是将一段程序代码“包装”起来，应用时只需要知道这段代码所完成的功能，而不必知道该功能的实现细节。类和对象是实现封装的重要机制。类是对具有相同属性的客观对象的抽象描述，并将抽象出来的数据和操作行为封装在类中，构成一个不可分割的、独立的整体。在类中将一部分代码作为对外部的接口，而将数据和其他行为尽可能隐蔽。外界只能通过外部接口才能访问封装在类中的数据，从而实现了对数据访问权限的有效控制。

封装的目的是将对象的设计者和对象的使用者分开。使用者只需要知道对象所表现的外部行为，利用设计者提供的消息来访问该对象，而不必了解对象行为的内部实现细节。封装作为面向对象方法的一种信息隐蔽技术，应具有以下几个条件。

1）有一个清楚的边界，对象的所有私有数据和服务（操作）都被限定在该边界内，外界是不可直接访问的。

2）至少有一个接口，这个接口描述了该对象与其他对象之间的相互请求和响应的消息格式和功能。

3）对象行为的内部实现细节是隐蔽的，即其他对象不能直接修改该对象所拥有的相关数据和程序代码。

2. 继承性

继承（Inheritance）是面向对象系统的另一个重要特性。类和类之间有时相互独立，有时会出现一些相似的特征。继承所表达的就是对象之间的一种相交关系，它使得子类可以自动拥有、共享父类的全部属性与服务（操作），即某类对象可以继承另一个类的特征和能力。也就是说，原本为父类设计的数据结构和算法，可无条件地被子类使用。

C++为用户提供了类的继承机制，允许在保持原有类（基类）特性的基础上，为其继承类（子类）进行更具体、更详细的类的定义。也就是说，可以定义一个包含公共成员的基类，通过继承从基类中派生出其他类，为新类增添新的属性和操作，还可以改写基类的部分内容。

继承分为单继承和多继承，从一个基类派生出新类，称为单继承；从多个基类派生出新类，称为多继承。由某个类派生所需要的任意多个类，或者类之间通过单继承和多继承派生出多个类，这样就形成了类的层次关系。在面向对象系统中，引入继承机制后，主要有以下优点。

1）能清晰地体现相关类之间的层次关系。

2）通过继承关系，使子类可以自动共享父类的全部属性与服务特性，提高了程序的复用性。

3）通过增强一致性来减少模块之间的接口和界面，提高了程序的可维护性。

4）继承可以实现对类的扩充，为程序的扩展和可用性提供了有效方法，有利于软件系统的逐步细化。

3. 多态性

所谓多态性，是指同一名称（函数、运算符）在不同的场合具有不同的意义；或者同一个界面，有多种实现。前者称为重载，后者称为虚函数。C++中的多态性，是指同一消息形式，可以根据发送消息对象的不同，采用不同的行为方式。C++语言支持以下两种多态性。

1）编译时的多态性：通过重载来实现。C++允许为已有的函数和运算符重新赋予新的含义，就是说具有相同名称的函数和运算符在不同的场合可以表现出不同的行为，即函数和运算符重载。定义函数重载时，要求函数名相同，但是函数所带的参数类型或个数必须有所区别，否则会出现二义性。

2）运行时的多态性：通过虚函数来实现。C++的虚函数使得用户可以在同一个类族（基类及其各级派生子类）中使用同名函数的不同版本，每个函数均属于同一个类族中不同的类。究竟使用哪个版本，需要在运行中决定。虚函数的各个版本中，要求函数返回值、函数参数的类型和个数必须一致。

本书以面向对象的观点来介绍数据结构，因此，我们对每一种数据结构都采用类的方式来描述。由于在软件开发和维护过程中需要花费大量的人力和时间，如果能够重复利用以前开发完成的数据结构或算法模块，把它们有选择地组装在新的软件中，将可以大大减少需花费的人力和时间，这就是软件复用问题。为了实现软件的复用，一个重要的方法就是使用 C++模板，写出适合多种数据类型的类定义或算法，然后在特定环境中通过简单的实例化，把它们变成针对具体某种数据类型的类定义或算法。在以后的讨论中，大部分采用模板机制来实现各种数据结构。

1.5 本章小结

本章介绍的基本内容包括数据结构的基本概念、抽象数据类型、算法和算法分析以及面向对象概念等。这些内容是读者进一步学习后继内容的基础。

分析待处理对象的特性以及它们之间存在的关系是编写好的程序的基础，因此，分析数据对象之间的逻辑关系，并用计算机存储结构体现出这些逻辑结构并操作这些数据，是数据结构这门课程要解决的问题。

抽象数据类型将使用与实现分离，实行封装和信息隐蔽，有利于编码、测试和修改。

数据结构在研究数据的逻辑结构和存储结构基础上，还要研究如何在数据的各种结构上实施有效的操作或处理，因此，算法设计及实现十分重要。算法的设计主要与数据的逻辑结构密切相关，而算法的实现则与数据的存储结构密切相关。算法的效率由算法的时间复杂度和空间复杂度衡量。

面向对象的方法能很好地描述数据结构，面向对象程序设计的基本特性将一个算法和一组数据结构封装在一个对象实体中，形成了“对象=数据结构+算法”的新概念，可方便地实现各种数据结构。

习 题 1

1.1 什么是数据结构？数据结构主要讨论哪几方面的问题？

1.2 什么是数据结构的物理结构和逻辑结构？它们的主要区别是什么？

1.3 数据之间的逻辑关系分为哪几类？它们各自的特点是什么？

1.4 什么是抽象数据类型？

1.5 什么是算法？算法的 5 个特性是什么？试比较算法与程序的区别。

1.6 什么是面向对象的程序设计？它与结构化程序设计有什么不同？

1.7 解释以下概念：

（1）对象 （2）消息 （3）类 （4）实例 （5）公有消息 （6）私有消息

1.8 对象有哪些特性？对象是如何确定和划分的？

1.9 类与实例的关系如何？

1.10 叙述面向对象系统的特性。这些特性在面向对象系统中有什么作用？

第 2 章　C++初步知识

本章学习目标

通过本章的学习，学生应该能够做到：

1）了解：数组和结构这些构造型数据类型，以及指针和函数在程序设计中的作用。

2）理解：一维数组和二维数组在内存中的存储形式，数组名称作为地址常量在对数组进行操作时的意义，结构能够根据用户需要而进行构建。

3）掌握：数组的定义、指针的定义，结构以及结构数组、结构指针的定义，指针与数组、指针与函数的关系，深入理解程序设计中地址的概念。

2.1　C++语言

在众多的计算机程序设计语言中，诞生于 20 世纪 70 年代的 C 语言在描述、开发系统软件和应用软件中具有重要地位。最初它是编写 UNIX 操作系统的工具，随着 UNIX 操作系统的广泛应用，C 语言迅速得到推广。后来经过不断完善改进，使 C 语言具有了功能丰富、表达能力强、使用灵活方便、应用范围广、目标程序效率高、可移植性高等特点。

然而，C 语言也存在不足。例如，与其他高级语言相比，语法限制不严格。从应用的角度看，C 语言比其他高级语言较难掌握。而且，由于 C 语言是面向过程的结构化和模块化的程序设计语言，当处理的问题比较复杂、程序规模较大时，就显得力不从心。为了更好地开发大型软件，20 世纪 80 年代提出了面向对象的程序设计方法，因此，需要设计出能够支持面向对象的程序设计方法的新语言。

AT&T Bell 实验室的 Bianrne Stroustrup 等人在 C 的基础上开发了它的增强版，这就是 C++语言。C++在保留 C 语言所有优点的基础上，增加了适用于面向对象的程序设计的类类型，因此，C++是一种既支持面向过程程序设计又支持面向对象程序设计的混合型程序语言。C++是 C 的超集，与 C 兼容。用 C 语言编写的程序基本上可以不加修改就可以用于 C++。C++不仅在 C 的基础上增加了面向对象的机制，而且对 C 语言的功能也做了不少的扩充。由于 C++语言的一些优点，特别是它的模板机制，我们可以比较清晰地讨论具有类型参数的数据结构。

本书假定读者熟悉简单数据类型，在本章中首先讨论大多编程语言包含的几部分：数组、指针、结构、函数。经验丰富的程序员会大量使用指针来访问目标，数组和结构将若干元素存储在一个结合中。数组仅存储一种类型的元素，但结构可以是几种不同类型的集合。这里介绍的大部分内容与面向对象的概念无关，语言中与面向对象机制有关的内容将在后面章节里逐步介绍。

2.2　数　　组

数组是一种常用的数据类型。它是由具有相同类型的数据元素按一定顺序排列而成的数据集合，集合的名称就是数组名。通过数组名和元素在数组中的序号（即下标）可以唯一地确定某个数组元素。数组按维数多少可分为一维数组和多维数组。

在 C++中，数组的声明有两种基本的方式，一种方式使用简单数组，另一种方法是使用 Vector。两种方法的语法大致相同。类似的，C++同时提供了字符的简单数组和 String。

2.2.1 一维数组

1. 一维数组的定义

一维数组定义的一般形式为

类型 数组名[常量表达式] ;

其中，常量表达式表示数组的大小（元素个数）。例如：

```
float f[10];
```

表示声明了 f 是一个浮点型数组，它有 10 个元素，每个元素都是浮点型变量。

需要注意的是，不允许对数组的大小做动态定义，也就是说常量表达式不可以包含变量，即数组的大小不依赖于程序运行过程中变量的值。例如，下面这样定义数组是错误的：

```
int n;
cin>>n;                         // 输入数组 a 的长度
int a[n];                       // 错误，数组的长度不能是变量 n
```

2. 一维数组的存储形式

数组元素在内存中占据一块连续的存储单元，即逻辑上相邻的元素在物理地址上也是相邻的。数组名是数组首元素的内存首地址。一维数组是按照下标的顺序连续存储的。例如：

```
int a[6];
```

表示声明了一个有 6 个元素的一维 int 型数组，数组 a 在内存中的存放顺序如图 2.2.1 所示。C++规定数组元素下标的取值从 0 开始，最后一个元素的下标是数组定义中常量表达式的值减 1。

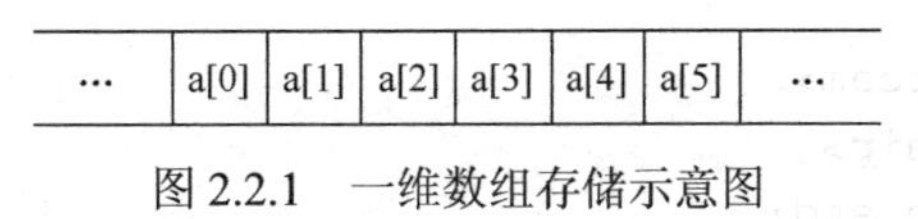

图 2.2.1 一维数组存储示意图

3. 一维数组的初始化

在定义数组时可以对数组中元素进行初始化，其方法是把初始值按顺序放在花括号中，数值之间用逗号分开。例如：

```
int a[5]={1,2,3,4,5};
```

如果初始值的数目小于数组元素的数目，数组剩余的元素被自动初始化为 0。例如：

```
int a[5]={1,2,3};
```

只给前 3 个元素赋初值，其余元素初值为 0。数组中各元素的值为 a[0]=1， a[1]=2，a[2]=3，a[3]=0，a[4]=0。另外，对全部元素赋初值时，可以不指定长度。例如：

```
int a[]={1,2,3,4,5};
```

表示声明了一个包含 5 个整型元素的数组 a，并对每个数组元素使用初始值进行了初始化。如果初始值的数目超过了数组中元素的数目，则编译程序将报告语法错误。

4. 一维数组元素的引用

使用数组时只能逐个引用数组元素。数组元素是由下标来区分的，对于一个已经声明过的数组，其元素的使用形式为

数组名[下标]；

数组的下标可以是整型常量或整型表达式。数组元素的下标值不得超过声明时所确定的上下界，否则运行时将出现数组越界错误。

【例 2.2.1】 求 10 个数的总和及平均值。

```
#include <iostream>
using namespace std;
int main()
{   int array[10]={65,87,90,80,84,85,53,46,95,70};
    int sum(0),average;
    for(int i=0;i<10;i++)
        sum+=array[i];
    average=sum/10;
    cout<<"总和="<<sum<<endl;
    cout<<"平均值="<<average<<endl;
    return 0;
}
```

程序运行结果：

```
总和=755
平均值=75
```

【例 2.2.2】 用数组求 Fibonacci 数列。

说明：Fibonacci（斐波那契）数列是意大利数学家斐波那契首先研究的一种递归数列，这个数列从第三项开始，每一项都等于前两项之和。

```
#include <iostream>
#include <iomanip>
using namespace std;
int main()
{   int i;
    int f[15]={1,1};
    for(i=2; i<15; i++)
        f[i]=f[i-2]+f[i-1];
    cout.flags (ios::left);      // 设置对齐的标志位为左
    for(i=0; i<15; i++)
    {   if(i%5==0) cout<<endl;
        cout<<setw(6)<<f[i];    // 显示数据的域宽
    }
    cout<<endl;
    return 0;
}
```

程序运行结果：

```
1     1     2     3     5
```

```
8           13          21          34          55
89          144         233         377         610
```

5. 使用 Vector

为了使用标准向量，程序中必须用如下代码包含一个库头文件：

```
#include <vector>
```

在 C++中，如下声明

```
vector<int> a(3);
```

表示声明了一个包含 3 个整型元素的数组 a，分别为 a[0]、a[1]、a[2]。

2.2.2　二维数组

数组的元素可以为任何数据类型，当一个数组的元素还是数组时，就形成了多维数组。下面重点介绍二维数组，因为常用的多维数组是二维数组。

1. 二维数组的定义

定义二维数组的一般形式为

类型 数组名 [常量表达式] [常量表达式] ;

例如：

```
int a[3][4];
```

表示声明了一个 3×4（3 行 4 列）的二维整型数组。可以把二维数组看做一种特殊的一维数组，即它的元素又是一个一维数组。例如，可以把 a 看做一个一维数组，它有 3 个元素：a[0]、a[1]、a[2]，每个元素又是一个包含 4 个元素的一维数组。a[0]、a[1]、a[2]是 3 个一维数组的名称，其关系如图 2.2.2 所示。

2. 二维数组的存储形式

二维数组的存储结构为“按行线性展开、顺序存放”，即先按序存储第一行的各元素，再按序存储第二行的各个元素，……，以此类推。例如，数组 a[3][4]在内存中的存放顺序如图 2.2.3 所示。

```
   ┌a[0] ······ a[0][0]  a[0][1]  a[0][2]  a[0][3]
a─┤a[1] ······ a[1][0]  a[1][1]  a[1][2]  a[1][3]
   └a[2] ······ a[2][0]  a[2][1]  a[2][2]  a[2][3]
```

图 2.2.2　二维数组逻辑结构示意图

```
a[0][0]→a[0][1]→a[0][2]→a[0][3]
a[1][0]→a[1][1]→a[1][2]→a[1][3]
a[2][0]→a[2][1]→a[2][2]→a[2][3]
```

图 2.2.3　二维数组存放顺序示意图

3. 二维数组的初始化

同一维数组类似，二维数组可以在定义时对各元素赋初值。这时要注意二维数组元素在内存中的排列顺序，确保初值的排列顺序与元素的排列顺序对应。例如：

```
int a[3][4]={1, 2, 3, 4, 5, 6, 7, 8, 9, 10, 11, 12};
```

定义数组 a 为 3 行 4 列的数组，其元素为整型。初始化后各元素的初值为

```
1       2       3       4
5       6       7       8
9       10      11      12
```

对全部元素赋初值时，第一个下标可以省略。例如：

```
int a[][4]={1, 2, 3, 4, 5, 6, 7, 8, 9, 10, 11, 12};
```

系统会根据初值的个数及数组的列数，自动确定数组 a 的行数为 3。

初始化时可以只给数组的一部分元素赋初值。例如：

```
int a[3][4]={1, 2, 3, 4, 5, 6};
```

花括号内只有 6 个初值，系统自动按元素在内存中的存放顺序，将其赋给前面的 6 个元素，其他元素自动赋 0。结果如下：

```
1    2    3    4
5    6    0    0
0    0    0    0
```

注意，此时两个下标都不能省略，否则，系统无法确定数组的长度。

二维数组在初始化时还可将同一行元素的初值用花括号括起来，按行依次将各行元素的初值排列在一个花括号内。例如：

```
int a[3][4]={{1, 2, 3, 4}, {5, 6, 7, 8}, {9, 10, 11, 12}};
```

此时，第一个花括号内的初值赋给第一行元素，第二个花括号内的初值赋给第二行元素，……，其结果同第一种方法相同。但这种方法直观、方便，不易出错。采用这种方式赋初值时，可以只给数组的一部分元素赋初值。例如：

```
int a[3][4]={{1, 2}, {5, 6, 7}, {9}};
```

第一个花括号内的初值赋给第一行元素，第二个花括号内的初值赋给第二行元素……同一行中，按元素的存放顺序，将初值赋给最前面的元素，其余元素初值为 0。结果得到：

```
1    2    0    0
5    6    7    0
9    0    0    0
```

也可以只对几行元素赋初值。例如：

```
int a[3][4]={{1, 2}, {5}};
```

其结果为

```
1    2    0    0
5    0    0    0
0    0    0    0
```

4. 二维数组元素的引用

二维数组元素引用的一般格式为

```
数组名[下标][下标];
```

其中，前一个下标确定数组的行，后一个下标确定数组的列。

【例 2.2.3】 将一个二维数组 a 的行和列元素互换，存到另一个二维数组 b 中。

```
#include <iostream>
using namespace std;
```

```
int main()
{   int a[3][3]={{1,2,3},{4,5,6},{7,8,9}};
    int b[3][3],i,j;
    cout<<"数组a: "<<endl;
    for( i=0; i<3; i++)
    {   for(j=0;j<3;j++)
        {   cout<<a[i][j]<<"  ";
            b[j][i]=a[i][j];
        }
        cout<<endl;
    }
    cout<<"数组b: "<<endl;
    for(i=0; i<3; i++)
    {   for(j=0; j<3; j++)
            cout<<b[i][j]<<"  ";
        cout<<endl;
    }
    return 0;
}
```

程序运行结果：

```
数组a:
1         2         3
4         5         6
7         8         9
数组b:
1         4         7
2         5         8
3         6         9
```

【例 2.2.4】 键盘输入代表年、月、日的三个整数，请输出该日期为该年的第几天。

问题分析：每年每月的天数是固定的，只有闰年和平年在 2 月份的天数不同。采用二维数组存放闰年和平年的天数。由键盘输入年、月、日，先判断是否为闰年，再累加相应月份和日期，即可得到所输日期为该年的第几天。

```
#include <iostream>
using namespace std;
int main()
{   int year, month, day;
    int mday[][13]={
        {0,31,28,31,30,31,30,31,31,30,31,30,31},
        {0,31,29,31,30,31,30,31,31,30,31,30,31}};
    cout<<"请输入年、月、日:"<<endl;
    cin>>year>>month>>day;
    int days=day;
    int leap;
    if(year%4==0&&year%100!=0||year%400==0)
      leap=1;
```

```
    else
        leap=0;
    for(int i=1; i<month; i++)
        days+=mday[leap][i];
    cout<<year<<"年"<<month<<"月"<<day<<"日";
    cout<<"是"<<year<<"年的"<<"第"<<days<<"天。"<<endl;
    return 0;
}
```

程序运行结果：

```
请输入年、月、日：
2010  3  15 （回车）
2010年3月15日是2010年的第74天。
```

5. 多维数组

多维数组的定义方式类似于二维数组，例如：

```
int a[7][8][9];
```

表示声明了一个整数类型的三维数组。多维数组的性质，可从二维数组的性质类推。由于多维数组用得较少，这里就不详细介绍了。

2.2.3 字符数组和字符串

1. 字符数组的定义

字符数组是指元素为字符的数组。字符数组可用来存放字符序列或字符串。字符数组也有一维和多维之分。

字符数组定义格式和一般数组相同，所不同的是数组类型是字符型。例如：

```
char ch[6];
```

定义了一个有6个字符型元素的一维字符数组ch。

2. 字符串

字符串就是用双引号括起来的字符序列。一个长度固定的字符数组可以存放不同长度的字符串。为了便于识别一个字符串的结尾，约定字符串的末尾以转义字符“\0”作为结束标志。有了字符串结束标志，程序就可通过判断“\0”来检测字符串是否结束，而不必依赖字符数组的长度。

3. 字符数组的初始化

字符数组既可采用字符初始化，也可用字符串初始化。例如：

```
char ch1[5]={'a', 'b' , 'c', 'd', 'e'};
```

就是用字符给数组ch1的各个元素初始化。当给出的初始值个数少于元素个数时，从第一个元素开始赋值，剩余元素默认值为空字符，即'\0'。

用字符串初始化一维字符数组，采用下列形式：

```
char ch2[5]= "abcd";
```

用字符串方式赋值比用字符逐个赋值要多占1字节， 用于存放字符串结束标志“\0”。使用这种格式时，应注意字符串的长度应小于字符数组的大小或等于字符数组的大小减 1。上面的数组 ch2 在内存中的实际存放情况如图 2.2.4 所示。

…	a	b	c	d	\0	…

图 2.2.4　字符串存储示意图

对多维字符数组来讲，可存放若干字符串，可使用由字符串组成的初始值表给多维字符数组初始化。例如：

```
char ch3[3][4]={ "abc","mno","xyz"};
```

在数组 ch3 中存放了 3 个字符串，每个字符串的长度不得大于 3。

4．字符数组元素的引用

字符数组元素的引用方式和前面已经介绍过的数值数组的引用方式是一样的，只是数据类型是字符型而已。

【例 2.2.5】 编程求出一个二维字符数组里元素为'a'的个数。

```
#include <iostream>
using namespace std;
int main()
{   char a[5][6];
    int i, j;
    cout<<"请输入字符:"<<endl;
    for(i=0; i<5; i++)
        for(j=0; j<6; j++)
            cin>>a[i][j];
    int number=0;
    for(i=0; i<5; i++)
        for(j=0; j<6; j++)
        {   if(a[i][j]!='a')
                continue;
            number++;
        }
    cout<<"这个字符序列中有："<<number<<"个 a"<<endl;
    return 0;
}
```

程序运行结果：

```
请输入字符:
abcdefabcdefabcdefabcdefabcdef （回车）
这个字符序列中有：5 个 a
```

【例 2.2.6】 使用数组名输出字符串。

```
#include <iostream>
using namespace std;
int main()
{   char str1[10]={'H', 'e', 'l', 'l', 'o','\0'};
    char str2[10];
    char str3[]="girl";
    cin>>str2;
    cout<<str1<<" "<<str2<<" "<<str3<<endl;
    return 0;
}
```

程序运行结果：

```
little(回车)
Hello little girl
```

字符串整体输出时，输出字符不包括'\0'。'\0'的 ASCII 值为 0，输出时为空字符。

5．字符串处理函数

存储在字符数组中的字符串不能够直接支持字符串间的赋值和连接等操作，但是可以利用系统函数来查询字符串的长度、字符串间的拷贝和比较等。当程序中用到系统提供的字符串处理函数时要包含头文件<string.h>。

（1）字符串拷贝函数 strcpy( )

调用 strcpy( )函数的一般形式为

```
strcpy(sto, sfrom);
```

该函数能将 sfrom 字符串中的内容复制到 sto 字符数组中。参数 sto 可以是字符数组名或字符指针名，参数 sfrom 可以是字符串常量，也可以是字符数组名或字符指针名。例如：

```
char str1[12],str2[]="C++ program";
strcpy(str1, str2);
```

则字符数组 str1 的内容为“C++ program”。

sto 数组维数应够大，以便保存包含在 sfrom 中的字符串。否则，sto 数组将会溢出，这很可能会使程序崩溃。

（2）字符串连接函数 strcat()

该函数可以将一个字符串连接到另一个字符串的尾部。调用 strcat()函数的一般形式为

```
strcat(s1, s2);
```

其中，参数 s1 可以是字符数组名或字符指针名，参数 s2 可以是字符串常量，也可以是字符数组名或字符指针名。

strcat()函数能将 s2 添加到 s1 的末端，但并不修改 s2。用户必须确保存放 s1 字符串的空间足够大，以便保存它自己的原始内容和 s2 的内容。函数调用后得到一个返回值——字符数组 s1 的首地址。例如：

```
char str1[30]="I am a ";
char str2[]="student.";
strcat(str1, str2);
```

则字符数组 str1 的内容为“I am a student.”。

（3）字符串比较函数 strcmp()

调用 strcmp()函数的一般形式为

```
strcmp(s1, s2);
```

其中，参数 s1 和 s2 可以是字符串常量，也可以是字符数组或字符指针。

字符串比较的规则是对两个字符串自左至右逐个字符相比（按 ASCII 值大小比较），直到出现不同的字符或遇到'\0'为止。比较结果由函数值带回。

① 如果 s1= s2，则函数返回值为 0；

② 如果 s1> s2，则函数返回值为一个正整数；

③ 如果s1< s2，则函数返回值为一个负整数。

（4）字符串长度函数 strlen()

调用 strlen()函数的一般形式为

```
strlen(s);
```

其中，s是一个字符串常量，也可以是一个数组名。

strlen()函数能返回s字符串的长度。字符串的长度是指字符串中有效字符的个数，不包含'\0'在内。例如：

```
strlen("abc");
```

其下返回值为3。

【例 2.2.7】 程序运行时要求用户输入口令并验证，若输入口令为“000”，则显示字符串“ok!”，否则提示“Invalid password!”（无效口令）。

```
#include <iostream>
#include <string.h>
using namespace std;
#define MAX 256
int main()
{   char password[]="000";
    char ok[]="ok!";
    char invalid[]="Invalid password!";
    char line[MAX];
    cout<<"请输入口令：";
    cin>>line;
    if(!strcmp(line, password))
        cout<<ok<<endl;
    else
        cout<<invalid<<endl;
    return 0;
}
```

程序运行结果：

```
请输入口令：000（回车）
ok!
```

6. string 类

为了使用标准库类型 string，必须用到 include。

```
#include <string>
```

注意，一般一个C++的带“.h”扩展名的库文件，如iostream.h，在新标准后的标准库中都有一个不带“.h”扩展名的相对应，但string特殊。C++要兼容C的标准库，而C的标准库里已经有一个名称叫做“string.h”的头文件，包含一些常用的C字符串处理函数。<string>并非<string.h>的“升级版本”，它提供了复制、查找等典型字符串操作。

【例 2.2.8】 使用 string。

```
#include <iostream>
```

```
#include <string>
using namespace std;
int main()
{    string a = "hello";
     string b = "world";
     string c;
     c = a+" ";
     c += b;
     cout << "c is "<<c<<endl;
     return 0;
}
```

程序运行结果：

```
c is hello world
```

2.3 指　　针

指针是一种可用来存放其他变量地址的变量。指针提供对目标的间接访问，而不是直接访问。

2.3.1 指针的概念

在计算机中，内存储器是由若干存储单元组成的，每个存储单元均有一个唯一的编号用于标识该存储单元，该编号称为存储单元的地址。在C++中，数据是用变量或数组等形式存放在存储器中的。如 int a，该语句定义了整型变量 a，编译系统将为变量 a 分配内存单元，用于存放整数。假设编译系统为变量 a 分配的内存单元地址为 2014，则为变量 a 分配的存储单元首地址 2014 称为变量 a 的指针。所谓指针就是变量、数组、函数等的内存地址。

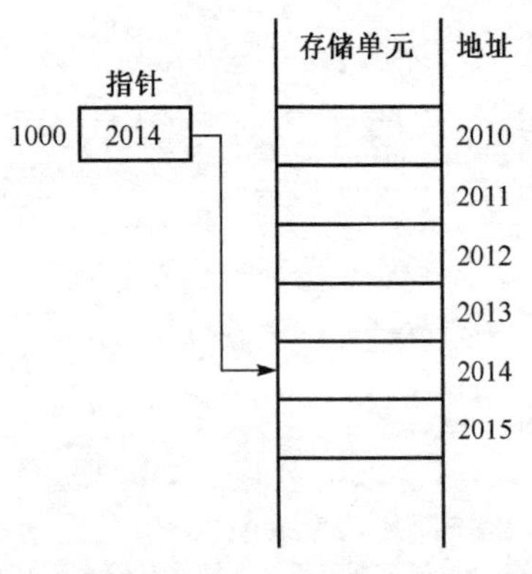

图 2.3.1　指针概念示意图

专门用于存放内存单元地址（即指针）的变量称为指针变量。指针变量是用于存放指针的变量。图2.3.1 是指针变量概念的示意图。图中假设变量 a 的首地址为 2014，另外在内存首地址 1000 处有一指针变量 p，变量 p 存储的是变量 a 的地址 2014。可以认为，指针变量 p 指向变量 a。

2.3.2 指针的定义

指针变量的定义形式为

类型 *指针变量名;

例如：

```
int *p1;           //定义指向 int 型数据的指针变量 p1
double *p2;        //定义指向 double 型数据的指针变量 p2
char *p3;          //定义指向 char 型数据的指针变量 p3
```

指针变量只能用于存放指定类型数据的地址，如以上定义的指针变量 p1 只能存放整型数据的地址。指针存储被指向变量的地址，这个地址仅是变量的首地址，编译器根据指针的类型从指针指向的地址开始向后寻址。指针类型不同则寻址范围也不同，例如，int*从指定地址向后寻找 4 字节作为变量的存储单元； double*从指定地址向后寻找 8 字节作为变量的存储单元。

一种特别的指针如下：

```
void *p4;
```

void*型指针所指向的数据类型不是确定的，或者说，可以是任何类型的。void 指针一般被称为通用指针或泛指针。

与其他变量一样，指针变量也可以初始化。指针变量初始化的一般形式为

类型　*指针变量名=内存地址；

例如：

```
int  i, j, *p1, *p2;
p1=&i, p2=&j;                  //p1 得到 i 的地址，p2 得到 j 的地址
```

指针变量不能直接赋以具体地址值，不能从键盘输入值。指针变量通过间接赋以相关数据的地址，或调用存储空间分配函数得到值。

C++语言中定义了一个符号常数 NULL，用来代表空指针值。所谓空指针值是人为规定的一个数值，用来表示“无效”的指针值。在 Visual C++中，NULL 被定义为 0。

一个指针变量在使用之前必须先赋值再使用，否则，程序运行时很可能出现不可预见的故障。如果没有具体明确的变量地址要被赋值，则可以先赋 NULL。

2.3.3　指针的运算

指针的值是一个地址，指针的运算实质上是地址的运算，这给指针的运算带来了许多限制。通常情况下，指针只能进行赋值运算、与整数相加减的算术运算、指针变量的取内容运算、两个指针变量的相减运算、两个指针变量的关系运算等。

对于其他运算，如两个指针的相加、相乘、相除及指针与实数相加减等，都是不允许的。

1．取地址与取内容运算

1）取地址运算（&）：对指针变量进行取地址运算，可以得到指针变量本身的地址。

2）取内容运算（*）：用于获取地址数据对应存储单元的内容。取内容运算的优先级与取地址运算优先级相同，实质上是一对互逆运算。例如：

```
int a;
int *p=&a;
```

则*(&a)与 a、&(*p)与 p、*p 与 a 都是等价的。

2．算术运算

指针变量“加上”或“减去”一整数 N，相当于指针变量加上或减去 N 个指针所指向数据的存储单位，即指针由当前位置向前或往后移动 N 个指针所指向的数据存储单元。例如：

```
int s[10], *p=s, *x;
x=p+3;                        //x 指向 s[2]（s 数组的第三个元素）
```

两个指针相减可得到两个指针之间数据的个数，例如：

```
int n;
n=x-p;
```

指针变量可以自增、自减运算，注意前置和后置的区别，例如：

```
x=p++;              //x 指向数组 s 的第 1 个元素，p 指向数组 s 的第 2 个元素
x=++p;              //x 指向数组 s 的第 3 个元素，p 指向数组 s 的第 3 个元素
```

【例 2.3.1】 指针变量的使用。

```
#include <iostream>
using namespace std;
int main()
{   int m, n, *p1=&m,*p2=&n,*phint=NULL;
    m=1;
    n=2;
    cout<<"*p1="<<*p1<<", *p2="<<*p2<<endl;
    cout<<"p1="<<p1<<", p2="<<p2<<endl;
    cout<<"m="<<m<<", n="<<n<<endl;
    cout<<"phint="<<phint<<endl;
    *p1+=3;
    p2=p1;
    *p2*=4;
    phint=p2;
    cout<<"*p1="<<*p1<<", *p2="<<*p2<<endl;
    cout<<"p1="<<p1<<", p2="<<p2<<endl;
    cout<<"m="<<m<<", n="<<n<<endl;
    cout<<"phint="<<phint<<endl;
    return 0;
}
```

程序运行结果：

```
*p1=1, *p2=2
p1=0x0012FF7C, p2=0x0012FF78
m=1, n=2
phint=0
*p1=16, *p2=16
p1=0x0012FF7C, p2=0x0012FF7C
m=16, n=2
phint=0x0012FF7C
```

3. 关系运算

当两个指针指向同一个数组中的元素时，指针变量可以进行关系运算。两个指针的关系运算是根据两个指针变量值的大小（作为无符号整数）来进行比较的。两个指针变量通常只做相等或不等的判断。例如，判断两个指针变量是否指向同一个单元，或者将指针变量与 0 比较，看指针变量的值是否为空（NULL）等。例如，有指针变量 p1 和 p2，则下面的语句是合法的。

【例 2.3.2】 指针变量的比较。

```
#include <iostream>
using namespace std;
int main()
```

```
{    char *p1 = "abc";
     char *p2 = "abc";
     if(p1==p2)  cout<<"Two pointers are equal.";
     else        cout<<"Two pointers are not equal.";
     return 0;
}
```

程序运行结果：

```
Two pointers are not equal.
```

注意，用字符数组和字符指针变量都可实现字符串的存储和运算。字符数组是由若干个数组元素组成的，它可用来存放整个字符串。字符指针变量本身是一个变量，用于存放字符串的首地址。

2.4 指针和数组

C++中指针和数组是密切相关的，数组名常常可以像指针一样使用。此外，指针数组与数组指针也是容易混淆的一对概念。

① 数组指针：它是一个指针，它指向一个数组。它是“指向数组的指针”的简称。

② 指针数组：它是一个数组，数组的元素都是指针，数组占多少个字节由数组本身决定。它是“存储指针的数组”的简称。

2.4.1 指针与数组名

例如，有如下定义：

```
int a[5] = {1,2,3,4,5};
int * p = &a[0];
```

上述语句的作用是先声明一个整型数组 a，并在数组 a 中存放了 5 个整数，而后声明了一个整型指针 p，它指向了数组 a 的第一个元素。实际上，数组名是数组的起始地址，下面的语句也是合法的。

```
int * p = a;
```

也就是说，数组 a 的第一个元素的地址可以用两种方法获得：p=&a[0]或 p=a，并且 a[1]、p[1]与*(a+1)*(p+1)是等同的。

尽管指针与数组名的使用看起来很相似，但其区别十分明显，指针是变量，在程序运行过程中可以发生变化，所以可以修改指针的值。但是数组名是地址常量，所以不能作为左值使其改变。以下语句是错误的：

```
a++;
```

【例 2.4.1】 计算并输出前 10 个素数。

一个数如果不能被比它小的任一素数整除，则它必然是素数。显然 2、3 是素数，从 5 开始对所有奇数检验其是否为素数，已求出的素数存放在数组 primes 中。

```
#include <iostream>
#include <iomanip>
using namespace std;
```

```
#define MAX 10
int main()
{    int i, j, n, p, r, primes[MAX];
     int *pntw, *pntr;
     long q;
     pntw=primes;
     n=2;
     *pntw++=2;
     *pntw++=3;
     i=5;
     do
     { pntr=primes;
          do
          {  p=*pntr++;
             q=i/p;
             r=i-q*p;
          }while (r&&i<q*q);
          if(r)
          {  *pntw++=i;
             n++;
          }
          i+=2;
     }while (n<MAX);
     j=0;
     pntr=primes;
     for (i=0; i<MAX; ++i)
     {    cout<<*pntr++<<setw(3);
          if(++j==10)
          {  cout<<endl;
             j=0;
          }
     }
     return 0;
}
```

程序运行结果：

```
2  3  5  7  11  13  17  19  23  29
```

2.4.2 指向数组的指针

指向数组的指针是指向一维数组的指针变量，其说明的一般形式为

```
类型 (*指针变量名)[常量表达式] ;
```

其中，“类型”为指针所指数组的数据类型，“*”表示其后的变量是指针类型。例如，有如下定义：

```
int (*p2)[10];
```

这里通过 “()” 将 “*” 和 p2 构成一个指针，指针变量名为 p2，int 修饰的是数组的内

容，即数组的每个元素均为 int。数组在这里并没有名称，是匿名数组。可见，p2 是一个指针，它指向一个包含 10 个 int 类型数据的数组，即数组指针如图 2.4.1 所示。

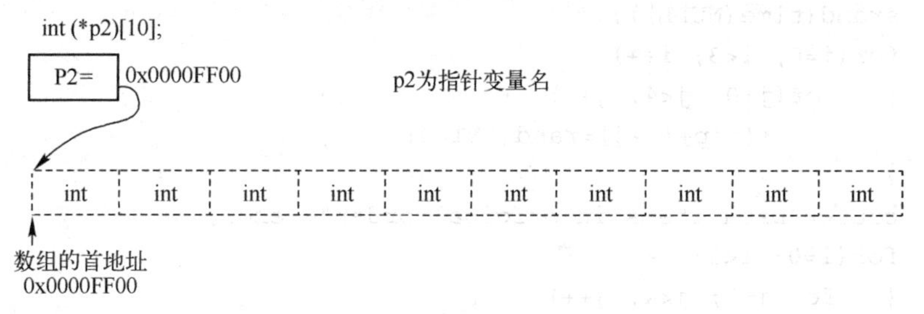

图 2.4.1　数组指针示意图

数组指针的使用与二维数组的访问有关系。二维数组相当于一张二维表格。二维数组具有首地址、行首地址、元素地址等相关地址。数组名代表其首地址，称为二维数组的指针；行首地址是二维数组中某一行的首地址，每一行相当于一个一维数组；元素地址是二维数组的具体分量地址。

例如，对二维数组 a[4][5]，相当于下面的二维数据表：

	0	1	2	3	4	
0：	a[0][0]	a[0][1]	a[0][2]	a[0][3]	a[0][4]	相当于一维数组 a[0]
1：	a[1][0]	a[1][1]	a[1][2]	a[1][3]	a[1][4]	相当于一维数组 a[1]
2：	a[2][0]	a[2][1]	a[2][2]	a[2][3]	a[2][4]	相当于一维数组 a[2]
3：	a[3][0]	a[3][1]	a[3][2]	a[3][3]	a[3][4]	相当于一维数组 a[3]

a 代表整个二维数组的首地址，也就是第 0 行的首地址；a+i 表示第 i 行的首地址； a[i]代表第 i 行第 1 个元素的首地址；*(a+i)表示的也是第 i 行第 1 个元素首地址；a[i][j]地址的表示，可写成如下的形式：

```
&a[i][j];
a[i]+j
*(a+i)+j
a[0]+i*m +j                    //m 是该数组的列数，本例中 m =5
```

二维数组可以使用“行指针”和“列指针”进行处理。

（1）行指针

假设有二维数组 a[3][4]，把二维数组 a 分解为一维数组 a[0]、a[1]、a[2]之后，则 p 可定义为

```
int (*p)[4];
```

它表示 p 是一个指针变量，它指向包含 4 个元素的一维数组，可以用来指向 a[0]、a[1]、a[2]，我们称之为行指针。

【例 2.4.2】 指向一维数组的指针变量使用示例。

```
#include <iostream>
#include <iomanip>
#include <ctime>
#include <cstdlib>
using namespace std;
int main()
{   int a[3][4];
```

```
int (*p)[4], i, j;
    p=a;
    srand(time(NULL));
    for(i=0; i<3; i++)
    {   for(j=0; j<4; j++)
        {   *(*(p+i)+j)=rand()%100;     }
    }
    cout<<"Data items in original order"<<endl;
    for(i=0; i<3; i++)
    {   for(j=0; j<4; j++)
        {   cout<<setw(6)<<*(*(p+i)+j)<<endl;  }
    }
    cout<<endl;
    return 0;
}
```

本例中，应用了“ctime”头文件中的函数 time(NULL)返回从标准时间到当前的格林尼治时间所经过的秒数。rand 函数在 cstdlib 中声明，其作用为返回从 0 到 RAND_MAX 之间的伪随机数，函数 srand()的作用是实现随机化，其参数为整型值，不同的参数值将使得 rand 函数产生不同的随机数序列。

值得注意的是，指针变量的声明为

```
int (*p)[4];
```

是指向以 4 个整型元素组成的一维数组，因此在赋值时可以是

```
p = a;
```

而不能是

```
p=a[0];
```

对于二维数组元素的引用，需要采用两个下标的形式，如*(*(p+i)+j)。

（2）列指针

行指针是不能对列元素进行访问的，把指向数组元素的指针变量称为列指针，例如：

```
int a[3][4];
int *p;
p=a[0];
```

其中，p 为指向数组元素的指针变量，p＋1 所指的元素是 p 指向的元素的下一个元素，*(p＋i*4＋j)即为数组元素 a[i][j]。

【例 2.4.3】 用指针变量顺序输出二维数组元素的值。

```
#include <iostream>
#include <iomanip>
using namespace std;
int main()
{   int a[3][4]={{1,2,3,4},{5,6,7,8},{9,10,11,12}};
    int *pt;
    for(pt=a[0]; pt<a[0]+12; pt++)
```

```
    {   if((pt-a[0])%4==0)
            cout<<endl;
        cout<<setw(4)<<*pt;
    }
    cout<<endl;
    return 0;
}
```

程序运行结果：

```
1       2       3       4
5       6       7       8
9       10      11      12
```

2.4.3 存储指针的数组

元素均为指针类型数据的数组，称为指针数组。指针数组中的每一个元素都相当于一个指针变量，且这些指针变量指向相同数据类型的变量。指针数组定义的一般形式为

类型 *数组名[常量表达式] ;

例如：

```
int *p1[10];
```

定义了一个指针数组 p1，p 有 10 个元素，每个元素是一个指向 int 类型数据的指针，即指针数组如图 2.4.2 所示。

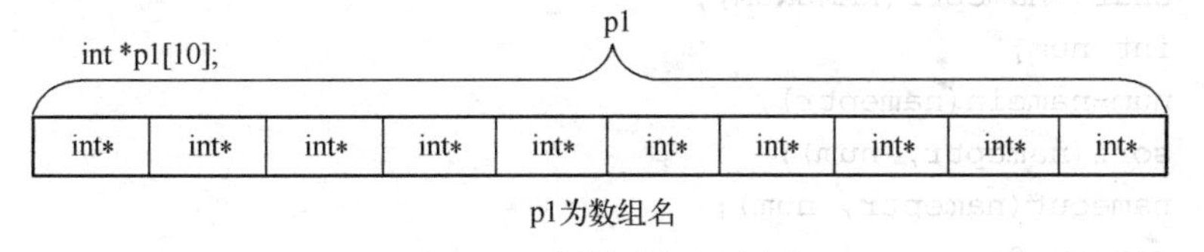

图 2.4.2 指针数组示意图

【例 2.4.4】 从键盘输入名字表，然后按字符串从小到大的顺序排列名字表，最后输出排序后的名字表。

```
#include <iostream>
#include <string.h>
using namespace std;
#define NAMENUM 500
#define NAMELEN 100
int namein(char *nptr[])
{   int n,num=0;
    char *p, name[NAMELEN];
    char choice='Y';
    while(choice=='Y')
    {   cout<<"请输入姓名："<<endl;
        cin>>name;
        n=strlen(name);
        p=new char[n+1];
```

```
        strcpy(p, name);
        nptr[num++]=p;
        cout<<"继续输入吗?(Y/N)"<<endl;
        cin>>choice;
    }
    return num;
}
void sort(char *v[], int n)
{   int i, j;
    char *t;
    for(j=1; j<n; j++)
        for(i=0; i<n-j; i++)
            if(strcmp(v[i],v[i+1])>0)
            {   t=v[i];
                v[i]=v[i+1];
                v[i+1]=t;
            }
}
void nameout(char **nameptr, int n)
{   cout<<"共录入"<<n<<"个姓名，排序后的结果为："<<endl;
    while(--n>=0)
        cout<<*nameptr++<<endl;
}
int main()
{   char *nameptr[NAMENUM];
    int num;
    num=namein(nameptr);
    sort(nameptr, num);
    nameout(nameptr, num);
    return 0;
}
```

程序运行结果：

```
请输入姓名:
Susan（回车）
继续输入吗?(Y/N)
Y（回车）
请输入姓名:
Emily（回车）
继续输入吗?(Y/N)
N（回车）
共录入 2 个姓名，排序后的结果为:
Emily
Susan
```

2.4.4 动态存储

通常定义变量时，编译器在编译时根据该变量的类型，在适当的时候为它们分配所需的内存空间大小。这种内存分配称为静态存储分配。但有些操作只有在程序运行时才能确定，这样编译器在编译时就无法为它们预定存储空间，只能在程序运行时，系统根据运行时的要求进行内存分配，这种方法称为动态存储分配。

当程序运行到需要一个动态分配的变量时，必须向系统申请取得堆区中的一块所需大小的存储空间，用于存储该变量。当不再使用该变量时，也就是它的生命结束时，要显式释放它所占用的存储空间，这样系统就能对该堆空间进行再次分配，做到重复使用有限的资源。

在C语言中是利用库函数malloc和free分配和释放内存空间的。C++提供了简便而功能较强的运算符new和delete来取代malloc和free函数（为了与C兼容，C++仍保留这两个函数）。

new运算符使用的一般格式为

```
new 类型;
```

delete运算符使用的一般格式为

```
delete 指针变量;
```

new运算符返回的是一个指向所分配类型变量的指针。对所创建的变量都是通过该指针来间接操作的，而动态创建的变量本身没有标识符名。例如：

```
float *p = new float(3.14159)   ;
delete p;
```

表示开辟一个存放单精度数的空间，并指定该实数的初值为3.14159，将返回的该空间的地址赋给指针变量p，而后释放了上面用new开辟的存放实数的空间。

通常无需为单个变量“大动干戈”，动态内存分配与释放的往往是数组，例如：

```
int size=100;
char *pt=new char [size];
```

表示开辟一个存放字符数组的空间，返回首元素的地址，将返回的该空间的地址赋给指针变量pt。特别的，在释放存放数组的内存时，必须使用一个特殊的delete语法：在delete运算符和指向堆数组的指针之间插入一对方括号，如

```
delete [ ]pt;
```

【例2.4.5】 从键盘输入10个int型数，而后按输入的相反顺序输出它们。要求使用new运算符动态申请数据空间存放数据。程序执行后的输入输出界面如下。

输入：1 2 3 4 5 6 7 8 9 10

运行输出：10 9 8 7 6 5 4 3 2 1

```
#include <iostream>
using namespace std;
int main()
{   int i, *a, *p;
    a = new int[10];
    cout<<"input 10 integers:"<<endl;
    for(i=0; i<10; i++)
        cin>> a[i];                 // 也可用 *(a+i)
    cout<<"---- The result ----"<<endl;
    for(p=a+9; p>=a; p--)
        cout<<*p<<" ";
```

```
    cout<<endl;
    delete a;
    return 0;
}
```

应该注意的是，①如果由于内存不足等原因而无法正常分配空间，则 new 会返回一个空指针 NULL，用户可以根据该指针的值判断分配空间是否成功；②当对一个指针使用 delete 运算符时，实际上是释放它所指向的内存空间，而这个指针本身还存在，可以再次对它进行赋值；③new 与 delete 是配对使用的，delete 只能释放堆空间。如果 new 返回的指针值丢失，则所分配的堆空间无法回收，称为内存泄漏，同一空间重复释放也是危险的，因为该空间可能已另分配，所以必须妥善保存 new 返回的指针，以保证不发生内存泄漏，也必须保证不会重复释放堆内存空间。

2.5 结　构

在实际生活中，有着大量由不同性质的数据构成的实体，如日期是由年、月、日组成的，通讯录是由姓名、地址、电话、邮政编码等组成的。对于像日期或通讯录这样的实体，用数组是难于描述的。因此，在 C++中提供了一种新的称为结构的构造型数据类型。结构是一组相关的不同类型的数据的集合。结构类型为处理复杂的数据提供了便利的手段。

2.5.1 结构类型的定义

结构与数组类似，都是由若干分量组成的。数组是由相同类型的数组元素组成的，但结构的分量可以是不同类型的，结构中的分量称为结构的成员。访问数组中的分量（元素）是通过数组的下标，而访问结构中的成员是通过成员的名称。

在程序中使用结构之前，首先要对结构的组成进行描述，称为结构的定义。结构的定义说明了该结构的组成成员，以及每个成员的数据类型。结构定义的一般形式如下：

```
struct  结构类型名称
{ 数据类型  成员名 1;
  数据类型  成员名 2;
      ……
  数据类型  成员名 n;
};
```

其中，struct 为关键字；结构类型名称是所定义结构的标识符，由用户自己定义；{ }中包含的是组成该结构的成员项；每个成员的数据类型既可以是简单的数据类型，又可以是复杂的数据类型。整个定义作为一个完整的语句用分号结束。结构类型名称是可以省略的，此时定义的结构称为无名结构。

虽然结构定义时并不要求其内部成员之间有任何内在的联系，但一般来说，结构中所有的成员在逻辑上都是彼此紧密相关的，将毫无任何逻辑关系的一组成员放入同一结构中没有任何实际意义。

为了描述日期可以定义如下结构：

```
struct  date
{    int year;
     int month;
     int day;
```

```
};
```

在这个结构定义中，结构类型名称为 date，可以称这个结构类型为 date。在 date 结构中，有三个成员——year、month 和 day，三个成员均为整型。

为了处理通讯录，可以定义如下结构：

```
struct  address
{   char name[30];
    char street[40];
    char city[20];
    char state[2];
    unsigned long zip;
};
```

结构的定义明确了结构的组成形式，定义了一种 C++中原来没有、而用户实际需要的新的数据类型。在程序编译的时候，结构的定义并不会使系统为该结构分配内存空间，只有在定义结构变量时才分配内存空间。

2.5.2 结构变量的说明

结构类型的定义说明了它的组成，即在计算机中的存在格式，要使用该结构就必须说明结构类型的变量。结构变量说明的一般形式如下：

结构类型名称　结构变量名；

说明结构变量的作用类似于说明一个 int 型的变量一样，系统为所说明的结构变量按照结构定义时的组成，分配存储数据的实际内存单元。结构变量的成员在内存中占用连续存储区域，所占内存大小为结构中每个成员的长度之和。

可以将变量 today 说明为 date 型的结构变量：

```
date  today;
```

也可以说明多个 address 型的结构变量：

```
address  wang , li , zhang;
```

在程序中，结构的定义要先于结构变量的说明。不能用尚未定义的结构类型对变量进行说明。结构的定义和说明可以同时进行，被说明的结构变量可直接在结构定义的“}”后给出。例如，说明结构变量 today 可以使用下面的语句：

```
struct  date
{ int year , month , day;
} today;
```

一个结构变量占用内存的实际大小，可以使用 sizeof 运算求出。sizeof 是单目运算，其功能是求出运算对象所占的内存空间的字节数。其使用的一般形式为

```
sizeof( 变量或类型说明符 )
```

【例 2.5.1】 sizeof 运算的意义。

```
#include <iostream>
using namespace std;
```

```
int main()
{    char str[20];
     struct  date
     {   int year , month , day;
     } today;
     struct  address
     {    char name[30] , street[40] , city[20] , state[2];
         unsigned long int zip;
     } wang;
     cout<<" char:"<< "  "<< sizeof( char ) << '\t';
     cout<<" int:"<< "  "<< sizeof( int ) << '\t';
     cout<<" long:"<< "  "<< sizeof( long << '\t');
     cout<<" float:"<< "  "<< sizeof( float ) << '\t';
     cout<<endl;
     cout<<" double:"<< "  "<< sizeof( double ) << '\t';
     cout<<" str:"<< "  "<< sizeof( str ) << '\t';
     cout<<" date:"<< "  "<< sizeof( date ) << '\t';
     cout<<" wang:"<< "  "<< sizeof( wang ) << '\t';
     cout<<endl;
     return 0;
}
```

程序运行结果：

```
char:   1        int:    4       long:   4       float:  4
double: 8        str:    20      date:   12      wang:   96
```

在结构变量说明的同时，可以对每个成员置初值，称为结构的初始化。结构初始化的一般形式如下：

结构类型名称　结构变量 = { 初始化数据 }；

其中，“{ }”包含的初始化数据用逗号分隔。初始化数据的个数与结构成员的个数应相同，它们是按成员的先后顺序一一对应赋值的。此外，每个初始化数据必须符合与其对应的成员的数据类型。例如，在前面给出的 date 类型的变量，可以用如下形式进行初始化。

```
date  today = { 2010,10,1 };
```

2.5.3　结构成员的引用

结构作为若干成员的集合是一个整体，但在使用结构时，不仅要对结构整体进行操作，还要频繁地访问结构中的每个成员。在程序中使用结构中成员的方法为

结构变量名. 成员名称

如将"2010.10.01"这个日期送入 today 结构变量，只能对其各个成员分别赋值：

```
today.year = 2010;
today.month = 10;
today.day=1;
```

在 C++中，指明结构成员的符号“.”是一种运算符，它的含义是访问结构中的成员。这样

“today.year”的含义就是访问结构变量 today 中的名为 year 的成员。结构的成员可以像一般变量一样参与各种操作和运算，而作为代表结构整体的结构变量，要进行整体操作就有很多限制，由于结构中各个成员的逻辑意义不同，类型不同，因此对结构变量整体操作的物理意义不是十分明显。能够对结构进行整体操作的运算不多，只有赋值“=”和取地址“&”操作。例如：

```
date  sunday , today;
sunday = today;
```

上述语句的作用是进行结构变量整体赋值，即完成对应分量的赋值，就是将结构变量 today 的值按照各个分量的对应关系赋给结构变量 sunday。这里“=”两侧的结构变量类型必须是相同的结构类型。

【例 2.5.2】 输入今天的日期，并输出该日期。

```
#include <iostream>
using namespace std;
int main()
{   struct  date
      { int year , month , day;
      };
      date  today;
      cout<<"Enter today date (year month day):";
      cin>> today.year>> today.month>> today.day;
      cout<<"Today:"<<today.year<<"-"<<today.month<<"-"<<
          today.day<<endl;
      return 0;
}
```

2.5.4 结构数组和结构指针

1. 结构数组

结构数组是一个数组，其数组中的每一个元素都是结构类型。说明结构数组的方法如下：先定义一个结构，然后用结构类型说明一个数组变量。例如，为记录 100 个人的基本情况，可以说明一个有 100 个元素的数组。每个元素的基类型为一个结构，在声明数组时可以写成：

```
person  man[100];
```

于是，man 就是有 100 个元素的结构数组，数组的每个元素为 person 型。要访问结构数组中的具体结构，必须遵守数组使用的规定，按数组名及其下标进行访问，要访问结构数组中某个具体结构下的成员，又要遵守有关访问结构成员的规定，使用“.”访问运算符和成员名。访问结构数组成员的一般格式如下：

结构数组名 [下标] .成员名

同一般的数组一样，结构数组中每个元素的起始下标从 0 开始，数组名称表示该结构数组的存储首地址。结构数组存放在一块连续的内存区域中，它所占内存数目为结构类型的大小乘以数组元素的个数。结构数组 man 在内存中的存储如图 2.5.1 所示。

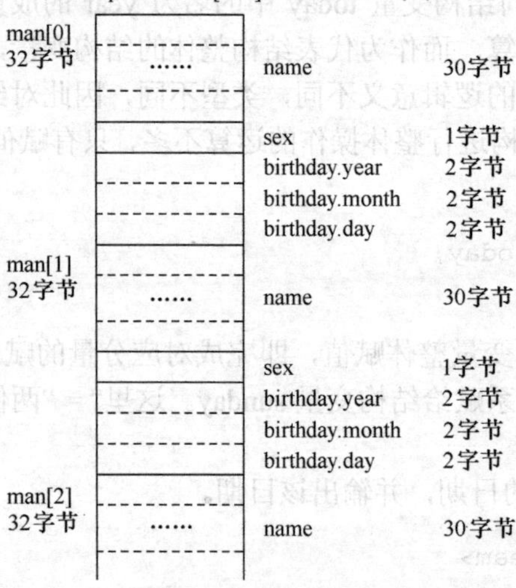

图 2.5.1　结构数组 man 在内存中的存储

2．结构指针

结构指针是一个指针，指针所指向的是结构类型。说明结构指针的方法如下：先定义一个结构，然后用结构类型说明一个指针变量。结构指针说明的一般形式如下：

结构类型名称　* 结构指针变量名;

例如：

```
date  * pdate , today;
```

说明了两个变量，一个是指向结构 date 的结构指针 pdate，today 是一个 date 结构变量。语句：

```
pdate = &today;
```

的含义如图 2.5.2 所示。

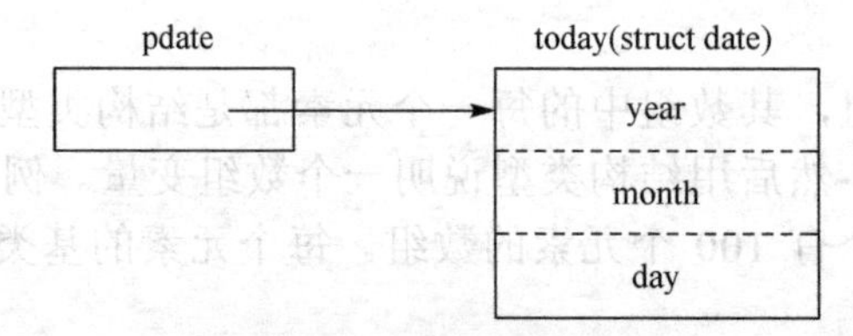

图 2.5.2　结构指针指向结构

通过结构变量 today 访问其成员的操作，也可以用等价的指针形式表示：

`today.year = 2010;`　等价于　`( * pdate ).year = 2010;`

由于运算符“*”的优先级比“.”的优先级低，所以必须用“()”将* pdate 括起来。若省去括号，则含义就变成了“* (pdate.year)”。

在 C++中，通过结构指针访问成员可以采用运算符“->”进行操作，对于指向结构的指针，为了访问其成员可以采用下列语句形式：

结构指针 -> 成员名;

这样，上面通过结构指针 pdate 访问成员 year 的操作就可以写成

```
pdate -> year = 2010;
```

如果结构指针 p 指向一个结构数组，那么对指针 p 的操作就等价于对数组下标的操作。

【例 2.5.3】 用一个结构表示学生的学号和成绩，编写程序，对班中 30 名学生按成绩进行排序，并输出排序后的学号、成绩和全班平均分。

```
#include <iostream>
using namespace std;
#define  STNUM  30
struct  stuinf
{   int stid;
    int score;
} stu[STNUM];
int main()
{  stuinf * ptemp , * p[STNUM];
   int i , j , k , sum = 0;
   for( i = 0;i <= STNUM - 1; i++ )   // 累计学生的分数
   {    cin>>stu[i].stid>>stu[i].score;
        p[i] = & stu[i];
        sum += stu[i].score;
   }
   for( i = 0; i <= STNUM - 2; i++ )   // 排序操作
   {  k = i;
        for( j = i; j <= STNUM - 1; j++ )
             if( p[k]->score < p[j]->score )   k = j;
        if( k != i )
        {  ptemp = p[i];
           p[i] = p[k];
           p[k] = ptemp;
        }
   }
   for( i = 0; i <= STNUM - 1; i++ ) //按排序顺序输出学号和成绩
        cout<<( * p[i] ).stid<<p[i]->score<<endl;
   cout<<" average score ="<< sum/STNUM <<endl;//输出平均分
   return 0;
}
```

程序中使用了较为复杂的数据结构，包括：结构数组 stu，指向结构的指针 ptemp，由指向结构的指针构成的指针数组 p。程序在结构数组 stu 和指针数组 p 之间建立了对应的指针关系，从而为简化后继处理打下了良好的基础。

在排序过程中，程序使用选择排序的思想，先查找确定当前的最大值，再进行一次有实效的数据交换。进行数据交换时，不是交换结构数据本身，而是交换了指向结构数据的指针。在输出时，按照排序后指针的顺序，输出排序后的数据。

2.6 函　数

函数是程序的基本组成单位。在 C 语言程序设计中，可以在程序模块中直接定义函数，一个 C 程序总是由若干个函数组成的。在 C++面向对象的程序设计中，主函数以外的函数大多被封装在类中，主函数或其他函数可以通过类对象调用类中的函数。

2.6.1 函数的声明、定义和调用

C++中的函数主要包括声明（函数的主要特征——往返传送的数据类型的数量和类型）、定义（函数的具体过程编写）和函数调用三部分。

1．函数声明

在C++中，函数应该先声明，后调用。所谓函数声明，就是在函数尚未定义的情况下，事先将该函数的有关消息通知编译系统。所谓的有关消息包括函数的名称、函数类型以及形参的个数、类型和顺序，如下代码：

```
double add(double x, double y) ;
```

声明了一个返回 double 值，并且有两个 double 型参数的 add 函数。这种函数声明形式称为函数原型。使用函数原型是 C++的一个重要特点，它的作用是根据函数原型在程序编译阶段对调用函数的合法性进行全面检查。

函数原型的一般形式为

```
函数类型 函数名(参数类型1, 参数类型2,…) ;
```

或者

```
函数类型 函数名(参数类型1 参数名1, 参数类型2 参数名2,…) ;
```

编译系统并不检查参数名，因此参数名是什么无所谓，所以上述两者效果完全相同。

2．函数定义

函数定义规定了函数的名称、返回类型、参数列表（包括参数个数、类型、顺序）以及函数体部分。下面是函数 add 的定义形式，其功能是求两个实数的和。add 函数带有两个 double 类型的形式参数（形参），返回 double 型的值。

```
double add(double x, double y)
{   return (x+y);
}
```

在上述函数定义中，第一个关键字 double 表示函数的返回值类型，如果函数没有返回值则用空类型 void 表示；接着是函数的名称 add；圆括号内是函数的形式参数列表或称参数列表，各参数之间用逗号分开。

在 C++程序中，如果函数调用出现在函数定义之前，那么在调用函数前必须对函数进行声明。如果函数调用在函数定义之后，则可以不做声明。建议养成对所有用到的函数先声明后调用的习惯，这是保证程序正确性和可读性的重要环节。

3．函数调用

函数调用的一般格式为

```
函数名（实参列表）;
```

函数调用时，要指定函数名并提供实际参数（实参）信息。函数名对应函数的入口地址，实际参数提供执行任务所需的信息。如果是调用无参函数，则实参表列可以省略，但括号不能省略。如果实参列表包含多个实参，则各参数间以逗号隔开。实参与形参的个数应相等，类型应匹配（相同或赋值兼容）。实际参数与形式参数必须按顺序对应，一对一地传递参数值。

2.6.2　函数的参数传递

在调用函数时，大多数情况下函数是带参数的，主调函数和被调函数之间有参数传递关系。实参数据信息到形参的传递机制有两种，一种为“值传递”，另一种为“引用传递”。“引用传递”后继将详细讲解。这里重点讲述“值传递”。所谓“值传递”是将实参数据的值或实参地址值单向复制给形参，即在调用函数时，将主调函数中实参数据的值或实参的地址值取出来，复制给被调函数的形参，使形参在数值上与这些实参值相等。形参是被调函数内部产生的一个新的变量，它使用实参传递过来的值在被调函数内进行计算，而且只能将实参信息传递给形参，不能将形参信息传回给实参。因此，被调函数内部形参值的改变并不会影响主调函数中实参的值。值得注意的是，将实参的地址值传递给形参时，实参和形参拥有同一个存储单元地址，在被调函数内可以通过这个地址访问实参的值。

1．实参数据的值传递

这种情况是系统将实参数据值取出来，复制给形参。形参的值在被调函数体内有不同于主调函数实参数据值的存储空间，因此，对形参的操作与主调函数的实参数据无关。

【例 2.6.1】 用函数交换主调函数中两个变量的值。

```
#include<iostream>
using namespace std;
void swap(int, int) ;
int main()
{   int a(5), b(9);
    swap(a, b);
    cout<<"a="<<a<<","<<"b="<<b<<endl;
    return 0;
}
void swap(int x, int y)
{   int temp;
    temp=x; x=y; y=temp;
    cout<<"x="<<x<<","<<"y="<<y<<endl;
}
```

程序运行结果：

```
x=9, y=5
a=5, b=9
```

例子中，调用函数 swap 时，实参 a 的值 5 传递给形参 x，实参 b 的值 9 传递给形参 y，相当于执行了语句“int x=a”和“int y=b”。从此，实参 a、b 与形参 x、y 没有任何联系，即使在函数 swap 内部对 x、y 的值进行交换操作，也不会影响外部变量 a、b 的值。

此时，调用函数时会产生局部参数对象，如本例中会产生 int 型的 x 和 y 两个局部对象，建立局部参数对象的顺序是从右向左；即先建立 y，后建立 x。函数调用结束时将删除这些局部参数对象，删除顺序与建立的顺序相反。

2．实参地址值传递

当函数参数为指针类型时，系统将实参对象的地址值传递给形参指针。此时在被调函数内可以通过形参指针间接访问实参。

【例 2.6.2】 用函数交换主调函数中两个变量的值。

```
#include<iostream>
```

```
using namespace std;
void swap(int*, int*);
int main()
{   int a(5), b(9);
    swap(&a, &b);
    cout<<"a="<<a<<","<<"b="<<b<<endl;
    return 0;
}
void swap(int* x, int* y)
{   int temp;
    temp=*x; *x=*y; *y=temp;
    cout<<"*x="<<*x<<","<<"*y="<<*y<<endl;
}
```

程序运行结果：

```
*x=9, *y=5
a=9, b=5
```

例子中，调用函数 swap 时，实参 a 的地址值传给形参指针 x，实参 b 的地址值传给形参指针 y，这相当于执行了语句“int *x=&a;”和“int *y=&b;”。函数 swap 内部通过指针 x 与指针 y 对外部变量 a 与 b 的值进行了交换。

2.6.3 带默认参数的函数

一般情况下，在函数调用时形参从实参那里取值，因此实参的个数应与形参相同。有时多次调用同一函数时用同样的实参，C++提供了简单的处理办法，给形参指定一个默认值，这样形参就不必从实参取值了。函数调用时，如果给出实参，则用实参初始化形参；如果没有给出实参，则采用默认的参数值。例如：

```
int add(int x=2, int y=3);                  // 函数原型声明
int main()
{   add(10);                                // 函数调用
    add();                                  // 函数调用
    return 0;
}
int add(int x, int y)                       // 函数定义
{   return (x+y);
}
```

实参与形参的结合是按从左到右的顺序进行的，第 1 个实参必然与第 1 个形参结合，第 2 个实参必然与第 2 个形参结合……因此，指定默认值的参数必须放在形参表列中的最右端，或者说，在带默认值的形参的右边，不允许出现无默认值的形参，否则会出错。例如：

```
void f1(float a, int b=0,int c, char d='a');      //不正确
void f2(float a, int c, int b=0, char d='a');     //正确
```

如果调用上面的 f2 函数，则可以采取下面的形式：

```
f2(3.5, 5, 3, 'x')          //形参的值全部从实参得到
f2(3.5, 5, 3)               //最后一个形参的值取默认值'a'
```

```
f2(3.5, 5)                //最后两个形参的值取默认值，b=0，d='a'
```

可以看出，在调用有默认参数的函数时，实参的个数可以与形参的个数不同，实参未给定的，从形参的默认值得到值。利用这一特性，可以使函数的使用更加灵活。

2.6.4 内置函数

使用函数有利于代码重用，可以提高开发效率，增强程序可靠性，也便于程序开发中的分工合作与修改维护。但是，函数调用也会降低程序的执行效率。因为调用函数时，需要“保护现场”并进行参数传递，转到被调函数的代码起始地址去执行；函数执行结束后，还需要“恢复现场”才能继续执行。函数调用执行过程如图 2.6.1 所示。

可以看出，函数调用过程都需要时间和空间方面的系统开销，从而影响了程序的执行效率。为了提高程序运行速度，节省开销，C++中提供了一种在编译时可以将被调用函数的代码直接嵌入主调函数的方法，这种嵌入到主调函数中的函数称为内置函数。对于一些功能简单、规模较小又使用频繁的函数，可以设计为内置函数，这样在编译时使用内置函数体的代码代替函数调用语句，即可避免因函数调用而引起的开销。

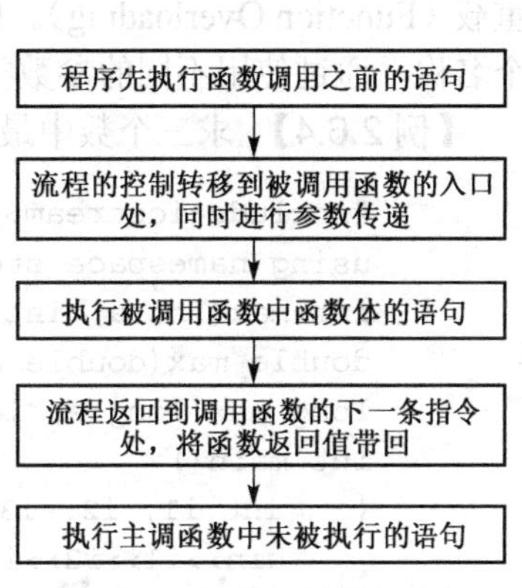

图 2.6.1　函数调用执行过程

内置函数在定义时使用关键字 inline，语法形式如下：

inline　类型说明符　　函数名(形参表)

【例 2.6.3】 内置函数的使用。

```
#include<iostream>
using namespace std;
double CalArea(double );
int main( )
{   double r(1.0);
    double area;
    area=CalArea(r);
    cout<<area<<endl;
    return 0;
}
inline double CalArea(double radius)
{   return 3.14*radius*radius;
}
```

程序运行结果：

```
3.14
```

编译系统在遇到 CalArea(r)时，就用 CalArea 的函数体代码代替 CalArea(r)，并用实参代替形参。

程序中调用内置函数与调用普通函数的方式和方法相同，内置函数与普通函数的区别如下。

1）在定义内置函数时，函数的返回值类型左面有 inline 关键字，而普通函数在定义时没有此关键字。

2）当在程序中调用一个内置函数时，是将该函数的代码直接插入到调用点，然后执行该段代码。因此，在调用过程中不存在程序流程的跳转和返回问题；而对于普通函数的调用，程序是从主调函数的调用点转去执行被调函数的，待被调函数执行完毕后，再返回到主调函数调用点的下一条语句继续执行。

3）从调用机理看，内置函数可以加快程序执行代码的执行速度和效率，减少调用开销，但这是以增加程序代码为代价的。

2.6.5 函数的重载

C++允许用同一函数名定义多个函数，这些函数的参数个数和参数类型不同。此即函数重载（Function Overloading）。也就是说，一个函数名可以实现多种功能，即多个函数取同一个名称，通过使用不同的参数类型、参数个数或参数顺序来调用不同的函数版本。

【例 2.6.4】 求三个数中最大的数（分别考虑整数、双精度数、长整数的情况）。

```
#include<iostream>
using namespace std;
int max(int a, int b, int c);
double max(double a, double b, double c);
long max(long a, long b, long c);
int main()
{    int i1, i2, i3;
     cin>>i1>>i2>>i3;
     cout<<"i_max="<< max(i1,i2,i3)<<endl;
     double d1, d2, d3;
     cin>>d1>>d2>>d3;
     cout<<"d_max="<< max(d1,d2,d3)<<endl;
     long g1, g2, g3;
     cin>>g1>>g2>>g3;
     cout<<"g_max="<< max(g1,g2,g3)<<endl;
     return 0 ;
}
int max(int a, int b, int c)
{    if(b>a)  a=b;
     if(c>a)  a=c;
     return a;
}
double max(double a, double b, double c)
{    if(b>a)  a=b;
     if(c>a)  a=c;
     return a;
}
long max(long a, long b, long c)
{    if(b>a)  a=b;
     if(c>a)  a=c;
     return a;
}
```

程序运行结果：

```
185  -76  567(回车)                    (输入 3 个整数)
```

```
56.87  90.23  -3214.78(回车)        (输入 3 个实数)
67854  -912456  673456(回车)        (输入 3 个长整数)
i_max=567                           (输出 3 个整数的最大值)
d_max=90.23                         (输出 3 个双精度数的最大值)
g_max=673456                        (输出 3 个长整数的最大值)
```

从这个例子可以看出，我们用一个函数名 max 分别定义了三个函数。那么，在调用时怎样决定选择哪个函数执行呢？系统会根据调用函数时给出的信息去寻找与之匹配的函数。上面的 main 函数三次调用 max 函数，而每次实参的类型不同，系统就根据实参的类型找到与之匹配的 max 函数，然后调用该函数。

具体的，可以按以下三个步骤找到并调用正确的函数。

1）寻找一个严格的匹配函数，如果找到了就调用该函数，即调用与实参的参数个数、类型和顺序完全相同的那个函数。

2）通过内部转换（即隐式类型转换）寻求一个匹配函数，如果找到了就调用该函数，即当通过 1）的方法没有找到相匹配的函数时，则由 C++系统对实参的数据类型进行内部转换，转换完毕后，如果有匹配的函数存在，就执行该函数。

3）通过用户定义的转换（即显式类型转换）寻求一个匹配函数，若能查出有唯一的一组转换，则调用该函数，即在函数调用处由程序员对实参进行强制类型转换，以此作为查找相匹配的函数的依据。

2.7 本 章 小 结

在本章中，我们学习了指针、数组、结构及函数的基础知识。指针变量模拟了现实中的间接回答。在 C++中，指针是一种存放着其他数据所处地址的对象。数组是同类对象的集合，结构与数组不同，可以存放多个对象，并且不一定是相同类型的对象，结构中的每个对象都是成员，可以通过“.”成员运算符加以访问。对于通过指针间接访问的结构而言，可以用“->”运算符访问其中的成员。无论 C 或者 C++，程序功能基本上是由函数实现的。函数的使用可以把程序以更模块化的形式组织起来。

习 题 2

2.1 有 10 个数由大到小顺序存储在 a 数组中，用二分法（折半法）查找一个数是否在数组中，若存在，则输出该数的位置。

2.2 输入一行字符串，找出其中大写字母、小写字母、空格、数字以及其他字符各有多少。

2.3 写出一个函数的原型，要求其参数为一个指向字符型数据的指针数组，无返回值。

2.4 已知某运动会上女子百米运动员决赛成绩。要求编写程序，按成绩排名次，并按名次输出排序结果，包括名次、运动员号、成绩三项内容。

实验训练题 2

1. 给下列程序加上包含文件并进行调试，使之具有如下功能：先任意输入两个字符串，并存放在 str1、str2 两个数组中；再将较短的字符串放在 str1 数组中，较长的字符串放在 str2 数组中，并输出。

```
#include <iostream>
using namespace std;
```

```
int main()
{   char str1[80], str2[80], ch;
    int c, d, k;
    cin>>str1>>str2;
    cout<<"str1="<<str1<<"str2="<<str2<<endl;
    c=strlen(str1);
    d=strlen(str2);
    if(c>d)
       for(k=0; k<d; k++)
         { ch=str1[k]; str1[k]=str2[k]; str2[k]=ch; }
    cout<<"str1="<<str1<<endl;
    cout<<"str2="<<str2<<endl;
     return 0;
}
```

2．调试下列程序，使其能够从键盘输入某年某月某日，将其转换成这一年的第几天并输出。

解题思路：假设给定的月是 *i*，则将 1，2，3，…，*i*-1 月的各月的天数累加，再加上指定的日。但是闰年的 2 月份是 29 天，因此还需要判定给定的年是否是闰年。为实现这一算法，需要设置一张每月天数列表，给出每个月的天数，考虑闰年和非闰年的情况，此表可设置成一个 2 行 13 列的二维数组，其中第一行对应的每列（设 1～12 列有效）元素是平年各月的天数，第二行对应的是闰年每月的天数。程序中需要在两个函数之间传递二维数组。

```
#include <iostream>
using namespace std;
int day_of_the_year(int day_tab[][13], int, int, int);
int main()
{   static int day_tab[][13]={
       { 0,31,28,31,30,31,30,31,31,30,31,30,31},
       { 0,31,29,31,30,31,30,31,31,30,31,30,31} };
    int y, m, d;
    cout<<"请输入年、月、日"<<endl;
    cin>>y>>m>>d;
    cout<<"您输入的日期 "<<y<<"年"<<m<<"月"<<d<<"日是: "<<endl;
    cout<<y<<"年的第"<<DayoftheYear(day_tab,y,m,d)<<"天";
    cout<< endl;
    return 0;
}
int DayoftheYear(int day_tab[][13], int year, int month, int day)
{   int i, j;
    i = ((year%4 == 0 && year%100 != 0) || year%400 == 0);
    for (j=1; j<month; j++)
       day+= day_tab[i][j];
    return (day);
}
```

3．调试下列程序，输入 10 个学生的学号、姓名和成绩，输出学生的成绩等级和不及格人数。

具体程序设计：每个学生的信息包括学号、姓名、成绩和等级。定义 set_grade()函数设置学生成绩的等级，并统计不及格的人数。等级设置：85～100 为 A，70～84 为 B，60～69 为 C，0～59 为 D。该程序使用结构指针作为函数参数。

```
#include<iostream>
using namespace std;
#define N 10
struct student{
    int num;
    char name[20];
    int score;
    char grade;
};
int set_grade(struct student *p);
int main()
{   student stu[N], *ptr;
    int i, count;
    ptr=stu;
    cout<<"Input the student's number, name and score:"<<endl;
    for( i=0; i<N; i++ )
    {   cout<<"No "<<i+1<<": "<<"\n";
        cout<<"num:" ;
        cin>>stu[i].num;
        cout<<"name:" ;
        cin>>stu[i].name;
        cout<<"score:" ;
        cin>>stu[i].score;
        cout<<endl;
    }
    count=set_grade(ptr);
    cout<<"The count(<60): "<<count<<endl;
    cout<<"The student grade: "<<endl;
    for( i=0; i<N; i++)
    {   cout<<stu[i].num<<" ";
        cout<<stu[i].name<<" ";
        cout<<stu[i].score<<" ";
        cout<<stu[i].grade<<" ";
        cout<<endl;
    }
    return 0;
}
int set_grade(student *p)
{   int i, n=0;
    for( i=0; i<N; i++, p++)
    {   if(p->score>=85)        p->grade='A';
        else if(p->score>=70)   p->grade='B';
        else if(p->score>=60)   p->grade='C';
        else{  p->grade='D';    n++;   }
    }
    return n;
}
```

第 3 章　C++类及其对象的封装性

本章学习目标

通过本章的学习，学生应该能够做到:

1）了解: 类和对象的基本概念。

2）理解: C++封装性，数据和行为有机结合在一起。

3）掌握: 类的定义和使用方法，对象的定义和使用方法，构造函数和析构函数用以初始化和清理对象，以及使用友元、引用和运算符重载提高程序的效率和可读性。

在 C++中，类是面向对象编程的基本机制。对象是一个实体——数据类型的实例。封装有两个含义：结合性，即将属性和方法结合；信息隐蔽性，利用接口机制隐蔽内部细节。

3.1　类的声明和对象的定义

3.1.1　声明类类型

在 C++中，类可以看做一种特殊的数据类型，是由用户自己定义说明的。如果程序中要用到类类型，必须自己根据需要进行定义说明，或者使用别人设计好的类。C++的类用 class 来构造，class 定义说明的语法与结构 struct 的定义说明非常相似，只是 class 具有封装性，即它封装了一组数据变量和对这些数据变量进行操作的函数。例如:

```
struct Student
{    int num;
     char name[20],
     char  sex;
};
Student stud1, stud2;
```

上面的定义说明了一个名为 Student 的结构体类型并定义了两个结构体变量 stud1 和 stud2。可以看出，它们只包含数据（变量），没有包括操作。下面是类定义说明:

```
class Student
{    int num;
     char name[20];
     char  sex;
     void display()
     {   cout <<"num:"<< num << endl;
         cout  <<"name:"<< name << endl;
         cout <<"sex:"<< sex << endl;
     }
 };
Student  stud1, stud2;
```

可见，类的定义说明由结构体定义说明发展而来。第 1 行"class Student"是类头（Class Head），由关键字 class 和类名 Student 组成，class 是声明类的关键字，就像定义说明结构体的 struct 一样。从第 2 行的左花括号起到倒数第 2 行的右花括号是类体（Class Body），即类体是由花括号括起来的，类的定义说明以分号结束。

类体的内容是类的成员列表（Class Member List），列出了类的全部成员。可以看出，类的成员包括数据以及对这些数据进行操作的函数。display 是一个函数，用来对某对象中的数据进行操作，输出某对象学生的学号、姓名和性别。此即"类把数据和操作封装在一起"的体现，类就是对象的类型。实际上，类也是一种数据类型，是一种广义的数据类型，它拥有的数据既包含数据，也包含操作数据的函数。

在上述定义说明中，封装在对象 stud1 和 stud2 中的成员都对外界隐蔽，外界不能调用它们。只有对象中的函数 display 可以引用同一对象中的数据，即在类外不能直接调用类中的成员。这时，虽然"安全"了，但是在程序中如何执行对象 stud1、stud2 的 display 函数呢？实际上，它是无法启动的，因为缺少对外界的接口，外界不能调用类中的成员函数，完全与外界隔绝了。那么，这样的类有什么用呢？因此，不能把类中的全部成员与外界隔离，一般是将类中的数据隐藏起来，而把成员函数作为对外界的接口。例如，可以从外界发一个命令，通知对象 stud1 执行其中的 display 函数，输出某一学生的有关数据。

可以将上面的类声明改为

```
class Student
{    private:
          int num;
          char name[20];
          char  sex;
     public:
          void display()
              cout <<"num:"<< num << endl;
              cout  <<"name:"<< name << endl;
              cout <<"sex:"<< sex << endl;
          }
 };
Student  stud1, stud2;
```

这里，将 display 声明为公用的，外界就可以调用该函数了。如果在类的定义中既不指定成员为 private，也不指定成员为 public，则系统自动默认其为私有的（第一次的类声明就是默认所有的成员为私有的）。由此可见，在 C++中，定义类的一般形式如下：

```
class 类名
{  private:
         私有的数据和成员函数
   public:
         公用的数据和成员函数
   protected:
         保护的数据和成员函数
 };
```

在类的定义中，类的标识符即类名。private、public、protected 称为成员访问限定符（Member Access Specifier），用它们限定各个成员的访问权限。类的成员可分为 private（私有的)、public（公有的）和 protected（受保护的）三个层次。

① **private：**此关键字后面声明的是类的私有类型成员。私有数据成员和成员函数是不透明的，它们只允许本类的成员函数来访问，不能在类的定义域之外被直接访问。当类的成员处于类声明的第一部分时，关键字 private 可以省略。

② **public：**此关键字后面声明的是类的公有类型成员，它们是类与外部的接口，外界可以通过这些接口与类发生联系。

③ **protected：**此关键字后面声明的是类的保护类型成员，它们用于类的继承和派生，它们不能在类外直接访问，允许本类的成员函数或派生类的成员函数来访问。

在类中声明为 private、public 和 protected 的成员的次序是任意的，既可以先写 private 部分，也可以先写 public 部分或者 protected 部分。在一个类中，不一定都包括三种类型的成员，可以只有 private 部分或只有 public 部分。同时，在一个类体中，关键字 private 和 public 可以分别出现多次，即一个类体中可以包含多个 private 和 public 部分。每个部分的有效范围到出现另一个访问限定符或类体结束（最后一个右花括号）为止。但是，为了使程序清晰，建议使每一种成员访问限定符在类定义体中只出现一次。

在 C++程序中经常可以看到类。为了方便用户，常用的 C++编译系统往往向用户提供类库，类库中提供了常用的基本的类供用户使用。有些用户也将自己经常用到的类放在一个专门的类库中，需要时直接调用，以减少程序设计的工作量。

3.1.2 定义对象的方法

对象的定义方法有以下几种。

1）先定义说明类类型，再定义对象：

类名 对象名；

前面的例子就使用了这种方法，例如：

```
Student stud1, stud2;
```

2）在声明类类型的同时定义对象：

```
class Student
{    int num;
     char name[20];
     char  sex;
     void display()
     {  cout <<"num:"<< num << endl;
        cout  <<"name:"<< name << endl;
        cout <<"sex:"<< sex << endl;
     }
 } stud1, stud2;
```

3）不出现类名，直接定义对象：

```
class
{    int num;
     char name[20];
     char  sex;
     void display()
```

```
        {   cout <<"num:"<< num << endl;
            cout  <<"name:"<< name << endl;
            cout <<"sex:"<< sex << endl;
        }
    } stud1, stud2;
```

这种直接定义对象的方法在 C++中是合法的、允许的，但是很少用。因为，在面向对象的程序设计和 C++程序中，类的声明和类的使用是分开的，类不只为一个程序服务，人们往往把常用的功能封装成类，并放在类库中。因此，实际程序设计中常采用第 1 种方法来定义对象。在小型程序或者定义的类只用于本程序时，也采用第 2 种方法。

当定义多个对象时，对象名之间用逗号隔开，对象名可以是一般的对象、指向对象的指针或引用名，也可以是对象数组。在定义一个对象时，编译系统会为这个对象分配存储空间，以存放对象中的成员。

【例 3.1.1】 定义一个日期类 CDate，再创建一个生日对象。

```
class CDate
{       int year;
        int month;
        int day;
    public:
        void SetDate(int, int, int);
        void ShowDate();
};
```

在定义了类 CDate 之后，可以创建 CDate 类的对象和指针：

```
CDate myBirthday, *p, q[5];
```

3.1.3 对象成员的引用

在程序中经常需要访问对象中的成员，可以通过对象名和成员运算符访问对象中的成员，也可以通过指向对象的指针访问对象中的成员。

1）通过对象名访问对象成员的一般方法为

```
对象名. 数据成员名;
对象名. 成员函数名（参数表）;
```

其中，“.”是成员运算符，用来对成员进行限定，指明访问哪一个对象中的成员。例如：

```
myBirthday. ShowDate();
```

上述程序段将调用对象 myBirthday 的成员函数 ShowDate，输出对象 myBirthday 的数据中 year、month 和 day 值。

应该注意所访问的成员是 public 还是 private 的。在类外只能访问 public 成员，不能直接访问 private 成员。可见，为了实现类与外部的接口，应当至少有一个公有的成员函数，以作为类的对外接口，否则程序就无法对对象进行任何操作。

2）通过指向类对象的指针访问对象成员的方法为

```
对象指针-> 数据成员名;
对象指针-> 成员函数名（参数表）;
```

例如：

```
p=&myBirthday;
p-> ShowDate();
```

表示调用p当前指向的对象myBirthday中的成员函数ShowDate( )，另一种访问的方式是(*p).ShowDate( )。

3.2 类的成员函数

3.2.1 成员函数的访问属性

类的成员函数描述了类的行为，它是函数的一种，其用法和作用与一般的函数基本相同，它也有返回值和函数类型。不同的是，它是一个类的成员，出现在类定义体中，而且可以被定义为private（私有的）、public（公有的）和protected（保护的）三种属性。在使用类的成员函数时，要注意调用它的权限（决定它能否被调用）以及它的作用域（函数能使用什么范围内的数据和函数）。例如，私有成员函数只能被本类中的其他成员函数调用，不能被类外调用。成员函数可以访问本类中的任何成员（包括private和public特性），可以引用在本作用域中有效的数据。

根据实际应用的需求，一般将需要被外界调用的成员函数声明为public，它们是类的对外接口。但这并不意味着应该将所有的成员函数都声明为public，因为有些成员函数设计的目的不是外界调用，而是本类中的其他成员函数调用，所以应该将这样的成员函数声明为private，类外用户不能调用这些private属性的成员函数。

3.2.2 在类外定义成员函数

类的成员函数可以在类的定义体中定义，也可以先在类定义体中声明成员函数，然后在类定义体外给出成员函数的具体实现。成员函数在类定义体中做原型声明，然后在类外定义，即类的定义体应在函数定义之前。调用成员函数时，系统会根据在类中声明的函数原型找到成员函数的定义（执行代码）。类外定义成员函数的一般形式如下：

```
返回值类型  类名::成员函数名(参数表)
{  …
   …                //函数体
 }
```

其中，“::”是作用域运算符。

【例3.2.1】 类外定义成员函数举例。

```
class Student
{ private:
    int num;
    char name[20];
    char  sex;
  public:
    void display();
};
void Student::display()
```

```
{    cout <<"num:"<< num << endl;
     cout <<"name:"<< name << endl;
     cout <<"sex:"<< sex << endl;
 }
Student  stud1, stud2;
```

值得注意的是，在类定义体中定义成员函数时，不需要在函数名前加上类名。但成员函数在类外定义时，必须在函数名前加上类名，并用作用域运算符“::”来限定该函数属于哪个类。Student::display( )表示 display( )函数的作用域是 Student 类，即 display( )函数属于 Student 类。

在类定义体中声明成员函数，在类外给出成员函数的具体实现，这是一种良好的程序设计习惯。这样做的好处是减少了类定义体的长度，提高了程序的可读性，而且可以把类的接口和类的实现细节分离开。因为从类的定义体中，用户只能看见函数的原型，看不见函数执行的细节。对类的使用者来说，类的成员函数像一个黑箱，隐藏了类的行为实现的细节。

3.2.3　内置成员函数

类的成员函数也可以定义成内置函数。一般而言，类的每项操作都是通过成员函数实现的，系统调用函数的时间开销相对较大，调用一个函数的时间开销远远大于一个小规模函数体中全部执行语句的执行时间。因为函数调用过程要消耗一些内存资源来记录调用时的状态，以保证调用结束后程序能正确地返回主调函数。为了减少这种时间开销，对于那些在类定义体中定义、且不包含循环等控制语句的成员函数，C++系统允许将它们作为内置函数来处理。也就是说，程序调用这些成员函数时，并不是真正地执行函数的调用过程（如不记录返回地址），而是将函数代码嵌入到程序调用点，大大减少了函数调用机制所带来的开销。虽然这种方法可以提高程序执行效率，但是函数体过长也将增加程序执行长度而导致不良后果。因此，一般只将简单（规模小）的、调用频繁的成员函数声明为内置函数。C++对内置函数的定义有两种方式，即隐式声明和显式声明。

1）隐式声明：将成员函数定义放在类定义体内声明。

```
class CArea
{    int x, y, area;
   public:
     void squarea(int vx, int vy)
     {    x = vx;
          y = vy;
          area = x*y;
     }
};
```

2）显式声明：在类定义体外用关键字 inline 声明成员函数。

```
class CArea
{    int x, y, area;
   public:
     void squarea(int vx, int vy);
};
inline void squarea(int vx, int vy)
{    x = vx;
```

```
        y = vy;
        area = x*y;
    }
```

3.2.4 成员函数的存储方式

在定义类的对象时，系统会为每一个对象分配存储空间。如果一个类包含了数据和函数，则要分别为数据和函数的代码分配存储空间。同理，如果定义了一个类的10个对象，那么需要为这10 个对象的数据和函数代码分配存储单元，如图3.2.1所示。

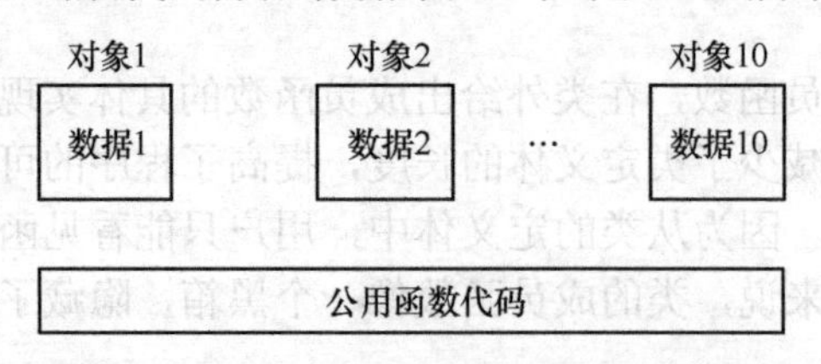

图3.2.1 10个同类对象成员函数的存储方式

可以看出，不同对象的数据存储单元中存放的数据值是不同的。但不同对象的函数代码是相同的，不论调用哪个对象的同名成员函数，其实调用的都是同样内容的代码。既然如此，在内存中开辟10段存储空间分别存放10个相同内容的函数代码段，显然是很浪费的。为了节省内存空间，C++编译系统规定，每个对象所占用的存储空间只是该对象的数据部分所占用的存储空间，而不包括成员函数代码所占用的存储空间，即只用一段存储空间来存放这个共同的函数代码段。在调用各个对象的函数时，都转去调用这个公用的函数代码。

需要说明的是，虽然调用不同对象的成员函数时都是执行同一段函数代码，但其执行结果一般是不相同的。这时就出现了问题，即不同对象使用同一段函数代码，它们怎么能够分别对不同对象中的数据进行操作呢？C++专门为此设计了一个名为 this 的指针。每一个对象的成员函数都可访问此指针，它是指向对象本身的指针，它的值是当前被调用的成员函数所在的对象的起始地址。

【例3.2.2】 使用 this 指针访问成员数据。

```
#include<iostream>
using namespace std;
class what
{    int alpha;
  public:
    void tester()
    {    this->alpha=11;         //same as alpha=11;
         cout<<this->alpha;      //same as cout<<alpha;
    }
};
int main()
{    what w;
     w.tester();
     cout<<endl;
     return 0;
}
```

程序运行结果：

```
11
```

此程序只是简单地输出了值 11。注意，成员函数访问变量 alpha 的语法为 this->alpha;它的结果和直接引用 alpha 是相同的，该语法的存在仅仅说明了 this 指针指向的是对象自身。

3.3 构造函数和析构函数

C++中的类是一种数据类型，为了使用户自定义类的使用和一般数据类型的使用一样，需要建立一种方法，使对象在被创建时进行初始化，在使用结束时进行撤销。构造函数和析构函数就是为此设计的。

3.3.1 对象的初始化

在 C++中，定义变量的同时可以进行初始化，例如：

```
int n =100;
int array[ ] = {1, 2, 3, 4, 5};
```

可以看到对整型变量和整型数组定义的同时初始化。应当注意，不能在声明类的同时对类的数据成员进行初始化，下面的写法是错误的：

```
class Time
{    hour = 0;
     minute = 0;
     second = 0;
};
```

因为类并不是一个实体，而是一种抽象数据类型，并不占用存储空间，所以无处容纳数据。如果一个类中所有的数据成员是公有的，则可以在定义对象时对数据成员进行初始化。例如：

```
class Time
{ public:
     hour;
     minute;
     second;
};
Time t1={14, 56, 30};
```

这种情况类似于结构体变量的初始化，在花括号内依次列出各个公有数据成员的值，两个值之间用逗号分隔。但是，如果数据成员是私有的，或者类中有 private 或 protected 的成员，就不能用这种方法初始化了。根据 C++的约定，私有成员是不能被外界访问的，那么可以使用成员函数为私有数据成员赋初值。如果一个类定义了多个对象，而且类中的数据成员比较多，则程序将显得非常臃肿和繁琐。实际上，C++提供了初始化对象的更好的方法——使用构造函数（Constructor），可以在建立对象的同时初始化对象的数据成员。

3.3.2 构造函数的作用

为了解决上述问题，C++提供了构造函数来处理对象的初始化问题。构造函数是一种特殊的成员函数，与其他成员函数不同，不需要用户来调用它，并在创建对象时自动执行。构造函数的功能是由用户定义，用户根据初始化要求设计函数体和函数参数。

构造函数具有如下特点。

1）构造函数的名称必须与类名相同，编译系统以此识别并把它作为构造函数来处理。

2）构造函数一般声明为 public，无返回值，因此无需定义返回类型。

3）构造函数是系统自动调用的，且只能执行一次。

4）构造函数不能被继承。

5）类定义体中可以有多个构造函数，即允许重载。构造函数可以是内置函数；可以无参数或带有参数；还可以带默认参数。

【例 3.3.1】 在类中定义构造函数。

```
#include <iostream>
using namespace std;
class Time
{  public:
     Time()
     {   hour = 0;
         minute = 0;
         second = 0;
     }
     void settime();
     void showtime();
   private:
     int hour;
     int minute;
     int second;
};
void Time::settime()
{    cin >> hour >> minute >> second;
}
void Time::showtime()
{    cout << hour <<":"<< minute <<":"<< second <<endl;
}
int main()
{    Time t1;
     t1.settime();
     t1.showtime();
     Time t2;
     t2.showtime();
     return 0;
}
```

此例中，在类 Time 中定义了构造函数 Time。在建立对象时自动执行构造函数，作用是为对象中的各数据成员赋初值 0。为对象数据成员赋值的语句写在函数体中，只有在调用构造函数时才执行这些赋值语句，为当前对象中的数据成员赋初值。

程序运行时首先建立对象 t1，对 t1 中的数据成员赋初值 0；其次，执行 t1. set_time 函数，从键盘输入新值赋给对象 t1 的数据成员并输出；最后创建对象 t2，并调用构造函数将 t2 的数据成员初始化为 0 后输出。

程序运行结果：

```
10  25  54(回车) (从键盘输入新值赋给 t 的数据成员)
10:25:54         (输出 t1 的时、分、秒值)
0:0:0            (输出 t2 的时、分、秒值)
```

关于构造函数的使用，有以下说明。

1）什么时候调用构造函数呢？在类对象进入其作用域时调用构造函数。

2）构造函数没有返回值，不要在定义构造函数时声明类型，这是其区别于一般函数的重要特征，不能写成：

```
void Time() { …… }
```

3）构造函数不需要用户调用，也不能被用户调用，下面的用法是错误的：

```
t1.Time();
```

4）在构造函数体中，不仅可以对数据成员赋初值，还可以包含其他语句。

5）如果用户没有定义构造函数，则 C++系统会自动生成一个构造函数，只是该构造函数的函数体是空的，也没有参数，不执行初始化操作。

3.3.3 带参数的构造函数

如果用户希望在建立对象时，通过一定的数据传递的方法来对不同的对象赋予不同的初值，则可以采用带参数的构造函数，在调用构造函数时，为其传递不同的参数以实现不同的初始化。构造函数首部的一般格式为

构造函数名（类型 1　形参 1，类型 2　形参 2，……）

但是用户不能显式地调用构造函数，也就无法采用常规的调用函数的方法给出实参。实参只能在定义对象时给出，定义对象的一般格式为

类名　对象名（实参 1，实参 2，……）；

【例 3.3.2】 有两个长方体，长宽高分别为 12，25，30； 15，30，21。用带参数的构造函数编写程序求其体积。

```
#include <iostream>
using namespace std;
class Box
{  public:
     Box(int,int,int);
     int volume();
   private:
     int height;
     int width;
     int length;
};
Box::Box(int h,int w,int len)
{    height = h;
     width = w;
     length = len;
```

```
}
int Box::volume()
{   return (height* width * length);
}
int main()
{   Box box1(12,25,30);        //建立对象box1并指定长、宽、高的值
    cout <<"The volume of box1 is "<< box1. volume()<< endl;
    Box box2(15,30,21);        //建立对象box2并指定长、宽、高的值
    cout <<"The volume of box2 is "<< box2. volume()<< endl;
    return 0;
}
```

程序运行结果：

```
The volume of box1 is 9000
The volume of box2 is 9450
```

构造函数Box有三个参数，分别为长、宽、高，系统在创建对象时给出了构造函数的三个实参值。可以看出：①带参数构造函数中的形参，其对应的实参在定义对象时给定；②使用带参数的构造函数可方便地实现不同对象的不同初始化。

上述带参数的构造函数是在函数体内通过赋值语句对数据成员实现初始化的。C++还提供了另一种初始化数据成员的方法——参数初始化表来实现对数据成员的初始化。这种方法不是在函数体内对数据成员实现初始化，而是在函数首部实现。例如，定义如下的构造函数：

```
Box::Box(int h,int w,int len):height(h) ,width(w) ,length(len){}
```

即在原来函数首部的末尾加一个冒号，然后列出参数的初始化表。

3.3.4 构造函数的重载

在C++中，系统允许在一个类中定义多个构造函数，以便为类的对象提供不同的初始化方法。这些构造函数具有相同的名称，但它们所带参数的个数或参数的类型不同，即构造函数的重载。例如，有一个CA类，它有4个不同的构造函数：

```
class CA
{   // ……
    public:
      CA();                                   //不带参数的构造函数
      CA(int);                                //带一个参数的构造函数
      CA(int,char);                           //带两个参数的构造函数
      CA(float,char);                         //带两个参数的构造函数
    // ……
};
```

上面的四个构造函数虽然同名，但它们所带的参数个数和类型各不相同。尽管在一个类中可以包含多个构造函数，但是在创建每个对象时，只执行其中的一个匹配版本的构造函数。

3.3.5 拷贝构造函数

下面要介绍另一种初始化对象的方法：可以通过同一类型的其他对象初始化一个对象。拷贝构造函数是一种特殊的构造函数，其形参为本类的对象引用。当拷贝构造函数调用时，

它将把已有对象的整个状态复制到相同类的新对象中。

```
class 类名
{   public :
        类名（形参）；                //构造函数
        类名（类名 &对象名）；        //拷贝构造函数
            ...
};
类名:: 类名（类名 &对象名）          //拷贝构造函数的实现
{     函数体     }
```

【例 3.3.3】 拷贝构造函数举例。

```
#include <iostream>
using namespace std;
class Ratio
{ public:
    Ratio(int n=0, int d=1):num(n),den(d){}
    Ratio( Ratio& r):num(r.num),den(r.den){}
    void print(){   cout<<num<<'/'<<den;    }
  private:
    int num,den;
};
int main()
{   Ratio x(5,18);
    Ratio y(x);
    cout<<"x=";
    x.print();
    cout<<", y=";
    y.print();
    return 0;
 }
```

程序运行结果：

```
x=5/18,y=5/18
```

拷贝构造函数把参数 r 的 num 和 den 复制到所构造的对象中。当 y 声明时，它调用了拷贝构造函数，把 x 复制到 y 中。

在下列情况下，自动调用拷贝构造函数：通过声明初始化来复制对象时；对象按值传递给函数时；从函数按值返回一个对象时。

如果类定义没有显式地包含一个拷贝构造函数，那么系统将默认地创建一个。这个“默认”拷贝构造函数只是逐位地复制对象。在很多情况下，这是用户想要的。因此，在这些情况下，无需显示定义拷贝构造函数。但是在一些重要的情况下，逐位复制并不合适，定义自己的拷贝构造函数是关键。

3.3.6 析构函数

析构函数（Destructor）也是一个特殊的成员函数，它的作用与构造函数相反，它的名称是在类名前面加一个“～”符号。在 C++中，“～”是位取反运算符，由此可想，析构函数是与构造函数作用相反的函数。析构函数具有如下特点。

1）析构函数与类名相同，并要在前面加“～”符号。

2）析构函数不能接收任何参数，也没有返回类型说明。

3）一个类只有一个析构函数。

当对象的生命期结束时，会自动执行析构函数。如果出现以下几种情况，程序会执行析构函数。

1）如果在一个函数中定义了一个对象（它是自动局部对象），当这个函数结束时，对象应该释放，在对象释放前自动执行析构函数。

2）如果定义了一个全局对象，则在程序的流程离开其作用域时（如 main 函数结束或调用 exit 函数）时，调用该全局对象的析构函数。

3）如果用 new 运算符动态地建立了一个对象，当用 delete 运算符释放该对象时，先调用该对象的析构函数。

析构函数的作用并不是删除对象，而是在撤销对象占用的内存之前完成一些清理工作，使这部分内存可以被程序分配给新对象使用。程序员事先设计好析构函数，以完成所需的功能，只要对象的生命期结束，程序就自动执行析构函数来完成这些工作。

实际上，析构函数的作用不仅限于释放资源方面，它还可以被用来执行“用户希望在最后一次使用对象之后所执行的任何操作”，如输出有关信息。这里的用户是类的设计者。因为析构函数是在类的声明时定义的，所以析构函数可以完成类的设计者所指定的任何操作。

一般情况下，用户应该在声明类的同时定义析构函数，以指定如何完成“清理”工作。如果用户未定义析构函数，则 C++编译系统会自动生成一个析构函数，但它只是徒有析构函数的名称和形式，实际上什么操作也不进行。要想使析构函数完成需要的操作，必须在定义的析构函数中指定。

【例 3.3.4】 包含构造函数和析构函数的 C++程序举例。

```
#include <iostream>
using namespace std;
class Student
{ public:
     Student(int n,char* nam,char s)
     {   num = n;
         name = nam;
         sex = s;
         cout <<"Constructor is called."<<endl;
     }
     ~Student()
     {   cout <<"Destructor is called."<< endl;
     }
     void display()
     {   cout <<"num:"<< num << endl;
        cout <<"name:"<< name << endl;
        cout <<"sex:"<< sex << endl;
     }
   private:
     int num;
     char* name;
```

```
    char sex;
};
int main()
{    Student stud1(10010,"Wang_li",'f');
     stud1.display();
     Student stud2(10011,"Zhang_fan",'m');
     stud2.display();
     return 0;
}
```

程序运行结果：

```
Constructor is called.              //执行 stud1 的构造函数
num:10010
name:Wang_li
sex:f
Constructor is called.              //执行 stud2 的构造函数
num:10011
name:Zhang_fan
sex:m
Destructor is called.               //执行 stud2 的析构函数
Destructor is called.               //执行 stud1 的析构函数
```

在 main 函数前声明的 Student 类，其作用域是全局的。在 Student 类中定义了构造函数和析构函数。执行 main 函数时，建立对象 stud1，调用构造函数给对象中的数据成员赋初值，并调用 stud1 的 display 函数，输出 stud1 的数据。对象 stud2 的初始化类似于 stud1。在执行 main 函数的 return 语句之后，主函数中的语句已执行完毕，主函数调用结束了。在主函数中建立的对象是局部的，其生命期随着主函数的结束而结束，在撤销对象之前调用析构函数。本例中为了说明析构函数的使用方法，在析构函数中仅输出了一条信息。

3.4 相关特性

引用（Reference）是给对象取别名，它的作用可以用指针来类比，但又不同于指针，它的作用体现在通过引用来在函数之间传递和返回参数。友元（Friend）提供了一扇通向私有数据的后门。友元不是成员函数，但是它可以访问类中私有成员。重载（Overloading）是指同一“符号”在同一作用域的不同场合具有不同的语义，这个“符号”可以是函数名，也可以是运算符。

3.4.1 引用

所谓引用是一个别名，变量的“引用”就是变量的别名，因此**引用**又称为**别名**（Alias）。如果想给变量 *a* 起一个别名 *b*，可以这样写：

```
int a;          //定义整型变量 a
int& b=a;       //声明 b 是 a 的引用
```

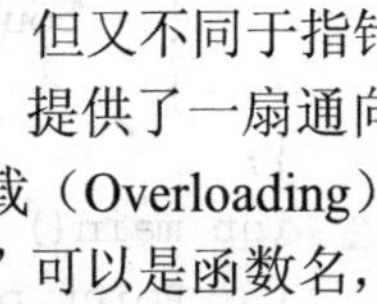

变量*a*

地址2000 | 20

变量*b*

图 3.4.1　引用变量的含义

其中，&是引用声明符。以上语句声明了 *b* 是 *a* 的引用，即 *b* 是 *a* 的别名，如图 3.4.1 所示。

在建立引用时，总是要让引用对应某一目标（该目标是已经定义的变量或对象），这个过程称为引用的初始化。经过初始化的引用就作为目标对象的别名使用，对引用的操作实际上就是对目标对象的操作。

C++在建立引用时，先写出目标的类型，后跟一个引用声明符“&”，然后是引用变量的名称。其格式如下：

类型 & 引用变量名 = 已定义的变量（对象）名;

例如：

```
int temp;
int &rp = temp;
```

说明 rp 是对整型变量的引用，并初始化为引用 temp。

引用类型的特点如下。

1）引用的名称可以是任意合法的变量名。

2）引用是目标的别名，它们表示同一对象，所以在声明引用时，需要立即对它进行初始化，不能先声明、后赋值。

3）引用的初始化是将引用维系在一个目标上，所以引用一旦初始化，就不能再重新赋值，即不能让引用对应另一个目标。

【例 3.4.1】 输出点的坐标。

```
#include <iostream>
using namespace std;
class Point
{   int x,y ;
  public:
    Point(int xx,int yy){x=xx;y=yy;} //构造函数
    void Move(int xx,int yy)         //将点移动到新位置的成员函数
    {   x=x+xx;
        y=y+yy;
    }
    void Disp()                      //显示点坐标的成员函数
    {   cout <<"("<< x <<","<< y <<")"<< endl;
    }
};
int main()
{   Point p1(10,10);                 //创建对象 p1
    Point & tp=p1;                   //定义 p1 的引用 tp
    cout <<"点的原坐标:"<< endl;
    p1.Disp();                       //显示 p1 和 tp 的值
    tp.Disp();
    cout <<"p1 移动后的坐标:"<< endl;
    p1.Move(5,5);                    //移动 p1 到新的点
    p1.Disp();
    tp.Disp();
    cout <<"tp 移动后的坐标:"<< endl;
    tp.Move(10,10);
    p1.Disp();
    tp.Disp();
```

```
    return 0;
}
```

程序运行结果：

```
点的原坐标：
 (10,10)
 (10,10)
p1 移动后的坐标：
 (15,15)
 (15,15)
tp 移动后的坐标：
 (25,25)
 (25,25)
```

可以看出，对初始化过的引用所实施的任何操作等同于对其引用目标的操作。

C++的使用机制，主要是将它作为函数参数，以扩充函数传递数据的功能。函数调用过程的参数传递有两个局限，一是将实参变量的值单向传递给形参变量，如果在函数执行期间形参的值发生了变化，则并不回传给实参，原因在于函数调用过程中实参和形参不是同一个存储单元；二是函数只能通过 return 语句返回一个值给主调函数。通过引用传递参数给函数，可以解决这两个问题。

引用与函数的关系分为三个层次，即引用作为函数参数、函数的返回值是引用以及通过引用使函数返回多个值。

1. 引用作为函数参数

引用可用于传递参数。传递引用给函数时，不是在函数作用域内建立变量的或对象的临时副本。下面用传递变量形参、传递指针和传递引用的方法，分别编写一个函数，实现两个变量的交换。

【例 3.4.2】 用函数交换主调函数中两个变量的值。

```
#include <iostream>
using namespace std;
void swap1( int x,int y )                    //方法一：实参数据值传递
{   int temp;
    temp=x;
    x=y;
    y=temp;
}
void swap2(int *x,int *y)                    //方法二：实参地址值传递
{   int temp;
    temp=*x;
    *x=*y;
    *y=temp;
}
void swap3(int &x,int &y)                    //方法三：引用传递
{   int temp;
    temp=x;
    x=y;
    y=temp;
```

```
}
int main()
{    void swap3(int &,int &);
     int a,b;
     a=10;
     b=20;
     cout <<"交换前: a="<< a <<", b="<< b << endl;
     swap3(a,b);
     cout <<"交换后: a="<< a <<", b="<< b << endl;
     return 0;
}
```

程序运行结果：

```
交换前：a=10,b=20
交换后：a=20,b=10
```

分析上面的三个函数：函数 swap1 传递的是变量形参，x、y 是实际参数的一个副本，所以对 x、y 的操作不会引起实际参数的变化，也就起不到应有的作用。函数 swap2 和 swap3 传递的都是实际参数的地址，所以在函数内部对形参的操作会体现在实际参数中。因此，函数 swap2 和 swap3 都能实现两个数的交换。

比较地址值传递和引用传递两种方式：传递指针的方式能达到预定的目标，但是函数内部的语法比起值传递要相对复杂；传递指针的方式需要在函数体内反复使用求内容运算符“*”，使程序编写和阅读容易出错；传递引用的内存布局与传递指针相仿，但操作简单。在函数体内部就像值传递一样，具有值传递方式函数调用语法的简单性和可读性。

2．用引用返回值

一般的函数是返回一个值，例如：

```
int max(int x,int y)
{    return (x>y ? x:y);    }
```

这个函数返回两个数中的较大者，可以按以下方法调用 max 函数：

```
int z=max(10,20);
```

当把函数 max 的返回值声明为引用型时，这个函数返回的不仅仅是某一变量或对象的值，还返回了它的“别名”，即函数的调用也可以被赋值，引用型返回类型的函数调用可以作为左值表达式使用。例如：

```
int & max(int x,int y)
{   return (x > y ? x:y);    }
```

这个函数返回两个数中的较大者，可以按以下方法调用 max 函数：

```
int z=max(a,b);                    // 将a、b中较大的值赋给z
max(a,b)=20;                       // 将a、b中较大的值改变为20
max(a,b)++;                        // 将a、b中较大的值自增1
```

3．通过引用返回多个值

函数只能返回一个值。如果希望函数返回多个值应怎么做呢？一种解决办法就是采用引用给函数传递多个参数，然后在函数体内给目标赋以正确的值。由于对引用的操作体现在目标上，这就使得函数可以改变函数之外的多个变量的值，实际上就相当于从函数中返回了多个值。利用这种方法，可以使原本未定义返回值的函数返回多个值。

【例 3.4.3】 现有 4 个学生，每个学生有 5 门课的成绩。要求统计学生中 A 级和 B 级的人数，A 级的平均分是 85 分以上，其余的为 B 级学生。

```
#include <iostream>
using namespace std;
int score[4][5]={{60,70,80,90,78},{75,85,88,78,83},
{89,88,79,96,90},{76,74,69,90,87}};   //定义 4 个学生的成绩
int &level(int grade[], int unit, int &gA, int & gB);
int main()
{   int genusA=0, genusB=0; //genusA 存 A 级人数, genusB 存放 B 级人数
    int student=4;
    int gradeunit=5;
    for  (int i = 0; i< student;i++)
    level(score[i],gradeunit, genusA, genusB)++;
    cout <<"A 级人数为:"<< genusA << endl;
    cout <<"B 级人数为:"<< genusB << endl;
    return 0;
}
int &level(int grade[], int unit, int &gA, int &gB)
{   int sum=0;
    for (int i=0;i < unit;i++)
          sum=sum+grade[i];
    sum=sum/unit;
    if (sum>=85)
          return gA;
    else
          return gB;
}
```

程序运行结果：

```
A 级人数为: 1
B 级人数为: 3
```

例子中，函数 level()返回一个引用，所以可作为左值直接进行自加操作。当一个学生属于 A 级时，就返回 genusA 的引用，使其自加 1；否则就返回 genusB 的引用，使 genusB 自加 1。

上述的例子所涉及的变量是基本类型，如果是类类型，则函数的传递对象以及返回对象采用值和引用两种方式，在效率上有较大的差别。每次通过值传递的方式给函数传递一个对象时，都会建立一个此对象的副本，每次生成这种临时的副本都要调用拷贝构造函数。当函数返回时，如果返回对象是通过值传递的方式，则会建立一个返回对象的拷贝。于是，当用户自定义的对象比较庞大时，在速度和内存方面都会造成很大的开销。

【例 3.4.4】 值传递、地址传递和引用传递的对比。

```
#include <iostream>
using namespace std;
class Cat
```

```
{  public:
        Cat( );
        Cat( Cat & );
        ~Cat( );
};
Cat::Cat()
{     cout <<"Cat Constructor...\n";    }
Cat::Cat(Cat &)
{     cout <<"Cat Copy Constructor...\n"; }
Cat::~Cat()
{     cout <<"Cat Destructor...\n";     }
Cat FunOne(Cat theCat);
Cat* FunTwo(Cat* theCat);
Cat& FunThree(Cat& theCat);
int main()
{     cout <<"Making a Cat...\n";
      Cat Kitty;
      cout<<"Calling FunOne…\n";
      FunOne(Kitty);
      cout<<"Calling FunTwo…\n";
      FunTwo(&Kitty);
      cout<<"Calling FunThree…\n";
      FunThree(Kitty);
      return 0;
}
Cat FunOne(Cat theCat)
{     cout<<"FunOne…\n";
      return theCat;
}
Cat* FunTwo(Cat *theCat)
{     cout<<"FunTwo…\n";
      return theCat;
}
Cat& FunThree(Cat &theCat)
{     cout<<"FunThree…\n";
      return theCat;
}
```

程序运行结果:

```
Making a cat…
Cat Constructor…
Calling FunOne…
Cat Copy Constructor…
FunOne…
Cat Copy Constructor…
Cat Destructor…
Cat Destructor…
Calling FunTwo…
```

```
FunTwo…
Calling FunThree…
FunThree…
Cat Destructor…
```

3.4.2 友元

类实现了数据的封装，使得类的私有数据具有良好的安全性。类的私有成员只能被类的成员函数访问，外界是不能直接访问的。如果要在类外访问一个类的私有成员，则要通过该类的公有成员函数。可是，当频繁访问类的私有成员时，函数调用将使程序的开销很大。C++提供的友元机制可以解决类外访问私有成员的问题。友元关系有三种，即友元可以是类外定义的普通函数（友元函数），也可以是类外定义的成员函数（友元成员），还可以是类外定义的某一个类（友元类）。

友元的定义：在要声明的友元函数、友元成员或友元类之前加上关键字 friend。如果一个类的私有成员允许外界访问，则将友元声明放在该类的定义体中。例如：

```
class Point
{ . . . . . .
  public:
    friend void show(Point p);  //声明 show 函数是 Point 类的友元函数
    friend class Line;          //声明 Line 是 Point 的友元类
  . . . . . .
};
```

友元声明可以放在 public 部分，也可以放在 private 部分。位置无关紧要，因为友元并不是类的成员。

1．友元函数

友元函数是能够访问类的私有成员并在类外定义的普通函数。友元函数的声明格式如下：

```
friend 函数返回类型 函数名(参数表);
```

该声明语句应该放在类定义体中，在类体中的位置可以任意选择。友元函数的声明必须放在被声明为友元的类定义体中，但是友元函数的定义（实现部分）与类的成员函数的实现相似，既可以放在类内，又可以放在类外。友元函数在类外实现时，定义方式与普通函数相同，不需要在函数名前加类名，因为它不属于某个类。事实上，友元函数是具有特殊访问权限的普通函数，其调用方式与普通函数相同。

【例 3.4.5】 友元函数的定义举例。

```
#include <iostream>
using namespace std;
class Time
{   public:
       Time(int h, int m, int s);
       friend void display(Time t);
    private:
       int hour;
       int minute;
       int second;
```

```
};
Time::Time(int h, int m, int s)
{       hour=h;
        minute=m;
        second=s;
}
void display(Time t)
{    cout << t.hour <<":"<< t.minute <<":"<< t.second << endl;}
int main()
{    Time t1(10, 13, 56);
     display(t1);
     return 0;
}
```

程序运行结果：

```
10:13:56
```

函数 display 是一个在类外定义的普通函数，不属于任何类，其作用是输出时间（时、分、秒）。如果没有在 Time 类的定义体中对 display 函数做 friend 声明，那么它将不能访问 Time 中的私有成员 hour、minute、sec。而当声明 display 为 Time 类的友元后，display 函数可以访问 Time 中的私有成员 hour、minute、sec。需要注意的是，访问这些私有数据成员时，必须加上对象名。因为 display 函数不是类 Time 的成员函数，没有 this 指针，调用时无法确定私有数据所属的对象，所以需要向它传递一个对象参数来访问其私有数据。

2. 友元成员

除了一般函数可以作为某个类的友元外，另一个类的成员函数也可以作为某个类的友元，称为友元成员。友元成员的声明与友元函数的声明相似，只是需要在成员函数名前面给出该成员函数所属的类名和作用域分辨符“::”。友元成员的声明格式如下：

```
friend 函数返回类型 类名::函数名(参数表);
```

在下面的例子中，定义了一个教师类和一个学生类，在教师类中定义了一个修改学生成绩的成员函数，将这个成员函数声明为学生类的友元，这样教师即可修改学生的成绩（访问学生类的私有数据）。需要注意友元成员函数的应用以及类的提前引用声明。

【例 3.4.6】 教师修改学生的成绩。

```
#include <iostream>
using namespace std;
class Student;
class Teacher
{   public:
        void Rework(Student &p, float y);
};
class Student
{       float grade;
    public:
        Student(float x){grade=x;}
        void print()
        {    cout<<"grade="<<grade<<endl;}
```

```
        friend void Teacher::Rework(Student &p, float y);
    };
void Teacher::Rework(Student &p, float y)
{     p.grade=y;
}
int main()
{     Student wuming(80.5);
      Teacher gao;
      wuming.print();
      gao.Rework(wuming, 90.0);
      cout <<"修改后的成绩:"<< endl;
      wuming.print();
      return 0;
}
```

程序运行结果:

```
grade=80.5
修改后的成绩:
grade=90
```

本例中定义了两个类——Teacher 和 Student，程序中第 3 行好像是要定义 Student 类，但是非常明显，实际上它什么都没有定义。第 8 行才真正定义了 Student 类。这是因为在第 6 行中对 Rework 函数的声明要用到类名 Student，而对 Student 类的定义却在其后面。为了避免编译时出现错误，必须通过向前引用告诉编译系统 Student 是一个类名，此类将在稍后定义。程序的第 2 行就是对 Student 类做**向前引用**声明，它**只包含类名，不包含类体**。

3. 友元类

与函数一样，一个类也可以声明为另一个类的友元。如果将 B 类声明为 A 类的友元类，则 B 类的所有成员函数都是 A 类的友元成员，即可访问 A 类的所有成员。声明友元类的一般格式是在另一个类定义体中加入如下语句:

friend class 类名;

【例 3.4.7】 输入 10 个数，输出它们中的最大值和最小值。

```
#include <iostream>
using namespace std;
class Array                                  //定义数组类
{     int a[10];
   public:
      int Set();                             //声明建立数组函数
    friend class Lookup;                     //查找类是数组类的友元
};
class Lookup                                 //定义查找类
{   public:
      void Max(Array x);                     //声明查找最大值成员函数
      void Min(Array x);                     //声明查找最小值成员函数
};
int Array::Set()                             //建立数组函数的实现
{     int i;
```

```
        cout <<"请输入10个数:"<< endl;
        for(i=0;i < 10;i++)
            cin >> a[i];
        return 1;
    }
    void Lookup::Max(Array x)                    //查找最大值成员函数的实现
    {   int max, i;
        max=x.a[0];
        for ( i=0;i < 10;i++)
            if (max < x.a[i]) max=x.a[i];
        cout <<"最大值为:"<< max << endl;
    }
    void Lookup::Min(Array x)                    //查找最小值成员函数的实现
    {   int min, i;
        min=x.a[0];
        for (i=0;i < 10;i++)
            if(min > x.a[i]) min=x.a[i];
        cout <<"最小值为:"<< min << endl;
    }
    int main()
    {   Array p;
        p.Set();
        Lookup f;
        f.Max(p);
        f.Min(p);
        return 0;
    }
```

程序运行结果：

```
请输入10个数:
11 34 67 98 23 45 76 80 20 36（回车）
最大值为:98
最小值为:11
```

在上例中，因为查找类Lookup被声明为数组类Array的友元类，所以Lookup类的成员函数Max 、Min都可以访问Array类中的私有数据。

关于友元，需要注意以下几点。

1）友元声明可以放在类的私有部分，也可以放在类的公有部分。

2）友元关系不具有传递性。如果B类是A类的友元，C类是B类的友元，不等于C类就是A类的友元。如果希望C类是A类的友元类，则应在A类中另外声明。

3）友元关系不具有交换性。如果B类是A类的友元，则B类的成员函数都可以访问A类中的私有成员和保护成员，但是A类的成员不能访问B类中的私有成员和保护成员。

4）应该慎用友元。友元破坏了类的封装性和信息隐蔽，如果一个类有多个友元，则好像在一个封闭的盒子上开了多个小孔。建议读者非必要时不要使用友元。

3.4.3 运算符重载

运算符重载是对已有的运算符赋予多重含义，使得同一运算符作用于不同类型的数据而得到不同类型结果。C++预定义的运算符的操作对象只能是基本的数据类型，重载运算符使得程序员可以把C++运算符的操作对象扩展到用户自定义的数据类型的情况。例如，加法运算符“+”是双目运算符，其操作对象可以是int型、float型或double型的变量或数据，运算符“+”重载就是扩展“+”的功能，使得其操作数可以是用户自定义的数据类型，如数组、结构或对象的情况，那么用户自定义类型的两个数据如何相加呢？这就需要重新定义加法运算的规则，此即为运算符“+”赋予不同的含义。

（1）运算符重载的规则

① C++中的运算符除了少数几个以外，全都可以重载，具体规定如表 3.4.1 和表 3.4.2 所示。

表 3.4.1　C++允许重载的运算符

<table>
<tr><th>算术运算符</th><th>+（加），–（减），*（乘），/（除），%（取模）</th></tr>
<tr><td>关系运算符</td><td>==（等于），!=（不等于），<（小于），>（大于），<=（小于等于），>=（大于等于）</td></tr>
<tr><td>逻辑运算符</td><td>||（逻辑或），&&（逻辑与），!（逻辑非）</td></tr>
<tr><td>单目运算符</td><td>+（正），–（负），*（指针），&（取地址）</td></tr>
<tr><td>自增自减运算符</td><td>++（自增），—（自减）</td></tr>
<tr><td>位运算符</td><td>|（按位或），&（按位与），~（按位取反），^（按位异或），<<（左移），>>（右移）</td></tr>
<tr><td>赋值运算符</td><td>=，+=，–=，*=，/=，%=，&=，|=，^=，<<=，>>=</td></tr>
<tr><td>空间申请与释放</td><td>new，delete，new[]，delete[]</td></tr>
<tr><td>其他运算符</td><td>()（函数调用），->（成员访问），->*（成员指针访问），（逗号），[]（下标）</td></tr>
</table>

表 3.4.2　不能重载的运算符

运　算　符	功　　能
.	成员访问运算符
.*	成员指针运算符
::	作用域分辨符
sizeof	类型大小运算符
?:	三目运算符

② C++不允许用户自定义新的运算符，只能对C++已有的运算符进行重载。

③ 重载不能改变运算符运算对象（即操作数）的个数。

④ 重载不能改变运算符的优先级和结合性。

⑤ 重载运算符的函数不能有默认参数，否则会改变运算符参数的个数。

⑥ 经重载的运算符，其操作数中至少应该有一个是自定义类型。

⑦ 用于类对象的运算符一般必须重载，但有两个例外：运算符“=”和“&”。因为，赋值运算符“=”可用于每一个对象，可以用它在同类对象之间赋值；地址运算符“&”也不必重载，它能返回类对象在内存中的起始地址。

⑧ 运算符重载是对原有运算符功能的加强和改造。一般来说，重载以后的功能应该类似于该运算符作用于标准类型数据所实现的功能，以增加程序的可读性和易维护性。

（2）运算符重载的形式

C++中的运算符重载是通过函数调用的形式实现的，实际上就是函数重载。运算符重载有两种形式，即重载为类的友元函数和重载为类的成员函数。

① 重载为类的友元函数。

将运算符重载为类的友元函数的语法形式如下：

```
friend type operator 运算符(形式参数表);
```

其中，friend 是声明友元的关键字，type 为函数返回类型；operator 是定义运算符重载函数的关键字；“运算符”是要重载的运算符符号；参数表给出该运算符所需要的参数。

【例 3.4.8】 重载运算符“+”使其实现复数相加，要求用友元函数实现。

```
#include <iostream>
using namespace std;
class Complex
{  public:
      Complex(){ real=0;imag=0;}
      Complex(double r,double i){ real=r;imag=i;}
      void display();
      friend Complex operator +(Complex c1,Complex c2);
   private:
      double real;
      double imag;
};
void Complex::display()
{   cout <<"("<< real <<","<< imag <<"i"<<")"<< endl;}
Complex operator +(Complex c1, Complex c2)
{   return Complex(c1.real+c2.real,c1.imag+c2.imag); }
int main()
{     Complex c1(3,4),c2(5,-10),c3;
      c3=c1+c2;
      cout <<"c1=";c1.display();
      cout <<"c2=";c2.display();
      cout <<"c1+c2=";c3.display();
      return 0;
}
```

程序运行结果：

```
c1=(3, 4i)
c2=(5, -10i)
c1+c2=(8, -6i)
```

当运算符“+”重载为类的友元函数后，C++编译系统将程序中的表达式 c1+c2 解释为 operator+(c1, c2)。

② 重载为类的成员函数。

将运算符重载为类的成员函数的语法形式如下：

```
type operator 运算符(形式参数表);
```

其中，type 为函数返回类型；operator 是定义运算符重载函数的关键字；“运算符”是要重载的运算符符号；参数表给出该运算符所需要的参数。

参数表中的参数数目是重载运算符的操作数减 1。如果重载单目运算符，则参数表为空，此时当前对象作为运算符的单操作数；如果重载双目运算符，则参数表中有一个操作数，运算时左操作数是当前对象本身的数据，参数表中的操作数为右操作数。

【例 3.4.9】 重载运算符“+”，使之能用于两个复数相加，要求用成员函数实现。

```
#include <iostream>
using namespace std;
class Complex
{  public:
        Complex(){ real=0;imag=0;}
        Complex(double r, double i){ real=r;imag=i;}
        Complex operator +(Complex c2);
        void display();
    private:
        double real;
        double imag;
};
Complex Complex ::operator +(Complex c2)
{       return Complex(real+c2.real, imag+c2.imag);  }
void Complex::display()
{       cout <<"("<< real <<","<< imag <<"i"<<")"<< endl;    }
int main()
{       Complex c1(3, 4), c2(5, -10), c3;
        c3=c1+c2;
        cout <<"c1=";c1.display();
        cout <<"c2=";c2.display();
        cout <<"c1+c2=";c3.display();
        return 0;
}
```

程序运行结果：

```
c1=(3, 4i)
c2=(5, -10i)
c1+c2=(8, -6i)
```

当运算符“+”重载为类的成员函数后，C++编译系统将程序中的表达式 c1+c2 解释为 c1.operator+(c2)。

需要注意的是，C++中规定有的运算符（如赋值运算符、下标运算符、函数调用运算符）必须重载为类的成员函数；有的运算符则不能重载为类的成员函数（如输入流插入“<<”和流提取“>>”运算符、类型转换运算符）。下面分别介绍一些典型运算符的重载。

1）自增运算符（++）自减运算符（—）重载。

自增和自减有两个不同的重载形式——前置重载和后置重载，以++为例进行说明。

```
Counter operator ++()      //前置
Counter operator ++(int) //后置
```

二者唯一的不同在于圆括号中的 int。int 并不是真正的参数，只是被选择用来表示后置的标志。

【例 3.4.10】 计数器类。

```
#include <iostream>
using namespace std;
class Counter
{   int itsVal;
    public:
      Counter(int val=0){itsVal=val;}
      ~Counter(){}
      int GetItsVal(){return itsVal;}
      void SetItsVal(int x){itsVal=x;}
      Counter operator++();
      Counter operator++(int);
};
Counter Counter::operator++()
{     ++itsVal;
      return *this;
}
Counter Counter::operator++(int theFlag)
{     Counter temp(*this) ;
      ++itsVal;
      return temp;
}
int main()
{     Counter i;
      cout<<"The value of i is "<<i.GetItsVal()<<endl;
      ++i;
      cout<<"The value of i is "<<i.GetItsVal()<<endl;
      Counter a=i++;
      cout<<"The value of a is "<<a.GetItsVal()<<endl;
      cout<<"and i is "<<i.GetItsVal()<<endl;
      return 0;
}
```

程序运行结果:

```
The value of i is 0
The value of i is 1
The value of a is 1
and i is 2
```

2）赋值运算符（=）重载。赋值运算符的功能是将赋值号右边的对象数据逐域拷贝到赋值号左边的类对象中。赋值运算符只能重载为类的成员函数。

【例 3.4.11】 重载“=”运算符举例。

```
#include <iostream>
using namespace std;
class Set
{     int *elem;                    // 指向集合
      int size;                     // 表示集合所容许的元素个数
      int card;                     // 集合实际的元素个数
    public:
```

```
        Set(int n, int m);          // 声明构造函数
        ~Set();                     // 声明析构函数
        Set(const Set &t);          // 声明拷贝构造函数
        Set& operator=(Set &t);     // 声明重载赋值运算符函数
        void input();               // 声明输入最初的集合元素函数
        void output();              // 声明输出现有的集合元素函数
};
Set:: Set(int n, int m)
{     elem=new int[n];
      size=n;
      card=m;
}
Set::~Set()
{     delete[]elem;          }
Set::Set(const Set &t)
{     size=t.size;
      card=t.card;
      elem=new int[size];
      for (int i = 0;i < card;i++)
        elem[i]=t.elem[i];
}
Set& Set::operator=(Set &t)
{     delete[]elem;
      elem=new int[t.size];
      size=t.size;
      card=t.card;
      for (int i = 0;i < card;i++)
          elem[i]=t.elem[i];
      return *this;
}
void Set::input()
{     for (int i = 0;i < card;i++)
          cin>>elem[i];
}
void Set::output()
{     for (int i = 0;i < card;i++)
          cout << elem[i] <<" ";
      cout <<"\n";
}
int main()
{     Set t(10, 5),t1(t);
      t.input();
      cout <<"Set t is:";
      t.output();
      t1=t;
      cout <<"Set t1 is:";
      t1.output();
      return 0;
```

```
}
```

程序运行结果：

```
3 5 7 9 2
Set t is:3 5 7 9 2
Set t1 is:3 5 7 9 2
```

3）输入流运算符（++）和输出流运算符（++）重载。所有的 C++编译系统，都在类库中提供输入流类 istream 和输出流类 ostream。cin 和 cout 分别是 istream 类和 ostream 类的对象。在类库提供的头文件中，已经对“>>”和“<<”进行了重载，使之作为输入流和输出流运算符，输出 C++标准类型的数据，只需要用#include <iostream>将头文件包含到本程序文件中。重载输入流运算符“>>”和输出流运算符“<<”，就可以使用户自定义类型的数据的输入输出，也可以像系统标准类型的输入输出那样方便。

这里给出了“>>”和“<<”重载函数的外壳，几乎所有的“>>”和“<<”重载函数都具有这样的模式：

```
ostream & operator <<(ostream &out, yourClass&object)
{       //函数体
        return out;
}
istream & operator>>(istream & in, yourClass& object)
{       //函数体
        return in;
}
```

重载“<<”的函数的第一个参数和函数的返回类型都必须是 ostream&类型，第二个参数是进行输出操作的类（引用操作符&可有可无）。重载运算符“>>”的函数的第一个参数和函数的类型都必须是 istream&类型，第二个参数是进行输入操作的类的引用。注意，只能将重载“>>”和“<<”的函数作为友元函数，而不能将它们定义为成员函数。

【例 3.4.12】 建立一个点类，对输入输出流运算符进行重载。

```
#include <iostream>
using namespace std;
class Point
{    int x, y;
  public:
     Point(int x1=0, int y1=0){ x=x1;y=y1;}
     friend istream & operator>>(istream & input, Point & obj);
     friend ostream & operator<<(ostream & output, Point & obj);
};
istream & operator>>(istream & input, Point &obj)
{    cout <<"Input x, y of the point:\n";
     input >> obj. x >> obj. y;
     return input;
}
ostream & operator<<(ostream & output, Point & obj)
{    cout <<"Output x, y of the point:";
     output <<"x="<< obj. x <<", "<<"y="<< obj. y <<"\n";
```

```
        return output;
    }
    int main()
    {      Point obj1, obj2;
        cin >> obj1 >> obj2;
        cout << obj1 <<obj2;
        return 0 ;
    }
```

程序运行结果：

```
Input x, y of the point:
10 20 (回车)
Input x, y of the point:
30 40 (回车)
Output x, y of the obj1:x=10, y=20
Output x, y of the obj2:x=30, y=40
```

本例中，运算符“>>”重载函数中的形参 input 是 istream 类的对象的引用，在执行 cin >> obj1 时，调用 operator >>函数，将 cin 的地址传递给 input，input 是 cin 的引用。同样，obj 是 input 的引用。因此，“input >> obj. x >> obj. y;”相当于“cin >> obj. x >> obj. y;”，函数返回 cin 的新值。用 cin 和“>>”可以连续从输入流提取数据给程序中的 Point 类对象，或者说用 cin 和“>>”可以连续向程序输入 Point 类对象的值。在 main 函数中，用“cin >> obj. x >> obj.y;”连续输入点 obj1 和 obj2 的 x、y 坐标值。

需要注意，cin 语句中有两个“>>”，每遇到一次“>>”就调用一次重载运算符“>>”函数。因此，两次输出要提示输入的信息，并要求用户输入对象的值。

3.5 本章小结

类是 C++语言的核心概念，类定义的部分有公有部分和私有部分，在公有部分中定义的成员可以在类的外部使用，在私有部分定义的成员只能在类的内部使用，这些成分体现了类实现的细节，对外部是隐蔽的。构造函数是系统在建立对象时自动调用的函数，通过给构造函数附加参数的方式可以为新建立的对象提供初始值。此外，引用、友元和重载是 C++程序员的常用技巧。引用为变量提供别名，引用最重要的用途之一是在给函数传递参数方面。友元机制允许一个类将对其非公有成员的访问授权指定的函数或类，可以解决亲密对象频繁间接访问造成效率受损的问题。运算符重载是友元机制应用的重要场合，它也展示了 C++语言的可扩充性，用户可以对语言进行扩充以加强其功能。

习　题　3

3.1　定义一个通讯录类，该类中有数据成员姓名、地址、电话、邮政编码等。成员函数有构造函数、ChangeName 函数、Display 函数。构造函数初始化每个成员，ChangeName 函数用来逐个修改姓名，Display 函数用于把完整的数据打印出来。

3.2　编写一个基于对象的程序，求三个长方柱的体积。数据成员包括 length（长）、width（宽）、height（高）。要求用成员函数实现以下功能。

（1）从键盘输入三个长方柱的长、宽、高。

（2）计算并输出三个长方柱的体积。

3.3 定义一个学生类，要处理的学生信息有学号、姓名、年龄和所学专业。请编程实现对学生记录的插入、查找和删除，并显示输出结果。例如，编写一个主程序，输入 5 个学生记录，查找出学号为 03 的记录，显示后删除，再列出剩余学生的信息。

3.4 现有 10 个学生课程的成绩，用引用的方法统计学生中 A 类学生及 B 类学生各占多少。A 类学生的标准是每门课成绩在 80 分以上。

3.5 设计一个表示时间的类，实现时间的加、减和输出，其中加、减用重载运算符实现。

实验训练题 3

1. 调试下列程序，通过构造函数和成员函数设置时钟并显示出来。

```
#include <iostream>
using namespace std;
class  Clock
{   private:
        int Hour,Minute,Second;
    public:
        Clock();
        void SetTime(int newh,int newm,int news);
        void ShowTime();
};
Clock::Clock()
{       Hour = 0;
        Minute = 0;
        Second = 0;
}
void Clock::SetTime(int newh,int newm,int news)
{       Hour = newh;
        Minute = newm;
        Second = news;
}
void Clock::ShowTime()
{       cout << Hour <<":"<< Minute <<":"<< Second << endl;
}
int main()
{       Clock  myclock;
        cout <<"First time set and output:"<< endl;
        myclock.ShowTime();
        cout <<"Second time set and output:"<< endl;
        myclock.SetTime(8,30,30);
        myclock.ShowTime();
        return 0;
}
```

2. 调试下列程序，体会构造函数和析构函数的作用。

```
#include <iostream>
```

```
using namespace std;
class student
{   public:
        student()
        {   cout <<"constructing student.\n";
            semesHours = 100;
            gpa = 3.5;
        }
        ~student()
        {cout <<"destructing student.\n";
        }
    protected:
        int semesHours;
        float gpa;
};
class teacher
{   public:
        teacher()
        {  cout <<"constructing teacher.\n";
        }
        ~teacher()
        {  cout <<"destruching teacher.\n";
        }
};
class tutorpair
{   public:
        tutorpair()
        {   cout <<"constructing tutorpair.\n";
            nomeetings = 0;
        }
        ~tutorpair()
        {   cout <<"destructing tutorpair.\n";
        }
    protected:
        student student;
        teacher teacher;
        int nomeetings;
};
int main()
{       tutorpair tp;
        cout <<"back in main.\n";
        return 0;
}
```

3. 调试下列程序，使用友元函数计算线段距离。

```
#include <iostream>
#include <cmath>
using namespace std;
```

```
class Point
{   private:
        int X,Y;
    public:
        Point(int xx = 0,int yy = 0) {   X = xx,Y = yy;  }
        int GetX()  {return X;   }
        int GetY()  {return Y;   }
        friend float fDist(Point &a,Point &b);
};
float fDist(Point &p1,Point &p2)
{       double X = double(p1.X-p2.X);
        double Y = double(p1.Y-p2.Y);
        return float(sqrt(X*X+Y*Y));
}
int main()
{       Point myp1(1,1),myp2(4,5);
        cout <<"The distance is:";
        cout << fDist(myp1,myp2)<< endl;
        return 0;
}
```

第 4 章　继承性和多态性

本章学习目标

通过本章的学习，学生应该能够做到:

1）了解: 继承与派生、静态联编与动态联编的基本概念。

2）理解: C++的继承性和多态性。

3）掌握: 单继承和多继承的定义方式，在不同继承方式下基类成员在派生类中的访问属性的差别，定义和使用虚函数实现多态，抽象类的定义和使用。

继承（Inheritance）允许类从一个或更多的类中继承操作和数据，允许根据需要进行更具体的定义来建立新类，即派生类。派生类对于基类的继承提供了代码的重用性，而派生类的增加部分提供了对原有代码扩充和改进的能力。多态是指同样的消息被不同类型的对象接收时导致不同的行为，这里讲的消息是指对类的成员函数的调用，而不同的行为是指不同的实现，也就是调用了不同的函数。

4.1　继承与派生的概念

类的继承，是新的类从已有类那里得到已有的特性；从另一个角度来看这个问题，从已有类产生新类的过程就是类的派生（Derivation）。已有的类称为基类（Base Class）或父类（Father Class），产生的新类称为派生类（Derived Class）或子类（Son Class）。派生类继承了基类的所有数据成员和成员函数，并可以对成员做必要的增加或调整。

一个基类可以派生出多个派生类，每一个派生类又可以作为基类再派生出新的派生类，一代一代地派生下去，就形成了类的继承层次结构。类的继承和派生的层次结构，可以说是人们对自然界中的事物进行分类、分析和认识的过程在程序设计中的体现。类的派生上实际是一种演化、发展过程，即通过扩展、更改和特殊化，从一个已知类出发建立一个新类。通过类的派生可以实现代码的重用和扩充，这种继承和派生的机制对于已有程序的发展和改进是极为有利的。

在 C++中，继承关系按照继承的基类个数可以分为单继承（Single Inheritance）和多继承（Multiple Inheritance）。如果派生类只有一个基类，则这种继承关系称为单继承，如图 4.1.1 所示。如果一个类是多个基类的派生类，则这种继承模式称为多继承，派生类从多个基类中继承了属性。这种继承关系可以用图 4.1.2 表示。

图 4.1.1　单继承方式　　　图 4.1.2　多继承方式

4.1.1　派生类的声明与构成

派生类的声明形式与普通类的声明形式基本相同，不同的是必须在类声明的头部指明它的基类。派生类单继承时的声明方式如下：

```
class 派生类名:[继承方式] 基类名
{
    派生类新增成员
};
```

其中，继承方式包括三种：public（公有继承）、private（私有继承）和 protected（保护继承）。这三种继承方式的关键字必须选择一个，也只能选择一个。如果不写此项，则默认为 private（私有继承）。下面通过一个简单的例子说明怎样通过继承来建立派生类。

【例 4.1.1】 在已经声明了一个类 Person 的基础上，再建立一个派生类 Student。

```
class Person
{   public:
        void display()
        {   cout <<"name:"<< name << endl;
            cout <<"age:"<< age << endl;
            cout <<"sex:"<< sex << endl;
        }
    private:
        string name:                    // 姓名
        int age;                        // 年龄
        char sex;                       // 性别
};
class Student:public Person
{   public:
        void display()
        {   cout <<"num:"<< num << endl;
            cout <<"class:"<< class << endl;
        }
    private:
        int num;                        // 学号
        int class;                      // 班级
};
```

在类 Person 基础上通过单继承建立一个派生类。在派生类 Student 定义的第一行中，class 后面的 Student 是新建的类名，冒号后面的 Person 表示已声明的基类。在 Person 之前有一关键字 public，用来表示基类 Person 中的成员在派生类 Student 中的继承方式是公有继承。

派生类的成员包括从基类继承过来的成员和自己增加的成员两大部分。从基类继承的成员体现了派生类从基类继承而获得的共性，而新增加的成员体现了派生类的个性。正是这些新增加的成员体现了派生类与基类的不同，体现了不同派生类之间的区别。这种继承关系如图 4.1.3 所示。基类中包括数据成员和成员函数两部分，派生类分为两大部分，一部分是从基类继承过来的成员，另一部分是在声明派生类时增加的部分。每一部分均分别包括数据成员和成员函数。

实际上，并不是把基类的成员和派生类自己增加的成员简单地加在一起就能成为派生类。构造一个派生类包括以下三部分工作。

（1）吸收基类成员

在 C++的类继承中，首先是将基类的成员全盘接收（构造函数和析构函数除外），派生类不能选择接收其中一部分成员，而舍弃另一部分成员。

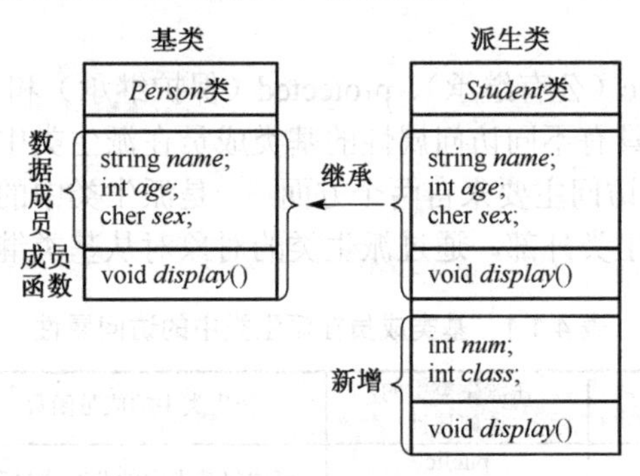

图 4.1.3　基类和派生类的关系

既然派生类在接收基类的成员时是没有选择的，包含了它的所有基类的除构造函数和析构函数之外的所有成员，因此在设计派生类的时候需要慎重选择基类，因为很多基类的成员，即使在派生类中很可能根本不起任何作用，也被继承下来了，在生成对象时也要占有内存空间，造成资源浪费。这种情况在经过多次派生之后尤为严重。所以不要随意地从已有类中找一个作为基类去构造派生类，应当考虑怎样能使派生类有更合理的结构。事实上，有些类是专门作为基类而设计的，在设计时应充分考虑到派生类的要求。

（2）改造基类成员

接收基类成员是程序人员不能选择的，但是程序人员可以对这些成员进行某些改造。对基类成员的改造包括两个方面：一是基类成员访问属性的控制问题，主要依靠派生类定义时的继承方式来控制，如可以通过继承把基类的公有成员指定为在派生类中的访问属性为私有；二是对基类数据或函数成员的覆盖，就是在派生类中定义一个和基类数据或函数同名的成员，如例 4.1.1 中的 display()。如果派生类声明了一个和基类成员同名的新成员，派生类的新成员就覆盖了基类中的同名成员。这时在派生类中或者通过派生类的对象，直接使用成员名就只能访问到派生类中声明的同名成员，这称为同名覆盖。同名覆盖的方法是对原有基类成员改造的关键手段，是程序设计中经常使用的方法。

（3）添加新的成员

派生类新成员的加入是继承与派生机制的核心，是保证派生类在功能上有所发展的关键。用户可以根据实际情况的需要，给派生类添加适当的数据成员和成员函数，来实现必要的新增功能。例 4.1.1 中派生类 Student 中就添加了数据成员 num 和 class。

另外，由于在派生过程中，基类的构造函数和析构函数是不能被继承下来的，因此要实现一些特别的初始化和扫尾清理工作，即需要在派生类中加入新的构造和析构函数。

通过以上的介绍可以看到，派生类是基类定义的延续。可以先声明一个基类，在此基类中只提供某些最基本的功能，而其他功能并未实现，然后在声明派生类时加入某些具体功能，形成适用于某一特定应用的派生类。通过对基类声明的延续，将一个抽象基类转化为具体的派生类。因此，派生类是抽象基类的具体实现。

4.1.2　派生类成员的访问

派生类继承了基类的全部数据成员和除构造、析构函数之外的全部成员函数，但是这些成员在派生类中的访问属性在派生的过程中是可以调整的。从基类继承的成员，其访问属性由继承方式控制。

基类的成员有 public（公有）、protected（保护）和 private（私有）三种访问属性，基类的自身成员可以对基类中任何一个其他成员进行访问，但是通过基类的对象，就只能访问该类的公有成员。

类的继承方式有public（公有继承）、protected（保护继承）和private（私有继承）三种，不同的继承方式导致原来具有不同访问属性的基类成员在派生类中的访问属性也有所不同，如表4.4.1所示。这里说的访问主要来自两个方面：一是派生类中的新增成员对从基类继承来的成员的访问；二是在派生类外部，通过派生类的对象对从基类继承来的成员的访问。

表4.1.1　基类成员在派生类中的访问属性

继承方式	基类成员	在派生类中的访问属性	派生类中的成员函数	派生类的对象
公有继承	public protected private	public protected 不可访问	可访问基类中的公有成员和保护成员	可访问基类和派生类中的公有成员
私有继承	public protected private	private private 不可访问	可访问基类中的公有成员和保护成员	不能访问基类中的所有成员
保护继承	public protected private	protected protected 不可访问	可访问基类中的公有成员和保护成员	不能访问基类中的所有成员

1. 公有继承

公有继承是以关键字 public 表示的一种继承方式。基类的公有成员和保护成员通过公有继承后，在派生类中不改变其访问属性，仍然分别是公有的和保护的成员，派生类的其他成员可以直接访问它们。但基类的私有成员通过公有继承后在派生类中变成不可访问的，它并没有成为派生类的私有成员，它仍然是基类的私有成员，只有基类的成员函数可以引用它，而不能被派生类的成员函数引用。在类族之外通过派生类的对象只能访问从基类继承的公有成员。

那么既然是公有继承，为什么不能访问基类的私有成员呢？实际上，这体现了C++中一个重要的软件工程观点。因为私有成员体现了数据的封装性，隐藏私有成员有利于测试、调试和修改系统。如果把基类所有成员的访问权限都原封不动地继承到派生类，使基类的私有成员在派生类中仍保持其私有性质，派生类成员能访问基类的私有成员，那么岂非基类和派生类没有界限了？这就破坏了基类的封装性。如果派生类再继续派生一个新的派生类，也能访问基类的私有成员，那么在这个基类的所有派生类的层次上都能访问基类的私有成员，这就完全丢弃了封装性带来的好处。保护私有成员是一条重要的原则。

2. 私有继承

私有继承是以关键字 private 表示的一种继承方式。基类的公有成员和保护成员通过私有继承后，在派生类中的访问属性都是私有的。而基类的私有成员通过私有继承后，在派生类中变成不可访问的，即私有继承的派生类的成员函数可以访问基类的公有成员和受保护成员，但不能访问基类的私有成员。私有继承派生类的对象只能访问派生类的公有成员，不可以访问基类的任何成员，包括公有成员、私有成员和保护成员。

需要说明的是，经过私有继承之后，所有基类的成员都成为派生类的私有成员，如果进一步派生的话，基类的成员就无法在新的派生类中被访问了。因此，私有继承之后，基类的成员再也无法在以后的派生类中发挥作用，实际上相当于终止了基类功能的继续派生，出于这种原因，一般情况下私有继承的使用比较少。

3. 保护成员和保护继承

一个类成员的访问属性分为公有、保护和私有三种。公有成员可以通过类的对象来访问，而保护和私有成员只能在类域范围内由类的成员函数访问（当然，友元函数和友元类的函数也可以访问）。那么，这些访问属性在派生类中又是如何体现的呢？毕竟派生类和一般的类或函数不同，它和基类的关系就像是儿女和父母一样，存在一定的亲缘关系，所以 C++为派生类提供了一种特权，派生类的成员函数可以直接访问基类的公有和保护成员。

protected 这一访问属性就是专门为继承而设计的。如果没有继承，protected 和 private 的成员在访问属性上的效果是相同的。只有在继承时，才体现了 protected 的作用。一个保护成员不能在一般的函数中使用，但是它可以在派生类的成员函数中使用。这样就为派生类访问基类的成员提供了比一般类更高的权限。然而，就像父母对子女不会完全敞开心扉一样，基类也保留有它自己的一份隐私，即派生类的成员函数不能访问基类的私有成员。尽管派生类包含了基类的所有成员，但是在派生类中定义的成员函数并不能直接访问基类的私有成员，如果要访问，也只能通过基类提供的公有或保护成员函数来进行。对于派生类来说，它可以看到基类的保护和公有成员，但看不到私有成员，因为私有成员在基类的内部。

保护继承是以关键字 protected 表示的一种继承方式。基类的公有成员和保护成员通过保护继承后，在派生类中的访问属性都为 protected 的。而基类的私有成员通过保护继承后，在派生类中仍是不可访问的，即保护继承的派生类的成员函数可以访问基类的公有成员和保护成员，但不能访问基类的私有成员。而保护继承派生类的对象只能访问派生类的公有成员，不能访问基类的公有成员、私有成员和保护成员。

比较在私有派生类中和在保护派生类中基类成员的访问属性，可以发现，在直接派生类中，以上两种继承方式的作用实际上是相同的，都是在类外不能访问基类的任何成员，而在派生类中的成员函数可以访问基类中的公有成员和保护成员。但是当把这些派生类当做基类去派生其他的类时，差别就体现出来了。采用私有派生方式派生出来的类，它从基类中继承来的公有和保护成员被当做这个派生类的私有成员，如果用这个派生类去派生其他类，它派生出来的类的成员函数将无法访问这些私有成员；而采用保护派生方式派生出来的类从基类中继承的公有和保护成员被当做这个类的保护成员，如果用这个类去派生其他类，它派生出来的类的成员函数将可以直接访问这些成员。

对于派生类本身来说，采用哪种继承都一样，因为继承方式并不影响派生类的成员函数对基类成员的访问权限，但是，继承方式影响了派生类对象的使用方式和派生类的使用。三种继承方式何时采用呢？

1）公有继承。在程序设计中最常用的是使用公有继承来构造派生类。因为在公有继承中，基类的特性在派生类的对象中能够完整地体现，基类的公有成员在派生类中仍然是公有成员，用户可以像使用基类对象一样来使用这个派生类的对象。

2）私有继承。私有继承在程序设计中使用不多，但还是有一些程序员喜欢使用它。当定义为私有继承后，基类的特性在派生类对象中完全体现不出来，只是隐藏在派生类对象的背后，默默为它做出贡献。

3）保护继承。保护继承介于公有继承和私有继承之间，既不像公有继承那样将基类的所有公有成员都对外开放，也不像私有继承那样，完全将基类的所有成员据为己有。保护继承将基类的公有成员和保护成员都变成派生类保护成员，使得派生类的派生类可以访问这些成员。

以上介绍了只有一级派生时的情况，实际上，常常有多级派生的情况，如图 4.1.4 所示。类 A 为基类，类 B 是类 A 的派生类，类 C 是类 B 的派生类，则类 C 也是类 A 的派生类。类 B 称为类 A 的直接派生类，类 C 称为类 A 的间接派生类。类 A 是类 B 的直接基类，是类 C 的间接基类。

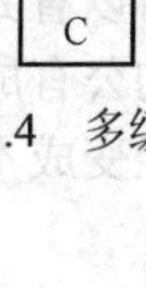

A
B
C

图 4.1.4　多级派生

【例 4.1.2】 多级派生的访问属性。

```
class A
{  public:
      int a1;
      void fa();
   protected:
      int a2;
   private:
      int a3;
};
class B:public A
{  public:
      int b1;
   protected:
      void fb();
   private:
      int b2;
};
class C:protected B
{  public:
      void fc();
   private:
      int c1;
};
```

类 A 是类 B 的公有基类，类 B 是类 C 的保护基类。各成员在不同类中的访问属性如表 4.1.2 所示。

表 4.1.2　例 4.1.2 中各成员在不同类中的访问属性

	基类 A	公有派生类 B	保护派生类 C
a1	公有	公有	保护
fa	公有	公有	保护
a2	保护	保护	保护
a3	私有	不可访问	不可访问
b1		公有	保护
fb		保护	保护
b2		私有	不可访问
fc			公有
c1			私有

在派生类 C 的外面只能访问类 C 的公有成员函数 fc，不能访问其他成员。派生类 C 的成员函数 fc 能访问基类 A 的成员 a1、fa、a2 和派生类 B 的成员 b1、fb。派生类 B 的成员函数 fb 能访问基类 A 的成员 a1、fa 和 a2。

可以看到，如果在多级派生时都采用公有继承方式，那么直到最后一级派生类都能访问基类的公有成员和保护成员。如果采用私有继承方式，经过若干次派生之后，基类的所有成员已经变成不可访问的。如果采用保护继承方式，在派生类外是无法访问派生类中的任何成员的，而且经过多次派生后，人们很难清楚地记住哪些成员可以访问，哪些成员不能访问，很容易出错。实际中，常用的是公有继承。

4.2　派生类的构造函数和析构函数

4.2.1　简单的派生类的构造函数

简单的派生类只有一个基类，而且只有一级派生（只有直接派生类，而没有间接派生类），在派生类的数据成员中不包含其他类的对象。

简单派生类的构造函数的一般形式为

```
派生类名（总参数表）：基类名（参数表）
{
        派生类中新增数据成员初始化语句
}
```

冒号前面的部分是派生类构造函数的主干，它和构造函数的形式相同，但它的总参数表中包括基类构造函数所需的参数和对派生类新增的数据成员初始化所需的参数。冒号后面的部分是要调用的基类构造函数及其参数。

在建立一个对象时，执行构造函数的顺序如下。

1）调用基类构造函数。

2）派生类构造函数体中的内容。

【例 4.2.1】 简单的派生类的构造函数。

```
#include <iostream>
#include <string>
using namespace std;
class Student
{  public:
        Student(int n,string nam)
        {   num = n;
            name = nam;
        }
    protected:
        int num;
        string name;
};
class Student1:public Student
{   public:
        Student1(int n,string nam,int a):Student(n,nam)
        {   age = a;   }
        void show()
        {   cout <<"num:"<< num << endl;
            cout <<"name:"<< name << endl;
            cout <<"age:"<< age << endl;
        }
     private:
        int age;
```

```
};
int main()
{       Student1 stud1(10010,"王丽",19);
        stud1.show();
        return 0;
}
```

程序运行结果：

```
num:10010
name:王丽
age:19
```

本程序中，类 Student1 是类 Student 的派生类，它的构造函数 Student1 的总参数表中包括基类构造函数所需的参数，以及对派生类新增的数据成员初始化所需的参数。冒号后面的部分是要调用的基类构造函数及其参数。从上面列出的派生类 Student1 的构造函数中可以看到，派生类构造函数名（Student1）后面括号内的参数表中包括参数的类型和参数名（如 int n），而基类构造函数名后面括号内的参数表只有参数名而不包括参数类型（如 n、nam），因为在这里不是定义基类构造函数，而是调用基类构造函数，因此这些参数是实参而不是形参。在 main 函数中，建立对象 stud1 时指定了 3 个实参。它们按顺序传递给派生类构造函数 Student1 的形参，派生类构造函数再将前面两个传递给基类构造函数。由于派生类构造函数是先调用基类构造函数，再执行派生类构造函数本身，所以先初始化 num、name，再初始化 age。

4.2.2 有子对象的派生类的构造函数

类的数据成员除了标准类型（如 int，char）或系统提供的类型（如 string），还可以包含类对象，此类对象就称为子对象（Subobject），即对象中的对象。子对象的初始化是在建立派生类对象时通过调用派生类构造函数来实现的。有子对象的派生类的构造函数的一般形式如下。

```
派生类名（总参数表）：基类名（参数表），子对象名（参数表）
{
        派生类中新增数据成员初始化语句
}
```

在派生类构造函数的总参数表中，给出了初始化基类数据、新增子对象数据及新增一般数据成员所需要的全部参数。在总参数表之后，列出了需要使用参数进行初始化的基类名和子对象名及各自的参数表，各项之间使用逗号分隔。这里基类名、子对象名之间的次序无关紧要，它们各自出现的顺序可以是任意的。在生成派生类对象时，系统会使用这里列出的参数，来调用基类和子对象的构造函数。

派生类构造函数执行的一般次序如下。

1）调用基类构造函数。

2）调用子对象的构造函数。

3）执行派生类构造函数体中的内容。

【例 4.2.2】 包含子对象的派生类的构造函数举例。

```
#include <iostream>
```

```
#include <string>
using namespace std;
class Student
{  public:
        Student(int n,string nam)
        {  num = n;
           name = nam;
        }
        void display()
        {  cout <<"num:"<< num << endl <<"name:"<< name <<endl;}
   protected:
        int num;
        string name;
};
class Student1:public Student
{  public:
        Student1(int  n,string  nam,int  a,string  ma,int  n1,string
nam1):Student(n,nam),monitor(n1,nam1)
        {  age = a;
           major = ma;
        }
        void show()
        {  cout <<"This student is:"<< endl;
           display();
           cout <<"age:"<< age << endl;
           cout <<"major:"<< major << endl ;
        }
        void show_monitor()
        {  cout <<"Class monitor is:"<< endl;
           monitor.display();
        }
   private:
        Student monitor;
        int age;
        string major;
};
int main()
{       Student1 stud1(10123,"张三",19,"生物学",10001,"李四");
        stud1.show();
        stud1.show_monitor();
        return 0;
}
```

程序运行结果:

```
This student is:
num:10123
name:张三
```

```
age:19
major:生物学
Class monitor is:
num:10001
name:李四
```

请注意，在派生类 Student1 中有一个数据成员 monitor，它的类型不是简单类型，它是 Student 类的对象。其中，构造函数的参数表中给出了基类 Student、子对象 monitor 和派生类新增成员初始化所需的全部参数，在冒号之后，分别列出了基类及子对象各自的参数。程序的主函数定义了一个派生类 Student1 的对象 stud1，生成对象 stud1 时调用了派生类的构造函数。在执行 Student1 构造函数时，首先是调用基类的构造函数，初始化基类中的数据成员 num、name；然后调用子对象的构造函数，初始化子对象中的数据成员 num、name；最后是执行派生类构造函数体中的内容，初始化派生类中的数据成员 age 和 major。

另外，派生类中如果有多个子对象，派生类构造函数的写法以此类推，应列出每一个子对象名及其参数表。

4.2.3 多级派生时的构造函数

一个类不仅可以派生出一个派生类，派生类还可以继续派生，形成派生的层次结构。请注意派生类的构造函数的写法，不要列出每一层派生类的构造函数，只需写出其上一层派生类（即它的直接基类）的构造函数即可。

【例 4.2.3】 多级派生情况下派生类的构造函数举例。

```
#include <iostream>
using namespace std;
class Student
{   public:
        Student(int n,char *nam)
        {   num = n;
            name = nam;
        }
        void display()
        {   cout <<"num:"<< num << endl;
            cout <<"name:"<< name << endl;
        }
      protected:
        int num;
        char *name;
};
class Student1:public Student
{   public:
        Student1(int n,char nam[10] ,int a):Student(n,nam)
        {   age = a;}
            void show()
            {   display();
                cout <<"age:"<< age << endl;
            }
      private:
```

```
        int age;
};
class Student2:public Student1
{   public:
        Student2(int n,char *nam,int a,int s):Student1(n,nam,a)
        {   score = s;  }
        void show_all()
        {   show();
            cout <<"score:"<< score << endl;
        }
      private:
        int score;
};
int main()
{       Student2 stud(10104,"王五",20,82);
        stud.show_all();
        return 0;
}
```

程序运行结果：

```
num:10104
name:王五
age:20
score:82
```

在 main 函数中定义 Student2 类对象时，调用 Student2 构造函数。在执行 Student2 构造函数时，先调用 Student1 构造函数；在执行 Student1 构造函数时，先调用基类 Student 构造函数。初始化的顺序如下。

1）初始化基类 Student 的数据成员 num 和 name。

2）初始化 Student1 的数据成员 age。

3）初始化 Student2 的数据成员 score。

4.2.4 派生类的析构函数

在派生过程中，基类的析构函数也不能继承下来，如果需要析构函数，就要在派生类中声明新的析构函数。派生类析构函数的定义方法与没有继承关系的类中析构函数的定义方法完全相同，只要在函数体中负责把派生类新增的非对象成员的清理工作做好即可，系统自己会调用基类及对象成员的析构函数来对基类及对象成员进行清理。但它的执行次序和构造函数正好严格相反，首先对派生类新增普通成员进行清理，然后对派生类新增的对象成员进行清理，最后对所有从基类继承来的成员进行清理。这些清理工作分别是执行派生类析构函数体、调用派生类对象成员所在类的析构函数和调用基类析构函数。

如果没有显式声明过某个类的析构函数，则这种情况下，编译系统会自动为每个类都生成一个默认的析构函数，并在对象生存期结束时自动调用。但是这样自动生成的析构函数并不做什么事情，只是从形式上完成了一个析构过程。

【例 4.2.4】 派生类的构造函数和析构函数使用举例。

```
#include <iostream>
```

```
using namespace std;
class  A
{   public:
        A(){    cout <<"A Constructor"<< endl; }
       ~A(){    cout <<"A Destructor"<< endl; }
};
class  B:public A
{   public:
        B(){    cout <<"B Constructor"<< endl; }
       ~B(){    cout <<"B Destructor"<< endl;  }
 };
int main()
{      B b;
   return 0;
}
```

程序运行结果：

```
A Constructor
B Constructor
B Destructor
A Destructor
```

程序在执行时，先执行派生类的构造函数，再执行派生类的析构函数。其中派生类析构函数的执行顺序与构造函数的顺序相反。

4.3 多 继 承

C++语言不仅支持单继承，也支持多继承。单继承机制可以表示现实世界中很多客观事物之间的联系关系，然而现实世界中还存在派生类由多于一个基类继承产生的情况。支持多继承机制的面向对象语言使程序设计人员能方便地解决派生类的多重继承问题。

4.3.1 多继承的声明与使用

多继承与单继承的区别仅在于它们基类的个数。只有一个基类的派生类称为单继承的派生类，有两个或两个以上的基类的派生类称为多继承派生类。在定义多继承的派生类时，要指出它的所有基类名以及继承方式。其声明形式如下：

```
class 派生类名：继承方式 1 基类名 1,…,继承方式 n 基类名 n
{
        派生类新增成员
};
```

注意，每一个“继承方式”只限定紧随其后的基类。

多继承下派生类的构造函数与单继承下派生类构造函数相似，其格式如下。

```
派生类名（总参数表）:基类名 1（参数表）,...,基类名 n（参数表）,
        子对象名 1（参数表）,...,子对象名 n(参数表)
{
        派生类中新增数据成员初始化语句;
```

};

其中，“总参数表”中包含了其后的各个分参数表。

派生类构造函数执行的一般次序如下。

1）调用基类构造函数，调用时按照它们被继承时说明的顺序（从左向右）调用。

2）调用子对象的构造函数，调用时按照它们在类中说明的顺序（从上到下）调用。

3）执行派生类构造函数体中的内容。

注意，这些构造函数的执行顺序和派生类构造函数中列出的名称顺序毫无关系。

【例 4.3.1】 多继承派生类的构造函数举例。

```
#include <iostream>
using namespace std;
class B1
{   public:
        B1(int i) {cout <<"constructing B1 "<< i << endl;}
};
class B2
{   public:
        B2(int j) {cout <<"constructing B2 "<< j << endl;}
};
class B3
{   public:
        B3(){cout <<"constructing B3 *"<< endl;}
};
class C: public B2,public B1,public B3
{   public:
        C(int a,int b,int c,int d):
            B1(a),memberB2(d),memberB1(c),B2(b){}
    private:
        B1 memberB1;
        B2 memberB2;
        B3 memberB3;
};
int main()
{       C obj(1,2,3,4);
        return 0;
}
```

程序运行结果：

```
constructing B2 2
constructing B1 1
constructing B3 *
constructing B1 3
constructing B2 4
constructing B3 *
```

在程序中，派生类C需要声明一个非默认形式（即带参数）的构造函数，因为基类和子对象成员都具有非默认形式的构造函数。构造函数的参数表中给出了基类及成员对象所需的全部参数，在冒号之后，分别列出了各个基类及子对象名和各自的参数。这里有几个问题需要注意，首先，这里并没有列出全部基类和成员对象，由于 B3 类只有默认构造函数，不需要给它传递参数，因此基类 B3 以及 B3 类成员对象 memberB3 不必列出。其次，基类名和成员对象名的顺序是随意的。这个派生类构造函数的函数体为空，可见实际上只是起到了传递参数、调用基类和子对象构造函数的作用。

程序的主函数中只是声明了一个派生类 C 的对象 c，生成对象 c 时调用了派生类的构造函数。我们来考虑 C 类构造函数执行的情况，它应该是先调用基类的构造函数，然后调用子对象成员的构造函数。基类构造函数的调用顺序是按照派生类声明时的顺序调用的，因此应该是先调用 B2，再调用 B1，再调用 B3，而子对象成员的构造函数调用顺序应该是按照成员在类中声明的顺序调用的，应该是先调用 B1，再调用 B2，再调用 B3，程序运行的结果也完全证实了这种分析。

与单继承的析构函数相似，派生类是否需要析构函数仅仅与其自身类的需要有关，与基类的析构函数无关。析构函数的调用顺序与上面介绍的构造函数的调用顺序相反。

4.3.2 多继承引起的二义性问题

多继承可以反映现实生活中的实际情况，能够有效地处理一些较复杂的问题，使编写程序具有灵活性。但是多继承也引起了一些值得注意的问题，它增加了程序的复杂度，使程序的编写和维护变得相对困难，容易出错。其中最常见的问题就是继承的成员同名而产生的二义性（Ambiguous）问题。下面介绍可能出现二义性问题的两种情况。

（1）调用不同基类的同名成员时可能出现二义性

```
class  A
{   public:
        A(int a);
        int get();
     private:
        int a;
};
class  B
{   public:
        B(int b);
        int get();
     private:
        int b;
};
class C: public A, public B
{   public:
        C(int c);
    private:
        int c;
};
```

在上面的类体系中，C 类是由 A 类及 B 类公有派生的，A 类和 B 类都有 get()函数，如果创建了 C 类的对象 obj:

```
C obj;
```

则在执行语句

```
obj.get();
```

时将是有二义性的。因为类 C 分别从类 A、类 B 继承了两个不同版本的 get()成员函数，因此，obj.get()到底调用哪个 get()版本，编译器将无从知晓。对于这种二义性问题，可以使用作用域分辨符::加以消除。例如：

```
obj.A::get();                    // 访问由 A 类继承的 get()函数
obj.B::get();                    // 访问由 B 类继承的 get()函数
```

另一种消除上述二义性的方法是在类 C 中也定义成员函数 get()函数，则由类 C 的对象 obj 访问 get()函数 obj.get()时没有二义性，这是因为当派生类中的成员与基类中的成员重名时，派生类中的同名成员将被调用。

（2）访问共同基类的成员时可能出现二义性

当一个派生类有多个基类，而这些基类又有一个共同的基类时，也就是所谓的菱形继承。此时，对这个共同基类中成员的访问可能出现二义性。

```
class  A
{   public:
        void disp();
    private:
        int a;
};
class  B1:public A
{   public:
        void dispB1();
    private:
        int b1;
};
class  B2:public A
{   public:
        void dispB2();
    private:
        int b2;
};
class  C:public B1, public B2
{    public:
        void dispC();
    private:
        int c;
};
```

在上面的类体系中，B1 类和 B2 类都是由 A 类公有派生的，C 类是由 B1 类和 B2 类公有派生的，因此该继承结构构成一个菱形，如图 4.3.1 所示。

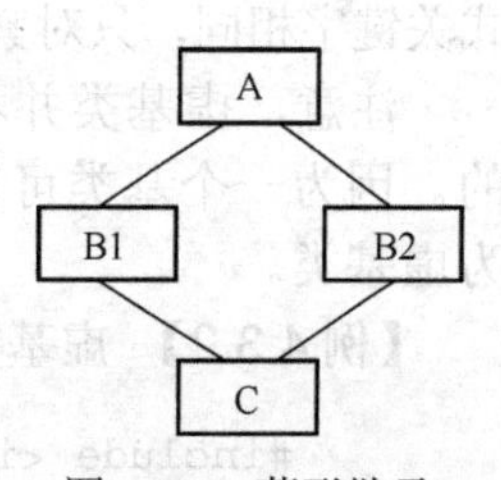

图 4.3.1　菱形继承

在此类结构下，如果创建类 C 的对象 c1：

```
C c1;
```

则下面的两个访问都有二义性：

```
c1.disp();
c1.A::disp();
```

这是因为类 B1、B2 分别从类 A 中继承了一个 disp()成员函数的拷贝，因此类 C 中就有了分别从类 B1、B2 两条不同路线上继承过来的 disp()版本，尽管这两个版本的函数完全相同，但是语句“c1.disp();”将使编译器无从知晓到底调用从类 B1 继承来的 disp()，还是调用从类 B2 继承来的 disp()，这就是导致二义性的原因。语句“c1.A:: disp();”产生二义性的道理相同，即使在 disp()之前加上了类 A 的限制，也没有解决任何问题，编译器依然不知道到底要调用从类 B1 继承来的 disp()，还是调用从类 B2 继承来的 disp()。但是下面的两条调用语句是正确的：

```
c1.B1::disp();
c1.B2::disp();
```

因为通过“B1::”以及“B2::”的限定，明确告诉编译器应该调用从哪条路径上继承过来的 disp()。

上述例子中，由于类 A 是派生类 C 两条继承路径上的一个公共基类，派生类 C 的对象在内存中就同时拥有成员 a 及 disp 的两份同名拷贝，此时，必须使用作用域分辨符通过直接基类名限定来分别进行访问。在一个类中保留间接共同基类的多份同名成员，虽然有时是必要的，可以在不同的数据成员中分别存放不同的数据，也可以通过构造函数分别对它们进行初始化，但在大多数情况下，这种现象是人们不希望出现的。因为保留多份数据成员的拷贝，不仅占用较多的存储空间，还增加了访问这些成员时的困难，容易出错。实际上，并不需要有多份拷贝，为此 C++中提供了虚基类（Virtual Base Class）技术来解决这一问题。

4.3.3 虚基类的概念与使用

1. 虚基类的概念

当某类的部分或全部直接基类是从另一个共同基类派生而来时，在这些直接基类中从上一级共同基类继承来的成员就拥有相同的名称。在派生类的对象中，这些同名数据成员在内存中同时拥有多个拷贝，同一个函数名会有多个映射。可以将共同基类设置为虚基类，这时从不同路径继承过来的同名数据成员在内存中就只有一个拷贝，同一个函数名也只有一个映射，这样就解决了同名成员的唯一标识问题。

声明虚基类的一般形式如下。

```
class 派生类名：virtual 继承方式 基类名
```

其中，virtual 是说明虚基类的关键字。在多继承情况下，虚基类关键字的作用范围和继承方式关键字相同，只对紧跟其后的基类起作用。

注意，虚基类并不是在声明基类时声明的，而是在声明派生类指定继承方式时声明的。因为一个基类可以在生成一个派生类时作为虚基类，而在生成另一个派生类时不作为虚基类。

【例 4.3.2】 虚基类举例。

```
#include <iostream>
using namespace std;
```

```
class  A
{   public:
        int a;
        void disp(){    cout <<"Member of A:a ="<< a << endl;   }
};
class  B1:virtual public A              // 虚基类的声明
{   public:
        int b1;
};
class  B2:virtual public A              // 虚基类的声明
{   public:
        int b2;
};
class  C:public B1,public B2
{   public:
        int c;
        void dispc(){   cout <<"Member of C:c ="<< c << endl;   }
};
int main()
{       C c;
        c.a = 9;
        c.disp();
        return 0;
}
```

程序运行结果：

```
Member of A:a = 9
```

在程序中，有一个基类 A，声明了数据成员 a 和函数 disp，由 A 公有派生产生了类 B1 和 B2，在派生过程中通过使用关键字 virtual，类 B1 和 B2 将 A 说明为虚基类，再以 B1、B2 作为基类共同公有派生产生了类 C，在派生类中不再添加新的同名成员（如果有同名成员，则同样遵循覆盖规则），这时的 C 类中，通过 B1、B2 两条派生路径继承来的基类 A 的成员 a 和 disp 只有一份拷贝。也就是说，在使用了虚基类之后，在派生类 C 中只有唯一的数据成员 a 和函数 disp，在建立 C 类对象的模块中，直接使用“对象名.成员名”方式就可以唯一地标识和访问这些成员。

在程序的主函数中，创建了一个派生类的对象 c，通过成员名称就可以访问该类的成员 a 和 disp。

2．特殊的初始化

通常，每个类只初始化自己的直接基类。在应用于虚基类的时候，这个初始化政策会失败。如果使用常规规则，就可能会多次初始化虚基类。类将沿着包含该虚基类的每个继承路径初始化。为了解决这个重复初始化的问题，具有虚基类的类继承的类对初始化进行特殊处理。在虚派生中，由最低层派生类的构造函数初始化虚基类。虽然由最低层派生类初始化虚基类，但是任何直接或间接继承虚基类的类一般必须为该基类提供初始化式。因此，在整个继承关系中，直接或间接继承虚基类的所有派生类，都必须在构造函数的成员初始化表中列出对虚基类的初始化。

【例 4.3.3】 虚基类的初始化举例。

```
#include <iostream>
using namespace std;
class A
{   int a;
    public:
        A(int i){  a = i;  }
        void disp(){  cout <<"Member of A:a ="<< a << endl;  }
};
class B1:virtual public A           // 虚基类的声明
{   public:
        B1(int j):A(j) { }
};
class B2:virtual public A           // 虚基类的声明
{   public:
        B2(int j):A(j){ }
};
class C:public B1,public B2
{   public:
        C(int x, int y, int z): A(x), B1(y),B2(z){ }
};
int main()
{       C c(1,2,3);
        c.disp();
        return 0;
}
```

程序运行结果：

```
Member of A:a = 1
```

在定义类C的构造函数时，与以往使用的方法有所不同。通常，在派生类的构造函数中只需负责对其直接基类初始化，再由其直接基类负责对间接基类初始化。现在由于A是虚基类，因此在其所有派生类（包括直接派生或间接派生的派生类）中，都要在构造函数的初始化表中列出对虚基类的初始化。为了叙述方便，这里将建立对象时指定的类称为当时的最远派生类。例如，在上述程序中，建立对象c时，C就是最远派生类。注意：建立一个对象时，如果这个对象中含有从虚基类继承来的成员，则虚基类的成员是由最远派生类的构造函数通过调用虚基类的构造函数进行初始化的。只有最远派生类的构造函数会调用虚基类的构造函数，该派生类的其他基类（例如，上例中的B1和B2类）对虚基类构造函数的调用都自动被忽略。

3. 构造函数与析构函数次序

虚继承技术使用之后，继承层次中包含虚基类的派生类的构造函数的调用规则也变得复杂，总体的规则如下。

1）虚基类的构造函数在非虚基类之前调用。

2）若同一层次中包含多个虚基类，这些虚基类的构造函数按它们说明的次序调用。

3）若虚基类由非虚基类派生而来，则仍然先调用基类的构造函数，再调用派生类的构造函数。

4.4 多态性与虚函数

4.4.1 多态的概念

多态是指同样的消息被不同类型的对象接收时导致不同的行为，这里讲的消息是指对类的成员函数的调用，而不同的行为是指不同的实现，也就是调用了不同的函数。事实上，在程序设计中经常使用多态的特性，一个典型的例子就是运算符，我们使用同样的加号“+”就可以实现整型数之间、浮点数之间、双精度浮点数之间以及它们相互的加法运算，同样的消息-相加，被不同类型的对象-变量接收后，不同类型的变量采用不同的方式进行加法运算。如果是不同类型的变量相加，如浮点数和整型数，则要先将整型数转换为浮点数，再进行加法运算，这就是典型的多态现象。

在C++中，多态性的实现和关联（Binding）这一概念有关。所谓关联（或称绑定）就是确定调用的具体对象的过程。如果在编译时即可确定其调用的函数，那么这个过程称为静态关联，静态关联支持的多态性称为编译时的多态性（又称静态多态性）。以前学过的函数重载和运算符重载实现的多态性属于编译时的多态性。运行时的多态性（又称动态多态性）是在程序运行过程中才动态地确定操作所针对的对象。运行时的多态性是通过基类指针或引用与虚函数（Virtual Function）的结合来实现的。

前面的章节中很少提到指向对象的指针。指针可以像指向其他变量一样指向对象。但是当指针和继承的概念结合起来时，将会发现在继承的层次结构中使用指针时会涉及一些其他普通指针用不到的特殊操作。在进一步学习之前，要记住一个规则：当建立了一个类家族（同一个继承层次结构中所有相关的类）时，可以定义一个指针指向基类，那么它可以指向基类所派生的类家族中任一个派生类对象。

4.4.2 虚函数的定义与使用

声明虚函数的方法如下：

virtual 类型说明符 函数名（参数表）

其中，被关键词 virtual 说明的函数称为虚函数。

C++规定，当一个成员函数被声明为虚函数后，其派生类中的同原型函数都自动成为虚函数。因此，在派生类重新声明该虚函数时，可以加 virtual，也可以不加。通过虚函数与指向基类对象的指针变量的配合使用，就能方便地调用同一类族中不同类的同原型函数，只要先用基类指针指向即可。如果指针不断地指向同一类族中不同类的对象，则执行时会根据指针指向的对象的类，决定调用哪个函数。下面来看一个例子。

【例 4.4.1】 以下程序用于计算并显示大学生和研究生的学费。

```
#include <iostream>
using namespace std;
class  Undergra
{   public:
        virtual void calfee()                    // 定义虚函数
        {    fee1=4200;
             fee2=800;
             fee3=400;
```

```
        fee=fee1+fee2+fee3;
    }
    virtual void disp()                // 定义虚函数
    {   cout <<"大学生收费"<< endl;
        cout <<"学  费:"<< fee1 << endl;
        cout <<"住宿费:"<< fee2 << endl;
        cout <<"其  他:"<< fee3 << endl;
        cout <<"总费用:"<< fee << endl;
    }
  protected:
    int fee1,fee2,fee3,fee;
};
class  Graduate:public Undergra
{  public:
    void calfee()
    {   fee1=1800;
        fee2=400;
        fee=fee1+fee2;
    }
    void disp()
    {  cout <<"研究生收费"<< endl;
        cout <<"住宿费:"<< fee1 << endl;
        cout <<"其  他:"<< fee2<< endl;
        cout <<"总费用:"<< fee << endl;
    }
};
int main()
{       Undergra undergra1;
        Graduate graduate1;
        Undergra *ptr;           // 定义指向基类的指针
        ptr = &undergra1;        // 指针指向 undergra1 对象
        ptr-> calfee();          // 调用 undergra1 对象的 calfee()
        ptr-> disp();            // 调用 undergra1 对象的 disp()
        ptr = &graduate1;        // 指针指向 graduate 对象
        ptr-> calfee();          // 调用 graduate 对象的 calfee()
        ptr-> disp();            // 调用 graduate 对象的 disp()
        return 0;
}
```

程序运行结果:

```
大学生收费
  学  费: 4200
  住宿费: 800
  其  他: 400
  总费用: 5400
研究生收费
  住宿费: 1800
  其  他: 400
```

```
总费用：2200
```

本例程序设计了一个 Undergra 类，其成员函数 calfee( )和 disp( )为虚函数，calfee( )函数用于计算大学生的学费，disp( )用于显示大学生的学费。Graduate 类是从 Undergra 类派生的，其中的 calfee( )函数用于计算研究生的学费，disp( )用于显示研究生的学费。

如果在 Undergra 类中未将其成员函数 calfee( )和 disp( )声明为虚函数，则程序的运行结果如下。

```
大学生收费
  学  费：4200
  住宿费：800
  其  他：400
  总费用：5400
大学生收费
  学  费：4200
  住宿费：800
  其  他：400
  总费用：5400
```

执行结果中大学生收费输出了两次。而用户希望指针 ptr 指向对象 graduate1 后，程序运行输出研究生收费。为什么会出现这种情况呢？这是因为 ptr 是基类指针，可以通过这个基类指针去调用函数。显然，对这样的调用方式，编译系统在编译时无法确定调用哪一个类对象的虚函数。因为编译只做静态的语法检查，是无法确定调用对象的。因此，尽管指针指向派生类对象，但通过这个指针只能访问到基类的成员函数 calfee( )和 disp( )。

在定义了虚函数之后，由于是在运行阶段把虚函数和类对象关联在一起的，此时调用哪一个对象的函数无疑是确定的。当指针 ptr 指向对象 graduate1，再执行“ptr->calfee( )”和“ptr->disp( )”时，访问到的就是派生类的成员函数。

虚函数的以上功能是很有实用意义的。在面向对象的程序设计中，经常会用到类的继承，目的是保留基类的特性，以减少新类的开发时间。但是，从基类继承来的某些成员函数不完全适应派生类的需要，在派生类中需要重写这些函数。当把基类的某个成员函数声明为虚函数后，允许在其派生类中对该函数重新定义，赋予它新的功能，并且可以通过指向基类的指针指向同一类族中不同类的对象，以实现多态性。

【例 4.4.2】 虚函数应用举例。

```
#include <iostream>
using namespace std;
class Vehicle                              //车辆类 Vehicle 定义
{   public:
         virtual void message(){cout <<"Vehicle message\n";}
     private:
         int wheels;
         float weight;
};
class Car:public Vehicle                   //汽车类 Car 定义
{   public:
         void message(){cout <<"Car message\n";}
    private:
         int  passenger_load;
```

```
};
class Truck:public Vehicle      //卡车类 Truck 定义
{   public:
        void message(){cout <<"Truck message\n";}
    private:
        int passenger_load;
        float payload;
};
int main()
{       Vehicle vehicle1,*ptr;       //定义一个基类对象 obj 和基类指针 ptr
        Car car1;                    //定义一个 Car 类对象 car1
        Truck truck1;                //定义一个 Truck 类对象 truck1
        ptr = &vehicle1;             //将指针 ptr 指向基类对象
        ptr-> message();             //调用基类成员函数
        ptr = &car1;                 //将指针 ptr 指向 Car 类对象
        ptr-> message();             //调用 Car 类成员函数
        ptr = &truck1;               //将指针 ptr 指向 Truck 类对象
        ptr-> message();             //调用 Truck 类成员函数
        return 0;
}
```

程序运行结果：

```
Vehicle message
Car message
Truck message
```

由此例再次可看出，使用虚函数，可以在基类指针指向不同对象时，执行不同对象所对应类的成员函数。需要说明的是，使用虚函数，系统要有一定的空间开销，那么什么情况下需要把一个成员函数声明为虚函数呢？此时应主要考虑以下几点。

1）首先看成员函数所在的类是否会作为基类，然后看成员函数在类的继承后有无可能被更改功能，如果希望更改其功能，则一般应该将它声明为虚函数。

2）不要仅仅考虑到要作为基类而把类中的所有成员函数都声明为虚函数。如果成员函数在类被继承后功能不需修改，或派生类用不到该函数，则不要把它声明为虚函数。

3）应考虑对成员函数的调用是通过对象名还是通过基类指针或引用去访问的，如果是通过基类指针或引用去访问的，则应当声明为虚函数。如果一个成员函数被说明为虚函数，但对该成员函数的调用是通过对象名访问时，由于在编译时即可确定其调用的虚函数属于哪一个类，故其属于静态关联，无法实现运行时的多态性。

另外，在将一个成员函数声明为虚函数时，须注意下列事项。

1）只有类的成员函数才能说明为虚函数。这是因为虚函数仅适用于有继承关系的类对象，所以普通函数不能说明为虚函数。

2）一个成员函数被声明为虚函数后，在同一类族中的类就不能再定义一个非虚的但与该虚函数具有相同参数（包括个数及类型）和函数返回值类型的同名函数。

3）构造函数不能是虚函数，这是因为在执行构造函数时类对象还未完成建立过程，当然更谈不上函数与类对象的关联。

4）内联函数不能是虚函数，因为内联函数是不能在运行中动态确定其位置的。即使虚函数在类的内部定义，编译时仍将其看做非内联的。

5）析构函数可以是虚函数，而且通常说明为虚函数。

4.4.3 虚析构函数

由于析构函数的名称涉及不同类，看上去析构函数好像不能定义为虚函数，但是实际上它是个例外。每个类只有唯一一个析构函数，不论是显式地在类中定义，还是由编译器隐式定义。显式的析构函数可以定义为虚函数，其方法是在析构函数前边加上virtual 说明符。

例如：

```
class B
{ public:
   …
   virtual ~B();
   …
};
```

该类中的析构函数即被说明为虚函数。如果将基类的析构函数声明为虚函数，则由该基类所派生的所有派生类的析构函数也都自动成为虚函数，即使派生类的析构函数与基类的析构函数名称不相同。虚析构函数的作用在于当使用运算符 delete 删除一个对象时，能确保析构函数被正确执行。下面通过一个例子来说明虚析构函数的作用。

【例 4.4.3】 虚析构函数举例。

```
#include <iostream>
using namespace std;
class A
{  public:
     virtual ~A(){ cout <<"A::~A()called.\n";}
};
class B:public A
{  public:
     ~B(){cout <<"B::~B()called.\n";}
};
int main()
{     A *ptr = new B;
      delete ptr;
      return 0;
}
```

程序运行结果：

```
B::~B()called.
A::~A()called.
```

该程序中，基类 A 中说明了虚析构函数，在 main()中，执行下列语句

```
delete ptr;
```

时调用析构函数。由于动态关联应该调用 B 类的析构函数，先执行 B 类析构函数的函数体，再执行其基类的析构函数，所以输出上述结果。

如果在基类的类体内不说明析构函数为虚函数，则由于采用静态关联，在编译时将选择类 A 中的析构函数。因此执行

```
    A *ptr = new B;
    delete ptr;
```

后，输出如下结果：

```
    A::~A()called.
```

从对该例的分析中可以看出，将析构函数说明为虚函数，将会正确地执行析构函数，即先调用派生类的析构函数，再调用基类的析构函数。当基类的析构函数为虚函数时，无论指针指的是同一类族中的哪一个类对象，系统都会采用动态关联，调用相应的析构函数，对该对象进行清理工作。否则系统会只执行基类的析构函数，而不执行派生类的析构函数。因此，在继承的情况下，最好将基类中的析构函数说明为虚函数。这将使所有派生类的析构函数自动成为虚函数。如果程序中使用 delete 运算符准备删除一个对象，而 delete 运算符的操作对象使用了指向派生类对象的基类指针，则系统会调用相应类的析构函数。

虚析构函数的概念和用法很简单，但它在面向对象程序设计中是很重要的技巧。专业人员一般习惯声明虚析构函数，即使基类并不需要析构函数，也显式定义一个函数体为空的虚析构函数，以保证在撤销动态分配空间时得到正确的处理。

4.4.4 纯虚函数与抽象类

许多情况下，在基类中不能对虚函数给出有意义的实现，即将它说明为纯虚函数，它的实现留给该基类的派生类去做。

纯虚函数是在声明虚函数时被“初始化”为 0 的函数。声明纯虚函数的一般格式如下：

```
    virtual 函数类型 函数名（参数表）= 0;
```

纯虚函数没有函数体，最后面的“=0”并不表示函数返回值为 0，它只起形式上的作用，目的是告诉编译系统“这是纯虚函数”。纯虚函数只有函数的名称而不具备函数的功能，不能被调用。它只是通知编译系统，“在这里声明一个虚函数，留待派生类中定义”。在派生类中对此函数提供定义后，它才能具备函数的功能，可以被调用。纯虚函数的作用是在基类中为其派生类保留一个函数的名称，以便派生类根据需要对它进行定义。如果在基类中没有保留函数的名称，则无法实现多态性。如果在一个类中声明了纯虚函数，而在其派生类中没有对该函数定义，则该虚函数在派生类中仍然是纯虚函数。

下面通过一个例子说明纯虚函数的定义和其所起的作用。

【例 4.4.4】 纯虚函数举例。

```
    #include <iostream>
    using namespace std;
    class  Point
    {   public:
            Point(int i = 0,int j = 0){ x0 = i;y0 = j;}
            virtual void Draw()= 0;
        private:
            int x0,y0;
    };
    class Line:public Point
    {   public:
            Line(int i = 0,int j = 0,int m = 0,int n = 0):Point(i,j)
            {   x1 = m;     y1 = n;     }
```

```
        void Draw(){    cout <<"Line::Draw()called.\n";    }
    private:
        int x1,y1;
};
class Ellipse:public Point
{   public:
        Ellipse(int i = 0,int j = 0,int p = 0,int q = 0):Point(i,j)
        {   x2 = p;    y2 = q;  }
        void Draw(){cout <<"Ellipse::Draw()called.\n";}
    private:
        int x2,y2;
};
void Drawobj(Point *p)  {   p-> Draw();     }
int main()
{       Line *lineobj = new Line;
        Ellipse *ellipseobj = new Ellipse;
        Drawobj(lineobj);
        Drawobj(ellipseobj);
        return 0;
}
```

程序运行结果：

```
Line::draw()called.
Ellipse::draw()called.
```

该例用来讲述一个画图的过程。在基类 Point 中，认为没有必要设置画点的操作，因此将画函数 draw( )设置成一个纯虚函数，在它的两个派生类 Line 和 Ellipse 中各有一个虚函数 Draw( )，并且分别有各自的具体实现。在函数 drawobj( )中，调用了基类指针 p 所指向的 draw( )函数，该形参进行动态关联，在运行时选择对象。

如果声明了一个类，则一般可以用它定义对象。但是在面向对象的程序设计中，往往有一些类，它们不用来生成对象。定义这些类唯一的目的是用它作为基类去建立派生类。它们作为一种基本类型提供给用户，用户在这个基础上根据自己的需要定义出功能各异的派生类，用这些派生类去建立对象。这种不用定义对象而只作为一种基本类型用做继承的类，称为抽象类（Abstract Class），由于它常做基类，因此通常称为抽象基类（Abstract Base Class）。

抽象类的作用是作为一个类族的公共基类，或者说，为一个类族提供一个公共接口。显然，一个抽象类至少应具有一个纯虚函数，即没有指明任何具体实现的虚函数。因为纯虚函数是不能被调用的，包含纯虚函数的类是无法建立对象的。虽然抽象类不能定义对象（或者说抽象类不能实例化），但是可以定义指向抽象类的指针变量。当派生类成为具体类之后，就可以用这种指针指向派生类对象，然后通过该指针调用虚函数，实现多态性的操作。

【例 4.4.5】 计算由几个不同形状的图形组成的总面积。设要计算的总面积中包括三角形（triangle）、圆（circle）和矩形（rectangle）的面积。其层次结构如图 4.4.1 所示。

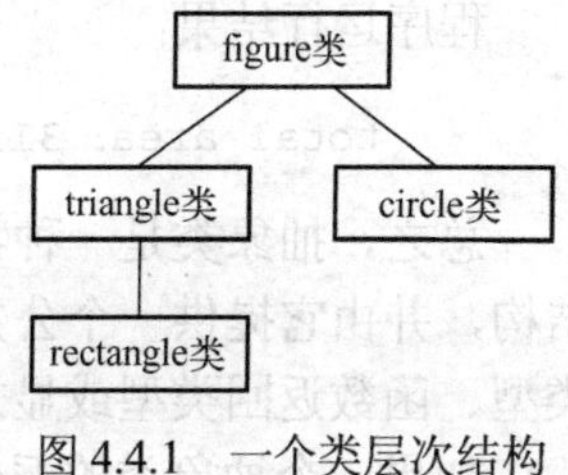

图 4.4.1　一个类层次结构

```
#include <iostream>
using namespace std;
const float Pi = 3.141593;
```

```
class figure
{   public:
        virtual float area()= 0;
};
class circle:public figure
{   public:
        circle(float r){radius = r;}
        float area(){return radius*radius*Pi;}
    private:
        float radius;
};
class triangle:public figure
{   public:
        triangle(float h,float w){high = h;wide = w;}
        float area(){   return high*wide*0.5;}
    protected:
        float high,wide;
};
class rectangle:public triangle
{   public:
        rectangle(float h,float w):triangle(h,w){}
        float area(){return high*wide;}
};
float total(figure *pf[],int n)
{       float sum = 0;
        for(int i = 0;i < n;i++)
            sum += pf[i]-> area();
        return sum;
}
int main()
{       figure *pf[6];
        pf[0] = new triangle(3.0,2.0);
        pf[1] = new rectangle(2.5,3.0);
        pf[2] = new rectangle(5.0,1.0);
        pf[3] = new rectangle(3.0,6.0);
        pf[4] = new circle(5.2);
        pf[5] = new circle(8.0);
        cout <<"total area:"<< total(pf,6)<< endl;
        return 0;
}
```

程序运行结果：

```
total area: 319.511
```

总之，抽象类是一种特殊的类，这种类不能定义对象。它主要用来组织一个继承的层次结构，并由它提供一个公共的根，而相关的子类由它派生出来。另外，抽象类不能用做参数类型、函数返回类型或显式转换的类型。

如果一个抽象类的派生类中没有定义虚函数，只是继承了基类的纯虚函数，则这个派生类还是一个抽象类。如果一个抽象类的派生类中给出了基类纯虚函数的实现，则这个派生类才是一个可以创建对象的具体类。

4.5 本 章 小 结

继承是在已有的称为基类的基础上创建新的称为派生类的一个过程。派生类继承了基类的所有功能，还可以对自己进行加工和改造。继承的好处是允许代码重复使用，可以节约时间和金钱，也可增加程序的可靠性。多态性允许用户编写可以为许多不同对象类型正确工作的代码。虚函数在其中充当了多态的重要角色，只要设置了虚函数，该类家族即可具有多态性。

习 题 4

4.1 编写一个学生和老师数据输入和显示的程序，学生数据有学号、姓名、系名和成绩，老师数据有工号、姓名、职称和部门。要求将学号（或工号）、姓名输入和显示设计成一个类 Person，并作为学生类 Student 和老师类 Teacher 的基类。

4.2 设计一个大学的类系统，学校中有学生、教师，每种人员都有自己的特性，他们之间有相同的地方（以 Person 类为基类，有姓名、编号），又有各自不同的特性（学生：专业、平均成绩。教师：职称、工资）。利用继承机制定义这个系统中的各个类，要求输入姓名等信息后再将这些信息输出。

4.3 写一个程序，定义抽象基类 Shape，由它派生出 5 个派生类：Circle（圆形）、Square（正方形）、Rectangle（矩形）、Trapezoid（梯形）、Triangle（三角形）。用虚函数分别计算几种图形的面积，并求它们的和。要求用基类指针数组，使它的每一个元素指向一个派生类对象。

4.4 定义一个基类为哺乳动物类 Mammal，其中有数据成员年龄、重量、品种，有成员函数 move()、speak()等，以此表示动物的行为。由这个基类派生出狗、猫、马、猪等哺乳动物，它们有各自的行为。编程并分别使各种动物表现出不同的行为。

要求如下：

（1）从基类分别派生出各种动物类，通过虚函数实现不同动物表现出的不同行为。

（2）今有狗 CAIRN 3 岁，3kg，DORE 4 岁，2kg；猫 CAT 2 岁，4kg；马 HORSE，5 岁，60kg；猪 PIG，2 岁，45kg。

（3）设置一个 Mammal 类数组，设计一个屏幕菜单，选择不同的动物或不同的品种，显示出动物相对应的动作，直到选择结束。

（4）对应的动作中要先显示出动物的名称，然后显示年龄、重量、品种、叫声及其他特征。

实验训练题 4

1. 下列有一个简单字符串类，它包含设置字符串、取字符串长度及内容等功能。由该类派生出一个具体编辑功能的编辑字符串类，该编辑类在简单串类的基础上支持一些高级的功能。编辑类中由于设置了一个光标，使其能支持在光标处的插入、替换、删除等功能。调试该程序，体会类的继承与派生的作用。

```
#include <iostream>
#include<string.h>
using namespace std;
class String                                    //定义简单字符串类
{      int length;
       char *contents;
   public:
```

```
        ~String(){delete contents;}                    //析构函数
        int GetLength(){return length;}
        char *GetContents(){return contents;}       //取字符串内容
        int SetCon(char *con);    //设置字符串，也可修改字符
        void Print(){cout << contents << endl;} //输出字符串
    };
    class EditString:public String                     //定义编辑字符串类
    {   int cursor;                                     //光标位置
      public:
        int GetCursor(){return cursor;}                //取当前光标位置
        void MoveCur(int num){cursor = num;}        //移动光标
        int InStr(String *newtext);             //在光标所在位置插入新字符串
        int ReplStr(String *newtext);           //在光标所在位置用新字符串替换
        void DelStr(int num);    //在光标所在位置开始删除num个字符
    };
    int String::SetCon(char *con)
    {   length = strlen(con);                       //求字符串con的长度
        if(!contents)    delete contents;        //若字符串已有内容，则删除
        contents = new char[length+1];          //为字符串分配存储空间
        strcpy(contents,con);                    //字符串赋值
        return length;
    }
    int EditString::InStr(String *newtext)
    {   int el,k,sl,i,j;
        char *sp,*ep;
        el = newtext-> GetLength();
        ep = newtext-> GetContents();
        sl = GetLength();
        sp = GetContents();
        char *news = new char[el+sl+1];
        for(i = 0;i < cursor;i++)
           news[i] = sp[i];    //将当前光标之前的内容赋值给news
        k= i;
        for(j = 0;j < el;i++,j++)
           news[i] = ep[j];
        cursor = i;
        for(j = k;j < sl;j++,i++)
           news[i] = sp[j];
        news[i] ='\0';
        SetCon(news);
        delete news;
        return cursor;
    }
    int EditString::ReplStr(String *newtext)
    {   int el,sl,i,j;
        char *ep,*news;
        el = newtext-> GetLength();
        ep = newtext-> GetContents();
```

```
        sl = GetLength();
        news = new char[sl > el+cursor?sl+1:el+cursor+1];
        news = GetContents();
        for(i = cursor,j = 0;i < el+cursor;j++,i++)
             news[i] = ep[j];
        if(sl < el+cursor)  news[i] ='\0';
        cursor =i;
        SetCon(news);
        delete news;
        return cursor;
}
void EditString::DelStr(int num)
{       int sl,i;
        char *sp;
        sp = GetContents();
        sl = GetLength();
        for(i = cursor;i < sl;i++)
           sp[i] = sp[i+num];
        sp[i] ='\0';
}
int main()
{       String s1;                              //定义简单字符串对象 s1
        EditString s2;                          //定义编辑字符串类对象 s2
        char *cp,es;
        s1.SetCon("字符串:Programming"); //为 s1 赋值
        cout <<"s1 内容:";
        s1.Print();
        cp = s1.GetContents();          //将对象 s1 的内容取出赋给 cp
        es = s2.SetCon(cp);             //将 cp 内容赋给 es
        cout <<"s2 内容:";
        s2.Print();                     //输出 es 的内容
        s2.MoveCur(8);                  //移动光标位置到 8
        s1.SetCon("Windows");           //修改 s1 对象的字符串内容
        s2.InStr(&s1);                  //将 s1 对象的内容插入到 es 对象中
        cout <<"\ns1 内容:";s1.Print ();
        cout <<"插入后结果:"<< endl;
        s2.Print();                     //显示 es 的内容
        s2.MoveCur(15);                 //移动光标位置到 15
        s2.DelStr(8);                   //在当前光标处删除 8 个字符
        cout <<"\n 删除后结果:"<< endl;
        s2.Print();
        s1.SetCon("TTT");               //修改 s1 对象的字符串内容
        s2.ReplStr(&s1);
        cout <<"\ns1 内容:";s1.Print();
        cout <<"替换后的结果:";
        s2.Print();
        return 0;
}
```

2. 调试下列程序。该程序从基类的图形类中派生出两个类：一个派生类是矩形类，在该类中，基类的 *x*、*y* 做矩形的长和宽；另一个派生类是圆类，在该类中，新添加了成员是半径 radius，半径的值等于 *x*、*y* 的坐标到原点的距离。程序具体设计如下。

（1）在抽象类 Graph 中，定义两个纯虚函数 Area()和 Display()。

（2）在各派生类中，根据各自不同的要求，定义 Area()和 Display()函数的具体操作。

（3）在主函数中，定义基类的指针数组 ptr[2]，使它指向不同派生类的对象，以便在程序运行过程中，执行不同对象所对应的类的成员函数。

```
#include <iostream>
#include <cmath>
using namespace std;
class Graph                                              //定义一个图形基类
{      double x,y;
    public:
      Graph(double xx,double yy)
      {     x = xx;     y = yy;     }
      virtual double Area()= 0;                          //纯虚函数
      virtual void Display()= 0;                         //纯虚函数
};
class Rect:public Graph                                  //由图形类派生出矩形
{      double length,width;
    public:
      Rect(double x,double y):Graph(x,y)
      {     length = x;     width = y;     }
      double Area()
      {     return length*width;     }
      void Display()
      {   cout <<"矩形面积=";    }
};
class Circle:public Graph                                //由图形类派生出圆类
{      double radius;
    public:
      Circle(double x,double y):Graph(x,y)
      {     radius = sqrt(x*x+y*y);     }
      double Area()
      {     return 3.1416*radius*radius;     }
      void Display()
      {   cout <<"圆形面积=";    }
};
int main()
{   Graph *ptr[2] ;                                 //定义抽象类指针
      Rect s1(10,10);                               //矩形类对象
      Circle s2(10,10);                             //圆形类对象
      ptr[0] = &s1;                                 //指针指向矩形类对象
      ptr[1] = &s2;                                 //指针指向圆形类对象
      int flag = 0,choice;
      while(flag!= 3)
      {     cout << endl;
```

```
        cout <<"1. 矩形面积"<< endl;
        cout <<"2. 圆形面积"<< endl;
        cout <<"3. 退出"<< endl;
        cout <<"请选择(1-3):" ;
        cin >> choice;
        if(choice==3) flag = 3;
        else if(choice >= 1&&choice < 3)
        {   ptr[choice-1]->Display();
            cout << ptr[choice-1]-> Area()<< endl;
        }
        else cout <<"选择不在范围内,请重新选择。"<< endl;
    }
    return 0;
}
```

第 5 章　模板与标准模板库

本章学习目标

通过对本章内容的学习，学生应该能够做到：

1）了解：函数模板与类模板、标准模板库的意义。

2）理解：C++的泛型程序设计。

3）掌握：函数模板的定义和使用，类模板的定义和使用，特别是模板的实例化。

模板（Template）是 C++语言的一个高级特性，模板使得用户可以用同一个函数或者类处理不同的数据类型，能够快速建立具有类型安全的函数集合和类库集合，可以起到对于重复问题的一个简化处理的作用，以方便更大规模的软件开发。

5.1　模　　板

5.1.1　模板的概念

模板是一种基于类型参数生成函数和类的机制。模板为用户提供了把功能相似、仅数据类型不同的函数或类设计为通用的函数模板或类模板的方法。也就是说，使用模板，仅设计一个通用数据类型的函数或类，即可使该函数或该类适用于各种数据类型的情况。

模板按照用途可分为函数模板和类模板。模板把函数或类中的数据类型作为参数来设计函数或类，这样设计的函数或类还不是一个实际的函数或类，只有经过参数实例化，变为一个类型参数具体的函数或类，才能完成函数或类的功能。参数实例化是指给函数模板或类模板带入实际的类型参数。C++语言把经过参数实例化的函数模板称为模板函数，把经过参数实例化的类模板称为模板类。

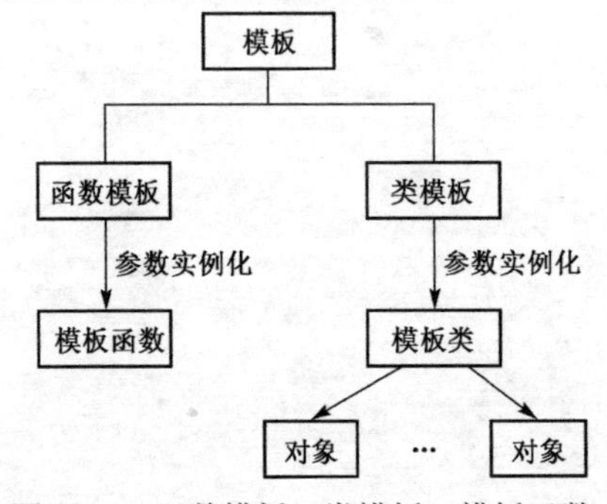

图 5.1.1　函数模板、类模板、模板函数、模板类以及对象的关系

一个函数模板经参数实例化后可生成多个仅数据类型不同的模板函数。同样，一个类模板经参数实例化后也可生成许多仅数据类型不同的模板类，而每个模板类都可以定义各自的对象。上述这些关于模板概念的关系如图 5.1.1 所示。

C++语言模板的一般格式为

```
template <模板参数表>
模板定义体
```

其中，template 为声明模板的关键字；模板参数表可包括一个或一个以上的模板参数，每个模板参数由关键字 class 和模板形参两部分组成，当模板形参多于一个时，各模板形参用逗号分开。模板定义体是该模板的作用体，可以是函数或类。

5.1.2　函数模板

如果要编写一个函数，则必须先确定函数参数的类型。如果函数要处理不同类型的数据，则必须为每一个数据类型编写不同版本的函数。例如，有对两个数进行交换的函数，如果要交换的数据分别为整型、长整型和浮点型，则需分别对这三个不同的数据类型编写三个不同的函数。

1）两个整型数进行交换的函数：

```
void swap(int &n1,int &n2)
{       int temp;
        temp = n1;
        n1 = n2;
        n2 = temp;
}
```

2）对两个长整型数进行交换的函数：

```
void swap(long &n1,long &n2)
{       long temp;
        temp = n1;
        n1 = n2;
        n2 = temp;
}
```

3）对两个浮点数进行交换的函数：

```
void swap(float &n1,float &n2)
{       float temp;
        temp = n1;
        n1 = n2;
        n2 = temp;
}
```

尽管上述三个函数的函数体和函数名都相同，但它们是三个不同的重载函数，具有不同的参数类型。C++允许多个函数重载，但每个函数仍然必须单独定义。为每个不同类型的参数重复编写相同的函数体显得既笨拙又效率低下，还容易出错。如果一个函数体出现错误，则必须记住在其他函数中要做同样的修改。有没有一种方法能够编写一个通用的函数，使其能适用于不同的数据类型呢？解决方法就是使用函数模板！

所谓函数模板，实际上是建立一个通用函数，其函数类型和形参类型不具体指定，用一个虚拟的类型来代表。这个通用函数就称为函数模板。凡是函数体相同的函数都可以用这个模板来代替，不必定义多个函数，只需在模板中定义一次即可。在调用函数时系统会根据实参的类型来取代模板中的虚拟类型，从而实现不同函数的功能。

函数模板并不是一个实际的函数，它只是对函数的描述，编译程序不会为其产生任何代码。函数模板将函数要处理的某种特定的数据类型说明为参数，表示它能对通用的数据类型进行处理。函数模板的语句格式为

```
template <模板参数表>
返回类型 函数名（参数表）
{
    函数定义体
}
```

在函数模板中，关键字 template 表示其声明的是一个函数模板，模板参数表表示的是函

数模板的参数化的数据类型，如template<class T>表示模板形参为T。函数模板定义方法和一般函数定义方法相似，只是函数模板中形参的数据类型用模板形参表示。例如，交换两个数的程序可用函数模板描述为

```
template <class T>
void swap(T &n1,T &n2)
{       T temp;
        temp = n1;
        n1 = n2;
        n2 = temp;
}
```

其中，函数模板名为swap，模板形参为T，函数模板的数据形参为n1和n2，函数模板的返回类型为void，函数模板的定义体为一对花括号中间的内容。

函数模板名后面圆括号中的数据形参一般要用到template后面的模板形参名T，也就是具有模板形参T的对象或者变量。这里的swap函数模板中，数据形参表就是由具有T的引用类型的对象n1和n2构成的。

函数模板的声明与普通函数相同，只不过它的前面有如下描述说明：

```
template <class T>
```

在函数定义中，类型参数T可用于替代普通的类型。这里class的使用意味着“任意类型”。更常见的情况是，模板可以有多个类型参数，如下所示：

```
template <class T, class U, class V>
```

函数模板只是说明，它是一个蓝图，本身不是函数不能直接执行，实例化为模板函数后才能执行。

使用函数模板时，编译器通常会为用户推断模板实参。从函数实参确定模板实参的类型和值的过程叫做模板实参推断（Template Argument Deduction）。

使用函数模板，就是以函数模板名为函数的函数调用。其形式为

函数模板名（数据实参表）；

当编译器发现有一个函数模板名为函数名的调用时，将根据数据实参表中的对象或者变量的类型，确认是否匹配函数模板中对应的数据形参表，然后生成一个函数。该函数的定义体与函数模板的定义体相同，而数据形参表的类型则以数据实参表的类型为依据，该函数称为模板函数。

例如：

```
int ia=6,ib=7;
double dx=3.5,dy=5.6;
swap(ia,ib);
swap(dx,dy);
```

编译器看到swap(ia,ib)时，可看到int型参数的模板名swap的函数调用，所以生成函数名为swap<int>的模板函数，即生成如下形式的函数定义：

```
void swap<int>(int& n1,int& n2)
{       int temp = n1;
        n1 = n2;
```

```
        n2 = temp;
}
```

编译器看到swap(dx,dy)时，可看到double型参数的模板名swap的函数调用，所以生成函数名为swap<double>的模板函数，即生成如下形式的函数定义：

```
void swap<double>(double& n1,double& n2)
{       double temp = n1;
        n1 = n2;
        n2 = temp;
}
```

显然，一个函数模板可以生成许多不同的模板函数，如函数模板 swap 生成了模板函数 swap<int>和 swap<double>。一个函数模板所反映的是函数族，例 5.5.1 是关于函数模板的一个完整例程。

【例 5.1.1】 用函数模板方式设计一个函数模板 sort<T>，采用直接插入排序方式对数据进行排序，并对整数序列和字符序列进行排序。

```
#include <iostream>
using namespace std;
template <class T>                          //sort 函数模板
void sort(T a[],int n)
{       int i,j;
        T temp;
        for(i =1;i < n;i++)
        {       j = i;
                temp = a[i];                //保存 a[i]的值
                while(j > 0 && temp < a[j-1])  //向后移动元素
                {   a[j] = a[j-1];
                    j--;
                }
                a[j] = temp;                //将 a[i]插入到 a[j]处
        }
}
template <class T>
void disp(T a[],int n)
{       for(int i = 0;i < n;i++)
            cout << a[i] <<" ";
        cout << endl;
}
int main()
{       int a[] = {3,8,2,6,7,1,4,9,5,0};
        char b[] = {'i','d','a','j','b','f','e','c','g','h'};
        cout <<"整数排序:"<< endl;
        cout <<"原序列:";
        disp(a,10);
        sort(a,10);
        cout <<"新序列:";
        disp(a,10);
```

```
    cout <<"字符排序:"<< endl;
    cout <<"原序列:";
    disp(b,10);
    sort(b,10);
    cout <<"新序列:";
    disp(b,10);
    return 0;
}
```

程序运行结果：

```
整数排序:
    原序列: 3 8 2 6 7 1 4 9 5 0
    新序列: 0 1 2 3 4 5 6 7 8 9
字符排序:
    原序列: i d a j b f e c g h
    新序列: a b c d e f g h i j
```

上述程序先说明两个函数模板 sort 和 disp，前者用于对 T 类型的数组 a（含 *n* 个元素）进行直接插入排序，后者输出 T 类型的数组 a（含 *n* 个元素）的所有元素。

在某些情况下，不可能推断模板实参的类型。当函数返回类型必须与形参表中所用的所有类型都不同时，经常出现这一问题。

```
template <class T1,class T2,class T3>
T1 sum(T2 ,T3 );
```

在这个函数模板中，模板形参 T1 用于指定返回类型。这里存在一个问题，没有实参的类型可用于推断 T1 的类型，调用者必须在每次调用 sum 时为该形参显式提供实参。在这种情况下，有必要覆盖模板实参推断机制，并显式指定为模板形参所用的类型，显式模板实参从左至右与对应模板形参相匹配。显式模板类型的列表出现在函数名之后、实参表之前：

```
int i;
short s;
long val3=sum<long>(i,s);        // long sum(int,long)
```

这一调用显式指定T1的类型，编译器从调用中传递的实参推断T2和T3的类型。

需要注意的是，在 C++中函数模板与普通函数可以同名，即可以重载，调用的顺序遵循下述约定：

① 寻找一个参数完全匹配的函数，如果找到了就调用它。

② 寻找一个函数模板，将其实例化，产生一个匹配的模板函数，若找到了，就调用它。

③ 若①和②都失败了，则试一试低一级的对函数的重载方法，如通过类型转换可产生参数匹配等；若找到了，就调用它。

④ 若①、②、③均未找到匹配的函数或者在某一步有多于一个的选择，则其是一个错误的调用。

【例 5.1.2】 函数模板重载举例。

```
#include <iostream>
using namespace std;
#include <string.h>
template <class T>
```

```
T max(T x, T y)
{      return (x > y)?x:y;      }
const char* max(const char* x, const char* y)
{      return strcmp(x,y)>0 ?x:y;      }
int main()
{      int ia=3,ib=7;
       char* s1="hello";
       char* s2="hell";
       cout<<max(ia,ib)<< "\n";      // 匹配于第一个 max 模板
       cout<<max(s1,s2)<< "\n";      // 匹配于 max 函数
       return 0;
}
```

程序运行结果：

```
7
hello
```

5.1.3 类模板

一个类模板允许用户为类定义一种模式，使得类中的某些数据成员、某些成员函数的参数、某些成员函数的返回值，能取任意类型。

如果一个类中数据成员的类型不能确定，或者某个成员函数的参数或返回值的类型不能确定，则必须将此类声明为模板，它的存在不是代表一个具体的、实际的类，而是代表一类类。

类模板的一般说明形式为

```
template <模板参数表>
class 类名
{
        类模板体定义;
};
```

其中，〈**模板参数表**〉与函数模板中的意义一样。其类成员声明的方法与普通类的定义几乎相同，只是在它的各个成员（数据成员和函数成员）中通常要用到模板的类型参数。

如果需要在类模板以外定义其成员函数，则要采用以下形式：

```
template<模板参数表>
返回类型 类名<类型名表>::成员函数(参数表)
{
    成员函数定义体;
};
```

其中，**类型名表**是类型形参的使用。例如，一个类模板描述为

```
template <class T1,class T2>
class  Example
{  public:
       T1 getx(){   return x;   }
       T2 gety(){   return y;   }
```

```
    private:
        T1 x;
        T2 y;
};
```

该类模板 Example 中除了 T1、T2 为类型参数外，其他与普通的类定义完全一样。

同样，类模板不能直接使用，必须先实例化为相应的模板类，再利用此模板类定义对象后方能使用。一般可采用下列方式创建类模板的实例：

类名<实参表> 对象;

其中，〈实参表〉应与该类模板中的〈模板参数表〉匹配。例如，对类模板 Example 的实例化可以这样进行：

```
Example<int,double>  example1;
```

【例 5.1.3】 类模板举例。

```
#include <iostream>
using namespace std;
template <class T>
class Array
{   public:
        array(int slots = 1)
        {   size = slots;
            aptr = new T[slots];
        }
        void fill_array();
        void disp_array();
        ~array()
        {   delete [] aptr;     }
    private:
        int size;
        T *aptr;
};
template <class T>
void array<T>::fill_array()
{       cout <<"(输入"<< size <<"个数据)"<< endl;
        for(int i = 0; i < size; i++)
        {   cout <<"第"<< i+1<<"个数据:";
            cin >> aptr[i];
        }
}
template <class T>
void array <T>::disp_array()
{       for(int i = 0;i < size;i++)
            cout << aptr[i] <<" ";
        cout << endl;
}
int main()
```

```
{        array<char> ac(3);
         cout <<"填充一个字符数组";
         ac.fill_array();
         cout <<"数组的内容是:";
         ac.disp_array();
         array <float> af(2);
         cout <<"填充一个浮点数组:"<< endl;
         ad.fill_array();
         cout <<"数组的内容是:";
         ad.disp_array();
         return 0;
}
```

程序运行结果:

```
填充一个字符数组(输入 3 个数据)
第 1 个数据:h
第 2 个数据:i
第 3 个数据:!
数组的内容是:h i !
填充一个浮点数组(输入 2 个数据)
第 1 个数据:3.3
第 2 个数据:1.2
数组的内容是:3.3 1.2
```

类模板可以作为基类生成派生类模板，此时要在派生类声明前加上模板声明：

template <模板参数表>

其余与一般的类派生定义相似，只是在指出它的基类时要加上模板参数。下面通过一个简单的例子来说明类模板做基类的使用方法。

```
template< typename T >
class  Array
{  public :
       Array ( int s ) ;
       virtual ~ Array () ;
       virtual const T& Entry( int index ) const ;
       virtual void Enter( int index, const T & value ) ;
   protected :
       int size ;
       T * element ;
} ;
template < typename T >
class BoundArray : public Array < T >
{  public :
       BoundArray ( int low = 0, int height = 1 ) ;
       virtual  const T& Entry ( int  index ) const ;
       virtual  void Enter ( int  index , const T& value ) ;
   private:
       int  min ;

} ;
```

5.2 标准模板库

标准模板库（Standard Template Library，STL）是一个具有工业强度的、高效的C++程序库，它被容纳在C++标准程序库中。该库包含了诸多计算机科学领域里常用的基本数据结构和基本算法，高度体现了软件的可复用性。STL的构成可以概括为“3大主体，6大组件，13个头文件”。所谓“13个头文件”指在C++标准中STL被组织在13个头文件：<algorithm>、<deque>、<functional>、<iterator>、<vector>、<list>、<map>、<memory>、<numeric>、<queue>、<set>、<stack>和<utility>中。这13个头文件所包含的全部代码，从广义上讲分为3类：algorithm（算法）、container（容器）和iterator（迭代器），且几乎所有的代码都采用了模板类和模板函数的方式，显然这有利于代码的重用。这3类也就是STL的3大主体。如果细致地考虑STL的组成，它应当包括6个组件，即除了前面比较重要的3大主体，还包括仿函数、适配器和空间配置器。下面对3个主体进行概要介绍。

1. 容器

STL 容器为最常用的数据结构提供了支持。STL 容器部分主要由头文件<vector>、<list>、<deque>、<set>、<map>、<stack>、<queue>组成，其中提供的容器主要有如下几种：向量（vector）、链表（list）、栈（stack）、队列（queue）、双向队列（deque）、集合（set）、映射（map）。

2. 算法

算法是STL的一个重要组成部分，STL中大约包含了70个通用算法，用于操控各种容器。STL利用模板机制提供了相当多的有用算法，常用的操作包括比较、交换、查找、遍历、复制、修改、移除、反转、排序、合并等。

STL 中的算法部分主要由头文件<algorithm>、<numeric>和<functional>组成。头文件<algorithm>是所有STL头文件中最大的一个，也是STL中算法部分的主体。它由很多模板函数组成，可以认为每个函数在很大程度上都是独立的。<algorithm>中的算法包括查找、交换和排序等。<numeric>容量很小，只包括几个在序列上面进行简单数学运算的模板函数，包括加法和乘法在序列上的一些操作。<functional>中则定义了一些模板类，用以声明函数对象。

3. 迭代器

在STL中，迭代器被用来将算法和容器联系起来，容器提供迭代器，而算法使用迭代器。几乎STL提供的所有算法都是通过迭代器存取元素序列进行工作的，每一个容器都定义了其本身所专有的迭代器，用以存取容器中的元素。迭代器能够使容器与算法互不干扰地相互发展。

注意：容器类不支持按照顺序返回数据结构中的元素（即遍历整个数据结构）。数据遍历由迭代器的特殊类型的类来完成。迭代对象每次使用迭代程序和数据结构中的一个元素，以某种预定的顺序提供对象。

迭代器主要由头文件<utility>、<iterator>、<memory>组成。其中，<utility>是一个很小的头文件，它包括了贯穿适用在STL中的几个模板的声明；<iterator>中提供了迭代器使用的许多方法，可以认为是迭代器部分的主体；<memory>则以不同寻常的方式为容器中的元素分配存储空间，同时也为某些算法执行期间产生的临时对象提供机制。

下文对两种不同类型的容器，即序列式容器和关联式容器进行介绍，其中涉及少量的迭代器和算法相关的使用。

5.3 序列式容器

容器容纳特定类型对象的集合，将单一类型元素聚集起来，根据位置来存储和访问这些元素，这就是序列式容器（Sequential Container）。序列式容器的元素排列次序与元素值无关，而是由元素添加到容器里的次序决定的。

标准库定义了三种顺序容器类型：vector、list 和 deque（这是双端队列“double-ended queue”的简写，发音为“deck”）。它们的差别在于访问元素的方式，以及添加或删除元素相关操作的运行代价。

vector：支持快速随机访问。

list：支持快速插入/删除。

deque：双端队列。

下面以 vector 和 list 为例，简要说明序列式容器的使用方法。

5.3.1 vector 容器

1. vector 对象的定义和初始化

为了定义一个容器类型的对象，必须先包含相关的头文件，即：

```
#include<vector>
```

所有的容器都是类模板，要定义某种特殊的容器，必须在容器名后加一对尖括号，尖括号里面提供容器中存放的元素的类型：

```
vector<int>  ivec;
```

所有的容器类型都定义了默认构造函数，用于创建指定类型的空容器对象。除了默认的构造函数，容器类型还提供了其他的构造函数，使程序员可以指定元素初值，如表 5.3.1 所示。

表 5.3.1　容器构造函数

构造函数	函 数 说 明
C<T > c;	创建一个名为 c 的空容器；C 是容器名，如 vector，　T 是元素类型，如 int；适用于所有容器
C c(c2)	创建容器 c2 的副本 c；c 和 c2 必须具有相同的容器类型，并存放相同类型的元素；适用于所有容器
C c(n,t)	用 *n* 个值为 *t* 的元素创建容器 c，其中值 *t* 必须是容器类型 C 的元素类型的值；只适用于序列式容器
C c(n);	创建有 *n* 个初始化元素的容器 c；只适用于顺序容器

```
vector<int>  ivec1;              //空
vector<int>  ivec2(ivec1);       //拷贝 ivec1
vector<int>  ivec3(10,-1);       //10 个元素，每个都初始化为-1
vector<int>  ivec4(10);          //10 个元素，每个都初始化为 0
```

注意：vector 对象（以及其他标准库容器对象）的重要属性就在于可以在运行时高效地添加元素。因为 vector 增长的效率高，在元素值已知的情况下，最好动态地添加元素。

2. vector 对象的操作

vector 标准库提供了许多操作，表 5.3.2 中列出了几种最重要的 vector 操作。

表 5.3.2 vector 操作

操　作	说　明
v.empty()	如果 v 为空，则返回 true，否则返回 false
v.size()	返回 v 中元素的个数
v.push_back(t)	在 v 的末尾增加一个值为 *t* 的元素
v[n]	返回 v 中元素为 *n* 的元素
v1=v2	把 v1 的元素替换为 v2 中元素的副本
v1= =v2	如果 v1 与 v2 相等，则返回 true

（1）vector 对象的大小

想要了解 vector 对象是否为空，用成员函数 empty( )可以直接回答这个问题：if (ivec.empty( ))。empty( )成员函数将返回 bool 值，如果对象为空则返回 true，否则返回 false。

vector 对象的长度是指对象中元素的个数，可以通过 size 操作获取。从逻辑上讲，size( )成员函数似乎应该返回整型数值，但是事实上返回的是相应 vector 类定义的 size_type 的值。这里需要对这种类型做一些解释，许多库类型定义了一些配套类型，通过这些配套类型，库类型的使用就能与机器无关。size_type 就是这些配套类型中的一种。

（2）向 vector 中添加元素

push_back()操作接收一个元素值，并将它作为一个新的元素添加到 vector 对象的后面，也就是插入（push）到 vector 对象的后面（back）。

```
int i;
vector<int>  ivec;
while (cin>>i)
{       ivec.push_back(i);
}
```

该循环从标准输入读取一系列 int 类型数据，逐一追加到 vector 对象后面。首先定义空的 vector 对象 ivec。每循环一次就添加一个新元素到 vector 对象中，并将从输入读取的 i 值赋予该元素。当循环结束时，ivec 就包含了所有读入的元素。

（3）vector 的下标操作

通常使用下标操作符来获取 vector 中的对象。vector 的下标操作符接收一个值，并返回 vector 中该对应位置的元素。vector 元素的位置从 0 开始。下例使用 for 循环把 vector 中每个元素值都重置为 0：

```
for (vector<int>::size_type ix=0, ix!=ivec.size(); ++ix)
        ivec[ix]=0;
```

vector 下标操作的结果为左值，因此可以像循环体中所做的那样实现写入，用 size_type 作为 vector 下标的类型。

初学 C++的程序员可能会认为 vector 的下标操作可以添加元素，其实不然：

```
vector<int>  ivec;
for (vector<int>::size_type ix=0, ix!=10; ++ix)
        ivec[ix]=ix;
```

上述程序试图在 ivec 中插入 10 个新元素，元素值依次为 0 到 9 的整数。但是，这里 ivec 是空的 vector 对象，而且下标只能用于获取已存在的元素。这个循环的正确写法应该是

```
for (vector<int>::size_type ix=0, ix!=10; ++ix)
        ivec.push_back(ix);
```

5.3.2 使用迭代器

标准库为每一种标准容器，包括 vector 定义了一种迭代器类型。迭代器类型提供了另一种访问元素的方法。

1. 容器的 iterator 类型

每种容器类型都定义了自己的迭代器类型，如 vector：

```
vector<int>:: iterator  iter;
```

这条语句定义了一个名为 iter 的变量，它的数据类型是由 vector<int>定义的 iterator 类型。

2. begin 和 end 操作

每种容器都定义了一对命名为 begin 和 end 的函数。如果容器中有元素，则由 begin 返回的是迭代器指向的第一个元素：

```
vector<int>::iterator  iter = ivec.begin();
```

假设 vector 不空，上述语句对 iter 进行了初始化，iter 即指该元素为 ivec[0]。

由 end 操作返回的迭代器指向 vector 的"末端元素的下一个"。通常称为超出末端迭代器，表明它指向了一个不存在的元素。如果 vector 为空，则 begin 返回的迭代器与 end 返回的迭代器相同。

3. vector 间接引用和迭代器的自增

迭代器类型定义了一些操作来获取迭代器所指向的元素，并允许程序员将迭代器从一个元素移动到另一个元素。

迭代器类型可使用间接引用操作符（*操作符）类访问迭代器所指向的元素：

```
*iter = 0;
```

间接引用符返回迭代器当前所指向的元素。假设 iter 指向 vector 对象 ivec 的第一个元素，那么*iter 和 ivec[0]指向同一元素。上面这个语句的效果就是把这个元素的值赋为 0。

迭代器使用自增操作符向前移动迭代器指向容器中的下一个元素，因此，如果 iter 指向第一个元素，则++iter 指向第二个元素。

4. 迭代器的其他操作

另一对可执行于迭代器的操作就是比较：用= =或！=操作符来比较两个迭代器，如果两个迭代器对象指向同一个元素，则它们相等，否则就不相等。

5. 迭代器的应用的程序示例

假设已声明了一个 vector<int>型的 ivec 变量，要把其所有元素值重置为 0，可以用下标操作来完成：

```
for (vector<int>::size_type ix = 0; ix != ivec.size( ); ++ix )
       ivec[ix] = 0;
```

上述程序用 for 循环遍历 ivec 的元素，for 循环定义了一个索引 ix，每循环迭代一次，ix 就自增 1。for 循环体将 ivec 的每个元素赋值为 0。

更典型的做法是用迭代器来编写循环:

```
for(vector<int>::iterator iter = ivec.begin(); iter != ivec.end(); ++iter)
        *ivec = 0;
```

for 循环首先定义了 iter，并将它初始化为指向 ivec 的第一个元素。for 循环的条件测试 iter 是否与 end 操作返回的迭代器不等。每次迭代 iter 都自增 1，这个 for 循环的效果从 ivec 第一个元素开始，顺序处理 vector 中的每一个元素。最后，iter 将指向 ivec 中的最后一个元素，处理完最后一个元素后，iter 再增加 1，就会与 end 操作的返回值相等，在这种情况下，循环终止。

for 循环体内的语句用间接引用符来访问当前元素。和下标操作符一样，间接引用符的返回值是一个左值，因此可以对它进行赋值来改变其值。上述循环的效果就是把 ivec 中的所有元素都赋值为 0。

5.3.3 list 容器

通过 vector 容器已经了解了一些使用序列式容器的知识，list 容器的定义和初始化使用了类似的方式。例如，为了定义一个 list 类型的对象，必须包含头文件:

```
#include<list>
```

建立 list 对象并进行初始化:

```
list<int>  ilist1;
list<int>  ilist2(10);
list<int>  ilist3(10,1);
```

上述语句分别建立一个空表 ilist1，一个有 10 个结点的链表 ilist2，一个有 10 个结点并且初始值为 1 的链表 ilist3。

1. 遍历

下面利用函数 begin、end 并配合循环结构，都可实现对链表的遍历。

```
//添加元素
list<int> myList;
for (int i=0, i<5; i++)
myList.push_back(i);
//遍历链表
list<int>::iterator tra = myList.begin();
while (tra != myList.end())
{  cout<< *tra <<endl;
   ++tra;
}
```

2. 元素的插入和删除

利用链表类 list 能有效地对结点进行插入和删除而无须过多关心结点的位置。成员函数 insert 和 erase 用来完成对结点的插入和删除。

（1）insert

insert 有三个版本，如表 5.3.3 所示。

表 5.3.3　insert 的不同版本

版　本	说　明
c.insert(p,t)	在迭代器 p 所指向的元素前面插入值为 *t* 的新元素，返回指向新添加元素的迭代器
c.insert(p,n,t)	在迭代器 p 所指向的元素前面插入 *n* 个值为 *t* 的新元素，返回 void 类型
c.insert(p,b,e)	在迭代器 p 所指向的元素前面插入由迭代器 b 和 e 标记的范围内的元素，返回 void 类型

使用 insert 添加一个新元素：

```
list<int>  myList(15);
list<int>::iterator  tra = myList.begin();
tra++;
tra++;
myList.insert( tra, 3);
```

上述代码的作用是使用 insert 在 myList 第三个元素前插入一个值为 3 的新元素。使用 insert 把一些连续的结点插入到已知链表中，具体过程如下：

```
list<int>  list1(15,3);
list<int>  list2(16,2);
list<int>::iterator insertMass =list1.begin();
insertMass++;
list1.insert(insertMass, list2.begin(),list2.end());
```

上述代码的作用是使用 insert 在 list1 第二个元素前插入 list2 的全部结点。

（2）erase

erase 的用法与 insert 类似：

```
list<int>  myList(15);
list<int>::iterator  tra = myList.begin();
tra++;
tra++;
myList.erase( tra);
```

上述代码的作用是使用 erase 删除 myList 中的第三个元素。

5.4　关联式容器

本节介绍标准库容器类型的另一项内容——关联式容器（Associative Container）。关联式容器与序列式容器的本质差别在于：关联式容器通过键（Key）存储和读取元素，序列式容器则通过元素在容器中的位置顺序存储和访问元素。表 5.4.1 为关联式容器。

关联式容器的大部分行为与序列式容器相同，其独特之处在于支持键的作用，支持通过键来高效地查找和读取元素。两个基本的关联式容器类型是 map 和 set。map 的元素以键-值（Key-Value）对的形式组织：键用做元素在 map 中的索引，而值则表示所存储和读取的数据。set 仅包含一个键，并有效地支持关于这个键是否存在的查询。

表 5.4.1　关联式容器

容　器	说　明
map	关联数组：元素通过键来存储和读取
set	大小可变的集合，支持通过键实现的快速读取

一般来说，如果希望有效地存储不同值的集合，那么使用 set 容器比较合适，而 map 容器更适用于存储每个键所关联的值的情况。在做某种文本处理时，可使用 set 保存要忽略的单词。而字典是 map 的一种很好的应用：单词本身是键，而它的说明是值。

5.4.1 pair 类型

在开始介绍关联式容器之前，必须先了解一种与之相关的简单的标准库类型——pair 类型，该类型在 utility 头文件中定义。表 5.4.2 列出了 pair 类型提供的操作。

表 5.4.2 pair 类型提供的操作

操　作	说　明
pair<T1,T2> p1;	创建一个空的 pair 对象，它的两个元素分别是 T1 和 T2 类型，采用值初始化
pair<T1,T2> p1(v1,v2);	创建一个 pair 对象，它的两个元素分别是 T1 和 T2 类型，其中 first 成员初始化为 v1，second 成员初始化为 v2
make_pair(v1,v2);	以 v1 和 v2 创建一个新的 pair 对象，其元素类型分别是 v1 和 v2 类型
p.first;	返回 p 中名为 first 的（公有）数据成员
p.second;	返回 p 中名为 second 的（公有）数据成员

1. pair 的创建和初始化

pair 包含两个数据值，在创建 pair 对象时必须提供两个类型名：pair 对象包含的两个数据成员各自对应的类型名称，这两个类型不必相同。

```
pair <string, string> anon;
pair<string, int> word_count;
```

如果在创建 pair 对象时不提供初始化式，则要用默认构造函数对其成员进行初始化，于是，anon 是包含两个空的 string 类型成员的 pair 对象，word_count 中的 int 型成员获得 0 值，而 string 成员初始化为空的 string 对象。

当然，也可在定义时为每个成员提供初始化形式：

```
pair<string, string > author("James","Joyce");
```

创建一个名为 author 的 pair 对象，它的两个成员都是 string 类型，分别初始化为字符串"James"和"Joyce"。

除了构造函数，标准库还定义了一个 make_pair 函数，由传递给它的两个实参生成一个新的 pair 对象。可如下使用该函数来创建 pair 对象，并赋给已经存在的 pair 对象。

```
pair<string, string> next_auth;
string first, last;
while(cin >> first >> last)
{  next_auth = make_pair(first, last);
}
```

这个循环处理一系列的作者信息，在 while 循环条件中读入作者的名字作为实参，调用 make_pair 函数生成一个 pair 对象，并将其赋给一个名为 next_auth 的 pair 对象。

注意：除了基本类型数据，C++还定义了一些抽象数据类型标准库，string 是其中最重要的标准库类型之一。用户程序要使用 string 类型对象，必须包含头文件<string>。

2. pair 对象的操作

对于 pair 类，可以直接访问其数据成员，数据成员都是公有的，分别命名为 first 和 second。只需使用普通的点操作符即可访问其成员：

```
string firstbook;
if(author.first = = "James" && author. second = = "Joyce")
     firstbook = "Stephen Hero";
```

5.4.2 map 容器

map 是键-值对的集合。map 类型通常可理解为关联数组：可使用键作为下标来获取一个值，正如内置数组类型一样。而关联的本质在于元素的值与某个特定的键相关联，而并非通过元素在数组中的位置来获取。

1. map 对象的定义

要使用 map 对象，则必须包含 map 头文件：

```
#include<map>
```

在定义 map 对象时，必须分别指名键和值的类型：

```
map<string, int> word_count;
```

这个语句定义了一个名为 word_count 的 map 对象，由 string 类型的键索引，关联的值为 int 类型。

map 对象的元素是键-值对，即每个元素包含两部分，键以及键关联的值，是 pair 类型，而且键成员不能修改，关联的值成员可以修改。

```
map<string, int>::iterator map_it=word_count.begin();
cout<<map_it->first;       //map_it->first 等效于(*map_it).first
cout<<" "<<map_it->second;//map_it->secon 等效于(*map_it).second
```

对迭代器的引用将获得一个 pair 对象，它的 first 成员存放键，而 second 成员存放值。

2. 给 map 添加元素

定义了 map 容器后，下一步工作就是在容器中添加键-值元素对，该项工作可以先用下标操作符获取元素，然后给获取的元素赋值。

编写如下程序时

```
map<sting, int> word_count;
word_count["Anna"]=1;
```

将发生以下事情：

1）在 word_count 中查找键为 Anna 的元素，没有找到。

2）将一个新的键-值对插入到 word_count 中。它的键是 string 类型的对象，保存为 Anna，而它的值则初始化为 0。

3）将这个新的键-值对插入到 word_count 中。

4）读取新插入的元素，并将它的值赋为 1。

map 的下标操作与 vector 的行为有很大差别，如果索引（其实就是键）已在容器中，则 map 的下标运算与 vector 的下标运算行为相同：返回该键所关联的值。如果所查找的键不存在，map 容器为该键创建一个新的元素，并将它插入到此 map 对象中。此时，类类型的元素用默认构造函数初始化，内置类型的元素则初始化为 0。

对于 map 容器，如果下标所表示的键在容器中不存在，则添加新元素，这个特性可以使程序惊人地简练：

```
map<string, int> word_count;
string word;
while( cin>>word)
    ++word_count[word];
```

这段程序用于创建 map 对象，用来记录每个单词出现的次数。while 循环每次从标准输入读取一个单词。如果这是一个新的单词，则在 word_count 中添加以该单词为索引的新元素。如果读入的单词已在 map 对象中，则将它所对应的值加 1。

3. 查找并读取 map 中的元素

下标操作符给出了读取一个值的最简单的方法，但是使用下标存在一个很危险的副作用：如果该键不在 map 容器中，那么下标操作会插入一个具有该键的新元素。这样的行为是否正确取决于程序员的意愿。在大多数情况下，我们只想知道某元素是否存在，而当该元素不存在时，并不想做插入运算。为了实现此目的，map 容器提供了两个操作：count 和 find。

对于 map 对象，count 成员的返回值只能是 0 或者 1。map 容器只允许一个键对应一个实例，所以 count 可有效地表明一个键是否存在。

```
int occurs=0;
if (word_count.count("foobar"))
  occurs = word_count["foobar"];
```

上述语句在执行 count 后再使用下标操作符，实际上是对元素做了两次查找。如果希望当元素存在时就使用它，则应该使用 find 操作。

```
int occurs=0;
map<string, int>:: iterator it = word_count.find("foobar"))
if (it != word.count.end())
  occurs = it->second;
```

find 操作返回指向元素的迭代器，如果元素不存在，则返回 end 迭代器。

5.4.3 set 容器

map 容器是键-值对的集合，set 容器只是单纯的键的集合，当只想知道一个值是否存在时，使用 set 容器是最合适的。set 支持的操作基本上与 map 提供的相同，但是 set 不支持下标操作符。

1. set 对象的定义

为了使用 set 容器，必须包含 set 头文件：

```
#include<set>
```

建立对象也类似，如可用如下语句声明一个 set 对象：

```
set<int> mySet;
```

2. 给 set 添加元素

可使用 insert 操作在 set 中添加元素：

```
set<string> set1;
```

```
set1.insert("the");
set1.insert("and");
```

另一种用法是调用 insert 函数时提供一对迭代器实参，插入标记范围内的所有元素：

```
vector<int> ivec;
for (vector<int>::size_type i=0; i!=10; i++)
  ivec.push_back(i);
set<int> set2;
set2.insert(ivec.begin(), ivec.end());
```

这段代码先创建了一个名为 ivec 的 int 型 vector 容器，存储 10 个元素，即 0～9；再创建一个名为 set2 的空 set；最后将 ivec 中的所有元素插入 set2。

3. 从 set 中获取元素

如果只需要判断某个元素是否存在，则同样可以使用 count 运算。对于 set 容器，count 的返回值只能是 1（该元素存在）或 0（该元素不存在）。

```
set2.count(1);
set2.count(11);
```

于是，上述语句分别返回 1 和 0。

从 set 中获取元素时，可使用 find 操作，返回的键值不能修改，即只能读操作，不能写操作。

```
set<int>::iterator set_it = set2.find(1);
cout<< *set_it<<endl;
```

4. set 应用的程序示例

```
#include<set>
#include<iostream>
#include<algorithm>
#include<iterator>
using namespace std;
int main()
{  int a[]={1,2,3,4,5};
   set<int> mySet1(a, a+5);
   set<int> mySet2;
   set<int> mySet3;
   set<int> mySet4;
   mySet2.insert(2);
   mySet2.insert(3);
   mySet2.insert(5);
   mySet2.insert(7);
   set<int>::iterator i;
   i = mySet1.begin();
   cout<<"mySet1 : ";
   while(i != mySet1.end())
   {    cout<<*i<<" ";
        ++i
   }
```

```
        cout<<endl;
        i = mySet2.begin();
        cout<<"mySet2 : ";
        while(i != mySet2.end())
        {   cout<<*i<<" ";
            ++i
        }
        cout<<endl;
        cout<<"mySet1 与 mySet2 的交集：";
        set_intersection(mySet1.begin(), mySet1.end(), mySet2.begin(), mySet2.
end(),
        inserter(mySet3, mySet3.begin()));
        i =mySet3.begin();
        while ( i != mySet3.end() )
        {   cout<<*i<<" ";
            i++;
        }
        cout<<"\nmySet1 与 mySet2 的并集：";
        set_union(mySet1.begin(), mySet1.end(), mySet2.begin(),mySet2. end(),
inserter(mySet4, mySet4.begin()));
        i =mySet4.begin();
        while ( i != mySet4.end() )
        {    cout<<*i<<" ";
             i++;
        }
        cout<<endl;
    }
```

在上述代码中，对象 mySet1 使用含参数的构造函数生成，其参数通过数组中元素的地址来截取该数组元素，并以此来初始化 mySet1。对象 mySet2、mySet3 和 mySet4 是使用无参数构造函数生成的。mySet2 对象建立之后通过 insert 函数逐个添加了相应的元素。遍历在 set 对象中的元素可以使用迭代器，分别向标准输出端输出了 mySet1 和 mySet2 的组成。

函数 set_intersection 和 set_union 分别用来实现集合间的交和并。请注意，这些函数的定义并不位于头文件<set>中，而位于头文件<algorithm>中，因此在使用前必须包含该头文件。代码中使用这两个函数计算了 mySet1 和 mySet2 的交集和并集，并把运算结果分别赋给了其他的 set 对象——mySet3 和 mySet4。最后，利用迭代器显示结果。

说明：inserter 是一种插入迭代器，其原理是内部调用 insert()，其功能是在容器的指定位置插入元素。

5.5 本章小结

模板是 C++语言的独特之处，它提供了类型参数化的通用机制。模板是泛型程序设计的基础，所谓泛型程序设计就是以独立任何特定类型的方式编写代码，编写的类和函数能够用于跨越编译时不相关的类型，如数据结构中的栈操作、排序操作和树操作，从而实现代码的重复使用。标准模板库中的容器与数据结构之间存在某些联系，希望通过介绍 STL 中的容器简化读者在编写一些算法程序时的工作。

习　题　5

5.1　使用模板函数实现 swap（x,y），函数功能为交换 x、y 值，适用于不同类型的数据，并编写一个测试程序。

5.2　设计一个类模板 Max < T >来求一个数组中最大的元素，并以整数数组和字符数组进行测试。

5.3　编写一个循环将 list 容器中的元素逆序输出。

5.4　编写程序，统计并输出所读入的单词出现的次数。

实验训练题 5

1．调试下列程序。该程序定义一个函数模板，使其实现对两个数的求和功能。

程序具体设计：定义一个函数模板 Add()，它的功能是对传来的两个参数进行求和运算。这两个参数可以是任何类型的参数。

```
#include <iostream>
using namespace std;
template < class T >
T Add(T x,T y)
{   return x+y;     }
int main()
{   int x = 3,y = 5;
    float x1 = 12.3,y1 = 3.4;
    double x2 = 0.8,y2 = 23.5;
    cout <<"整数型:x+y ="<< Add(x,y)<< endl;
    cout <<"浮点型:x1+y1="<< Add(x1,y1)<< endl;
    cout <<"双精度:x2+y2="<< Add(x2,y2)<< endl;
    return 0;
}
```

2．调试下列程序，体会 vector 的用法。

```
#include <string>
#include <iostream>
#include <vector>
using namespace std;
int main()
{   vector<int> v1(10);
    vector<int> v2;
    vector<string> v3(10, "OK!");
    vector<string> v4(v3);
    v1[1] = 2;
    for (int i=0; i<10;i++)
        v2.push_back(i);
    for (i=0; i<10;i++)
        cout<<v1[i]<< " ";
    cout<<endl;
    for (i=0; i<10;i++)
        cout<<v2[i]<< " ";
```

```
        cout<<endl;
        for (i=0; i<10;i++)
            cout<<v3[i]<< " ";
        cout<<endl;
        for (i=0; i<10;i++)
            cout<<v4[i]<< " ";
        cout<<endl;
        return 0;
    }
```

本题中，使用了vector类中的几个十分常用的方法，vector类提供了不同的构造函数，不仅可以对其对象的大小进行初始化，还可以对其对象的内容进行初始化。另外，push_back方法用于在vector的末尾追加一个元素，这个方法可以自动为新元素申请存储空间，这一点是数组无法比拟的。

3. 调试下列程序，体会map的用法。

```
    #include <map>
    #include <string>
    #include <iostream>
    using namespace std;
    int main()
    {    map<string, string> writer;
         writer["Shakespeare"]="English writer,
           his works include 'Hamlet','Othello', and 'King Lear', etc.";
         writer["Tagore"]="India writer,
           his works include 'Gitanjali', etc.";
         writer["Tolstoy"]="Russian writer,
           his works include 'War and Peace', and'Anna Karenina', etc.";
         writer["Andersen"]="Danish writer,
           his works include 'The Ugly Duckling', etc.";
         writer["Dumas"]="French writer,
           his works include 'The Count of Monte Cristo', and 'The Three
Musketeers', etc.";
         cout<<writer.size()<<endl;
         int i = 1;
         map<string, string>::iterator it = writer.begin();
         for (; it != writer.end(); it++)
        {   cout << i<< " : "<<endl;
             cout << it->first <<" : "<<it->second << endl;
             i++;
         }
         cout<<endl;
         cout<<(writer.find("Tagore"))->second<<endl;
         writer.erase(writer.find("Tagore"));
         cout<<writer.size()<<endl;
         return 0;
    }
```

上述代码中成员函数size()的作用是返回序列的长度。观察运行结果，不难发现遍历存储在map对象中的元素的一个途径是使用迭代器，成员函数begin和end用于控制访问的界限。

第6章 线 性 表

本章学习目标

通过对本章内容的学习，学生应该能够做到：

1）了解：线性表顺序存储结构与链式存储结构各自的特点。

2）理解：线性表顺序存储结构和链式存储结构的基本思想。

3）掌握：顺序表、单链表、循环链表和双向链表的基本操作。

6.1 线性表的定义

6.1.1 线性表的逻辑结构

线性表是 $n \geqslant 0$ 个数据元素 a_1，a_2，a_3，…，a_{n-1}，a_n 的有序集合。表中每个元素 a_i 在表中的位置仅取决于元素本身的序号 i。当 $1< i < n$ 时，a_i 的直接前驱为 a_{i-1}，a_i 的直接后继为 a_{i+1}。也就是说，除表中第一个元素 a_1 与最后一个元素 a_n 外，其他每个元素 a_i 有且仅有一个直接前驱和一个直接后继；第一个元素 a_1 仅有一个直接后继，最后一个元素 a_n 仅有一个直接前驱。n 为线性表的长度，长度为 0 的表称为空表。

上述这种结构的特点是数据元素之间存在着一对一的关系，通常把具有这种特点的数据结构称为线性结构，也称为**线性表**。

一个线性表可以用一个标识符来命名。例如，若用标识符 L 来表示一个线性表，则有

$$L = (a_1,\ a_2,\ a_3,\ \cdots,\ a_{n-1},\ a_n)$$

注意，同一线性表中的元素必定具有相同的特性，都属于同一种数据对象。

线性表中的数据元素在不同情况下可能有不同的具体含义。例如，（1.2，–2.3，56.0，0，45.7)，表中数据元素是十进制实数；('a'，'d'，'c'，'g'，'j'，'l')，表中数据元素是英文字母。

在稍微复杂的线性表中，一个数据元素可以由若干个数据项组成。例如，可以将某些数据文件看成由若干记录组成的线性表，表中的数据元素就是单个的数据记录，而每个记录又由若干个数据项组成。如表 6.1.1 所示的学生名册，每条记录代表一个数据元素，每个数据元素由 4 个数据项组成。

表 6.1.1 学生名册

010501	黎明	17	男
010502	王荫	18	女
010503	曲柳	17	女
010504	何旦旦	19	男
010505	李美	16	女

线性表的常用操作如下。

1）求线性表的长度。

2）寻找第 i 个数据元素。

3）根据给定关键值寻找对应数据元素在线性表中的位置。

4）插入某个数据元素。

5）删除某个数据元素。

6）修改某个数据元素。

7）清空线性表。

6.1.2 线性表的抽象类定义

线性表用处很多，根据它的常用实现方式，可分为顺序表和线性链表两大类。它们有基本相同的常用操作。根据线性表的定义及常用操作，可以定义一个线性表的抽象类，为线性表提供一个统一的操作接口；再根据具体实现的需要，派生不同类型的线性表类。从可复用的角度来定义线性表类，应设法使其适应多种实现方式，所以，数据成员和成员函数应完善而灵活。为了让线性表中元素适应不同的数据类型，适应不同的需要，在定义线性表类时，采用了模板机制，这样虽然烦琐一点，但为将来线性表类的复用提供了很大的方便。以下是抽象线性表类定义。

```
Template <class type >                              //抽象线性表类定义
class ablist{
   public:
         int GetLength() {return length;}
         virtual type Get(int i);                  //取出线性表中第 i 个元素
         virtual bool Set(type x,int  i)=0;        //将线性表中第i个结点元素值设置为x
         virtual void MakeEmpty()=0;               //将线性表置为空表
         virtual bool Insert(type value,int  i)= 0; //将新元素插入到第 i 个位置
         virtual type Remove(int  i)= 0;             //将线性表中第 i 个结点删除
         virtual type Remove1(type value)=0;       //将元素值为 value 的结点删除
   protected:
         int length;
   };
```

说明：

1）在此抽象线性表类中，定义了一个数据成员 length 表示线性表的长度。它是保护类成员，可以被派生类成员访问。

2）在此抽象类中，定义了一些成员函数来实现线性表的常用操作，它们的用处如下。

① GetLength( )　　用于返回线性表的长度；

② Get(int i)　　用于取出线性表中第 i 个元素；

③ Set(type　x，int i)　　用于将线性表中第 i 个结点元素值设置为 x；

④ MakeEmpty( )　　用于将线性表置为空表；

⑤ Insert(type　value，int i)　　将新元素插入到线性表的第 i 个位置；

⑥ Remove(int i)　　将线性表中第 i 个结点删除；

⑦ Remove1(type　value)　　将线性表中元素值为 value 的结点删除。

其中，⑥和⑦之所以取不同的名称，是因为 x 为整型时，两个函数的参数类型一样，若同名则会产生二义性。

3）在抽象类中，除 GetLength( )函数外，其他函数都是纯虚函数，因为不同的线性表实现这些操作的方式各有不同，所以它们的具体实现应该在派生类中给出。

6.2 线性表的顺序表示和实现

6.2.1 线性表的顺序表示

在计算机内部可以采用两种不同方法来表示一个线性表，它们分别是**顺序表示法和链表表示法**。

顺序表示法用一组地址连续的存储单元依次存储线性表的数据元素，这种存储结构称为线性表的顺序存储结构，并称此时的线性表为**顺序表**。

假设线性表的每个元素占用 k 个存储单元，那么，顺序表的第 i 个数据元素 a_i 的存储位置与前一个数据元素 a_{i-1} 的存储位置之间满足如下关系：

$$LOC(a_i) = LOC(a_{i-1}) + k$$

由此可推出

$$LOC(a_i) = LOC(a_1) + (i-1)* k = LOC(a_0) + i* k$$

通常称 $LOC(a_0)$为顺序表的**首地址或基地址**。

从顺序表的这种表示方法可以看到，它用数据元素物理位置上的相邻关系来表示数据元素逻辑上的相邻关系。每个数据元素的存储位置和顺序表的首地址相差一个和数据元素在表中的序号成正比的常数。因此，只要确定了首地址，顺序表中任意数据元素都可以随机存取。所以，顺序表是一种随机存取的线性表。

如表 6.2.1 所示，由于数据元素之间的关系可以通过存储位置直接反映出来，顺序存储结构只需存放数据元素自身的信息，因此，顺序存储结构存储密度大、空间利用率高。另外，元素的位置可以用一个简单、直观的解析式表示出来，元素可随机存取；但顺序存储结构在插入和删除元素时需要移动大量的元素，并且线性表的顺序存储结构必须按最大需要的空间分配存储，有可能会造成存储空间的浪费，这些都是线性表顺序存储结构的缺点。

表 6.2.1 顺序表元素序号与地址的关系

存 储 地 址	存 储 元 素	元素的序号
$LOC(a_0)$	a_0	0
$LOC(a_1) = LOC(a_0) + k$	a_1	1
……	…	…
$LOC(a_i) = LOC(a_0) + i * k$	a_i	i
……	…	…
$LOC(a_n) = LOC(a_0) + n * k$	a_n	n

6.2.2 顺序表类的定义

由于高级程序设计语言中的数组类型具有随机存取的特性，因此，通常使用数组来描述数据结构中的顺序存储结构。由于线性表的长度可变，且所需最大存储空间随问题的不同而不同，因此，可用动态分配的一维数组存储顺序表中的元素。根据顺序表的特点，可在线性表抽象类的基础上派生出一个顺序表类，它的定义如下。

```
template <class type>
class SeqList:public ablist<type>{
    protected:
        type *elements;                        // 用于存放顺序表元素
```

```
        int maxsize;
    public:
        SeqList(int maxsz=10);                  // 构造函数
        ~SeqList()                              // 析构函数
        bool Expand(int);                       // 动态内存扩展函数
        bool Set(type x,int i);                 // 将某数据 x 写入顺序表中第 i 个元素
        type Get(int index);                    // 返回顺序表中第 i 个元素值
        void MakeEmpty()
        {   if(elements)    delete []elements; }
        bool Insert(type value,int i );         // 将新元素插入到第 i 个位置
        type Remove(int i) ;                    // 删除第 i 个顺序表元素
        type Remove1(type value);               // 删除一个值为 value 的顺序表元素
        SeqList<type> & Copy(SeqList<type> &sl);        // 拷贝函数
        SeqList<type>& operator=(SeqList<type> &sl)
        {   Copy(sl); return *this;}            // 重载赋值运算符
        friend ostream& operator<<(ostream&, SeqList<type>&);
    };
```

说明：

1）顺序表中新增了两个数据成员，maxsize 表示当前分配的最大存储空间，elements 是指向这个存储空间的指针，而抽象类中的 length 表示顺序表中当前实际拥有的元素个数。

2）SeqList(int maxsz=10)是构造函数，用于分配存储空间，并初始化数据成员值。~SeqList( )是析构函数，用于回收存储空间。

3）Expand( ) 是动态内存扩展函数，如插入的元素数量超过了当前分配的最大存储空间允许存放的元素数，则可使用此函数重新分配存储空间，扩大顺序表容量。

4）在顺序表类中，应该完成纯虚函数 Get(int)、Set(type，int)、MakeEmpty( )、Insert(type，int)、Remove(int)、Remove1(type)的定义。

5）在顺序表类定义中还定义了以下两个重载运算符。

① operator=：重载赋值运算符，对顺序表对象进行直接赋值，将数据成员域逐域拷贝。

② operator<<：重载输出运算符，用于直接输出顺序表对象中的各数据成员的内容。

6）由于基类和派生类使用了模板，在有些编译器下，无法直接在派生类中访问基类的成员函数或成员变量。这时，可以在派生类需要访问基类相关成员的地方，加上“this->”，强制编译器使用本类继承来的成员。例如，在继承类中，需要用到 length 这个从基类继承的变量时，可用“this->length”来让编译器正常通过检查。

6.2.3 顺序表类的实现

1. 构造函数

构造函数用于为顺序表分配一定大小的空间，用于存放表中的数据元素。

```
template <class type>
SeqList<type>::SeqList(int maxsz)       // 构造函数
{       maxsize=maxsz>10?maxsz:10;
        length=0;
        elements=NULL;
        elements=new type[maxsize];     // 为顺序表分配内存空间
```

```
        assert(elements!=NULL);     // 断言内存分配应该成功
        if (elements==NULL)         // 若分配不成功，则警告并退出程序运行
        {   cout<<" out of memory \n";
            exit(1);
        }
}
```

此函数中，使用了一种断言机制，若断言语句 assert 参数表中给定的条件满足，则继续执行后继的语句，否则将给出调试信息，便于程序员调试。要使用 assert 函数，需要包含头文件 assert.h。断言是一个很好的调试工具，尤其对于大型程序，可以帮助编程者快速定位异常情况。需要注意的是，assert 只在编译器的调试（debug）版中起作用，在正式（release）版中不起作用，不可以将它当做常规的异常处理手段。在上面的例子中，断言是调试时帮助编程者定位错误位置的，不是处理异常用的；其后的 if 语句才是处理异常的手段。

2. 拷贝函数

此函数用于将一个顺序表对象赋给另一个顺序表对象。

```
template <class type>
SeqList<type>& SeqList<type>::Copy(SeqList<type> &sl)  //拷贝函数
{   if(elements)                        //若本顺序表不为空，则删除本顺序表
        delete []elements;
    maxsize=0;
    length=0;
    elements=new type[sl.maxsize];   //按 sl 顺序表的大小，为本顺序表分配内存空间
    if(elements)                        //内存分配成功，复制顺序表的内容
    {   maxsize=sl.maxsize;
        length=sl.length;
        memmove(elements,sl.elements,sizeof(type)*maxsize);
    }
    return *this;
}
```

此函数中使用了 memmove(dest , source , size)函数，此函数用于将 source 指向的那一段内存内容复制到 dest 所指向的内存空间，复制长度为 size 字节。要使用 memmove 函数，需要包含头文件 string.h。

3. 动态内存再分配函数

动态内存再分配函数用于给顺序表扩容，且此函数只能使顺序表变大，而不能使顺序表变小。

```
template <class type>
bool SeqList<type>::Expand(int newmaxsize)
{   type *p,*q;
    if(newmaxsize<=maxsize)      // 若新的长度小于原来的长度，则设置错误信息
    {   cout<<"new maxsize is smaller than current one\n";
        return false;
    }
    p=new type[newmaxsize];                    // 按新长度分配内存空间
    if(!p)                                     // 分配失败，设置出错信息
```

```
    {   cout<<"cannot Expand SeqList\n";
        return false;
    }
    memmove(p,elements,sizeof(type)*length);  // 将原内容复制到新分配的内存空间
    q=elements;                               // 保存原内存区地址
    elements=p;                               // elements 指向新开辟的内存区
    delete []q;                               // 释放原内存区
    maxsize=newmaxsize;                       // 重新设置顺序表大小
    return true;
}
```

4. 设值函数

```
template <class type>
bool SeqList<type>::Set(type x,int index)  // 将 x 写入下标为 index 的元素中
{   if(index>=maxsize)              //若 index 大小超出顺序表的大小,则设置出错信息
    {   cout<<"index is out of range\n";
        return false;
    }
    if(index>=length)               // 若 index 的大小超出当前所拥有的元素个数
        length=index+1;             // 则将 index 作为顺序表中的最后一个元素
    elements[index]=x;              // 用 x 替换下标为 index 的元素
    return true;
    }
```

5. 取值函数

```
template <class type>
type SeqList<type>::Get(int index) // 返回下标为 index 的顺序表元素
{   assert(index<maxsize);
    if (index>=maxsize || index < 0) // 若 index 大小超出正常范围，则警告返回
    {   cout<<"index is out of range\n";
        exit(1);
    }
    return elements[index];          // 返回下标为 index 的元素值
}
```

6. 插入函数

```
template <class type>
bool SeqList<type>::Insert(type x, int i)  // 插入一个顺序表元素
{   if(i>=maxsize)
    {   if(Expand(maxsize+10))
            elements[length]=x;
        else
        {   cout<<"Couldn't expand Seqlist\n";
            return false;
        }
    }
    else if(i>=length)
        elements[length]=x;
```

```
    else
    {   for(j=length;j>i;j--)
            elements[j]=elements[j-1];
        elements[j]=x;
    }
    length++;
    return true;
}
```

7. 删除函数（一）

```
template <class type>
bool SeqList<type>::Remove1(type value) // 删除一个元素值为 value 的顺序表元素
{   int index,i;
    for(i=0;i<length;i++)
        if(elements[i]==value)
            break;
    index=i;
    if (index>=length)                      // 未找到，返回假
        return false;
    for(i=index;i<length-1;i++)
                              // 将 index 后面的元素前移一位,通过移动元素实现删除
        elements[i]=elements[i+1];
    length--;
    return true;
}
```

8. 删除函数（二）

```
template <class type>
type SeqList<type>::Remove(int index)  // 删除下标为 index 的顺序表元素
{  assert(index<maxsize);              // 断言 index 的最大值
   if(index>=maxsize || index < 0)     // 若 index 超出元素范围，则警告返回
   {   cout<<"index is out of range\n";
       exit(1);
   }
   type value=elements[index];
   for(int i=index;i<length-1;i++)
                              // 将 index 后面的元素前移一位,通过移动元素实现删除
       elements[i]=elements[i+1];
   length--;
   return value;
}
```

9. 重载输出运算符

```
template <class type>
ostream& operator<<(ostream &output,SeqList<type> &sl)  // 重载输出运算符
{                                                        // 输出顺序表的大小、已用空间
   output<<"\nmaxsize:"<<sl.maxsize<<" length:"<<sl.length<<endl;
   for(int i=0;i<sl.length;i++)         // 输出顺序表的各个元素
```

```
        output<<sl.elements[i]<<" ";
    output<<"\n";
    return output;
}
```

在重载<<运算符定义时要注意连带的问题，即当模板类型取用户自定义类型时，一定要对用户自定义类型也重载<<运算符，否则上一段程序中的 output<<sl.elements[i]<<" ";将出现问题，因为 sl.elements[i]不是系统预定义的基本数据类型。

6.3 线性表的链式表示和实现

6.3.1 线性表的链式表示

线性表顺序存储结构的特点如下：在逻辑上相邻的两个元素在物理位置上也相邻。因此，顺序表数据元素的存储位置可以用一个简单直观的解析式表示，可以随机存取表中的任意一个数据元素。但从另一方面来看，顺序表的插入和删除运算要移动大量其他元素，效率比较低。另外，这种存储结构要求占用连续的存储空间，存储分配只能预先进行（静态分配），而且必须按最大的空间需求来分配，当线性表的长度变化较大时，往往造成大量空间的浪费，或需要进行频繁的存储空间的扩充。

为了弥补线性表顺序存储结构带来的这些不足，可以采用线性表的另一种存储结构——**链式存储结构**，简称**线性链表**。这种存储结构不要求逻辑上相邻的数据元素在物理位置上也相邻，它用指针来表示数据元素之间的逻辑关系。链式存储结构不仅可以用来表示线性表，还可以用来表示各种非线性的数据结构。

在线性表的链式存储结构中，逻辑上相邻的两个元素对应的存储位置是通过指针反映的，不要求物理上相邻。因此，在对线性表进行插入、删除运算时，只需修改相关结点的指针域，既方便又省时。由于每个结点都设有一个指针域，因而所需要的存储空间较多。线性链表不必预先分配好足够的存储空间以备新的链结点使用，当有新的数据元素加入线性表时，临时分配一个空的结点空间，加上必要的信息，将它插入到线性链表中；当某个结点不再使用时，应将其存储空间回收。

6.3.2 抽象链表类的定义

线性链表用指针表示每个元素与其直接后继元素之间的逻辑关系，每个元素除了需要存储自身的信息外，还需要存储一个指示其直接后继的指针。这两部分信息组成了一个数据元素的存储结构，称为一个结点。结点类的定义如下：

```
template < class type >  class  ListNode{        // 链表结点类的定义
    public:
        ListNode()                                  // 默认的构造函数
        {   next = NULL;    }
        ListNode(const type & item,ListNode <type> * next1= NULL)
        {   data = item;next = next1;   }          // 带参数的构造函数
        type data;                                  // 结点的数据元素域
        ListNode < type > *next;                    // 结点的指针域
  };
```

在此结点类中，包含两个数据成员——data，用于存放数据元素值；next，用于指向下一个结点。此类还有两个构造函数，用于给数据成员设置初值。

链表由多个结点构成。第一个结点的地址称为头指针，常用 head 表示。由于链表中任意结点的存储位置都可以从头指针 head 开始，经过对链表进行遍历得到，所以，链表可以由头指针 head 唯一确定。

为了算法设计的方便，可以为链表加上一个表头结点，如图 6.3.1 所示。

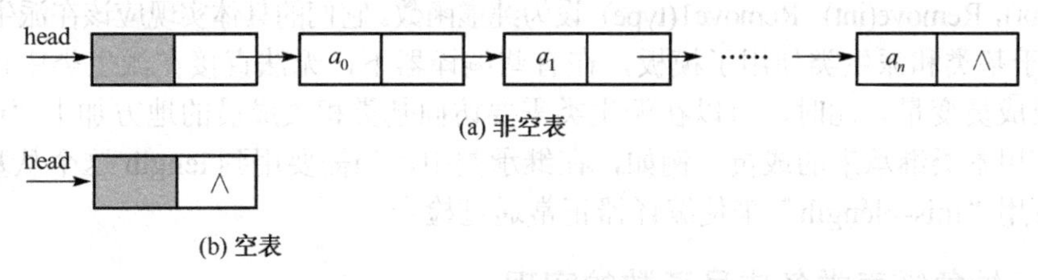

图 6.3.1　带表头结点的链表结构

表头结点与数据结点的结构相同，并且表头结点数据域中的数据元素不是链表中的元素，它可以是空的，也可以存放一些辅助数据。这样，在链表的第一个结点前面还有一个表头结点，因此，只要把表头结点当做含数据 a_0 的结点，那么，在空表或非空表第一个结点之前的插入可以统一处理，降低了算法的复杂性，减少了出错的概率。

链表有三种常见类型，即单链表、循环链表和双向链表。链表的常用操作除了插入、删除、设置数据元素，往往还需要获取链表表头指针，寻找第 i 个数据元素的位置。因此，可以在原有抽象线性表类的基础上，派生一个抽象链表类，在此基础上，进一步实现三种链表。抽象链表类定义如下。

```
template <class type >                                   // 抽象链表类定义
class ablinklist:public ablist <type>{
  public:
    ListNode<type> *GetHead()                            // 获得表头结点指针
    {   return  head;   }
    ListNode<type> *GetNext(ListNode<type> & n) // 得到结点 n 的下一个结点位置
    {   return n.next == head?n. next -> next:n.next; }
    type Get(int i);                           // 取出链表中的第 i 个元素
    bool Set(type x, int i);                   // 将链表中第 i 个结点元素值设置为 x
    ListNode<type> *Find1(type value); // 寻找数据元素值为 value 的结点
    ListNode<type> *Find(int i);               // 寻找链表中第 i 个结点元素的地址
    void MakeEmpty();                          // 将链表置为空表
    virtual bool Insert(type value, int i)=0;  // 将新元素插入到第 i 个位置
    virtual type Remove(int i)=0;              // 将链表中第 i 个结点删除
    virtual type Remove1(type value)=0;        // 将元素值为 value 的结点删除
  protected:
    ListNode<type> *head;                      // 链表的数据成员
};
```

说明：

1）在此抽象链表类中，定义了一个数据成员 head 表示表头指针。

2）在此抽象链表类中，定义了一些成员函数来实现链表的特有操作。

① GetHead( )　　　　用于获得表头结点指针；

② GetNext( )　　　　用于得到某结点的下一个结点位置；

③ Find1(type value) 用于在链表中寻找数据元素值为 value 的结点；

④ Find(int i) 用于寻找链表中第 *i* 个结点元素的地址。

3）由于三种链表的取元素值、设置元素值、置空表的操作方法一致，因此在此抽象链表类中，统一实现了 Get(int i)、Set(type x，int i)和 MakeEmpty( )函数。

4）由于单链表、循环链表和双向链表实现插入和删除操作的方式各有不同，所以将函数 Insert(type, int), Remove(int), Remove1(type) 设为纯虚函数。它们的具体实现应该在派生类中给出。

5）由于基类和派生类使用了模板，在有些编译器下，无法直接在派生类中访问基类的成员函数或成员变量。此时，可以在派生类需要访问基类相关成员的地方加上“this->”，强制编译器使用本类继承来的成员。例如，在继承类中，当需要用到 length 这个从基类继承的变量时，可用“this->length”来使编译器正常通过检查。

6.3.3 抽象链表类各成员函数的实现

1. 设值函数

将第 *i* 个结点元素值设为 *x*。此函数仅用于修改结点元素值，而不是插入结点。首先，利用 Find(i)寻找第 *i* 个结点位置，若 *i* 值不合理或为空表，返回 false；否则，修改第 *i* 个结点的数据元素值。

```
template<class type>
bool ablinklist<type>::Set(type x,int i)
{   ListNode<type> *p = Find(i);             // 寻找第 i 个结点位置
    if(p == NULL || p == head )              // i 值不合理或为空表，返回 false
        return  false;
    else
        p -> data = x;                       // 修改第 i 个结点的数据元素值
    return  true;
}
```

2. 取值函数

此函数返回第 *i* 个结点的数据元素值，它不删除结点。利用 Find(i)寻找第 *i* 个结点，返回第 *i* 个结点的数据元素值。

```
template<class type>
type ablinklist<type>::Get(int i)
{   ListNode<type> *p = Find(i);
    assert(p && p!= head);                   // p 不空也不为表头，继续
    if (p==NULL || p==head)                  // 若未找到结点，则返回错误值
        return ErrData;
    else
        return  p -> data;                   // 返回第 i 个结点的数据元素值
}
```

其中，ErrData 是预先定义的表示非法的值。例如，如果正常数据元素都是正数，则可定义 ErrData 为一负数，调用此函数的地方需要判断是否返回了合法值。另外一种处理取值不成功的常见方法是函数类型为 bool 型，表示是否成功，而在参数里增加引用类型变量获取返回值。根据使用情况，此处也可采用直接报警、退出程序的方式处理异常。

3. 清空链表

用 q 指向第一个结点，当链表不空时，循链并逐个删除，仅保留表头结点。

```
template<class type>
void ablinklist<type>::MakeEmpty()
{   ListNode<type > *q = head-> next;
    int i =1;
    while(i++ <= length)                     // 当链表不空时，删除表中所有结点
    {   head->next = q-> next;
        delete q;                            // 循链逐个删除，仅保留表头结点
        q = head->next;
    }
    length = 0;
 }
```

4. 搜索数据元素值为 value 的结点

在链表中搜索数据元素值为 value 的结点。若找到该结点，则函数返回该结点的地址，否则返回 NULL。

```
template<class type>
ListNode<type> *ablinklist<type>::Find1(type value)
{   ListNode<type> *p = head->next;
    int i =1;
    while(i++ <= length && p->data!= value)
        p = p-> next;                          // 循链找出数据元素值为 value 的结点
    return p;
 }
```

5. 定位函数

函数返回链表中第 i 个元素结点的地址。若 $i<0$ 或超出表中结点的个数，则返回 NULL。

```
template<class type>
ListNode<type> *ablinklist<type>::Find(int i)
{   if(i < 0 || i > length) return  NULL;
    if(i == 0)  return head;                 // i = 0 时函数返回表头结点的地址
    ListNode<type> *p = head -> next;        // 让检测指针 p 指向表中的第 1 个结点
    int j =1;
    while(p!=NULL && j < i)                  // 循链扫描，至第 i 个结点地址
    {   p = p -> next;
        j++;
    }
    return  p;                               // 返回第 i 个结点地址
}
```

6.4 单 链 表

6.4.1 单链表的定义

单链表是一种最简单的链表，它的结点只包含两个域，数据域用于存储数据元素本身的信息，指针域用于存储直接后继结点的存储位置，指出线性表中数据元素逻辑上的直接后继元素的存储位置。

可以将单链表（a_1，a_2，…，a_{n-1}，a_n）直观地表示成用箭头相连接的结点序列，如图 6.4.1 所示。

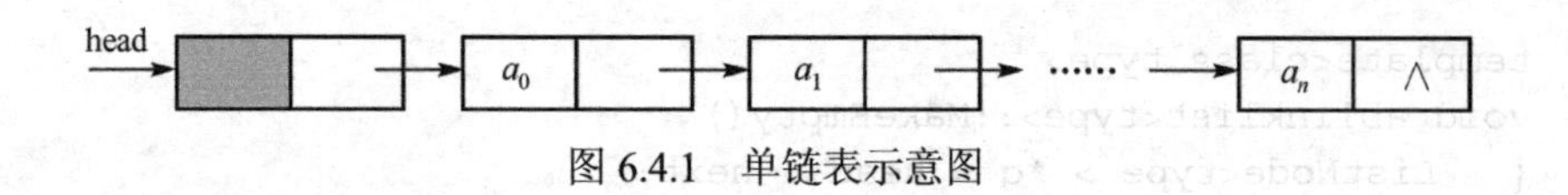

图 6.4.1　单链表示意图

6.4.2　单链表类的定义

单链表是一种最简单的链表，可以直接从抽象链表类中派生出来，下面给出了单链表类（List）的类定义。

```
class List:public ablinklist <type> {
    public:
        List()                          // 构造函数，建立一个空链表
            {   head = new ListNode <type>; length = 0; }
        List(List <type> & l)   // 构造函数，用于拷贝一个现有链表并建立新链表
            {   Copy(l);            }
        ~List()                         // 析构函数
            {   MakeEmpty();    delete head;    }
        bool Insert(type value,int i); // 将新元素插入到链表中的第 i 个位置
        type Remove(int  i);            // 将链表中第 i 个结点删除
        type Remove1(type value);   // 将链表中数据元素值为 value 的结点删除
        List <type> & Copy(List <type> & l);      // 拷贝函数
        List <type> & operator =(List <type> & l);
                                    // 重载赋值运算符，同类型链表赋值
        friend  ostream & operator <<(ostream &,List <type> &);
                                    // 重载输出运算符
};
```

说明：

1）单链表类中定义了两个构造函数用来构造链表。一个构造函数用来构造一个空链表，此函数生成一个头结点（头结点数据域中可以不放值，也可以用来放一些和链表相关的数据），并将 length 初始化为 0；另一个构造函数利用一个现有链表建立新链表。析构函数用来回收元素结点所占的内存。

2）在抽象链表中有三个纯虚函数，分别是 Insert(type，int)、Remove(int)、Remove1(type)。在单链表中，应给出这三个纯虚函数的具体实现，用它们分别实现链表的插入、删除操作。

3）单链表类中还重载了两个运算符，赋值运算符用于同类型链表赋值，输出运算符用于直接输出一个链表。此外，拷贝函数用于同类型单链表的拷贝。

4）由于基类和派生类使用了模板，在有些编译器下，无法直接在派生类中访问基类的成员函数或成员变量。此时，可以在派生类需要访问基类相关成员的地方加上“this->”，强制编译器使用本类继承来的成员。

6.4.3　单链表的常用成员函数的实现

1. 在单链表第 *i* 个位置插入一个新结点

算法实现的步骤如下：首先寻找插入点的前一个位置 p，若 i 值不合理（太大或太小），则返回 false；否则，先从内存中申请一个新的空结点，将数据信息置于新结点的数据域内，将 p 的下一个结点的位置置为新结点的指针域，然后将新结点的地址赋给 p 结点的指针域。

这个算法必须先寻找插入点的前一个位置。这是因为，在线性链表中，无法从一个指定

结点出发到达它的前驱结点，只能从链表头开始遍历这个链表，找到该指定结点的前驱。插入方法如图 6.4.2 所示。

```
template <class type >
bool  List <type>::Insert(type value,int  i)
{   ListNode <type> *p = Find(i-1);         // 定位插入点的前一位置
    if(p == NULL) return  false;            // i 值不合理,函数返回 false
    //创建新元素结点
    ListNode <type> * newnode =  new ListNode <type>(value,p-> next);
    assert(newnode);
    if (newnode==NULL)                      // 内存分配失败,函数返回 false
        return false;
    p->next = newnode;
    length++;
    return  true;
 }
```

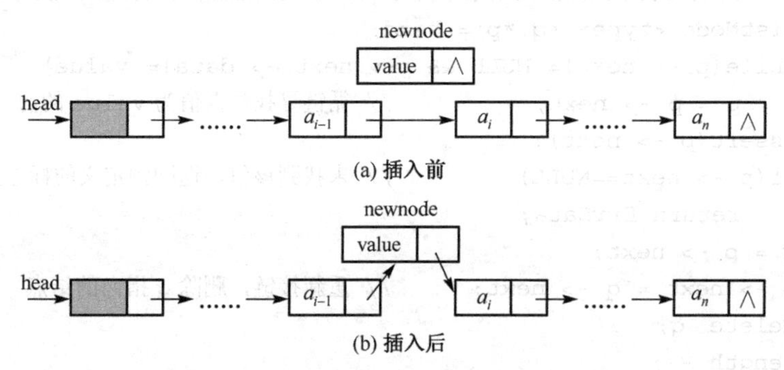

图 6.4.2　将新元素插入到链表第 i 个位置

2. 删除指定位置 *i* 处的结点

先利用 Find（i–1）函数找到第 i–1 个元素结点，若 i 的值不合理，则警告并退出程序，否则，保留被删结点的数据值，重新拉链，回收被删结点的内存空间，将链表长度减 1。删除方法如图 6.4.3 所示。

```
template <class type>
type  List <type>::Remove(int  i)
//将链表中的第 i 个元素结点删除。成功时返回该元素结点值，若 i 不合理，则返回预定义的标志数据
{   ListNode <type> *p = Find(i-1), *q;      // p 定位于第 i-1 个结点
    assert(p && p->next);                    // p 不为空且不为最后一个结点地址
    if(p==NULL || p->next==NULL)
          return ErrData;
    q = p -> next;
    p -> next  = q -> next;                  // 重新拉链
    type value = q -> data;                  // 保留被删结点的数据值
    delete q;
    length --;
    return  value;
 }
```

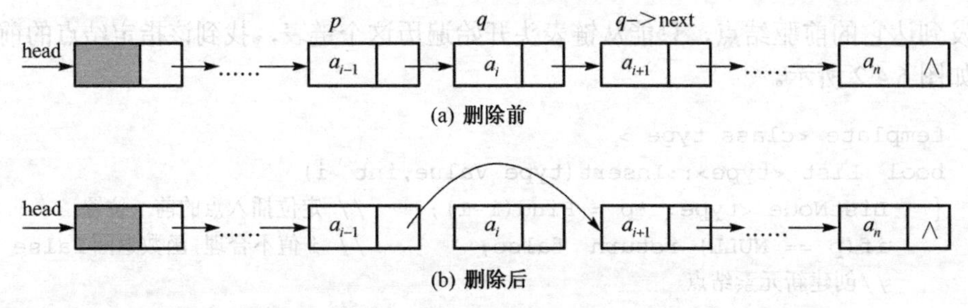

图 6.4.3　删除表中的第 i 个元素结点

3. 删除元素值为 value 的结点

循链寻找数据值为 value 的结点的前一结点，若已至表尾，且其值不为 value，则警告并退出程序。否则，重新拉链，将此结点断开，回收被删结点的内存空间，将链表长度减 1。

```
template <class type>
type  List <type>::Remove1(type value)
        //将链表中的结点元素数据值为 value 的结点删除，并返回该元素结点值
{   ListNode <type> *q,*p = head;
    while(p -> next!= NULL && p-> next -> data!= value)
        p = p -> next;              // 循链寻找数据值为 value 的前一结点
    assert(p -> next);
    if(p -> next==NULL)             // 未找到该值，返回预定义的标志数据
        return ErrData;
    q = p -> next;
    p -> next = q -> next;          // 重新接链，删除 q 指向的结点
    delete  q;
    length --;
    return  value;
}
```

4. 拷贝链表

拷贝链表，也就是将链表 l 拷贝给当前链表对象。其算法如下：判断链表 l 是否为空，若链表 l 为空，返回；若不空，则为当前链表头结点分配存储空间，若分配失败，返回；否则将链表 l 头结点内容复制给当前链表头结点，用 p 指向当前链表头，将指向链表 l 第二个结点的指针赋给 q，从第二个结点至链尾进行结点间的赋值。赋值过程如下：建立一个新结点，给结点赋值，将新结点链接到当前链表表尾，将当前链表指针 p 后移，再将链表 l 指针 q 后移。

```
template <class type>
List <type> & List <type>::Copy(List <type> & l)
                                    // 拷贝函数，将链表 l 拷贝给当前链表对象
{   ListNode <type> *p,*q,*r;
    length = l. length;             // 复制链表长度
    head = NULL;
    if(!l. head)                    // 若链表 l 为空，则返回
        return  *this;
    head = new ListNode <type>;     // 为当前链表头结点分配存储空间
    if(!head)                       // 若分配失败，则返回
        return  *this;
```

```
    head -> data =(l. head)-> data;
                                        //将链表 1 头结点内容复制给当前链表头结点
    head -> nex t= NULL;
    r = NULL;
    p = head;                           // p指向当前链表头
    q = l. head -> next;                // 将指向链表 1 第二个结点的指针赋给 q
    while(q)                            // 从第二个结点至链尾进行结点间的赋值
    {   r = new ListNode <type>;        // 建立一个新结点
        if(!r)                          // 失败，返回
            return  *this;
        r -> data = q -> data;          // 给结点赋值
        r -> next = NULL;
        p -> next = r;                  // 将新结点链接到当前链表
        p = p -> next;                  // 当前链表指针后移
        q = q -> next;                  // 链表 1 指针后移
    }
    return  *this;
}
```

5. 重载赋值运算符

```
template<class type >
List <type> & List <type>::operator = (List <type> & l) //重载赋值运算符
{   if(head)                            // 若本链表非空，则清空链表
        MakeEmpty();
    Copy(l);                            // 调用 Copy(l)将 1 赋给本链表
    return *this;
}
```

6. 重载输出运算符

```
template <class type >
ostream & operator <<(ostream & out,List <type> & l)   // 重载输出运算符
{   ListNode <type> * p = l. head -> next;
    out << "length:"<<l. length<<"\ndata:";          // 先输出链表长度
    while(p)                                         // 循链扫描，直至链尾
    {   out << p -> data <<"  ";
        p = p -> next;
    }
    out <<"\n";
    return  out;
 }
```

6.4.4 单链表举例——一元多项式加法

在数学中，一个一元 n 次多项式 $An(x)$若按降幂排列，则可写成以下形式：

$$An(x) = a_n x^n + a_{n-1} x^{n-1} + \cdots + a_1 x + a_0 \tag{6.4.1}$$

在式（6.4.1）中，当 $a_n \neq 0$ 时，称 $An(x)$为 ***n* 阶多项式**，其中 a_n 为**首项系数**。因此，一个 n 阶标准多项式由 n+1 个系数唯一确定。在数据结构中，可以用一个线性表 A 表示，即 $A = (a_n, a_{n-1}, \cdots, a_1, a_0)$。

可以采用顺序存储结构存储多项式系数 A，使多项式的某些运算变得简捷。但在实际使用时，多项式的阶数可能很高，不同的多项式阶数可能相差很大，这使顺序存储结构的最大长度难以确定。此外，当最高次幂与最低次幂项之间缺项很多时，如 $A(x)=x^{2000}+5$，采用顺序存储结构会十分浪费存储空间，因此一般情况下多采用链式存储结构来存储高阶多项式。

在用线性链表存储一个多项式时，多项式中的每个非零项系数对应一个结点，结点由数据元素项和指针组成。数据元素项中包含系数和指数值，考虑整个程序的需要，可以定义如下数据元素结构：

```
struct  term{                                          // 定义多项式数据元素项
    int  coef;                                         // 系数
    int  exp;                                          // 指数
    bool operator != (term & t)                        // 重载运算符! =,用于比较两项是否相等
    {   return  coef != t. coef || exp!= t. exp ;  }
    friend ostream & operator <<(ostream  & out,term & t) // 重载输出运算符
    {   out << t. coef <<"x"<< t. exp<<" ";return  out;      }
    friend istream & operator >>(istream & in,term & t)  // 重载输入运算符
    {   in >> t. coef >> t. exp; return  in;        }
};
```

如果将结点结构简单表示为

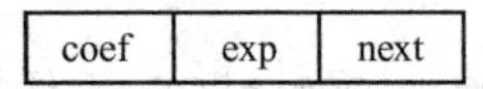

则 $A(x)=x^{2000}+12x^{1000}+5$ 可以表示成以下形式：

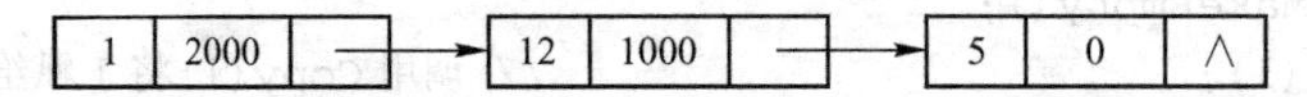

下面讨论链式存储结构下多项式的相加运算。一元多项式加法运算很简单，即两个多项式中所有指数相同的项对应系数相加，若和不为零，则构成和多项式中的一项，而所有指数不相同的那些项均复制到“和多项式”中。

假设 $Bm(x)$为一元 m 阶多项式，$An(x)$为一元 n 阶多项式，则两式相加结果为

$C=(a_n, a_{n-1}, \cdots, a_{m+1}, a_m+b_m, a_{m-1}+b_{m-1}, \cdots, a_0+b_0)$ 假设 $n>m$

设多项式 $A(x)$、$B(x)$以及它们的和 $C(x)$分别为

$$A(x)=4x^{21}+5x^{10}+7x^4+x$$

$$B(x)=5x^{12}-5x^{10}+11x^4+x$$

$$C(x)=4x^{21}+5x^{12}+18x^4+2x$$

采用链式存储结构，它们可分别表示为图 6.4.4 的形式。

→ 4 21 → 5 10 → 7 4 → 1 1 ∧

→ 5 12 → −5 10 → 11 4 → 1 1 ∧

→ 4 21 → 5 12 → 18 4 → 2 1 ∧

图 6.4.4　两个多项式相加形成的单链表

算法中可设置两个 term 类型的变量 ta 和 tb，它们的初值分别为各自链表的第一个结点值。比较 ta 和 tb 的指数（exp）值，若相同，则将两个结点的系数值相加，若相加的结果不为 0，则把相加结果和相应指数分别存入 C 链表新分配的结点中；若 ta 与 tb 的指数不同，则先将指数较高的那一项复制到 C 链表中，再取下一个结点值，并比较 ta 和 tb 的指数值，重复

上述步骤，直到某一链表为空时停止，最后将另一链表剩余的部分复制到C链表中。

```
int  main()
{    List <term>  polya,polyb,polyc;     //定义三个链表
     term  ta,tb,t;
     int  na,nb;              //na 表示多项式 a 的长度，nb 表示多项式 b 的长度
     int  i,j;
     cout <<"多项式 a 共有多少项？\n";
     cin >> na;
     cout <<"按指数由大到小的顺序,\n 依次输入各项系数、指数。\n";
     for (i = 1;i <= na;i++)
     {  cout <<"\n 第" << i <<"项:";
        cin >> t;
        polya. Insert(t,i);          //插入到链表 a 中
     }
     cout <<"多项式 b 共有多少项？\n";
     cin >> nb;
     cout <<"按指数由大到小的顺序,\n 依次输入各项系数、指数。\n";
     for(i =1;i <= nb;i++)
     {  cout <<"\n 第" << i <<"项:";
        cin >> t;
        polyb. Insert(t,i);      //插入到链表 b 中
     }
     cout <<"\nPolya:";
     cout << polya;
     cout <<"\nPolyb:";
     cout << polyb;
     i = 1;j = 1;
     ta = polya. Get(i);
     tb = polyb. Get(j);
     int  k = 1;
     while(i <= na && j <= nb)        //当链表 a 未取完并且链表 b 也未取完时
     {  if(ta. exp > tb.exp)          //若链表 a 某项的指数大于链表 b 某项的指数
        {  i++;
           polyc. Insert(ta,k ++); //将链表 a 中这项插入链表 c
           if(i <= na) ta = polya. Get(i);//取链表 a 中的下一项
        }
        else  if(tb. exp > ta. exp) //若链表 b 某项的指数大于链表 a 某项的指数
        {  j++;
           polyc. Insert(tb,k ++); //将链表 b 中的这项插入链表 c
           if(j <= nb) tb = polyb. Get(j);//取链表 b 中的下一项
        }
        else
        {  t. coef = ta. coef + tb. coe;  //若两项指数相等，则将系数相加
           t. exp = ta. exp;
           if(t. coef)                //若系数不为 0，则将新生成的项插入链表 c
               polyc. Insert(t,k ++);
           i ++;j ++;                 //取链表 a、链表 b 中的下一项
```

```
            if(i <= na && j <= nb)
                {ta = polya. Get(i);tb = polyb. Get(j);}
          }
    }
    while(i <= na)                          //若 a 未取完，则将链表 a 中剩余部分插入链表 c
    {   t = polya. Get(i);
        polyc. Insert(t,k ++);
        i ++;
    }
    while(j <= nb)                          //若 b 未取完，则将链表 b 中剩余部分插入链表 c
    {   t = polyb. Get(j);
        polyc. Insert(t,k ++);
        j ++;
    }
    cout <<"\nNew Poly \n";
    cout << polyc;
    return 0;
}
```

6.5 循环链表

6.5.1 循环链表的定义

单链表的缺点之一是无法从指定的链结点到达该结点的前驱结点，这可能会给某些实际应用带来一些不便。此时可以引入循环链表，循环链表就是链表中最后一个结点的指针指向链表的第一个结点，整个链表形成一个环。这样，从链表中任一结点出发都可以找到其他结点。图 6.5.1 是带表头结点的循环链表的示例图。

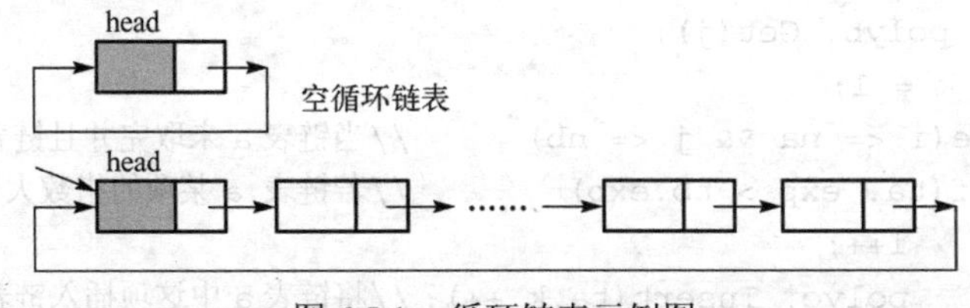

图 6.5.1　循环链表示例图

循环链表的操作与单链表的基本相同，只是算法中判断是否到达表尾的条件有差别。

6.5.2 循环链表类的定义

根据循环链表的定义，可以在抽象链表类的基础上建立一个循环链表类。

```
template <class type >                          //循环链表类定义
class  CirList:public ablinklist<type> {
    public:
        CirList();                              //构造函数,建立一个空链表
        CirList(CirList <type> & l)             //构造函数，用一个现有链表建立新链表
        {   Copy(l);    }
        ~CirList()                              //析构函数
        {   MakeEmpty();    delete head;    }
```

```
        bool  Insert(type value,int  i) //将新元素插入到链表中第 i 个位置
        type  Remove(int  i);           //将链表中第 i 个结点删除
        bool  Remove1(type value);      //将链表中元素值为 value 的结点删除
        CirList <type> & Copy(CirList <type> & l);  //拷贝函数
        CirList <type> & operator =(CirList <type> & l);//重载赋值运算符
        friend ostream & operator <<(ostream&, CirList <type> &);
                                        //重载输出运算符
    private:
        ListNode <type> * tail;
};
```

说明：

1）循环链表类中定义了两个构造函数，一个用来构造一个空链表，另一个利用现有链表建立新链表。析构函数用来回收元素结点所占的内存空间。

2）在抽象链表中，定义了三个纯虚函数，分别是 Insert(type，int)、Remove(int)、Remove1(type)；在循环链表类中，应给出这三个纯虚函数的具体实现，完成链表的插入、删除操作。

3）循环链表类中还重载了两个运算符，赋值运算符用于同类型链表赋值，输出运算符用于直接输出一个链表；此外，拷贝函数用于同类型链表的拷贝。

4）当在有些编译器下，无法直接在派生类中访问基类的成员函数或成员变量时，可在派生类需要访问基类相关成员的地方加上“this->”，强制编译器使用本类继承来的成员。

6.5.3 循环链表常用函数的实现

1. 构造函数

构造函数用来构造一个空链表，此函数生成一个头结点，并将表尾指针指向表头。

```
template <class type>
CirList <type>::CirList()                // 构造函数，建立一个空链表
{   tail = head = new ListNode <type>;   // 建立表头结点
    tail -> next = head;                 //将表尾指针指向表头
    length = 0;                          // 链表长度设为 0
}
```

2. 拷贝函数

将链表 l 拷贝给当前链表对象。算法如下：判断链表 l 是否为空，若链表 l 为空，则返回；若不空，则为当前链表头结点分配存储空间，若分配失败，返回，否则将链表 l 头结点内容复制给当前链表头结点，用 p 指向当前链表头，将指向链表 l 第二个结点的指针赋给 q，从第二个结点至链尾进行结点间的赋值。赋值过程如下：建立一个新结点，给结点赋值，将新结点链接到当前链表表尾，链尾指针指向新结点，将当前链表指针 p 后移，再将链表 l 指针 q 后移。

需要注意的是，循环链表实现时，若判断是否到达链尾，应用 q ==l. head 来判断，而不能用 q == NULL 来判断。

```
template <class type>
CirList <type> & CirList <type>::Copy(CirList <type> & l)
                                // 将链表 l 拷贝给当前链表对象
{   ListNode <type> *p,*q,*r;
```

```
    length =l.length;              // 复制链表长度
    head = tail = NULL;
    if(!l.head)                    // 若链表 l 为空，则返回
        return *this;
    head = new ListNod <type>; // 为当前链表头结点分配存储空间
    if(!head)                      // 若分配失败，则返回
        return *this;
    head -> data =(l.head)-> data;
                                   // 将链表 l 头结点内容复制给当前链表头结点
    tail = head;                   // 将链表头和尾均指向此结点
    tail -> next = head;           // 将表尾指针指向表头
    r = head;
    p = head;                      // 指针 p 指向当前链表头
    q = l.head -> next;            // 将指向链表 l 第二个结点的指针赋给 q
    while(q != l.head)             // 从第二个结点至链尾进行结点间的赋值
    { r = new ListNode <type>; // 建立一个新结点
        if(!r)                     // 失败，返回
            return *this;
        r -> data = q -> data; // 给结点赋值
        r -> next = head;
        p -> next = r;             // 将新结点链接到当前链表
        tail = r;                  // 链尾指针指向新结点
        p = p -> next;             // 当前链表指针后移
        q = q -> next;             // 链表 l 指针后移
    }
    return *this;
}
```

3. 在循环链表第 *i* 个位置插入一个新结点

算法实现的步骤如下：先寻找插入点的前一个位置 *p*，若 *i* 值不合理，则返回 false；否则，先从内存中申请一个新的空结点，将数据信息置于新结点的数据域内，将 *p* 的下一个结点位置置于新结点的指针域；若为空表，则应将表尾指针指向新结点，然后将新结点的指针指向头结点，如图 6.5.2 所示。

```
//将一个新元素插入到链表第 i 个位置
template <class type>
bool CirList <type>::Insert(type value,int i)
{ ListNode <type> *p = Find(i-1);  // 定位插入点的前一位置
  if(p == NULL) return false;      // i 值不合理，函数返回 false
  ListNode <type> * newnode = new ListNode <type>(value,p -> next);
                                   // 创建新元素结点
  if(p -> next == head)            // 若在表尾插入，则应同时修改表尾指针
  { tail = newnode; tail -> next = head;   }
  p -> next = newnode;
  length++;
  return true;
}
```

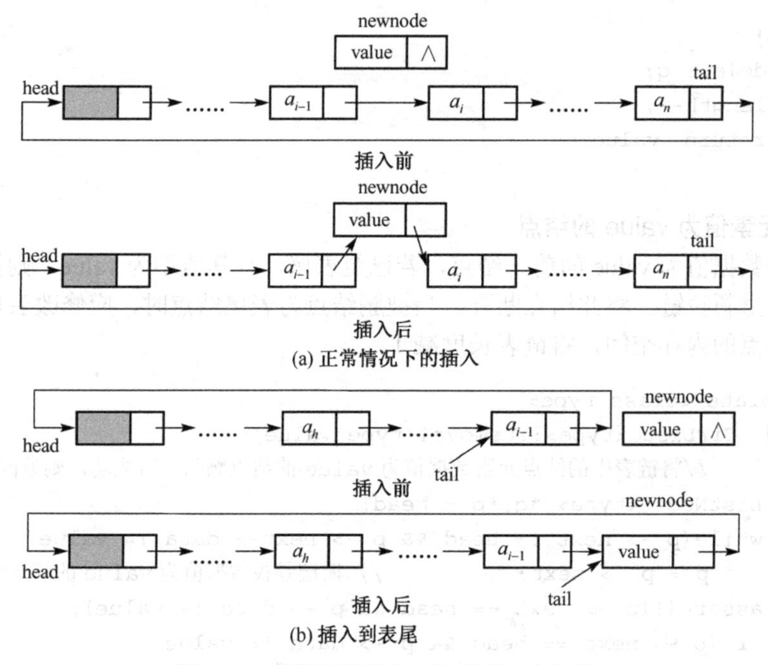

图 6.5.2　将新元素插入到链表第 i 个位置

4. 删除指定位置 i 处的结点

先利用 Find(i–1)函数找到第 i–1 个元素结点，若 i 的值不合理或为空表，则退出程序；否则，保留被删结点的数据值，重新拉链，当被删结点为表尾结点时，还应修改表尾指针，最后应回收被删结点的内存空间，将链表长度减 1，如图 6.5.3 所示。

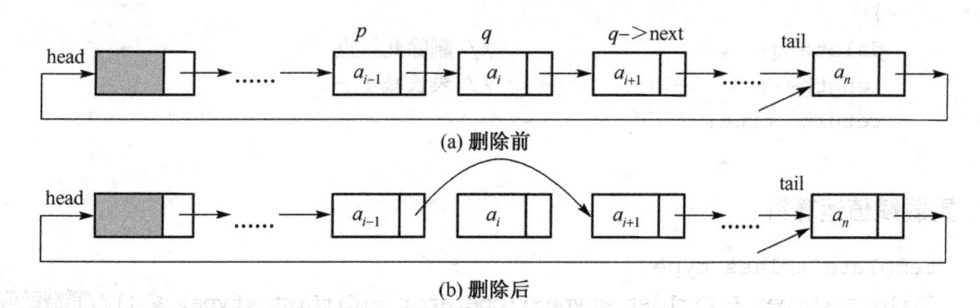

图 6.5.3　删除链表中第 i 个结点

```
template <class type>
type  CirList <type>::Remove(int  i)
 /*将链表中第 i 个结点删除。成功，则返回该结点值;若 i 不合理，返回预定义的标记*/
{   ListNode <type> *p = Find(i-1),*q;    //p 定位于第 i-1 个元素结点
    assert(!(p == NULL || p -> next == head));
    if (p == NULL || p -> next == head)
        return ErrData;  //i 的值不合理或为空表，返回预定义的错误标记值
    q = p -> next;
    p -> next = q -> next;        //重新拉链
    type value = q -> data;       //保留被删结点的数据值
    if(q == tail)                 //被删结点为表尾结点时，应修改表尾指针
    {   tai l= p;
        tail -> next = head;
```

```
    }
    delete q;
    length--;
    return  value;
}
```

5. 删除元素值为 value 的结点

循链寻找数据值为 value 的前一结点，若已至表尾，且其值不为 value，则操作失败退出程序；否则，重新拉链，将此结点断开。当被删结点为表尾结点时，应修改表尾指针，最后应回收被删结点的内存空间，将链表长度减 1。

```
template <class type>
bool  CirList <type>::Remove1(type value)
     //将链表中的结点元素数据值为 value 的结点删除。若成功，则返回该元素结点值
{   ListNode <type> *q,*p = head;
    while(p -> next != head && p -> next-> data != value)
        p = p -> next;              // 循链寻找数据值为 value 的前一结点
    assert(!(p -> next == head && p -> data != value));
    if (p -> next == head && p -> data != value)
        return false;               //若已至表尾，且其值不为 value，则返回失败
    q = p -> next;
    p -> next = q -> next;          // 重新接链，删除此结点
    if(q == tail)                   // 若被删结点为表尾结点，则修改表尾指针
    {   tail = p;
        tail -> next = head;
    }
    delete q;                       // 删除此结点
    length--;                       // 表长减 1
    return  true;
 }
```

6. 重载赋值运算符

```
template <class type>
CirList <type> & CirList <type>::operator =(CirList <type> & l)//重载赋值运算符
{   if(head)                          // 若本链表非空，则先清空链表
        MakeEmpty();
    Copy(l);                          // 调用 Copy(l)将 l 赋给本链表
    return  *this;
}
```

7. 重载输出运算符

```
template <class type >
ostream & operator <<(ostream & out,CirList <type> & l)//重载输出运算符
{   ListNode <type> *p =l. head -> next;
    out <<"\nlength:"<< l. length <<"\ndata:";     // 输出链表长度
    while(p != l. head)                              // 循链扫描，直至链尾
    {   out << p -> data <<"  ";
        p = p -> next;
```

```
    }
    out <<"\n";
    return  out;
}
```

6.5.4 循环链表举例——约瑟夫问题

约瑟夫（Josephus）问题如下：已知 *m* 个人，用 1，2，…，*m* 代表，围坐在一张圆桌周围。现在从序号为 1 的人开始报数，数到 *n* 的那个人出列，他的下一个人又从 1 开始报数，数到 *n* 的那个人又出列，以此规则重复下去，直到圆桌周围的人全部出列。编程求出出列的顺序。

例如，当 *m*=8，*n*=3 时，出列的顺序是

3　6　1　5　2　8　4　7

约瑟夫问题可以用循环链表来解决，约瑟夫问题的程序实现如下。

```
#include "cirlist. cpp"
int main()
{   CirList <int>  clist;                    // 定义循环链表对象clist
    int m,n;
    cout << "Please enter m,n:\n";
    cin >> m >> n;                           // 输入人数m和报数值n
    for(int i = m;i > 0;i--)
        clist.Insert(i,1);                   //建立数据域为1，2，…，m的循环链表
    cout << clist;                           // 输出链表
    ListNode <int>  *p = clist.GetHead(),*q;
                                             // 定义两个结点指针，使p指向表头
    while(m > 0)                             // 当还有人未出列时
    {   for(i = 0;i < n;i++)                 // 报数，通过GetNext()将指针后移
        {   q = p;  p = clist.GetNext(*q); }
        cout << p -> data <<" ";             // 输出应出列的人
        clist.Remove1(p -> data);            // 删除此人
        m--;                                 // 总人数减1
        p = q;
    }
    cout << "\n";
    return 0;
}
```

6.6 双 向 链 表

6.6.1 双向链表的定义

相对单链表来说，循环链表虽然有其优点，但仍有不足。在循环链表中，仍然不能反方向周游链表；另外，当要删除链表中的一个结点时，仅给出该结点的指针还不够，还需要找到被删除结点的直接前驱结点，这只能从表头结点开始搜索或者从被删除结点开始沿循环链表周游一圈，这显然是十分不方便的。为了克服这种单向性的缺点，可以利用双向链表。对于那些需要经常沿两个方向移动的链表，双向链表更合适。

在双向链表中，每个结点都包含两个指针，分别用来存放前驱结点地址和后继结点地址。因此，双向链表的结点类可定义如下：

```
template <class type> class ListNode{              // 链表结点类的定义
    public:
        ListNode()                                  // 默认的构造函数
        {   next = NULL;    }
        ListNode(const type & item,ListNode <type> *next1 = NULL)
                                                    // 带参数的构造函数
        {   data = item;    next = next1;   }
        type data;                                  // 结点的数据元素域
        ListNode <type>  *next,*pre;                // 结点的指针域
};
```

与单链表比较，双向链表更加灵活，从表中任何一个结点出发，既可以顺着后继指针链向后查找，又可以顺着前驱指针链向前查找。当然，这是以增加存储空间为代价的。双向链表也有多种形式。例如，可以是带表头结点的，也可以是不带表头结点的；可以是循环的，也可以是非循环的。图 6.6.1 是带表头结点的循环双向链表。

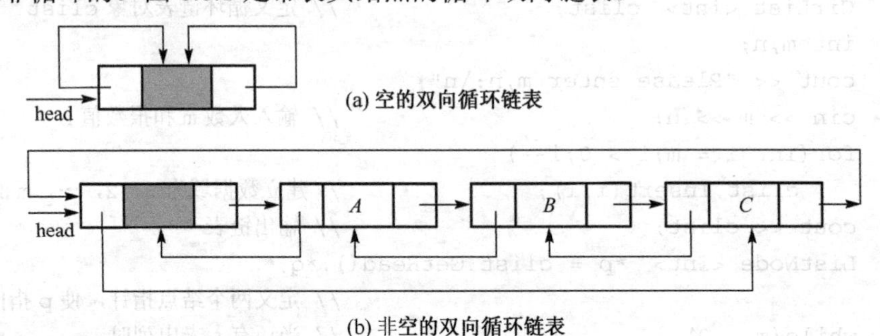

图 6.6.1　带表头结点的循环双向链表

6.6.2　双向链表类的定义

双向链表的操作与单链表的操作基本相同，但在进行插入、删除时需同时修改两个方向的指针。双向链表类可以直接从抽象链表类中派生出来，下面给出带表头结点的循环双向链表类的定义。

```
template <class type >
class DblList:public ablinklist <type>{      // 双向链表类定义
    public:
        DblList();           // 构造函数，建立一个空链表
        DblList(DblList <type> & l) // 构造函数，用于通过一个现有链表建立新链表
        {   Copy(l);    }
        ~DblList()                        // 析构函数
        {   MakeEmpty();    delete head;    }
        bool Insert(type value,int  i);  // 将新元素插入到链表中第 i 个位置
        type Remove(int  i);               // 将链表中第 i 个结点删除
        bool Remove1(type value);  // 将链表中数据元素值为 value 的结点删除
        DblList <type> & Copy(DblList <type> & l);       // 拷贝函数
        DblList <type> & operator =(DblList <type> & l); // 重载赋值运算符
```

```
        friend  ostream & operator <<(ostream & out,DblList <type> &l);
                                                // 重载输出运算符
    protected:
        ListNode <type> *tail;                  // 双向链表的尾指针
};
```

说明：

1）双向链表中定义了两个构造函数，一个用来构造一个空链表，另一个利用一个现有链表建立新链表；析构函数用来回收元素结点所占的内存。

2）抽象链表中定义了三个纯虚函数，分别是 Insert(type , int)、Remove(int)、Remove1(type)。在双向链表中，应给出这三个纯虚函数的具体实现，完成链表的插入、删除操作。

3）双向链表类中还重载了两个运算符，赋值运算符用于同类型链表赋值，输出运算符用于直接输出一个链表；此外，拷贝函数用于同类型双向链表的拷贝。

4）当在有些编译器下，无法直接在派生类中访问基类的成员函数或成员变量时，可在派生类需要访问基类相关成员的地方加上“this->”，强制编译器使用本类继承来的成员。

6.6.3 双向链表的常用成员函数的实现

1. 构造函数

构造函数用来构造一个空链表，此函数生成一个表头结点，并将表尾后向指针指向表头，将表头的前向指针指向表尾。

```
template <class type>
DblList <type>::DblList()                       // 构造函数，建立一个空链表
{   tail = head = new ListNode <type>; // 建立表头结点
    tail -> next =head;                         // 将表尾后向指针指向表头
    tail -> pre = head;                         // 将表头的前向指针指向表尾
    length = 0;                                 // 链表长度设为 0
}
```

2. 拷贝函数

将链表 l 拷贝给当前链表对象。算法基本上如循环链表，但要注意以下两点。

① 判断是否到达链尾时，应用 $q == l.head$ 来判断，而不能用 $q ==$ NULL 来判断；

② 要同时修改前向指针和后向指针。

```
template <class type>
DblList <type> & DblList <type>::Copy(DblList <type> & l)
                                        // 将链表 l 拷贝给当前链表对象
{   ListNode <type> *p,*q,*r;
    Length = l.length;                  // 复制链表长度
    head = tail = NULL;
    if(!l.head) return  *this;          // 若链表 l 为空，则返回
    head = new ListNode <type>;         // 为当前链表头结点分配存储空间
    if(!head)   return  *this;          // 若分配失败，则返回
    head -> data =(l.head)-> data;
                                        // 将链表 l 头结点内容复制给当前链表头结点
    tail = head;                        // 将链表头和尾均指向此结点
    tail -> next = head;                // 将表尾后向指针指向表头
```

```
    tail -> pre = head;                // 将表头前向指针指向表尾
    r = head;
    p = head;                          // 扫描指针 p 指向当前链表头
    q = l.head -> next;                // 将指向链表 l 第二个结点的指针赋给扫描指针 q
    while(q != l.head)                 // 从第二个结点至链尾进行结点间的赋值
    {   r = new ListNode <type>;       // 建立一个新结点
        if(!r) return  *this;          // 失败，返回
        r -> data = q -> data;         // 给结点赋值
        r -> next = head;              // 设置新结点的后向指针(指向表头)
        r -> pre = p;                  // 设置新结点的前向指针
        p -> next = r;                 // 将新结点链接到当前链表尾部
        tail = r;                      // 链尾指针指向新结点
        p = p -> next;                 // 当前链表扫描指针后移
        q = q -> next;                 // 链表 l 扫描指针后移
    }
    return  *this;
}
```

3. 在双向链表第 *i* 个位置插入一个新结点

算法实现的步骤如下：先寻找插入点的前一个位置 *p*，若 *i* 值不合理，则返回 false；否则，先从内存中申请一个空结点，将数据信息置于新结点的数据域内；若为空表，则应修改表尾指针，将表尾的后向指针指向表头，将表头的前向指针指向表尾。插入时，应特别注意指针值的赋值顺序，否则容易造成断链。结点指针值的赋值顺序如图 6.6.2 所示。

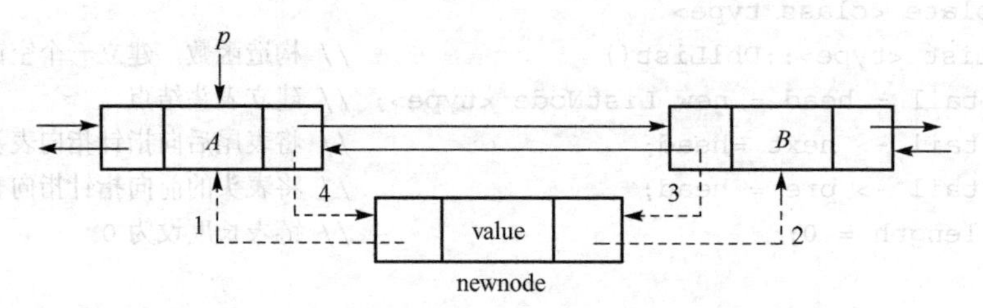

图 6.6.2　双向循环链表插入结点时指针值的赋值顺序

```
template<class type>
bool DblList <type>::Insert(type value,int i)
                                        // 将一个新元素插入到链表的第 i 个位置
{   ListNode <type> *p = Find(i-1);     // 定位插入点的前一位置
    if(p == NULL)) return false;        // i 值不合理，函数返回 false
    ListNode <type> *newnode = new ListNode <type>(value);
                                        //创建新的元素结点
    if(p -> next == head)               // 若在表尾插入，则应同时修改表尾指针
    {   tail = newnode;                 // 修改表尾指针
        tail -> next = head;            // 将表尾的后向指针指向表头
        head -> pre = tail;             // 将表头的前向指针指向表尾
    }
    newnode -> pre = p;                 // 修改新结点的前向指针
    newnode -> next = p -> next;        // 修改新结点的后向指针
    p -> next -> pre = newnode;         // 修改新结点后面结点的前向指针
    p -> next = newnode;                // 将新结点插入到 p 后
```

```
        length++;
        return true;
    }
```

4. 删除指定位置 *i* 处的结点

先利用 Find(*i*–1)函数找到第 *i*–1 个元素结点，若 *i* 的值不合理或为空表，则退出；否则，保留被删除结点的数据值，重新拉链。当被删除结点为表尾结点时，还应修改表尾指针。最后应回收被删除结点的内存空间，将链表长度减 1。删除结点时的指针变化状况如图 6.6.3 所示。

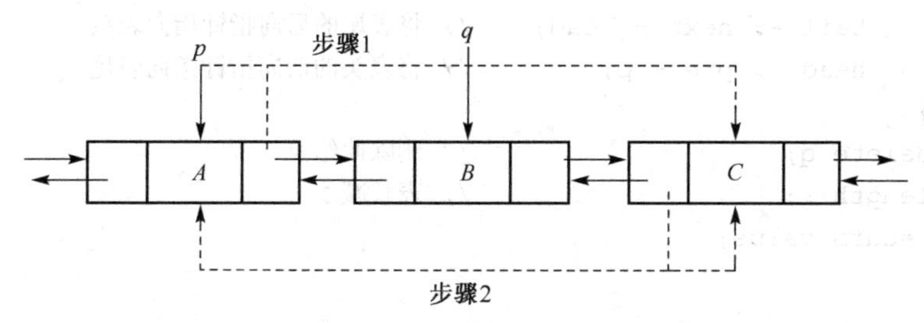

图 6.6.3　双向循环链表删除结点时指针变化状况

```
template<class type>
type  DblList <type>::Remove(int  i)
// 将链表中的第 i 个元素结点删除。若成功，则返回该元素结点值
{   ListNode <type>  *p = Find(i-1),*q;      // p 定位于第 i-1 个元素结点
    assert(!(p == NULL || p -> next == head));   // i 的值不合理或为空表，退出
    if (p == NULL || p -> next == head)  //i 的值不合理或为空表，返回预定标记
        return ErrData;
    q = p -> next;
    p -> next = q -> next;                    // 重新拉链
    q -> next -> pre = p;
    type value = q -> data;                   // 保留被删结点的数据值
    if(q == tail)                             // 被删结点为表尾结点时
    {   tail = p;                             // 修改表尾指针
        tail -> next = head;                  // 将表尾的后向指针指向表头
        head -> pre = p;                      // 将表头的前向指针指向表尾
    }
    delete q;
    length--;
    return  value;
}
```

5. 删除元素值为 value 的结点

循链寻找数据值为 value 的前一结点，若已至表尾，且其值不为 value，退出；否则，重新拉链，将此结点断开。当被删结点为表尾结点时，还应修改表尾指针。最后，应回收被删结点的内存空间，将链表长度减 1。

```
template <class type>
bool DblList <type>::Remove1(type value)
//将链表中的结点元素数据值为 value 的结点删除。若成功，则返回该元素结点值
{   ListNode <type> *p,*q = head;
    while(q -> next!= head && q -> data!= value)
```

```
        q = q -> next;                    // 循链寻找数据值为 value 的结点
    assert(!(q -> next == head && q -> data!= value));
    if(q -> next == head && q -> data!= value)
        return false;                 // 若已至表尾，且其值不为 value，则返回失败
    p = q -> pre;                     // 重新接链
    p -> next = q -> next;
    q -> next -> pre = p;
    if(q == tail)                     // 若被删结点为表尾结点
    {   tail = p;                     // 修改表尾指针
        tail -> next = head;          // 将表尾的后向指针指向表头
        head -> pre = p;              // 将表头的前向指针指向表尾
    }
    delete q;                         // 删除此结点
    length--;                         // 表长减 1
    return value;
}
```

6. 重载赋值运算符

```
template <class type >
DblList <type> & DblList <type>::operator =(DblList <type> & l)
// 重载赋值运算符
{   if(head)                          // 若本链表非空，则清空链表
        MakeEmpty();
    Copy(l);                          // 调用 Copy(l)将 l 赋给本链表
    return  *this;
}
```

7. 重载输出运算符

```
template <class type >
ostream & operator <<(ostream & out,DblList <type> & l)// 重载输出运算符
{   ListNode <type>  *p = l.head -> next;
    out <<"\nlength:"<< l.length <<"\ndata:";        // 输出链表长度
    while(p!= l.head)                                 // 循链扫描，直至链尾
    {  out << p-> data <<"  ";
       p = p -> next;
    }
    out <<"\n";
    return  out;
}
```

以上是双向链表类的定义及其实现，下面是其应用的一个简单例子。

```
int  main()
{   DblList <int> mylist,mylist1;
    for(int i=1;i<=10;i++)
        mylist.Insert(i*10,i);
    mylist.Set(231,3);
    mylist.Remove1(70);
    for(int i=1;i<10;i++)
```

```
        cout << mylist.Get(i)<<" ";
    cout <<"\n";
    return 0;
}
```

6.7 本章小结

本章介绍的基本内容包括线性表的逻辑结构、顺序存储结构和链式存储结构，以及线性表的基本操作等。

线性表数据结构的特点是数据元素之间存在着一对一的关系。线性表的顺序存储结构是用一组地址连续的存储单元依次存储线性表的数据元素，用数据元素物理位置上的相邻关系来表示数据元素逻辑上的相邻关系，具有存储密度大、空间利用率高、元素可随机存取、插入和删除时要移动大量的元素，以及必须按最大需要的空间分配存储空间等特点。链式存储结构不要求逻辑上相邻的数据元素在物理位置上也相邻，它用指针来表示数据元素之间的逻辑关系，在进行插入、删除运算时，只需修改相关结点的指针域，不需要元素的移动，且不必预先分配好足够的存储空间。但由于每个结点都设有一个指针域，因而所需要的存储空间较多。

本章的基本框架如下：定义一个抽象线性表类，由此公有派生出顺序表类和抽象链表类；在此抽象链表类基础上，又进一步派生出单链表、循环链表和双向链表三种链表。

习 题 6

6.1 线性表可以用顺序表或链表存储，试问：

（1）两种存储表示方式主要的优缺点是什么？

（2）如果有 n 个表同时并存，并且在处理过程中各表的长度会动态变化，表的总数也可能变化，则应该选用哪种存储表示？为什么？

（3）如果表的总数基本稳定，表中很少进行元素的插入和删除，要求以最快的速度存取表中的元素，应采用哪种存储表示？为什么？

6.2 试编写一个算法，在带表头结点的单链表中寻找第 i 个结点。若找到，则函数返回第 i 个结点的地址；否则，函数返回 NULL。

6.3 试设计一个实现线性表逆置的算法，即利用原表空间将线性表遍历顺序由（a_0，a_1，…，a_{n-1}）转换成（a_{n-1}，a_{n-2}，…，a_1，a_0），表头指针指向 a_{n-1}。

6.4 设顺序表 va 中的数据元素为非降次序，试编写一个算法，将 x 插入到顺序表的适当位置上，以保持该表的有序性。

6.5 设 ha 和 hb 分别是两个带表头结点的非降次序单链表的表头指针，试设计一个算法，将这两个有序链表合并成一个非降次序的单链表。要求：

（1）最终的链表仍然使用原来两个链表的存储空间，不另外占用其他的存储空间。

（2）先合并成一个允许出现重复的元素的单链表，再删除表中重复的元素。

6.6 以一个结点数据类型为整型的单链表生成两个单链表，使第一个单链表包含原单链表中所有数据值为奇数的结点，使第二个单链表包含原单链表中所有数据值为偶数的结点，原有单链表保持不变。

6.7 如果用单链表表示一元多项式，试设计一个算法计算给定 x 时的表达式的值。例如，对一元多项式 $A(x)= 4x^{21} + 5x^{10} + 7x^4 + x$，如果给定 $x = 1$，则可求出 $A(1)= 17$。

6.8 如果用单向循环链表来表示一元多项式，试编写一个算法计算两个多项式 a 和 b 的乘积 $c = a * b$。

6.9 假设某个单向循环链表的长度大于 1，且表中无头结点也无头指针。已知 s 为指向链表中某个结点的指针，试编写在链表中删除指针 s 所指结点的前驱结点的算法。

6.10　试设计一个实现如下要求的 Locate 操作的算法：

（1）设计一个带表头结点的双向链表 L，每个结点有 4 个数据域，分别为指向前驱结点的指针 pre、指向后继结点的指针 next、数据 data、访问频度 freq。

（2）所有结点 freq 初始化为 0。

（3）每当链表执行一次 Locate（L. x）操作，元素值为 x 的结点的 freq 加 1；同时调整链表中结点之间的次序，使其按访问频度递减顺序排列，以便始终保持被频繁访问的结点总是靠近表头结点。

实验训练题 6

1. 运行下列程序。该程序能实现顺序表的基本操作，如对顺序表进行建立、插入、删除、查找等操作。

算法设计：先定义一个数组，用于顺序存放数据元素，然后定义对数组的操作，其内容如下。

（1）定义一个数组 list[ ]，用来存放数据元素。

（2）定义一个变量 length，用来存放顺序表的实际长度。

（3）定义顺序表的各种基本运算，实现建立、插入、删除、查找等功能。

（4）编写一测试程序，验证各种基本运算。

```
#include <iostream>
using namespace std;
#define MaxSize 100
typedef int DataType;
class SeqList
{   DataType list[MaxSize];
    int length;
    public:
        SeqList(){length = 0;}
        void SLCreat(int n);                    //创建顺序表
        void SLInsert(int i,DataType x);        //在顺序表L中的i位置插入数据元素x
        void SLDelete(int i);                   //删除第 i 个位置的数据元素
        int SLGetLength(){return length;}       //获取长度
        int SLFind(DataType x);                 //查找数据元素 x 在表中的位置
        DataType SLGet(int i);                  //获取第 i 个位置元素的数值
        int SLIsEmpty();                        //判断顺序表是否为空
        void SLPrint();                         //将顺序表显示在屏幕上
};
void SeqList::SLCreat(int n)                    //创建顺序表
{   DataType x;
    cout<<"请输入数据元素值:";
    for(int i = 0;i < n;i++)
    {   cin >> x;
        list[i] = x;
        length++;
    }
}
void SeqList::SLInsert(int i,DataType x) //在顺序表 L 中的 i 位置插入数据元素 x
{   int k;
    if(length >= MaxSize)
```

```
        cout <<"表已满,无法插入! "<<endl;
    else if(i < 0 || i > length)
        cout <<"参数 i 不合理! "<<endl;
    else
    {   for(k = length;k > i;k--)
            list[k] = list [k-1];
        list[i] = x;
        length++;
    }
}
void SeqList::SLDelete(int i)                //删除第 i 位置的数据元素
{   int k;
    if(!SLIsEmpty())
        cout <<"表已空,无法删除! "<< endl;
    else if(i < 0 || i > length)
        cout <<"参数 i 不合理! "<< endl;
    else
    {   for(k = i-1;k < length;k++)
            list[k] = list[k+1];
        length--;
    }
}
int SeqList::SLFind(DataType x)              //查找数据元素 x 在表中的位置
{   int i = 0;
    while(i < length && list[i]!= x)    i++;
    if(i >= length)   return -1;
    else    return i+1;
}
DataType SeqList::SLGet(int i)               //获取第 i 个位置元素的数值
{   if(i < 0 || i > length)
    {cout <<"参数 i 不合理! "<< endl;
        return 0;
    }
    else
        return list[i-1];
}
int SeqList::SLIsEmpty()            //判断顺序表是否为空
{   if(length <= 0) return 0;
    else             return 1;
}
void SeqList::SLPrint()             //将顺序表显示在屏幕上
{   if(!SLIsEmpty())
        cout <<"空表! "<< endl;
    else
        for(int i = 0;i < length;i++)
            cout << list[i]<< "  ";
    cout << endl;
}
```

```
int main()
{   SeqList myList;
    int i,n,flag =1,select;
    DataType x;
    cout <<"  1.建立顺序表\n";
    cout <<"  2.求长度\n";
    cout <<"  3.求第 i 位置上数值\n";
    cout <<"  4.求 x 数值的位置\n";
    cout <<"  5.在第 i 位置上插入数值元素 x\n";
    cout <<"  6.删除第 i 位置上数值\n";
    cout <<"  7.输出显示\n";
    cout <<"  8.退出\n";
    while(flag)
    {   cout <<"请选择:";
        cin >> select;
        switch(select)
        {   case 1:
                cout <<"请输入顺序表长度:";
                cin >> n;
                myList.SLCreat(n);
                cout <<"顺序表为:";
                myList.SLPrint();
                cout <<"顺序表长度为:"<< myList.SLGetLength()<< endl;
                break;
            case 2:
                cout <<"顺序表长度为:"<< myList.SLGetLength()<< endl;
                break;
            case 3:
                cout <<"请输入位置 i:";
                cin >> i;
                cout <<"第"<< i <<"位置上数值为:"<< myList.SLGet(i)<< endl;
                break;
            case 4:
                cout <<"请输入 x 值:";
                cin >> x;
                i = myList.SLFind(x);
                if(i!= -1)  cout <<"x 的位置为:"<< i << endl;
                else        cout <<"没有找到! "<< endl;
                break;
            case 5:
                cout <<"请输入要插入元素的位置 i 和数值 x:";
                cin >> i >> x;
                myList.SLInsert(i,x);
                myList.SLPrint();
                break;
            case 6:
                cout <<"请输入要删除的数值的位置:";
                cin >> i;
```

```
                myList.SLDelete(i);
                cout <<"删除后的顺序表为:";
                myList.SLPrint();
                break;
            case 7:
                cout <<"顺序表为:";
                myList.SLPrint();
                break;
            case 8:
                flag = 0;
                break;
        }
    }
    return 0;
}
```

2. 运行下列程序。该程序用于建立一个线性表，要求以链式存储结构存储数据，并完成建立、插入、删除等功能。

算法设计： 采用单链表结构，它包含以下内容。

(1) 定义一个结点类，内容包括数据域、指针域及构造函数。指针域存放指向后继结点的指针，构造函数用于给数据成员设置初值。

(2) 定义一个链表类，在类中定义了表头和表尾两个指针，以及一些完成建立链表、插入数据、删除数据等基本功能的函数。

(3) 编制测试程序。在测试程序中，定义一个链表对象 *a*，由它来测试各函数功能。

```
#include <iostream>
using namespace std;
class List;                                  // List 类的预先声明
class ListNode                               // 结点类的定义
{   friend class List;
    int data;
    ListNode *link;
    public:
        ListNode(){   link = NULL; }
        ListNode(int &item,ListNode *next =NULL)
        {   data = item;
            link = next;
        }
};
class List
{   public:
        List(){ ListNode *q = new ListNode; first = last = q;   }
        void Creat(List L);     // 创建一个新链表
        void InsertH(int num);  // 将新元素插入到表头位置
        void InsertL(int num);  // 将新元素插入到表尾位置
        ListNode *Find(int i);  // 定位函数，函数返回链表中第 i 个元素结点的地址
        int Insertvalue(int value,int i);// 在链表中第 i 个位置插入一个新元素
        int Remove(int i);      // 删除指定位置 i 处的结点
```

```
        int Removevalue(int value);            // 删除结点元素数据值为 value 的结点
        void Print();                          // 输出链表
        void countlength();                    // 统计链表长度
    private:
        ListNode *first,*last;
        int length;
    };
void List::Creat(List L)                       // 创建一个新链表
{   int i,l,x;
    cout <<"请输入链表的长度:";
    cin >> l;
    cout <<"请输入数据:";
    for(i = 1;i < l+1;i++)
    {   cin >> x;
        L. InsertL(x);
    }
    L.length ++;
}
void List::InsertL(int num)                    // 将新元素插入到表尾位置
{   ListNode *newnode = new ListNode;
    newnode -> data = num;
    newnode -> link = NULL;
    if(first == NULL)
    {   first = newnode;
        last= newnode;
    }
    else    last -> link = newnode;
    last = newnode;
}
void List::InsertH(int num)                    // 将新元素插入到表头位置
{   ListNode *newnode = new ListNode;
    newnode -> data = num;
    ListNode *p = first;
    if(first -> link == NULL)
        last = newnode;
    newnode -> link = first -> link;
    first -> link = newnode;
    length++;
 }
ListNode *List::Find(int i)      // 定位函数:函数返回链表中第 i 个元素结点的地址
{   if(i <-1)return NULL;
    if(i == -1)return first;    // i = -1 时函数返回表头结点的地址
    ListNode *p = first -> link;    // 使检测指针 p 指向表中第 0 个结点
    int j = 0;
    while(p!= NULL && j < i)
    {   p = p -> link;
        j++;
    }
```

```
    return p;              // 返回第 i 个结点地址，若 i 值太大，则返回 NULL
}
int List::Insertvalue(int value,int i) // 在链表中第 i 个位置插入一个新元素
{   ListNode *p = Find(i-1);           // 定位插入点
    if(p==NULL) return 0;              // i 值不合理，函数返回 0
    ListNode *newnode = new ListNode(value,p -> link);  // 创建新元素结点
    if(p -> link == NULL)              // 若在表尾插入，则应同时修改表尾指针
        last = newnode;
    p -> link = newnode;
    length++;
    return 1;
}
int List::Remove(int i)           // 删除指定位置 i 处的结点
{   int value;
    ListNode *p = Find(i-1),*q;   // p 定位于第 i 个元素结点
    if(p == NULL || p -> link == NULL)
        return NULL;
    q = p -> link;
    p -> link = q -> link;        // 重新接链
    value = q -> data;            // 保留被删结点的数据值
    if(q == last)   last = p;     // 被删结点为表尾结点时，应修改表尾指针
    delete q;
    length--;
    return value;
}
int List::Removevalue(int value)  // 删除结点元素数据值为 value 的结点
{   ListNode *p = first,*q;
    While(p -> link != NULL && p -> link -> data != value)
        p = p -> link;            // 循链寻找数据值为 value 的前一结点
    if(p -> link == NULL && p -> data != value)
        return NULL;              // 未找到 value，返回 NULL
    q = p -> link;
    p -> link = q -> link;        // 重新接链，删除此结点
    if(q == last) last = p;
    delete q;
    length--;
    return value;
}
void List::countlength()          // 统计链表长度
{   length = 0;
    ListNode *p = first;
    while(p -> link!= NULL)
    {   p = p -> link;
        length++;
    }
    cout <<"The length is:"<< length << endl;
}
void List::Print()                // 输出链表
```

```
{   ListNode *p;
    p = first -> link;
    while(p!= NULL)
    {   cout << p -> data <<"  ";
        p = p -> link;
    }
    cout << endl;
}
int main()
{   int i,value;
    List a;
    a.Creat(a);
    a.Print();
    a.countlength();;
    cout <<"请输入要删除数值的位置:";
    cin >> i;
    a.Remove(i);
    a.Print();
    cout <<"请输入要插入的数值、位置:";
    cin >> value >> i;
    a.Insertvalue(value,i);
    a.Print();
    cout <<"请输入要删除的数值:";
    cin >> value;
    a.Removevalue(value);
    a.Print();
    return 0;
}
```

3. 已知数组 Data[n]中的元素为整型，设计算法将其调整为左右两部分，左侧部分中所有元素为奇数，右侧部分中所有元素为偶数。

4. 设计算法将数组 List[n]中所有元素循环左移 k 个位置。

5. 对给定的单链表 L，设计一个算法，删除 L 中值为 x 的结点的直接前驱结点。

6. 设计一个算法，根据 data[ ]数组中给定的整数序列建立一个单链表，然后对该单链表进行排序，最后显示排序后的结果。

7. 已知两个单链表 LA 和 LB 分别表示两个集合，其元素递增排列，设计算法求出 LA 和 LB 的交集 C，要求 C 同样以元素递增的单链表形式存储。

8. 假设在长度大于 1 的单循环链表中，既无头结点也无头指针。s 为指向链表中某个结点的指针，试编写算法，删除结点*s 的直接前驱结点。

9. 判断带头结点的双循环链表是否对称。

第 7 章　堆栈、队列和递归

本章学习目标

通过对本章内容的学习，学生应该能够做到：

1）了解：堆栈和队列这两种操作受限的线性表各自的特点，以及递归在计算机中的实现。

2）理解：堆栈和队列顺序存储和链式存储结构的基本思想，特别需要理解循环队列的特殊结构；递归的操作与实现。

3）掌握：顺序堆栈和队列以及链式堆栈和队列的基本操作；掌握递归的概念和应用。

堆栈和队列是两种重要的线性结构，在各种类型的程序设计中应用得十分广泛，在编译系统、操作系统等系统软件设计以及递归问题处理等方面都需要使用这两种结构。

从逻辑上看，堆栈和队列均属于线性结构，是特殊的线性表。其特殊性之一就在于它们的有关运算只是一般线性表有关运算的一个子集，因此，又称堆栈和队列是运算上受到某些限制的线性表，也称它们为限定性数据结构。

7.1　堆栈的概念及其运算

堆栈是一种只允许在表的一端进行插入和删除运算的线性表。允许进行插入、删除运算的一端称为**栈顶**，另一端则称为**栈底**。当表中没有元素时，称为空栈。

堆栈的插入运算简称为**入栈或进栈**，删除运算简称为**出栈或退栈**。根据堆栈的定义，每次删除的总是堆栈中当前的栈顶元素，即最后进入堆栈的元素；而在进栈时，最先进入的元素一定在栈底，最后进入的元素一定在栈顶，这就是堆栈运算的特点。由于这一特点，我们常称堆栈是后进先出表 LIFO（Last In First Out）或下推表。图 7.1.1 是一个堆栈的例子。

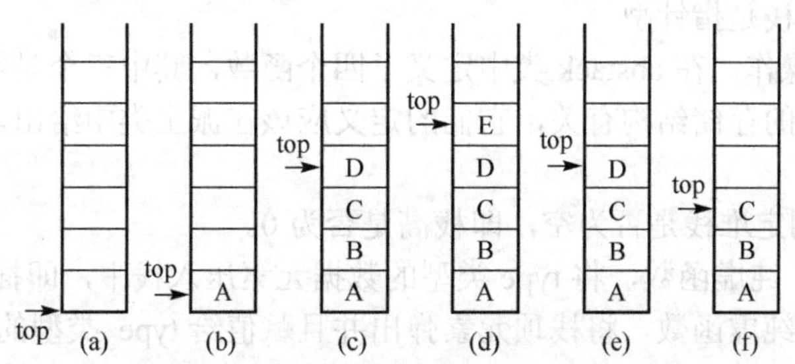

图 7.1.1　堆栈的入栈和出栈

图 7.1.1 中箭头代表栈顶指针 top 所指的位置，图（a）表示一个空栈，图（b）表示插入元素 A 后栈中的状态，图（c）表示插入元素 B、C、D 后栈中的状态，图（d）表示插入元素 E 后栈中的状态，图（e）表示删除元素 E 后栈中的状态，图（f）表示删除元素 D 后栈中的状态 。

堆栈的运算比较简单，通常有以下几种。

① **进栈运算**：在堆栈的顶端插入一个新元素，相当于在线性表最后的元素之后再插入一个新元素。

② **出栈运算**：删除栈顶的元素。在实际应用中，经常要用到栈顶元素，所以栈顶元素一般应先保存，再删除栈顶结点。

③ **清栈运算**：将栈清空。

④ **测试栈空**：测试当前栈是否为空，栈空时，不能进行出栈运算。

⑤ **测试栈满**：当栈为顺序栈时，测试当前栈是否为满，栈满时，不能进行入栈运算。

7.2 抽象堆栈类的定义

为构造一个具体的栈，下面先来建立一个抽象栈，在此抽象栈类中，只有一个表示栈高的数据成员 height，不必考虑存储方式。当由它派生具体栈的时候，再决定是使用链表，还是使用数组，是使用定长方式，还是使用变长方式等。抽象栈类的成员函数大部分为纯虚函数，没有实际内容，只是给它的派生类提供一个统一的接口。

根据栈的定义及其栈的常用操作，可定义一个以下抽象栈类：

```
template <class type>
class abstack                          //定义一个抽象的模板堆栈类
{  public:
       bool IsEmpty()                  //判断堆栈是否为空
       {  return (height ==0)? true:false;  }
         virtual void Push(type &)= 0;  //进栈函数，将一元素压入栈中
         virtual bool Pop(type &)= 0;   //出栈函数，从栈中取出一元素
         virtual void Clear()= 0;       //清栈函数，用于释放栈所占的内存空间
    protected:
         unsigned height;               //栈高
};
```

说明：

1）抽象栈定义中，定义了一个栈高 height，这是为了简化一些操作，如判断栈空、判断栈满。栈高 height 在 abstack 类中处于保护段，这是为了使它的派生类有权访问它而设置的。在抽象栈的数据成员中没有栈顶指针，这是因为顺序栈和链栈的栈顶指针具有不同的数据类型，顺序栈是整型，链栈是指针型。

2）根据栈的常用操作，在 abstack 类中定义了四个函数，其中三个是纯虚函数。这三个纯虚函数的实现都与栈的存储结构有关，它们的定义应该在派生类中给出。类中成员函数的含义如下。

① IsEmpty( )：判定堆栈是否为空，即栈高是否为 0。

② Push(type &)：纯虚函数，将 type 类型的数据元素压入栈中，即插入到栈顶。

③ Pop(type &)：纯虚函数，将栈顶元素弹出并且赋值给 type 类型的数据元素。

④ Clear( )：纯虚函数，此函数的功能是将堆栈清空。

以上定义可以单独放在文件 abstack.h 中，这样更便于管理。

7.3 堆栈的定义及其实现

7.3.1 顺序栈的定义

堆栈是一种存取受限的线性表，因此，有关线性表的两种存储结构同样也适用于堆栈。借助一维数组来存储栈中元素的堆栈一般称为**顺序栈**。

设描述堆栈顺序存储结构的一维数组为 STACK [maxsize]，其中，STACK 为堆栈的名称，堆栈中最多能包含的元素个数为 maxsize。再设一个整型变量 top 表示栈顶指针，指出堆栈栈顶元素的位置。当堆栈不空时，top 的值就是栈顶元素的下标值；当堆栈为空栈时，top = –1；这样，STACK [0]中存放第一个进入堆栈的元素，当没有删除运算时，STACK [*i*–1]为第 *i* 个进入堆栈的元素，STACK[top]为栈顶元素。

由于堆栈是一个动态结构，因此具有所谓的溢出问题。当堆栈中已经有maxsize个元素时，如果再做进栈运算就会产生溢出，称为上溢；对空栈进行删除运算也会产生溢出，称为下溢。为了避免溢出，在对堆栈进行进栈运算和退栈运算之前都应该分别测试堆栈是否已满或者是否已空。

7.3.2 顺序栈类的定义及典型成员函数的实现

1. 顺序栈类的定义

```
//定义一个模板顺序栈类
template <class type>
class SeqStack:public abstack <type>
{   public:
        SeqStack(int i = 10);         //构造函数，i 用来设置栈的最大高度
        SeqStack(SeqStack & s)        //拷贝构造函数，用于同类型栈的赋值
        {   Copy(s);        }
        ~SeqStack()             //析构函数，调用 Clear()函数释放栈所占的内存空间
        {   Clear();        }
        bool Push(type &x);           //进栈函数，将元素 x 压入栈中
        bool Pop(type &x);            //出栈函数，将栈顶元素值放入 x 中
        void Clear(){delete elements;}    //清栈函数，用于释放栈所占的内存空间
        SeqStack & Copy(SeqStack & s);    //拷贝函数，用于同类型栈的考贝
        SeqStack & operator=(SeqStack & s)  //重载赋值运算符，用于同类型栈的赋值
        {   delete elements;Copy(s);return  *this; }
        bool IsFull()                     //判断栈是否为满
        {  return top == maxsize -1; }
    protected:
        int  top;                   //栈顶指针
        type  *elements;            //指针变量，动态内存分配后，用于存放栈中元素
        int maxsize;                //栈最多可容纳的元素个数
};
```

说明：

1）上述顺序栈类中增加了三个数据成员，top 用于存放栈顶指针，它是一个整数下标；elements 是指针变量，存放栈中元素，在栈的构造函数中为它分配内存空间；maxsize 表示栈的最大高度，顺序栈的栈高不能超过 maxsize，否则会产生溢出。

2）上述顺序栈类中定义了两个构造函数：一个是带默认参数的构造函数，此构造函数的主要功能是初始化顺序栈类中数据成员的值，将 height 设置为 0，top 设置为–1，建立一个空栈；另一个构造函数相当于拷贝构造函数，将另一个同类型的顺序栈原版拷贝到当前栈。析构函数～ SeqStack()的功能是调用 Clear()函数将堆栈清空。

3）成员函数的含义如下。

① Copy(SeqStack &s)：将一个同类型的堆栈拷贝给当前栈。

② operator = (Seqtack &s)：重载运算符“=”，用于将堆栈 s 直接赋给当前堆栈对象。

③ Push(type &x)：将 type 类型的数据元素 x 压入栈中，即插入到栈顶。

④ Pop(type &x)：将栈顶元素弹出并且赋值给 type 类型的数据元素 x。

⑤ Clear( )：此函数的功能是将堆栈清空。

⑥ IsFull( )：用于判断栈是否为满。当堆栈已满时，再插入元素将导致上溢，因此，在插入运算前，应先调用 IsFull( )判断栈是否已满，再进行相关运算。

2．典型成员函数的实现

（1）构造函数

构造函数用于建立栈的对象，为栈的数据成员赋初值。它首先将栈高置为 0，将栈顶指针 top 置为−1，设置一个空栈；再根据参数值，设置最大栈高，并根据最大栈高，为此栈分配内存空间，用于存放栈中元素。在此函数中，使用了断言机制帮助调试，若断言语句 assert 参数表中给定的条件满足，则继续执行后继的语句，否则会给出调试信息。关于断言机制的更多说明，请参见前一章有关部分。

```
//顺序栈的构造函数。初始化一个空栈，并为栈分配内存空间
template <class type>
SeqStack <type>::SeqStack(int i)
{  height = 0;
   top = -1;
   maxsize = i > 10? i:10;      //最大栈高最小为 10
   elements = new type [ maxsize ];
   assert(elements != NULL);
   if (elements==NULL)      //若分配成功，继续执行，否则，警告并退出程序运行
   {  cout<<" out of memory \n";
      exit(1);
   }
}
```

（2）进栈函数

进栈函数在容量为 maxsize 的堆栈中插入一个新元素 x，栈顶元素的位置由 top 指出。新元素进栈之前应首先测试堆栈是否已满。栈的最后允许存放的位置为 maxsize−1，若栈顶指针 top == maxsize−1，则说明栈中所有位置均已占满，若再插入新元素将产生溢出，此时应进行出错处理；若栈顶指针 top < maxsize−1，则可以插入新元素，先将栈顶指针 top 加 1，指到当前可加入新元素的位置，然后将新的元素插入到此位置，这个新插入的元素成为新的栈顶元素。元素进栈过程如图 7.3.1 所示。

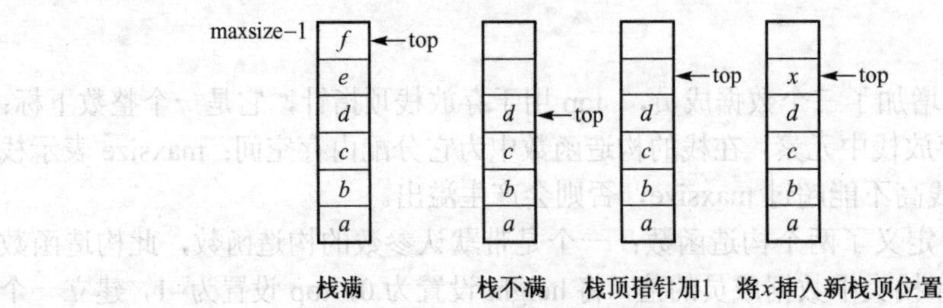

图 7.3.1　元素进栈过程

```
template <class type>
bool SeqStack <type>::Push(type & x)
{   assert(!IsFull());
```

```
    if(IsFull())                      //如果栈没满，继续进行，否则按出错处理
        return false;
    elements [++top] = x;         //将栈顶指针加 1，将元素 x 放入栈顶
    height++;                         //栈高加 1
    return true;
}
```

（3）出栈函数

该算法从栈中弹出一个元素（栈顶元素），并保存在变量 x 中。删除栈顶元素之前应首先测试堆栈是否为空栈。若为空栈，则进行出错处理，若当前 top≥0，则先将栈顶元素的值保留在 x 中，然后再将栈顶指针减 1。这里的删除，只是将栈顶指针下退一个位置，实际上原来的栈顶元素还占据原位置，当有新元素进栈时，新元素就会将原来的元素覆盖，如图 7.3.2 所示。

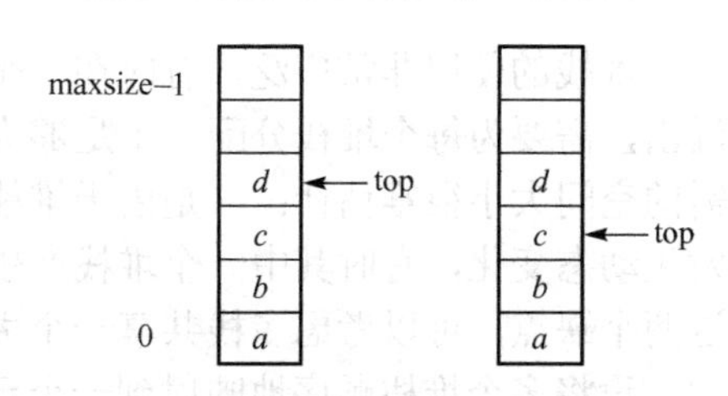

图 7.3.2　元素出栈过程

无论是进栈运算还是出栈运算，关键的一步是修改栈顶指针。

```
//出栈函数，从栈顶取出一个元素，将其值放入 x 中
template <class type>
bool SeqStack <type>::Pop(type & x)
{   if(IsEmpty())                 //栈空返回 false
        return  false;
    else
    {    x = elements [ top ];   //取出栈顶元素，将其值放入 x 中
        top--;                    //栈顶指针减 1
        height--;                 //栈高减 1
    }
    return  true;
}
```

（4）拷贝函数

```
//拷贝函数，用于同类型栈之间的赋值
template <class type>
SeqStack <type> & SeqStack <type>::Copy(const SeqStack & s)
{   maxsize = s. maxsize;                          //设置最大栈高
    elements = new type [ maxsize ];               //为本栈分配内存空间
    assert(elements);
    if (elements==NULL)        //若分配成功，继续执行，否则，警告并退出程序运行
    {   cout<<" out of memory \n";
        exit(1);
    }
    int  len = s. height;
    for(int  i = 0;i < len;i++)//从栈底至栈顶，依次将栈 s 中的元素赋给本栈
        elements [ i ] = *(s. elements + i);
    top = s. top;                                  //设置新栈栈顶
    height = s. height;                            //设置新栈栈高
    return  *this;
}
```

此函数的参数使用了 const 关键字。它表明引用形式的传入参数 s 在函数内部是当做常量处理的，如果试图修改 s，则编译将会出错。这一方面使得代码更加健壮、安全，从语法层次避免了有意无意的修改，另一方面，也提高了代码的可读性，阅读者能更好地明白 s 参数只是提供 copy 的源而本身是不需要改变的。类似这样的编程习惯和风格对于提高代码质量是有帮助的，需要慢慢培养。

7.3.3 多栈共享空间问题

堆栈的使用非常广泛，有时在一个程序中，可能需要同时使用两个或多个堆栈。为避免溢出，需要为每个堆栈分配一个足够大的空间。然而，这样做有两个缺点：一是各个堆栈所需的空间大小很难估计；二是由于堆栈是动态结构，各个堆栈的实际大小在使用过程中都会发生动态变化，有时其中一个堆栈产生了上溢，而其他各堆栈还留有很多可用空间。为克服这两个缺点，可以考虑多栈共享一个大的内存空间，相应地就要解决多栈共享空间问题。

设将多个堆栈顺序地映射到一个已知大小为 m 的存储空间 STACK [m]上。如果只有两个堆栈来共享这个存储空间，问题比较容易解决，只需要让第一个栈的栈底位于 STACK [0] 处，而让另一个栈的栈底位于 STACK [m–1] 处即可。使用堆栈时，两栈各自向中间伸展，仅当两个栈的栈顶指针相遇时（S1. top == S2. top）才发生上溢。这样，两个堆栈之间就做到了余缺互补，互相调剂，从而大大减少了空间的浪费现象，参见图 7.3.3。

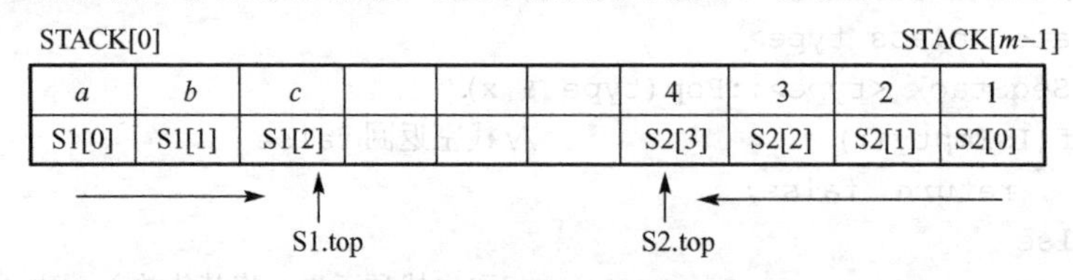

图 7.3.3　两栈共享空间

若有两个以上的堆栈共享空间 STACK [m]，问题的处理就要复杂一些。如果事先知道每个堆栈可能存放的元素的最多个数，则可以将这 m 个空间根据各个堆栈的大小合理分配；但是，更多的情况是人们事先并不知道各个堆栈的最大容量。一个解决的办法就是，先将 m 个存储空间平均分配给 n 个栈，每个栈占$\lfloor m/n \rfloor$个存储空间（最后一个可能会多占一些）。

设 top [n]为 n 个堆栈的栈顶指针的集合，top [i–1]为第 i 个堆栈的栈顶指针，另设 bot [n] 为 n+1 个栈底指针的集合，bot [i –1] 为第 i 个堆栈的栈底指针。

初始时：

```
bot [ i ] = top [ i ] = i*(m/n)  (0≤ i ≤ n-1)
bot [ n ] = m
```

当 m =15，n =5 时，可得如图 7.3.4 所示的结果。

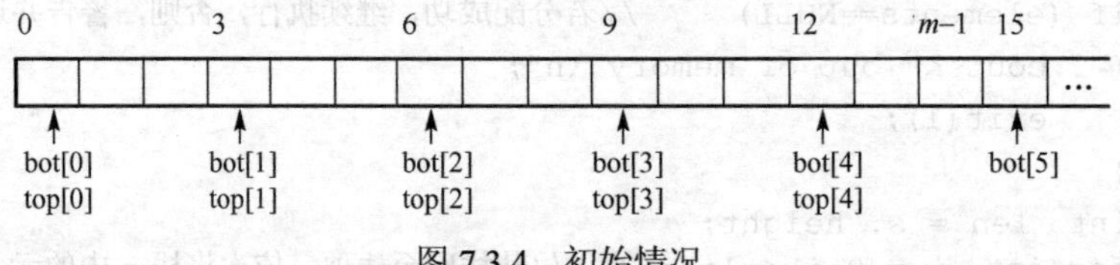

图 7.3.4　初始情况

当没有出现溢出时，各个栈底指针的位置固定不动，只有栈顶指针随各栈元素增减而移动。经过一段时间以后，整个空间中各个堆栈的状态可能会出现如图 7.3.5 所示的情形。

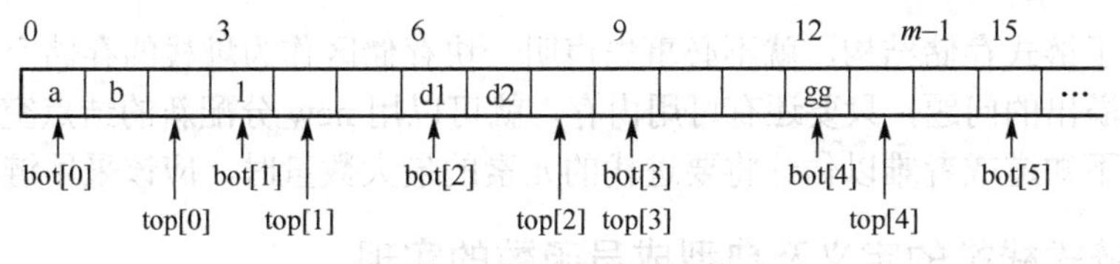

图 7.3.5　各元素陆续进栈后

显然，表示第 i 个堆栈栈空的条件为 top [i–1] == bot [i–1]（$1 \leqslant i \leqslant n$），表示第 i 个堆栈栈满的条件为 top [i–1] == bot [i]（$1 \leqslant i \leqslant n$）。

由上式可知，设置栈底指针 bot [n]的目的是测试第 n 个堆栈栈满与否。

有了上述结构，就可以写出在第 i 个栈中插入一个元素和删除第 i 个栈的栈顶元素的算法。

然而，在第 i 个栈中插入一个元素时，若条件 top [i–1] == bot [i]成立，只能说明第 i 个栈已满，并不意味着 m 个空间全被占用，可能在第 j 个栈与第 j+1 个栈之间还有可用空间。于是，为了给新元素找一个合适的位置，可以分以下三种情况加以处理。

1）在 $i < j \leqslant n$ 中确定有可用空间的最小 j，即找到第 i 个栈右边第 1 个可用空间的栈 j，然后将第 i+1 个、i+2 个、…、第 j 个栈的所有元素连同栈顶指针都右移一个位置，使得第 i 个栈空出一个空间。

2）当第 i 个栈右边没有可用空间时，则在 $0 < j < i$ 中确定有可用空间的最大 j，即找到第 i 个栈左边第 1 个可用空间的栈 j，然后将第 j+1 个、j+2 个、…、第 i 个栈的所有元素连同栈顶指针都左移一个位置，使得第 i 个栈空出一个空间。

3）若所有的堆栈均找过后，都没有发现自由空间，则此时才能表明整个空间全被占用了，即真正产生了溢出。

多个堆栈共享空间的优点是节省空间，但这种处理方法具有一个很大的弊病，要移动大量的数据元素，尤其在指定的存储空间即将充满时，这种情况更为突出。这也正是顺序存储结构带来的主要缺点，为此，我们引入了链栈。

7.3.4　链栈的定义

堆栈的顺序存储结构仍然保留着顺序分配的固有缺点，栈的空间需要预先分配，当栈满时，无法插入新元素。为了避免出现这种情况，需要为栈设立一个足够大的空间，但是，当栈中元素较少时，容易造成空间浪费。为解决这些问题，我们可以采用链式存储方式。通常称链式存储方式的堆栈为**链接栈**，简称为**链栈**。

链栈就是用一个线性链表来实现一个堆栈结构。栈中每个元素用一个链结点表示，结点中的指针变量指出下一个结点的位置，当前栈顶元素所在结点的存储位置，用指针变量 top 表示，当栈为空时，top == NULL。图 7.3.6 是链栈的一般形式。

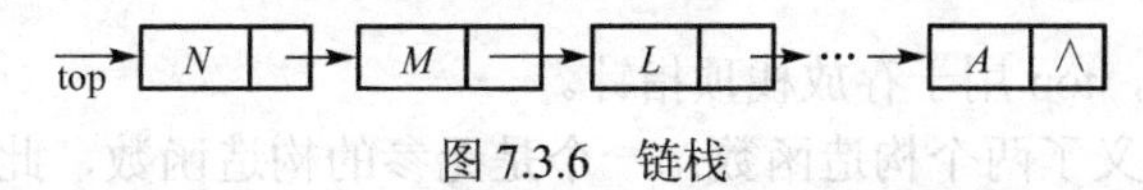

图 7.3.6　链栈

用线性链表表示的堆栈，链表的第一个结点就是堆栈的栈顶元素所在的结点，最先进栈的元素所在的结点一定是链表的最后一个结点。根据堆栈的定义，在链栈中插入一个新的元素，实际上相当于在该链表的第一个结点之前插入一个新结点；同样，删除链栈的栈顶元素，实际上就是删除链表的第一个结点。新结点的插入和栈顶结点的删除都在表头进行。因此，只要把线性链表的头指针定义为栈顶指针，并且限定只能在链表表头进行插入，这个链表就成了链栈。

由于采用了链式存储结构，就不必事先声明一块存储区作为堆栈的存储空间，所以不会有栈满而产生溢出的问题，只要还有可用内存，就可以用new分配新的结点空间，在一些实际问题中，若不知道或者难以估计将要进栈的元素的最大数量时，应该采用链式存储结构。

7.3.5 链式栈类的定义及典型成员函数的实现

1. 链式栈类的定义

在定义链栈之前，先定义一个结点结构，此结点结构包括两个数据域：data，用来存放类型为type的数据元素；next，用来存放指向下一个结点的指针。结点结构的定义如下：

```
template <class type>
struct StackNode                          //定义一个模板结点结构
{ type data;                              //结点的数据元素值
  StackNode *next;                        //指向下一结点的指针
};
```

下面在抽象栈的基础上，实现一个链栈。链栈采用链表的存储方式，它是abstack栈的派生类，栈中每一个结点都可以用一个StackNode <type> 结点结构对象来表示，栈中所有的结点连成了一条链，在栈类中存放栈顶指针。链栈类的定义如下：

```
//定义一个模板链栈类
template <class type>
class LinkStack:public abstack <type>
{ public:
      LinkStack();                         //无参构造函数
      LinkStack(LinkStack &g)              //带参构造函数
      {   top = NULL;Copy(g);              }
      ~LinkStack()                         //析构函数，调用Clear()函数释放内存空间
      {   Clear();          }
      void Clear();                        //清空当前栈中元素
      bool Push(type & x);                 //进栈函数
      bool Pop(type &x);                   //出栈函数
      LinkStack & operator=(LinkStack & g)
      {   Copy(g);return *this;} //重载赋值运算符，用于同类型栈对象的赋值
  protected:
      StackNode <type>  * top;             //栈顶指针
      LinkStack &Copy(LinkStack &s); //复制函数，将堆栈s复制给本链栈
};
```

说明：

1）上述链栈类中，top用于存放栈顶指针。

2）上述链栈类定义了两个构造函数：一个是无参的构造函数，此构造函数的主要功能是初始化链栈类中数据成员的值，将height设置为0，top设置为NULL，建立了一个空栈；另一个构造函数相当于拷贝构造函数，将另一个同类型的链栈原版拷贝到当前栈。析构函数~LinkStack()的功能是调用Clear()函数将堆栈清空。

3）成员函数的含义如下。

① Copy(LinkStack &s)：将一个同类型的堆栈拷贝给当前栈。

② operator = (LinkStack &s)：重载运算符“=”，用于将堆栈s直接赋给当前堆栈对象。

③ Push(type &)：将 type 类型的数据元素压入栈中，即插入到栈顶。

④ Pop(type &)：将栈顶元素弹出并且赋值给 type 类型的数据元素。

⑤ Clear( )：将堆栈清空。

2．典型成员函数的实现

（1）构造函数

```
//定义构造函数，初始化数据成员值，构造一个空栈
template <class type>
LinkStack <type>::LinkStack()
{   height = 0;
    top = NULL;
}
```

（2）复制函数

此函数用于将堆栈 g 中的内容复制给当前栈。复制前，若当前栈非空则清栈，释放当前栈结点所占的内存空间，并将当前栈高设置为 g 栈栈高；复制时，首先分配一个栈顶结点，将 g 栈栈顶元素赋给新栈顶结点，然后循环进行其他各结点元素的赋值，直至栈底结束。具体赋值过程如下：分配新结点，将 g 栈结点数据元素值赋给新结点，将新结点链接到当前链栈，将当前链栈指针后移，同时将 g 栈指针后移。

```
//复制函数，将堆栈 g 复制给当前栈
template <class type>
LinkStack <type> & LinkStack <type>::Copy(const LinkStack <type> &g)
{   StackNode <type> *p,*q,*r;          //定义三个结点指针
    if(top) Clear();                    //若当前栈非空则清栈
    heigh = g. height;                  //设置当前栈的栈高
    top = NULL;
    if(!g. top)                         //若 g 为空栈返回
        return  *this;
    top = new StackNode <type>;         //为栈顶结点分配内存空间
    assert(top);
    if (top==NULL) //若分配成功，继续执行，否则，警告并退出程序运行
    {   cout<<" out of memory \n";
        exit(1);
    }
    top -> next = NULL;
    top -> data = g. top -> data;   //将 g 的栈顶元素赋给当前栈顶
    q = g. top -> next;
    p = top;
    while(q)                        //循环进行其他各结点元素的赋值，直至栈底结束
    {   r = new StackNode <type>;   //分配新结点
        assert(r);
        if (r==NULL)          //若分配成功，继续执行，否则，警告并退出程序运行
        {   cout<<" out of memory \n";
            exit(1);
        }
        r -> data = q -> data;  //将 g 栈结点数据元素值赋给新结点
        r -> next = NULL;
        p -> next = r;                  //将新结点链接到当前链栈
        p = p -> next;                  //当前链栈指针后移
        q = q -> next;                  //g 链栈指针后移
```

```
    }
    return  *this;
}
```

此函数的参数也使用了const 关键字。关于其解释请参见顺序栈中copy函数的相关讲解。

（3）清栈函数

此函数用于释放链栈中各结点元素所占的存储空间，它循环调用 Pop()函数，删除当前栈顶结点，直至栈空为止。

```
//清空当前栈中元素
template <class type>
void LinkStack <type>::Clear()
{   type x;
    while(Pop(x));              //循环调用 Pop()函数，出栈，直至栈空为止
}
```

（4）进栈函数

此函数用于将 x 压入堆栈中。若栈非空，先分配一个新结点，将新结点数据元素值设为 x，将新结点插入到链栈前端，成为栈顶元素，修改栈顶指针为新结点的地址；若为空栈，则分配一个新结点，将其设为栈顶，将栈顶数据元素值设为 x。成功插入结点后，应将栈高加 1。

```
template <class type>
void LinkStack <type>::Push(type & x)
{   StackNode <type>  *p;
    if(top)                             // 若栈非空
    {   p = new StackNode <type>;   // 为 x 分配一个结点内存
        assert(p);
        if (p==NULL)     //若分配成功，继续执行，否则，警告并退出程序运行
        { cout<<" out of memory \n";
          exit(1);
        }
        p -> data = x;                  // 将 x 赋给结点数据元素值
        p -> next = top;                    // 将结点插入链栈前端，成为栈顶元素
        top = p;                            // 修改栈顶指针
    }
    else                                    // 若为空栈
    {   top = new StackNode <type>;         // 为栈顶元素分配内存
        assert(top);
        if (top==NULL)        //若分配成功，继续执行，否则，警告并退出程序运行
        {   cout<<" out of memory \n";
            exit(1);
        }
        top -> data = x;               // 将 x 赋给栈顶数据元素
        top -> next = NULL;
    }
    height++;                               // 栈高加 1
}
```

此函数实现了前面提到的算法。请思考一下，本函数可否优化使代码更简化？

（5）出栈函数

出栈函数用于弹出栈顶元素，并将栈顶结点的数据元素值赋给 x。若栈不空，则将栈顶

结点的数据元素值赋给 x，保留栈顶指针，将其赋给 p，将栈顶指针指向下一结点，删除原栈顶结点 p，同时将栈高减 1。

```
// 出栈函数，将栈顶元素弹出，并将栈顶结点的数据元素值赋给 x
template <class type>
bool LinkStack <type>::Pop(type &x)
{   StackNode <type>  *p;
    if(height)                          // 若栈中有元素
    {   x = top -> data;                // 将栈顶结点的数据元素值赋给 x
        p = top;                        // 将栈顶指针赋给 p
        top = top -> next;              // 修改栈顶指针
        delete p;                       // 删除原栈顶结点
        height--;                       // 栈高减 1
        return  true;
    }
    return  false;
}
```

7.4 堆栈的应用举例

堆栈是计算机科学中很重要并应用很广泛的数据结构之一。例如，在编译和运行程序的过程中，就需要利用堆栈进行语法检查（如检查括号是否配对）、表达式求值、实现递归过程与函数调用等。本节将通过几个较简单的例子来说明堆栈的具体应用。

7.4.1 数制转换

在计算机中，常需要将十进制的数转换为其他进制的数，或将其他进制的数转换为十进制的数。将十进制数转换为其他进制数的基本方法是辗转相除法。

例如，要将十进制数 1348 转换为八进制数，运算过程如下：

N	$N/8$	$N\%8$
1348	168	4
168	21	0
21	2	5
2	0	2

由此可知，十进制数 1348 对应的八进制数是 2504。

下面设计一个能将一个十进制数转换成等值的 base 进制数的程序。分析上述计算过程，它从低位到高位顺序产生 base 进制的各个数位，而结果输出时，应该从高位到低位依次输出，正好和计算过程相反。如果将每次求余的结果依次放入栈中，计算结束后，依次从栈中取出数据输出，输出的就应该是等值的 base 进制数。

将十进制数转换成等值的 base 进制数的程序如下：

```
#include "Linkstack.cpp"
int main()
{   LinkStack <int> s;
    s.Clear();
    int n, x, base;
    cout <<"Please input n and base";
```

```
        cin >> n >> base;
        while(n)
        {   x = n % base;
            s.Push(x);
            n = n/base;
        }
        while(!s. IsEmpty())
        {   s.Pop(x);
            cout << x <<" ";
        }
         return 0;
    }
```

7.4.2 迷宫问题

老鼠走迷宫的游戏不少人知道，甚至一些医学专家用老鼠在迷宫中的行为来进行实验心理学研究。这里，利用计算机来求解迷宫问题，它不仅有助于熟悉数组与堆栈的应用，还会对“回溯程序设计”方法增加一些感性认识。

迷宫可以用图 7.4.1 所示的二维数组 maze [*m*][*n*]来表示。数组中的元素值为 1 表示该点道路阻塞，为 0 表示可以进入。图 7.4.1 的实线框内为迷宫区矩阵表示。

图 7.4.1　迷宫矩阵

这里，假定迷宫的入口为 maze [0][0]，出口为 maze [*m*–1][*n*–1]。在 maze [0][0]和 maze [*m*–1][*n*–1]处的元素值必为 0。

在任意时刻，老鼠在迷宫中的位置可以用老鼠所在点的行下标与列下标（*i*，*j*）来表示；老鼠在迷宫中的某点 maze [*i*][*j*]时，其可能的运动方向有 8 个，这 8 个方向分别标以 N、NE、E、SE、S、SW、W、NW，代表老鼠所在位置的北方、东北方向、东方、东南方向、南方、西南方向、西方、西北方向。这 8 个相邻位置的坐标点如表 7.4.1 所示。

表 7.4.1　老鼠及其邻接位置坐标

NW（*i*–1，*j*–1）	N（*i*–1，*j*）	NE（*i*–1，*j*+1）
W（*i*，*j*–1）	Mouse（*i*，*j*）	E（*i*，*j*+1）
SW（*i*+1，*j*–1）	S（*i*+1，*j*）	SE（*i*+1，*j*+1）

但是，并非迷宫中的每一点都有 8 个方向可走，四个角上只有三个方向可走，而边上只有 5 个方向可供选择。为了不在算法中每次都检查这些边界条件，可在迷宫外套上一圈，其元素值均为 1，如图 7.4.1 所示。这样，就不用考虑边角处的不同处理方法。因此，作为迷宫的二维数组大小实际为 maze [*m*+2][*n*+2]。

为了简化算法，根据图 7.4.1 所示的位置（*i*，*j*）与其相邻的 8 个位置的坐标关系，可建立一个二维数组 move[8][2]，用来表示老鼠向各个方向行走时，相对于位置（*i*，*j*）的各个方向上的 *i* 与 *j* 的增量值。二维数组 move[8][2]的值如表 7.4.2 所示。

若老鼠在（*i*，*j*）的位置，沿 SW 方向到达（*g*，*h*），因为 SW 为第 5 个方向，则可由上面的增量表得到（*g*，*h*）的坐标，即

$$g = i + move[5][0],\qquad h = j + move[5][1]$$

若（i，j）所在位置为（4，7），则老鼠向 SW 方向行走一步后，新位置（g，h）的坐标值为（4+1，7−1），即（5，6）。

走迷宫时，在每个位置都从 N 方向试起，若此路不通，则顺时针方向试 NE 方向，以此类推。当选定一个可通的方向后，要把目前所在的位置以及所选的方向记录下来，以便往下走不通时可依次一步一步退回来，每退一步要尝试该点上尚未试过的其他方向。另外，为避免走回到已经进入过的点，凡是进入过的点都应标上记号。由于约定某点值不通时为 1，可通时为 0，因此，可约定凡进入过的点就赋予一个非 1 非 0 的值，如 2。一旦经过了某一点（i，j），立即将 maze [i][j]置为 2。因此，只有当 maze [g][h]=0 时才表明（g，h）点是通的，并且从未进入过。为了记录当前位置以及在该位置上所选择的方向，算法中设置一个堆栈 STACK，以便进行回溯。这个堆栈的每个元素包括三项，分别记录当前位置的行坐标、列坐标以及在该位置所选的方向。

表 7.4.2　数组 move [8][2]的值

	0（i 增量）	1（j 增量）	
0	−1	0	方向 N
1	−1	1	方向 NE
2	0	1	方向 E
3	1	1	方向 SE
4	1	0	方向 S
5	1	−1	方向 SW
6	0	−1	方向 W
7	−1	−1	方向 NW

以图 7.4.1 所示的迷宫为例，从（1，1）入口进入后，向 N 方向试探，maze [0] [1]为 1，此路不通，接着顺时针试探直到 SE，此时 maze [2][2]为 0，此路可通，因 SE 方向在 move 中为第 3 方向，故把（2，2，3）压入堆栈，再将 maze [2][2]置为 2。每到一个新位置，都从 N 方向开始试探。当到了 maze [1][9]时，周围 8 个位置不是进不去就是已经试过，这时，把栈顶保留的（1，8，2）取出，于是回溯到点（1，8），并从第 3 个方向 SE 继续试探，如此试探前进。若堆栈元素都已退光时仍未找到一条通路，则说明该迷宫无路可通，打印出相应信息，若有一条通路通向出口（m，n），则堆栈中必然记录了从入口到出口所经过的各点坐标以及每点所选择的方向；也就是说，堆栈中记录了从入口通向出口的路径。

下面是迷宫问题的求解程序。

```
#include "linkstack.cpp"
#include "iostream.h"
struct  node                              //定义一个栈结点，用来存放每步走的信息
{   int row;                              //当前所在行
    int col;                              //当前所在列
    int dir;                              //当前选择的方向
};
int main()
{   int  maze [ 8 ][ 11 ] = {{1,1,1,1,1,1,1,1,1,1,1},
                             {1,0,1,0,0,0,1,1,0,0,1},
                             {1,1,0,0,0,1,1,0,1,1,1},
                             {1,0,1,1,0,0,0,0,1,1,1},
```

```
                     {1,1,1,0,1,1,1,,1,0,,1,1},
                     {1,1,1,0,1,0,0,1,0,0,1},
                     {1,0,0,1,1,1,0,1,1,0,1},
                     {1,1,1,1,1,1,1,1,1,1,1}}
const int move [ 8 ][ 2 ] = {{-1,0},{-1,1},{0,1},{1,1},
                     {1,,0},{1,-1},{0,-1},{-1,-1}};
int row = 8,col = 11,start = 1,end = 9,i,j,k;
// 询问用默认迷宫还是自定义迷宫
cout <<"Would you like create your own maze? 0:NO  1:YES";
cin >> i;
if(i)                                   //自定义迷宫
{  cout <<"Please input row and col:";
   cin >> row >> col;
   row += 2;col += 2;       //输入行和列，因为要在四周加围墙，故各加 2
   cout <<"Please input your maze row by row:\n";
   for(i =1;i < row-1;i++)              //一行一行输入迷宫
   {   cout <<"row "<< i <<":\t";
       for(j = 1;j < col-1;j++)
           cin >> maze [ i ][ j ];
   }
   cout <<"Please input start col and end col:";
   cin >> start >> end;                 //输入进口列号和出口列号
   for(i = 0;i < row;i++)               //给迷宫四周加围墙
       maze [ i ][ 0 ] = maze [ i ][col-1] = 1;
   for(i = 0;i < col;i++)
       maze [ 0 ][ i ] = maze [row-1][ i ] = 1;
}
cout <<"Maze:\n";                       //输出原始迷宫
for(i = 0;i <row;i++)
{  for(j = 0;j < col;j++)
       cout << maze [ i ][ j ]<<"  ";
   cout <<"\n";
}
cout <<"\n";
LinkStack < node > stack;               //定义一个栈用来存储每步信息
node mynode;
mynode. row = 1;                        //起点信息
mynode. col = start;
mynode. dir = 2;                        //从正东方向开始
stack. Push(mynode);                    //保存起点信息
int g,h,find = 0;                       //find 用于标志是否找到迷宫出口
while(!stack. IsEmpty()&& !find)        //当栈不空且未找到出口时
{  stack. Pop(mynode);                  //从栈中取出最近走过的位置
   i = mynode. row;
   j = mynode. col;
   k = mynode. dir;
   while(k < 8)                         //依次试探各个方向
   {   g = i + move [ k ][ 0 ];         //下一步位置
```

```
            h = j + move [ k ][ 1 ];
            if(g == row - 2&& h == end && maze [ g ][ h ] == 0))
                                                //判断是否找到出口
            {   find = 1;                       //找到，设置标志，退出
                maze [ g ] [h ] = 2;
                break;
            }
            if(maze [ g ][ h ] == 0)            //若此处以前未经过
            {   maze [ g ][ h ] = 2;            //设置已经经过标志
                mynode. row = g;
                mynode. col = h;
                mynode. dir = k;
                stack. Push(mynode);            //将此位置堆入栈中
                i = g;                          //从当前位置开始接着试探
                j = h;
                k = 0;
            }
            k = k + 1;                          //若此处不通，则换下一个方向
        }
    }
    if(find)                                    //若找到出口，则输出改变后的迷宫
    {   for(i = 0;i < row;i++)
        {   for(j = 0;j < col;j++)
                cout << maze [ i ][ j ] <<" ";
            cout <<"\n";
        }
    }
    else
        cout << "No Path!\n";
    return 0;
}
```

若迷宫中有通路，该算法一定能找到其中的一条，但这一条不一定是最优的。读者可以考虑如何才能实现最优的算法。

7.5 队列的概念及其运算

队列简称**队**，是一种只允许在表的一端进行插入操作，而在表的另一端进行删除操作的线性表。允许进行插入的一端称为**队尾**，允许删除的一端称为**队头**。队的插入运算也简称**进队**，删除运算简称为**出队**。队列的例子在日常生活中随处可见，任何一次排队的过程都形成一个队列，它反映了“先来先服务”的处理原则。例如，排队上汽车，食堂排队买饭菜等，新来的成员总是加入到队尾，每次离队的总是队头上的成员。当最后一个人离队后，队列为空。因此，队列也称为**先进先出表**（First In First Out，FIFO）。

假设 $Q=(a_1, a_2, \cdots, a_{n-1}, a_n)$ 为一个队结构，那么，队头元素为 a_1，队尾元素为 a_n。该队列是按 a_1，a_2，…，a_{n-1}，a_n 的顺序进入的，退出该队列也只能按照这个次序进行。也就是说，只有在 a_1，a_2，…，a_{n-1} 都已经退队后，a_n 才能退出队列。队列和堆栈一样，也是一个动态结构，因而同样存在着与堆栈类似的溢出问题，在进行插入、删除运算之前，应先判断队满、队空。

队列的运算可以归纳为以下几种。

① **进队操作**：在队列的尾部插入一个新元素。

② **出队操作**：删除队列的队头元素。

③ **测试队空操作**：测试队列是否为空。

④ **测试队满操作**：测试队列是否为满。

⑤ **清队操作**：回收队列元素占用的内存空间。

7.6　抽象队列类的定义

在构造一个具体的队列前，先来建立一个抽象队列，在此抽象队列类中只有一个表示队列长度的数据成员 qsize，在抽象队列中，也不必考虑存储方式。当由它派生具体队列的时候，再决定是使用链表，还是使用数组，是使用定长方式，还是使用变长方式等。抽象队列类的成员函数大部分为纯虚函数，没有实际内容，只是给它的派生类提供一个统一的接口。根据队列的定义及队列的常用操作，可定义以下抽象队列类：

```
template <class type>
class abque                                   // 定义抽象队列类，为一个类模板
{   public:
        bool IsEmpty()                        // 判断队列是否为空
        {   return (qsize == 0)? true:false;     }
        virtual void PushTail(type &)= 0;  // 将元素插入队尾
        virtual bool PopHead(type &)= 0;    // 从队头提取元素
        virtual void Clear()= 0;              // 清空队列
    protected:
        int qsize;                            // 队列长度
};
```

说明：

1）在抽象队列定义中，定义了一个队列长度 qsize，这是为了简化一些操作，如判断队空、判断队满。队列长度 qsize 在 abque 类中处于保护段，这是为了使它的派生类有权访问它而设置的。在抽象队列的数据成员中没有队头、队尾指针，这是因为顺序队列和链式队列的队头、队尾指针具有不同的数据类型，前者是整型，后者是指针型。

2）根据队列的常用操作，我们在 abque 类中定义了四个成员函数，其中有三个纯虚函数，这三个纯虚函数的定义应该在派生类中给出，不同的队列，这三个纯虚函数的实现也不完全一样。各成员函数的含义如下。

① IsEmpty( )：用来判断队列是否为空，适用于所有队列。

② PushTail(type &)：纯虚函数，用于将元素插入队尾。

③ PopHead(type &)：纯虚函数，用于从队头提取元素。

④ Clear( ) 纯虚函数：用于回收队列中各队列结点所占内存空间。

7.7　队列的定义及其实现

7.7.1　队列的顺序存储结构

由于队列也是一种线性表，因此，可以用一维数组来描述队列的顺序存储结构。但队列

的顺序存储结构比栈稍微复杂一点，首先应定义一个一维数组 elements [maxsize]来存放队列元素，同时需要设置两个变量 front 与 rear，分别指出队头元素和队尾元素的下标。为了算法设计上的方便以及算法本身的简单，约定队头指针 front 指出实际队头元素所在位置的前一个位置，而队尾指针 rear 指出实际队尾元素所在的位置，如图 7.7.1 所示。

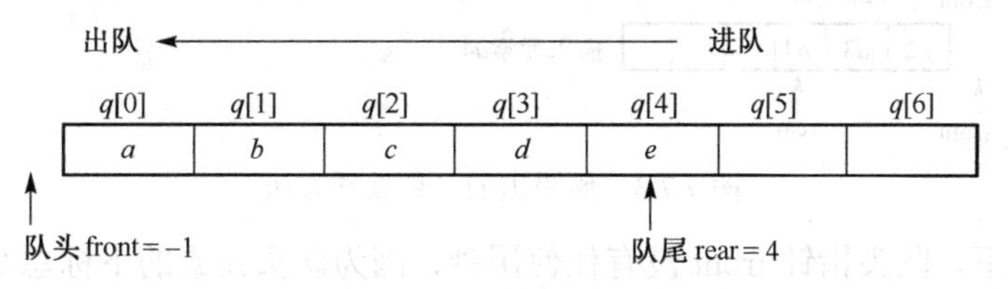

图 7.7.1 顺序队列结构

初始时，front = rear = –1，测试一个队列是否为空的条件是 rear = = front。在顺序存储结构下，要进行插入运算（进队），首先必须测试队满与否，若队满则调用相关算法处理有关溢出问题；否则，将队尾指针增 1，然后将新元素插入到当前队尾指针所指的位置。同样，删除队头元素之前，必须先测试队列是否为空，若空，则调用相关算法输出有关信息；否则，删除队头元素，队头指针增 1，如果需要，可以把被删除元素保存在一个工作单元中。应该说明，所谓删除，并不是把队头元素从原存储位置上物理删除，只是将队头指针向队尾方向移动一个位置，这样，原来那个队头元素就被认为不再包含在队列中了。作为一个简单例子，某个队列的变化过程如图 7.7.2 所示。

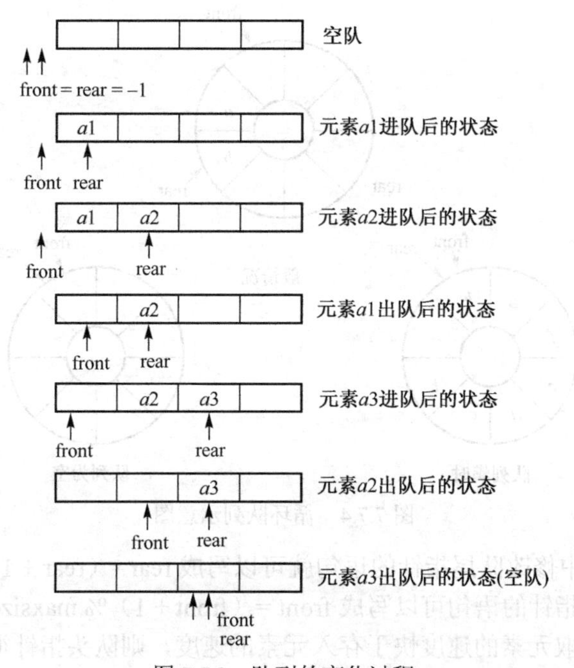

图 7.7.2 队列的变化过程

在队列的插入算法中，若 elements [0]～elements [maxsize–1]均有元素，再进行插入运算就会产生溢出。从队列变化图所示的过程中会发现，由于每次删除的总是队头元素，而插入运算又总在队尾进行，当队尾指针 rear = maxsize –1 时，再做插入运算好像会产生溢出，而实际上此时队列的前端还有许多空的位置，因此，这种溢出称为假溢出。

为了解决假溢出问题，可能的做法是，每次删除队头一个元素后，把整个队列往前移动一个位置。这个过程如图 7.7.3 所示。

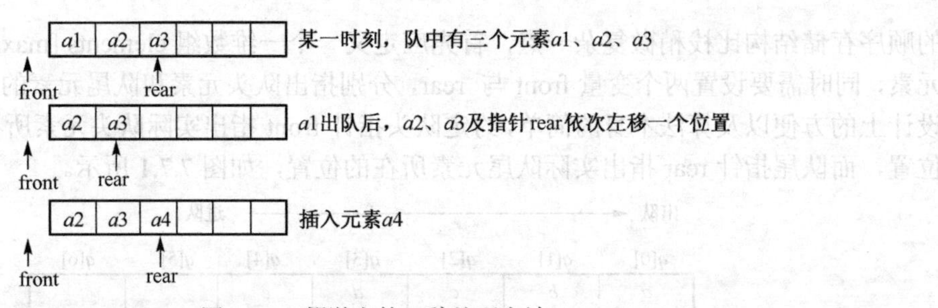

图 7.7.3　假溢出的一种处理方法

在这种情况下，队头指针 front 没有任何用处，因为队头元素的下标总是 0。显然，这种算法效率太低，例如，设队列中已有 1000 个元素，要删除队头元素，就要移动 999 个元素。这种方法以大量的移动时间换取存储空间，显然不足取。

另一种方法则是采用下面要介绍的循环队列的方法。

7.7.2　循环队列的定义

循环队列的方法就是把队列设想成头尾相连的循环表，即把存储队列元素的表从逻辑上看做一个环，这种队列通常称为**循环队列**。循环队列的首尾相接，当队头指针 front 和队尾指针 rear 进入到 maxsize–1 时，再前进一个位置就自动到 0，这可以利用除法取余的运算来实现，如图 7.7.4 所示。

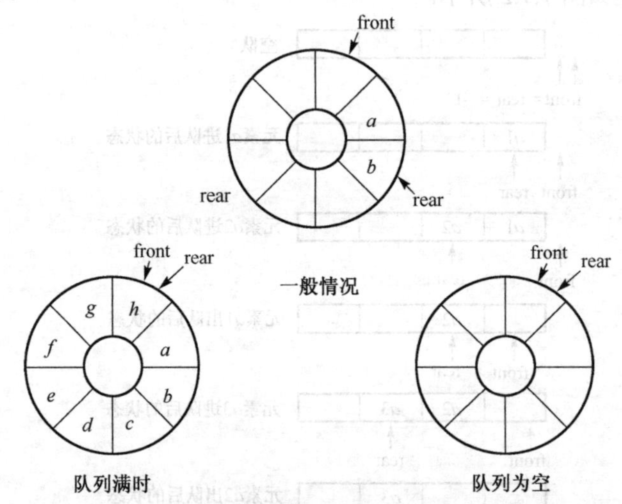

图 7.7.4　循环队列示意图

这样，插入算法中修改队尾指针的语句就可以写成 rear =（rear + 1）% maxsize；相应的，删除算法中修改队头指针的语句可以写成 front =（front + 1）% maxsize。

如果循环队列读取元素的速度快于存入元素的速度，则队头指针很快会追上队尾指针，一旦到了 front == rear，队列就变为空队列。反之，如果队列存入元素的速度快于读取元素的速度，队尾指针很快就赶上了队头指针，一旦队列满就不能再加入新元素了。在循环队列示意图 7.7.4 中，可以看到队列空和队列满时，都有 rear == front，只凭等式 rear == front 无法判别队列空间是空还是满。此时可以采用两种处理方法：①另设一个标志位以区别队列是空还是满；②少用一个元素空间，约定以“队列头指针在队列尾指针的下一位置上”作为队列满的标志。

7.7.3 顺序循环队列类的定义及常用成员函数的实现

1. 顺序循环队列类的定义

根据以上分析，可以给出顺序循环队列类的定义，这个类以抽象队列类为基类。

```
//定义顺序队列类
template <class type>
class SeqQuene:public abque <type>
{   public:
        SeqQuene(int i = 10);              //构造函数
        ~SeqQuene()                         //析构函数
        {   Clear();        }
        bool PushTail(type &);              //将新元素插入在队尾
        bool PopHead(type &);               //从队头取一个元素
        void Clear()                        //清空队列
        {   delete elements;      }
        SeqQuene & operator =(SeqQuene &q)//重载赋值运算符，用来对同类队列赋值
        {   Copy(q);return  *this;  }
        bool IsFull()const                  //判队列是否为满
        {   return(tail + 1)% maxsize == head; }
        bool IsEmpty() const                //判队列是否为空
        {   return head == tail;            }
    protected:
        int head;                           //队头指针
        int tail;                           //队尾指针
        type *elements;                     //存放队列元素的内存地址
        int maxsize;                        //队列最多可容纳元素个数
        SeqQuene &Copy(SeqQuene &q);        //队列拷贝函数
};
```

说明：

1）上述顺序循环队列类中增加了四个数据成员， tail 用于存放队尾指针；head 用于存放队头指针，它们都是整数下标；elements 用于存放队列中元素，在队列的构造函数中为它分配内存空间；maxsize 用于表示队列的最大长度，队列中包含的元素个数不能超过 maxsize，否则会产生溢出。

2）上述顺序循环队列类定义了一个构造函数，此构造函数的主要功能是初始化循环队列类中数据成员的值，将 qsize 设置为 0，tail、head 设置为 0，建立一个空队列；析构函数～SeqQuene()的功能是调用 Clear 函数释放队列元素所占的内存空间。

3）其他成员函数的含义如下。

① Copy(SeqQuene &q)：将一个同类型的循环队列拷贝给当前队列。

② operator = (SeqQuene&s)：重载运算符“=”，用于将一个循环队列对象 s 直接赋给当前循环队列对象。

③ Clear( )：此函数的功能是回收循环队列结点占用的空间。

④ PushTail(type &)：用于将新元素插入到队尾。

⑤ PopHead(type &)：用于从队头取一个元素。

⑥ IsFull( )：用于判断队列是否为满。当队列已满时，再插入元素，将导致上溢，因此，在插入运算前，应先调用 IsFull( )判断队列是否为满，再进行相关运算。在本算法中，采用少用一个元素空间，以“队列头指针在队列尾指针的下一位置上”作为队列满的标志。此成员函数后面使用了 const 关键字。在类成员函数后面跟此关键字表示函数中不会修改类数据

成员。此函数用于查询对象的状态，因此它不需要、也不应该去修改数据成员。使用 const 关键字，不但提高了代码的健壮性、安全性，也提高了代码的可读性，这在函数比较复杂时尤其有用。

⑦ IsEmpty( )：用于判断队列是否为空。由于此函数也仅仅是返回对象的状态，所以也使用了 const 关键字。

2. 常用成员函数的实现

（1）构造函数

构造函数首先将队列设置为空队列，这可以通过将队头指针和队尾指针设置为 0 来实现，然后根据参数，设置队列的最大长度，根据队列的最大长度，为队列分配内存空间。

```
//定义构造函数
template <class type>
SeqQuene <type>::SeqQuene(int i)
{   head = tail = 0;                          //将队列设置为空队列
    maxsize = i < 10? 10:i;                   //设置队列的最大长度，最小为 10
    qsize = 0;
    elements = new type [maxsize];            //给队列分配内存空间
    assert(elements != 0);
    if (elements==NULL)        //若分配成功，继续执行，否则，警告并退出程序运行
    {   cout<<" out of memory \n";
        exit(1);
    }
}
```

（2）进队

进队之前，必须先测试队满与否，若队满则退出程序的执行；否则，将队尾指针加 1 后求模，再将新元素插入到当前队尾指针所指的位置，队长加 1。

```
//向队尾插入元素
template <class type>
bool SeqQuene <type>::PushTail(const type & x)
{   assert(!IsFull());
    if(IsFull())
       Return false;
    tail =(tail + 1)% maxsize;                //尾指针加 1
    elements [ tail ] = x;                    //插入元素
    qsize++;                                  //队长加 1
    return true;
}
```

（3）出队

出队之前，必须先测试队列是否为空。若空，则退出程序执行；否则，删除队头元素（队头指针增 1），队列长度减 1。如果需要，则可以把被删除元素保存在一个变量 *x* 中。这里的删除，只是将队头指针向队尾方向移动一个位置，这样，原来那个队头元素就不再被认为包含在队列中了。

```
//从队头取一结点
template <class type>
```

```
bool SeqQuene <type>::PopHead(type &x)
{   assert(!IsEmpty());                    //若队空，则警告并进行出错处理
    if(IsEmpty ())
        return false;
    head =(head + 1)% maxsize;             //头指针加1
    x = elements [ head ];                 //取出队头元素
    qsize--;                               //队长减1
    return true;
}
```

（4）拷贝函数

```
//拷贝函数，将队列 que 拷贝给当前队列对象
template <class type>
SeqQuene <type> &SeqQuene <type>::Copy(const SeqQuene <type> &que)
{   if(elements)                        //若本队列不为空，则删除本队列内存空间
        delete elements;
    maxsize = que.maxsize;
    qsize = que.qsize;
    tail = que.tail;head = que.head;
    elements = new type [maxsize]; //按que队列的大小，为本队列分配内存空间
    assert(elements);
    if (elements==NULL)      //若分配成功，继续执行，否则，警告并退出程序运行
    {   cout<<" out of memory \n";
        exit(1);
    }
    memmove(elements, que.elements, sizeof(type)*maxsize);
    return  *this;
}
```

7.7.4 链式队列的定义

一般而言，若使用过程中，数据元素变动较大，则采用链式存储结构往往比采用顺序存储结构更有利。

队列的链式存储结构就是用一个线性链表来表示队列，简称**链式队**。具体地说，把线性链表的头指针定义为**队头指针** head，把链表的尾结点指针 tail 作为**队尾指针**，并且限定只能在链头进行删除，只能在链尾进行插入，这个线性链表就构成了一个链式队列。与顺序存储结构下的队列不同的是，队头指针与队尾指针都是指向实际队头结点与队尾结点的，即它们分别给出了实际队头结点与实际队尾结点的存储地址。图 7.7.5 所示为链式队列的一般形式。

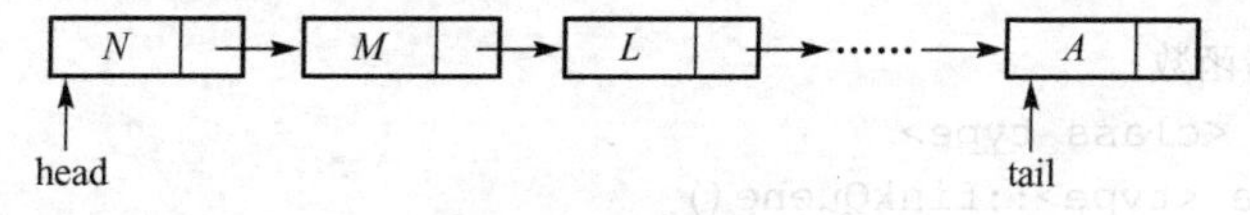

图 7.7.5 链式队列

显然，测试链式队列是否为空的条件为 head == NULL。实际上，在链式队列上插入一个新元素就是在链表的表尾结点后添加一个新结点，而删除一个元素就是删除链表的第一个结点。

7.7.5 链式队列类的定义及常用成员函数的实现

1. 链式队列类的定义

下面来定义一个简单的链式队列。在定义链式队列前，先定义一个队列结点结构，此结构包括两个数据项：data，用于存放结点数据元素值，next，用于存放指向下一个结点的指针。

```
template <class type>                          //定义队列的结点类型
struct QueneNode{
    type data;                                 //结点数据元素值
    QueneNode  *next;                          //结点指针值
};
```

可以将链式队列定义为抽象队列类的派生类，定义如下：

```
template <class type>                          //定义链式队列类
class LinkQuene:public abque <type>
{   public:
        LinkQuene();                           //构造函数
        LinkQuene(LinkQuene &q)                //拷贝构造函数
        {   head = NULL;tail = NULL;Copy(q);   }
        ~LinkQuene()                           //析构函数
        {  Clear();   }
        void PushTail(type &);         //将新元素插入到队尾
        bool PopHead(type &);          //从队头取一个元素
        void Clear();                          //清空队列
        LinkQuene & operator=(LinkQuene &q)
        {   Copy(q);return  *this;}        //重载赋值运算符，用来对同类队列赋值
    protected:
        QueneNode <type> *head;                //队头
        QueneNode <type> *tail;                //队尾
        LinkQuene &Copy(LinkQuene &q);  //队列拷贝函数
};
```

说明：

1）类定义中，在抽象类的基础上增加了 2 个数据成员——head 和 tail，分别指向队头结点和队尾结点。

2）在此队列定义中，定义了两个构造函数：一个用于建立一个空队列，另一个用现有的队列初始化新队列。析构函数调用 Clear()回收队列各结点所占的内存空间。

3）函数 operator =重载赋值运算符，用于对同类队列之间直接进行赋值。

2. 链式队列中常用成员函数的实现

（1）构造函数

```
//定义构造函数
template <class type>
LinkQuene <type>::LinkQuene()
{   qsize = 0;                          //构造一个空队列
    head = tail = NULL;
}
```

（2）进队函数

和链栈一样，对链式队列做插入运算一般不会产生溢出，除非整个可用存储空间全部被

利用。因此，在插入之前不用判断队列满情况。但要注意，插入每一个结点时都要为它们动态分配存储空间，否则会造成空指针分配，并且要注意修改队头和队尾指针，否则极易造成断链。

```
//进队函数，向队尾插入元素
template <class type>
void LinkQuene <type>::PushTail(type & x)
{   QueneNode <type> *p;
    p = new QueneNode <type>;   //建立新结点
    assert(p);
    if (p==NULL)            //若分配成功，继续执行，否则，警告并退出程序运行
    {   cout<<" out of memory \n";
        exit(1);
    }
    p -> data = x;          //给新结点赋值
    if(tail)                //若队列非空
    {   p -> next = NULL;
        tail -> next = p;   //将新结点链接到队尾
        tail = p;           //修改队尾指针
    }
    else                    //若队列为空
    {  p -> next = NULL;
       tail = p;            //将队列头和队列尾指向p结点
       head = p;
    }
    qsize++;                //队长加1
}
```

（3）出队函数

出队之前，应先判断队列是否为空队列，如 head == NULL，表示队列为空队列。若不为空队列，则先将队头结点元素值赋给 *x*，再修改队头指针；若队列已删空，则应将 tail 的值改为 NULL。修改队头指针后，应删除原队头结点，同时将队列长度减 1。

```
//从队头取一结点
template <class type>
bool LinkQuene <type>::PopHead(type &x)
{   QueneNode <type> *p;
    if(head)                    //若队列非空
    {   x = head -> data;       //将队头结点数据元素值赋给x
        p = head;
        head = head -> next;    //修改队头指针
        if(head == NULL)        //若队列已删空，则将tail的值改为NULL
            tail = NULL;
        delete p;               //删除原队头结点
        qsize--;                //队长减1
        return true;
    }
    return false;
}
```

（4）拷贝函数

拷贝队列时应注意以下几点。

① 插入每个结点时都要动态分配存储空间，否则会造成空指针分配。

② 指针要修改正确，并且队头和队尾指针都要注意修改，否则极易造成断链。

```
//拷贝函数，将队列 que 拷贝给当前队列对象
template <class type>
LinkQuene <type> &LinkQuene <type>::Copy(LinkQuene <type> &que)
{   QueneNode <type> *p,*q,*r;
    if(head)                                //若队列非空，则先回收队列结点空间
        Clear();
    qsize = que.qsize;                      //复制队列长度
    head = tail = NULL;
    if(!que. head)                          //若 que 队列为空，则返回
        return  *this;
    head = new QueneNode <type>;            //为当前队列头结点分配存储
    assert(head);
    if (head==NULL)                 //若分配成功，继续执行，否则，警告并退出程序运行
    {   cout<<" out of memory \n";
        exit(1);
    }
    head -> data =(que.head)-> data;
                                            //将 que 队列头结点内容复制给当前队列头结点
    head -> next = NULL;
    tail = head;                            //将队列头和尾均指向此结点
    r = NULL;
    p = head;                               //p 指向当前队列头
    q = que. head -> next;                  //将指向队列 que 第二个结点的指针赋给 q
    while(q)                                //从第二个结点至队尾进行结点间的赋值
    {   r = new QueneNode <type>;           //建立一个新结点
        assert(r);
        if (r==NULL)                //若分配成功，继续执行，否则，警告并退出程序运行
        {   cout<<" out of memory \n";
            exit(1);
        }
        r -> data = q -> data;              //给结点赋值
        r -> next = NULL;
        p -> next = r;                      //将新结点链接到当前队列
        tail = r;                           //队尾指针指向新结点
        p = p -> next;                      //当前队列指针后移
        q = q -> next;                      //que 队列指针后移
    }
    return *this;
}
```

（5）清队函数

```
//清空队列
template <class type>
void LinkQuene <type>::Clear()
    {   type p;
        while(PopHead(p)); //从队头至队尾，循环提取队列中的各元素，实现清除
```

```
        head = tail = NULL;
    }
```

7.7.6 链式队列的应用举例

如果将一个二项式（a+b）^{n} 展开，它的系数能构成一个三角形，称其为杨辉三角形，也称为帕斯卡三角形。下面利用队列输出杨辉三角形的前 n 行。

图 7.7.6 所示为一个行数 $n = 6$ 的杨辉三角形。

分析杨辉三角形，可以得知：第 i 行的数据要根据第 i –1 行的数据算出，它们之间有如下关系。

$$a[i][0] = 0$$

$$a[i][j] = a[i-1][j-1] + a[i-1][j] \quad 0 < j < i+1$$

在求第 i 行的数据时，要依次利用前一行的各个数据，因此，可以考虑使用一个队列结构，依次取出前一行的数据，再将求出的结果添加到队列中。队列示意图如图 7.7.7 所示。

i=0	1						
i=1	1	1					
i=2	1	2	1				
i=3	1	3	3	1			
i=4	1	4	6	4	1		
i=5	1	5	10	10	5	1	
i=6	1	6	15	20	15	6	1

图 7.7.6 杨辉三角形

图 7.7.7 队列示意图

```
#include "linkquen. cpp"
#include <iostream.h>
//分行打印二项式(a + b)^n展开式的系数
//利用一个队列，在输出一行系数时，将其下一行的系数预先放在队列中
//各行系数之间插入一个 0 分隔
int main()
{   LinkQuene <int> q;                  //定义一个链队列对象，它的长度基本不受限制
    int t,c = 1,s = 0,line;
    q.PushTail(s);                      //预先放入第一行的两个系数 1
    q.PushTail(c);
    cout <<"How many lines do you want to output?";
    cin >> line;                        //得到希望输出的行数
    for(int i = 1;i <= line;i++)        //逐行输出
    {   cout << endl;                   //换行
        c = 0;
        q.PushTail(c);                  //行间插入 0
        for(int j = 1;j <= i + 2;j++)   //处理第 i 行的 i+2 个系数(包括一个 0)
        {   q.PopFront(t);              //读取一个系数
            s += t;                     //计算下一行系数
            q.PushTail(s);              //新系数进队
            s = t;
            if(j!= i+2)                 //打印一个系数，第 i+2 个系数是 0，不打印
                cout << s <<" ";
```

```
            }
        }
        cout << endl;
        return 0;
    }
```

7.7.7 优先级队列的定义

前面讨论的队列是一种特征为 FIFO 的数据结构，每次从队列中取出的是最早加入队列的元素。但是，许多应用需要另一种队列，每次从队列中取出的应是具有最高优先级的元素，这种队列就是**优先级队列**。

在优先级队列中，每一个数据元素的优先级如何规定，需根据具体问题的需求而定。例如，一个公司中秘书处的工作安排有一定的先后顺序。通常，经理交代下来的任务具有最高的优先级，部门主管交代的任务的优先级次之，职工要求完成的任务的优先级再次之。秘书处是按任务的优先级来安排工作的先后顺序的，而不是按任务的提交时间来安排先后次序的。当向队列中插入一个元素时，可能出现多个元素具有相同的优先级。在这种情况下，把这些具有相同优先级的元素视为一个先来先服务的队列，按它们加入优先级队列的先后次序处理。

表 7.7.1 体现了任务的优先级及执行顺序的关系（数字越大，优先级越高）。

表 7.7.1　任务的优先级及执行顺序

任 务 编 号	1	2	3	4	5
优先级	0	9	20	21	5
执行顺序	5	3	2	1	4

7.7.8 优先级队列类的定义及常用成员函数的实现

1. 优先级队列类的定义

优先级队列的存储表示方法和实现方法有多种，可以用数组或链表，考虑到优先队列中经常要在队列的中间进行结点的插入，这里采用链式存储结构。

根据优先级队列的特点，我们来定义一个优先队列类，首先定义队列结点结构，结点中除数据元素域、指针域外，还应增加一个优先级域。在正常情况下，优先级默认为 0。优先级越高，执行顺序越靠前。以下是优先级队列结点的定义：

```
template <class type>           //定义队列的结点类型
struct QueneNode{
    type data;                  //结点数据元素值
    int priority;               //优先级
    QueneNode *next;            //结点指针值
};
```

优先级队列在插入时应给出优先级，按照优先级，插入到队列的某个合适位置，优先级默认值为 0。因此，在简单队列类的基础上增加了一个函数 PushTail（type &，int priority），此函数是原 PushTail（type &）的重载版本。以下是优先队列类的定义。

```
//定义优先队列类
template <class type>
class PriQuene:public abque <type>
```

```
{   public:
        PriQuene();                              //构造函数
        PriQuene(PriQuene &q)                    //拷贝构造函数
        {   head = NULL;tail = NULL;Copy(q);     }
        ~PriQuene()                              //析构函数
        {   Clear();         }
        void PushTail(type &,int);               //将新元素按优先级插入队列
        void PushTail(type & x)                  //将新元素插入队列
        {   PushTail(x,0);  }
        bool PopHead(type &);                    //从队头取一个元素
        void Clear();                            //清空队列
        PriQuene & operator=(PriQuene &q)
        {   Copy(q);return *this;}  //重载赋值运算符，用来对同类队列之间进行赋值
    protected:
        QueneNode <type> *head;                  //队头指针
        QueneNode <type> *tail;                  //队尾指针
        PriQuene &Copy(PriQuene &q);             //队列拷贝函数
};
```

在优先队列中，各数据成员及各函数的含义如链式队列。

2. 常用成员函数的实现

（1）构造函数

```
//定义构造函数
template <class type>
PriQuene <type>::PriQuene()
{   qsize = 0;                                   //初始化空队列
    head = tail = NULL;
}
```

（2）按优先级进队函数

建立一个新结点，根据优先级寻找此结点的插入位置；若为空队列，则应同时修改队头和队尾指针；若插在队列头前，则应修改队头指针；若插在队尾后面，则应修改队尾指针。

```
//重载的进队函数，用于将新元素按优先级插入到适当位置
template <class type>
void PriQuene <type>::PushTail(type & x,int pri)
{   QueneNode <type> *p,*q,*r;
    r = new QueneNode <type>;                    //建立一个新结点
    assert(r);
    if (r==NULL)              //若分配成功，继续执行，否则，警告并退出程序运行
    {   cout<<" out of memory \n";
      exit(1);
    }
    r -> data = x;                               //将x赋给新结点的数据元素域
    r -> priority = pri;                         //将pri赋给新结点的优先级
    p = q = head;
    while(q &&(pri <=(q -> priority)))           //根据优先级寻找此结点的插入位置
    {   p = q;
        q = q -> next;
```

```
    }
    if(!head)                                   //若为空队列
    {   r -> next = NULL;
        head = tail = r;
        qsize++;
        return;
    }
    if(head == q)                               //应插在队列头前
    {   r -> next = head;
        head = r;
        qsize++;
        return;
    }
    if(!q)                                      //应插在队尾后面
    {   tail -> next = r;
        r -> next = NULL;
        tail = r;
            qsize++;
        return;
    }
    r -> next = q;                              //插在一般位置
    p -> next = r;
    qsize++;
    return;
}
```

（3）出队函数

```
//出队函数，从队头取一结点
template <class type>
bool PriQuene <type>::PopHead(type &x)
{   QueneNode <type> *p;
    if(head)                                    // 若队列非空
    {   x = head -> data;                       // 将队头结点数据元素值赋给 x
        p = head;
        head = head -> next;                    // 修改队头指针
        if(head == NULL)                        // 若队列已删空，则将 tail 的值改为 NULL
            tail = NULL;
        delete p;                               // 删除原队头结点
        qsize--;                                // 队长减 1
        return true;
    }
    return false;
}
```

（4）拷贝函数

```
//拷贝函数，将队列 que 拷贝给当前队列对象
template <class type>
PriQuene <type> &PriQuene <type>::Copy(PriQuene <type> &que)
{   QueneNode <type> *p,*q,*r;
    if(head)
        Clear();
```

```
    qsize = que.qsize;                    //复制队列长度
    head = tail = NULL;
    if(!que.head)                         //若 que 队列为空，则返回
        return  *this;
    head = new QueneNode <type>;          //为当前队列头结点分配存储
    assert(head);
    if (head ==NULL)     //若分配成功，继续执行，否则，警告并退出程序运行
    {   cout<<" out of memory \n";
        exit(1);
    }
    head -> data =(que. head)-> data; //复制队头结点内容
    head -> priority =(que. head)-> priority;
    head -> next = NULL;
    tail = head;                          //将队列头和尾均指向此结点
    r = NULL;
    p = head;                             //p 指向当前队列头
    q = que.head -> next;                 //将指向队列 que 第二个结点的指针赋给 q
    while(q)                              //从第二个结点至队尾进行结点间的赋值
    {   r = new QueneNode <type>;         //建立一个新结点
        assert(r);
        if (r==NULL)                      //若分配成功，继续执行，否则，警告并退出程序运行
        {   cout<<" out of memory \n";
            exit(1);
        }
        r -> data = q -> data;            //给结点赋值
        r -> priority = q -> priority;
        r -> next = NULL;
        p -> next = r;                    //将新结点链接到当前队列
        tail = r;                         //队尾指针指向新结点
        p = p -> next;                    //当前队列指针后移
        q = q -> next;                    //que 队列指针后移
    }
    return *this;
}
```

（5）清队函数

```
//清空队列
template <class type>
void PriQuene <type>::Clear()
{   type p;
    while(PopHead (p));     //从队头至队尾，循环提取队列中的各元素，实现清除
    head = tail = NULL;
}
```

7.8 递　归

7.8.1 递归的概念

递归是计算机科学的一个重要概念，同时也是一种重要的程序设计方法。如果在一个函

数、过程或数据结构的定义中又应用了它自身(作为定义项之一)，那么这个函数、过程或数据结构称为是递归定义的，简称递归。

递归算法是一种重要的算法设计方法，指一个过程或函数在其实现中又直接或间接调用自身的一种方法。它通常把一个大型复杂的问题层层转化为一个与原问题相似的规模较小的问题来求解，使算法的描述简洁而且易于理解，大大地减少了程序的代码量。用递归思想写出的程序往往十分简洁易懂。

递归在计算机科学和数学等领域有着广泛的应用。举例来说，计算 n 的阶乘的问题，可以利用阶乘的递推公式 $n!=n*(n-1)!$ 对该问题进行分解，把计算 n 的阶乘问题化为等式右边涉及规模较小的同类问题(n-1)的阶乘的计算。这种分而治之的递归分析方法，对很多具有复杂数据结构的问题是强有力的。但必须注意，递归定义不能是“循环定义”的。在使用递归策略时，必须有一个明确的递归结束条件，称为递归出口，否则将无限进行下去。计算阶乘时，需要定义一个最关键的递归结束条件（Base Case）：0 的阶乘等于 1。

$$0! = 1$$

$$n! = n*(n-1)!$$

因此，3!=3*2!，2!=2*1!，1!=1*0!=1*1=1，正因为有了递归结束条件，才不会永远乘下去，知道了 1!=1 再反过来算回去，即可得 2!=2*1!=2*1=2，3!=3*2!=3*2=6。

一般来说，递归需要有边界条件、递归前进段和递归返回段。当边界条件不满足时，递归前进；当边界条件满足时，递归返回。为此要求任何递归定义必须同时满足如下两个条件。

1）被定义项在定义中的应用（即作为定义项的出现）具有更小的“尺度”。

2）被定义项在最小“尺度”上的定义不是递归的。

例如，在上述阶乘函数的定义中，被定义项 $n!$ 在定义中的应用 $(n-1)!$ 具有比原来（即 n）更小的“尺度”（即 n-1）。同时，$n!$ 在最小“尺度”（即 0）上的定义不是递归的（由自然数 1 直接定义）。这两个条件实际上构成了递归程序设计的基本原则。算法实现时，通常将反映条件 2）的部分写在递归过程的开头。

7.8.2 递归的应用

递归算法一般可用于解决以下三类问题。

1）数据的定义是按递归定义的。如求阶乘 $n!$、求Fibonacci 函数。

2）问题解法按递归算法实现。如梵塔问题、快速排序算法。

3）数据的结构形式是按递归定义的。如树的遍历算法、图的搜索算法。

当设计递归算法时，需要确定边界（递归终止）条件，并确定递归公式。

下面是一些递归算法的应用实例。

【例 7.8.1】 梵塔问题。

梵塔问题源于印度的一个神话故事。在世界中心贝那勒斯（印度北部的佛教圣地）的圣庙里，安放着一块黄铜板，板上插着三根细细的、镶上宝石的细针，细针像菜叶般粗，而高就像成人由手腕到肘关节那么长。当印度教的主神梵天在创造地球这个世界时，就在其中的一根针上从下到上放了半径由大到小的六十四片圆金片环，这就是有名的梵塔或称汉内塔（Towers of Hanoi）。天神梵天要此庙中的僧侣把这些金片全部由一根针移到另外一根指定的针上，一次只能移一片，不管在什么情况下，金片环的大小次序不能变更，小金片环永远只能放在大金片环上面。只要有一天这六十四片的金环能从指定的针上完全转移到另外指定的针上，世界末日就来到，芸芸众生、神庙都将消灭，万物尽入极乐世界。

梵塔问题是一个 NP 难题，这个问题可以转述如下：有 3 个柱子(1，2，3)和 n 个不同尺寸的圆盘。在每个圆盘的中心有一个孔，所以圆盘可以堆叠在柱子上。最初，n 个圆盘都堆在柱子 1 上：最大的圆盘在底部，最小的圆盘在顶部。要求把所有圆盘都移到柱子 3 上，每次只许移动一个，而且只能先搬动柱子顶部的圆盘，还不许把尺寸较大的圆盘堆放在尺寸较小的圆盘上。对于 n=3 的情况，这个问题的初始配置和目标配置分别如图 7.8.1 和图 7.8.2 所示。

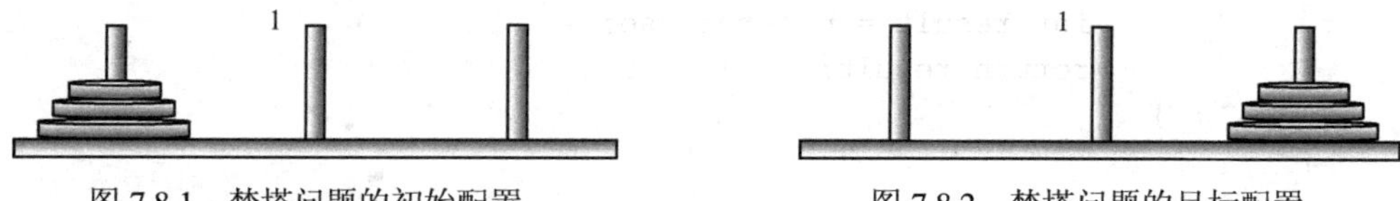

图 7.8.1　梵塔问题的初始配置　　图 7.8.2　梵塔问题的目标配置

如何实现移动圆盘的操作呢？该问题的核心算法可以利用递归思想来设计。当 n=1 时，问题比较简单，只要将编号为 1 的圆盘从 A 直接移到 C 上即可。当 n>1 时，需要利用 B 做辅助塔。若能设法将压在编号为 n 的圆盘之上的 n-1 个圆盘从 A 移到 B 上，即可先将编号为 n 的圆盘从 A 移到 C 上，再将 B 上的 n-1 个圆盘移到 C 上。那么将 n-1 个圆盘从一个塔座移到另一个塔座的问题是一个和原问题具有相同特征属性的问题，因此，可以用同样的方法来求解。

```
#include<iostream.h>
public void hanoi(int n, char x, char y, char z)
{   if(n==1)
    {   Move(x, z);              //如果 x 上只有一个圆盘，则可直接将之移动到 z 上
    }
    else
    {   hanoi(n-1,  x,  z, y);   //将 x 上的 n-1 个圆盘先移动到 y 上，z 作为辅助柱
        Move(x, z);              //将 x 上唯一的一个圆盘移动到 z 上
        hanoi(n-1,  y, x, z);    //将 y 上的 n-1 个圆盘移动到 z 上， x 作为辅助柱
    }
}
void move(char getone, char putone)
{   cout<<getone<<"-->"<<putone<<endl;
}
int main( )
{   int m;
    cout<<"Input the number of diskes:";
    cin>>m;
    cout<<"the steps to moving"<<m<<"diskes:"<<endl;
    hanoi(m, 'A', 'B', 'C');
    return 0;
}
```

7.8.3　递归在计算机中的实现

计算机执行递归算法时，在递归过程或递归函数开始运行时，系统首先建立一个栈，该栈的数据域包括值参、局部变量和返回地址；在每次执行递归调用语句之前，自动把本算法中所使用的值参和局部变量的当前值以及调用后的返回地址压栈（一般形象地称为“保存现场”，以便需要时“恢复现场”返回到某一状态），在每次递归调用结束后，又自动把栈顶元素的值分别赋给相应的值参和局部变量（出栈），以便使它们恢复到调用前的值，再无条件转向到由返回地址所指定的位置继续执行算法。

例如，根据阶乘的定义，可写出计算阶乘的函数 factorial。

```
int factorial(int n)
{   if (n == 0)
        return 1;
    else
    {   int recurse = factorial(n-1);
        int result = n * recurse;
        return result;
    }
}
```

当 n=3 时，factorial(3)的调用过程如图 7.8.3 所示。

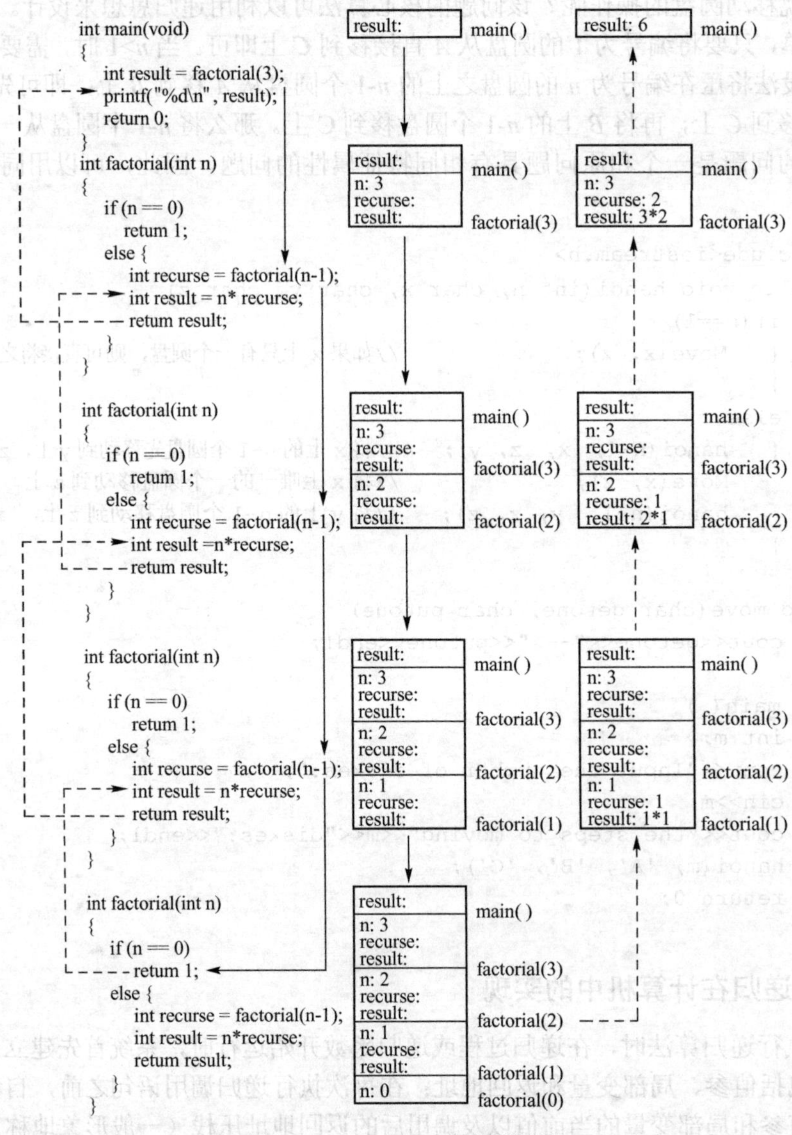

图 7.8.3　factorial(3)的调用过程

图 7.8.3 中用实线箭头表示调用，用虚线箭头表示返回，右侧的框表示在调用和返回过程中各层函数调用的存储空间的变化情况。

1）main( )有一个局部变量 result，用一个框表示。

2）调用 factorial(3)时要分配参数和局部变量的存储空间，于是在 main( )的下面又多了一个框表示 factorial(3)的参数和局部变量，其中 *n* 已初始化为 3。

3）factorial(3)又调用 factorial(2)，又要分配 factorial(2)的参数和局部变量，于是在 main( )和 factorial(3)下面又多了一个框。factorial(3)和 factorial(2)是两次不同的调用，factorial(3)的参数 *n* 和 factorial(2)的参数 *n* 各有各的存储单元，虽然写代码时只写了一次参数 n，但运行时却是两个不同的参数 *n*。此外，由于调用 factorial(2)时 factorial(3)还没退出，所以两个函数调用的参数 *n* 同时存在，所以在原来的基础上多画一个框。

4）以此类推，整个过程和前面用数学公式计算 3!的过程是一样的，先一步步展开再一步步收回去。

图 7.8.3 右侧存储空间是堆栈结构，随着函数调用的层层深入，栈顶端逐渐增长。随着函数调用的层层返回，栈顶端又逐渐缩短，每次访问参数和局部变量时只能访问栈顶的存储单元，而不能访问内部的存储单元，如当 factorial(2)的存储空间位于末端时，只能访问它的参数和局部变量，而不能访问 factorial(3)和 main( )的参数及局部变量。每个函数调用的参数和局部变量的存储空间（上图的每个小方框）称为一个栈帧（Stack Frame）。操作系统为程序的运行预留了一块栈空间，函数调用时就在这个栈空间里分配栈帧，函数返回时就释放栈帧。

使用递归时，栈空间的增长是需要关注的一个问题。随着被调用次数的增加，某些种类的递归函数会线性地增加栈空间的使用。不过，有一类函数，即尾部递归函数，不管递归有多深，栈的大小都保持不变。尾部递归函数是使用尾部调用的递归函数，尾部调用指函数所做的最后一件事情是一个函数调用（递归的或者非递归的）。也即，如果在递归函数中，递归调用返回的结果总被直接返回，该函数就是尾部递归函数。尾部递归函数容易优化成为普通循环，节省时间和空间。

例如，上面的递归函数 factorial 可以改写为：

```
int factorial(int x)
{   if(x == 1)
        return 1;
    else
        return x * factorial(x-1);
}
```

该函数只在返回语句中才调用递归函数，是尾部递归。它可以很容易地转化为循环版本的函数。

```
void factorial(int  x)
{   int returnvalue = 1;
    while (x != 1)
    {   returnvalue = x * returnvalue;
        x = x - 1;
    }
    return returnvalue;
}
```

7.8.4 递归问题的非递归算法

递归是在求解许多复杂问题时常用的方法，递归算法具有简洁清晰的特点，但递归并不是一种高效的方法。因为递归程序的执行是由上而下再由下而上求解的，即由调用点出发逐步展开到递归出口得到局部解，再逐层返回以得到全局解，因此比非递归形式的程序要花费更多的时间和空间。若在程序中消除递归调用，则其运行时间可大为节省。而且，有些程序设计语言并不支持递归，如 FORTRAN、BASIC 等都不允许递归，因此，许多情况下，要求能写出求解问题的非递归算法。而有些问题（如梵塔问题）用递归算法容易描述，用非递归算法又不容易描述，因此可以先将算法写成递归形式，再按某种方法把递归算法转换为等价的非递归算法。对于程序中频繁使用的部分和不支持递归的程序设计语言，消除递归是非常必要的。当然，并非一概提倡消除递归，因为在很多时候，程序结构简单、可读性好比运行时间的缩短更有意义。

递归算法的实现是由编译程序利用递归工作栈来实现的，而非递归算法的实现则需用户自己设计堆栈来模拟递归工作栈的工作过程。

递归工作栈的工作原理如下：在前行阶段，对于每一层递归，函数的局部变量、参数值以及返回地址都被压入栈中。在退回阶段，位于栈顶的局部变量、参数值和返回地址被弹出，用于返回调用层次中执行代码的其余部分，也就是恢复了调用的状态。根据递归工作栈的工作原理，可以得出从递归算法到非递归算法转换的规则。

1）设置一个栈存放当前层的活动记录，初始置为空。

2）在子程序入口处设置一个标号 Start。

3）对子程序中的每一递归调用，用以下几个等价操作来替换。

① 保留现场：开辟栈顶存储空间，用于保存返回地址（不妨设为 *i*，*i*=1，2，3，…，程序中用标号 Li 表示），以及调用层中的形参和局部变量的值。

② 准备数据：为被调子程序准备数据，即计算实际参数的值，并赋给对应的形参。

③ 转入子程序执行。

④ 在返回处设一个标号 Li(*i*=1，2，3，…)，并根据需要设置以下语句：若有变参或函数，从回传变量中取出所保存的值并传送到相应的实变参或位置。

4）对返回语句，则可用以下几个等价操作来替换。

如果栈不空，则依次执行如下操作，否则结束本子程序，返回。

① 回传数据：若有变参或函数，将其值保存到回传变量中。

② 恢复现场：从栈顶取出返回地址及各变量、形参的值，并退栈。

③ 返回：按返回地址返回。

下面以梵塔问题为例来说明如何利用堆栈实现从递归算法到非递归算法的转换。

设 *n* 表示递归调用的某一层需要搬动的圆盘数，*A*、*B* 和 *C* 分别表示该层的源塔座、辅助塔座和目标塔座，returnaddr 表示执行完这一层后返回的地址。求解函数 Hanoi(*n*，*A*，*C*，*B*)的问题可分解为求解 Hanoi(*n*-1，*A*，*B*，*C*)、移动第 *n* 个圆盘到目标塔座以及求解 Hanoi(*n*-1，*B*，*C*，*A*)三个操作。当调用 Hanoi(*n*-1，*A*，*B*，*C*)或 Hanoi(*n*-1，*B*，*C*，*A*)时，则须将 Hanoi(*n*，*A*，*C*，*B*)的参数及返回地址保存在栈中，以便返回时恢复现场。因此，设置栈 HStack，其数据元素包括五个域，分别用于保存四个参数和一个返回地址。

首先，定义栈的元素类型和栈的数据类型。

```
typedef struct{
    int  n;
    char  x;
    char  y;
    char  z;
    int returnaddr;
}Hdata;
```

```
typedef struct{
    int top;
    Hdata item[MAXSTACK];
}HStack;
void StackHanoi(int n, char A, char  C, char B)
{   HStack S;
    Hdata CurTemp;                    //临时活动记录
    char tmp;                         //临时变量
    int i;                            //返回地址
    IniStack(S);                      //初始化栈S
    /*初始化当前数据区*/
    CurTemp.n=n;                      //待移动圆盘数n
    CurTemp.x=A;                      //源塔座A
    CurTemp.y=B;                      //辅助塔座B
    CurTemp.z=C;                      //目标塔座C
    CurTemp. returnaddr =1;           //主调函数的返回地址
    Push(s, CurTemp);
  start:     /*递归模拟开始*/
    CurTemp=GetTop(s);
    if(CurTemp.n= =1){                //模拟递归出口
        cout<< CurTemp.x <<"-->"<< CurTemp.z <<endl;
        i= CurTemp. Returnaddr;
        switch ( i ) {
                case 1:  goto L1;
                case 2:  goto L2;
                case 3:  goto L3;
        }
    }
    /*模拟递归自调用的过程*/
    CurTemp.n--;
    Tmp= CurTemp.y;
    CurTemp.y= CurTemp.z;
    CurTemp.z=tmp;
    CurTemp. Returnaddr=2;
    push(s, CurTemp);
    Goto start;
  L2:     /*模拟返回第一次递归调用   */
    cout<< CurTemp.x <<"-->"<< CurTemp.z <<endl;
    CurTemp.n--;
    Tmp= CurTemp.x;
    CurTemp.x= CurTemp.y;
    CurTemp.y=tmp;
    CurTemp. Returnaddr=3;
    push(s, CurTemp);                 //返址和下一层的参量进栈
    Goto start;                       //转向递归入口
  L3:           /*模拟返回第二次递归调用   */
    pop(s, CurTemp);
    i= CurTemp. Returnaddr;
```

```
        switch( i ) {
            case 1:  goto L1;
            case 2:  goto L2;
            case 3:  goto L3;
        }
      L1:
        pop(s, CurTemp);
        Return;
    }
```

经过上述转换规则得到的不含递归的算法尚需进行化简，消去不必要的操作，如冗余进栈的内容等，并画出相应的流程图，从流程图中找到各循环的循环体和循环条件，从而消去GOTO 语句，得到结构清晰的非递归算法。

递归程序是在对所要解决的问题进行数学上的分析后给出的，也就是说，递归算法是从纯数学的角度出发考虑的，它能使程序的结构更清晰、更简洁、更容易让人理解，从而减少读懂代码的时间。这是现代软件最重要的。但在递归调用的过程当中系统为每一层的返回点、局部量等开辟了栈来存储。大量的递归调用会耗费大量的时间和内存。递归层次过深可能会耗尽栈空间，导致程序崩溃。

而非递归的算法则是在递归算法的基础上考虑计算机内部处理递归程序的机制来实现转换的。非递归的算法不需要反复调用函数和占用额外的内存。程序可以在堆上进行，可使用的内存空间要大得多。实际应用中应该视不同情况选择不同的代码实现方式。

7.9 本章小结

本章介绍的基本内容有堆栈和队列的逻辑结构、顺序存储结构和链式存储结构及其基本操作等，最后讲述了递归操作与实现。

从逻辑上看，堆栈和队列均属于线性结构，同样均有顺序存储和链式存储两种存储结构。堆栈和队列均是操作受限的特殊线性表，堆栈的操作仅限于栈顶，队列的操作则在其头尾两端。

本章的基本框架如下：对于堆栈和队列，均是定义其抽象类，由此分别公有派生出顺序类和链式类，分别实现了顺序栈、循环队列、链式栈、链式队列。

本章最后讲述了递归的概念、应用以及在计算机中的实现。

习　题　7

7.1　简述栈和线性表的差别。

7.2　设有 4 个元素 1，2，3，4 依次进栈，而出栈操作可随时进行（进出栈可任意交错进行，但要保证进栈次序不破坏 1，2，3，4 的相对次序），请写出所有可能的出栈次序。

7.3　已知 Ackerman 函数的定义如下：

$$\text{akm}(m,\ n)=\begin{cases} n+1 & m=0 \\ \text{akm}(m-1,\ 1) & m\neq 0,\ n=0 \\ \text{akm}(m-1,\ \text{akm}(m,\ (n-1))) & m\neq 0,\ n\neq 0 \end{cases}$$

（1）写出递归算法，并画出 akm (2 , 1) 时的栈的变化过程。

（2）写出非递归算法，并画出 akm (2 , 1) 时的栈的变化过程。

7.4　假设以顺序栈存储结构实现一个双向栈，即在一个一维数组 $A\,[m]$的存储空间中存在着两个栈，它们的栈底分别设在数组的两个端点 $A[0]$ 和 $A[m-1]$。试构造一个类，并要求实现这个双向栈的以下三个基本操作。

（1）初始化操作；

（2）入栈操作；

（3）出栈操作。

7.5　试编写一个程序，让计算机随机产生 100 以内的 20 个正整数并输出，同时把它们中的偶数依次存入到第一个栈中，奇数依次存入到第二个栈中，然后按后进先出的原则输出每个栈中的所有元素（方法不限，用链栈或顺序栈都可以）。

7.6　试编写一个算法，建立一个学生成绩栈，要求从键盘上输入 N 个整数，按照下列要求分别进入不同栈。

（1）若输入的整数 x 小于 60，则进入第一个栈。

（2）若输入的整数 x 大于等于 60 并小于 100，则进入第二个栈。

（3）若输入的整数 x 大于 100，则进入第三个栈。

最后分别输出每个栈的内容。

7.7　简述队列和栈这两种数据类型的异同点。

7.8　假设以数组 $A[m]$ 存放循环队列中的元素，同时以 rear 和 length 分别指示循环队列的队尾位置和所包含的元素个数。试给出该循环队列的队空和队满条件，写出相应的入队和出队算法。

7.9　假设以数组 $A[m]$ 存放循环队列中的元素，同时设置一个标志 tag，当队头指针（front）和队尾指针（rear）相等时，tag = 1 表示队满。试给出该循环队列相应的入队和出队算法。

7.10　假设以带头结点的循环队列表来表示队列，并且只设一个指针指向队尾元素结点（注意：不设头指针）。试编写相应队列初始化、入队和出队算法。

7.11　试建立一个继承结构，以栈、队列和优先队列为派生类，建立它们的抽象基类 Base 类。写出各个类的声明。统一命名各派生类的插入操作为 Add，删除操作为 Remove，存取操作为 Get 和 Put，判空操作为 IsEmpty，判满操作为 IsFull，计数操作为 GetLenth。

7.12　编写一个程序，使用两个链队 $q1$ 和 $q2$，分别用来存储由计算机产生的 20 个 100 以内的奇数和偶数，然后每行输出 $q1$ 和 $q2$ 中一个值，即奇数和偶数配对输出，直到任一队列为空为止。

实验训练题 7

1．运行下列程序。该程序将计算机产生的 n 个随机数分为奇数、偶数两组，并将它们分别压入两个栈，然后输出到屏幕上。

算法设计：首先，定义一个堆栈类，采用顺序存储结构。在类中定义*elements 并用来存放随机产生的数据，同时定义一个基本运算。其次，定义测试主函数。在主函数中，定义两个堆栈对象，将产生的奇数和偶数分别压入这两个对象，最后将它们输出。

```
#include <iostream>
using namespace std;
#include"stdlib.h"
#include"time.h"
typedef int ElemType;
class SeqStack
{       unsigned height;                  //栈高
        int top;                          //栈顶指针
        ElemType *elements;               //一维数组指针，用于存放栈中元素
```

```
        int maxsize;                          //栈的最大栈高
    public:
        SeqStack(int size);                   //构造函数，size用来设置栈的大小
        ~SeqStack(){delete []elements;}       //析构函数
        void PushStack(ElemType x);           //进栈函数，将元素x压入栈
        ElemType  PopStack(ElemType x);       //出栈函数，将栈顶元素值放入x
        void ClearStack(){top = -1;}          //清栈函数，用于释放栈所占的内存空间
        bool IsFullStack(){return top == maxsize-1;}  //判断栈是否为满
        bool IsEmptyStack();                  //判断栈是否为空
        void PrintStack();                    //将栈中元素输出到屏幕上
};
SeqStack::SeqStack(int size)
{       height = 0;
        top = -1;
        maxsize = size;                       //最大栈高
        elements = new ElemType[size];
}
void SeqStack::PushStack(ElemType x)          //进栈函数
{       if(IsFullStack())
            cout <<"栈已满！";
        else
        {   elements[++top] = x;
            height++;
        }
}
ElemType SeqStack::PopStack(ElemType x)       //出栈函数
{       x = elements[top];
        top--;
        height--;
        return x;
}
bool SeqStack::IsEmptyStack()                 //判断栈是否为空
{       return(height == 0)? true:false;
}
void SeqStack::PrintStack()                   //将栈中元素输出到屏幕上
{       while(IsEmptyStack()== false)
        {   cout << elements[top] <<" ";
            top--;
            height--;
        }
        cout << endl;
}
int main()
{       int n;
        ElemType m;
        cout <<"请输入随机数个数:";
        cin >> n;
        srand(time(NULL));
```

```
        SeqStack p(n),q(n);
        cout <<"随机数为:";
        for(int i = 0;i < n;i++)
        {   m = rand()%100;
            cout << m <<" ";
            if(m % 2 == 0)  p.PushStack(m);
            else            q.PushStack(m);
        }
        cout << endl;
        cout <<"偶数:"<< endl;
        p.PrintStack();
        cout <<"奇数为:"<< endl;
        q.PrintStack();
        retrun 0;
}
```

2. 运行下列程序。该程序用于判断一个字符串是否是回文。

算法设计：将输入的字符串存入一链表，再将链表中的数据压入一个堆栈，然后将链表中的数据与堆栈出栈的数据进行比较，如果相等，则说明这个字符串是回文，否则，它不是回文。

```
#include <iostream>
using namespace std;
#include"string.h"
typedef char ElemType;
class List;                                  //List类的预先声明
class SeqStack;
class ListNode                               //结点类的定义
{       friend class List;
        friend class SeqStack;
        ElemType data;
        ListNode *link;
    Public:
        ListNode(){link = NULL;}
        ListNode(int &item,ListNode *next = NULL)
        { data = item;
            link = next;
        }
};
class List                                   //链表类定义
{       friend class SeqStack;
    public:
        List(){ListNode *q = new ListNode;first = last = q;}
        void Insert(int num);                //将新元素插入到表头
        void Print();                        //输出原文
    private:
        ListNode *first,*last;
        int length;
};
class SeqStack                               //栈类定义
{       ElemType *elements;
        int top;
        int maxsize;
        unsigned height;                     //栈高
```

```
        friend class List;
    public:
        SeqStack(int i);                    //构造函数，i用来设置栈的最大高度
        ~SeqStack(){delete []elements;}     //析构函数
        bool IsEmpty();                     //判断栈是否为空
        void Push(List L);                  //进栈函数，将元素x压入栈
        ElemType  Pop(ElemType x);          //出栈函数，将栈顶元素值放入x
        int Isaaa(List L);                  //判断是否为回文
        void PrintStack();                  //将栈中元素输出到屏幕上
};
SeqStack::SeqStack(int i)
{       height = 0;
        top = -1;
        maxsize = i;                        //最大栈高
        elements = new ElemType[maxsize];
}
void SeqStack::Push(List L)                 //进栈函数
{       ListNode *p = new ListNode;
        p = L.first -> link;
        while(p!= NULL)
        {   elements[++top] = p -> data;
            height++;
            p = p -> link;
        }
}
int SeqStack::Isaaa(List L)                 //判断是否为回文
{       ListNode *p = new ListNode;
        p = L.first->link;
        while(p!= NULL)
        {   elements[++top] = p->data;  //将原文压栈
            height++;
            p = p->link;
        }
        p = L.first->link;
        while(IsEmpty()== false)
        {   if(elements[top--]!= p->data)   //栈中数据与链表中数据比较
            {   return 0;                   //不等时返回0
            }
            p = p -> link;
            height--;
        }
        return 1;                           //相等返回1，是回文
}
bool SeqStack::IsEmpty()                    //判断栈是否为空
{       return(height == 0)? true:false;
}
ElemType SeqStack::Pop(ElemType x)          //出栈函数
{       x = elements[top];
        top--;
        height--;
        return x;
}
void SeqStack::PrintStack()                 //输出栈中数据
{       while(IsEmpty()== false)
```

```
        {   cout << elements [top] <<"  ";
            top--;
            height--;
        }
        cout << endl;
}
void List::Insert(int num)                  //将新元素插入表
{       ListNode *newnode = new ListNode;
        newnode -> data = num;
        ListNode *p = first;
        if(first -> link == NULL)
            last = newnode;
        newnode -> link = first -> link;
        first -> link = newnode;
        length++;
}
void List::Print()                          //输出链表中数据
{       ListNode *p;
        p = first -> link;
        while(p!= NULL)
        {   cout << p -> data <<"  ";
            p = p -> link;
        }
        cout << endl;
}
int main()
{       List L;                             //定义一个链表对象
        int i,n;
        ElemType ch[80],*num;               //定义变量，存放字符串
        cout <<"请输入一段字符:";
        cin >> ch;
        n = strlen(ch);
        SeqStack s(n);                      //定义栈对象，栈高为字符串长度
        num = new ElemType[n];
        strcpy(num,ch);
        for(i = 0;i < n;i++)
        L.Insert(num[i]);                   //将字符串存放在链表
        cout <<"链表中的文字:";
        L.Print();
        cout <<"堆栈中的文字:";
        s.Push(L);  //将字符串压栈
        s.PrintStack();
        if(s.Isaaa(L)==1)                   //判断是否为回文
           cout <<"是回文！ "<< endl;
        else
           cout <<"不是回文！ "<< endl;
        return 0;
}
```

3. 运行下列程序。该程序设一数组存放循环队列数据元素，给出判断此循环队列的队满条件，并给出相应入队和出队的算法。

算法设计：对于顺序循环队列，设计方法是定义一个队头指针 head 和一个队尾指针 tail，用它们分别指向当前的队头位置下标和当前的队尾位置下标。当数据入队时，数据存入数组，队尾指针 tail 加 1，数据

出队时，队头指针 head 加 1。

判断队满的条件是(tail+1)% maxsize == head。

算法实现：

```
#include <iostream>
using namespace std;
#define QUENESIZE  100
class CirQueue
{       int head;                              //队头指针
        int tail;                              //队尾指针
        int *elements;                         //存放队列元素的数组
        int maxsize;                           //队列最大可容纳的元素个数
        int qsize;                             //队列长度
    public:
        CirQueue();
        ~CirQueue(){delete elements;}
        void PushTail(int &x);                 //插入，将元素插入到队尾
        int PopFront(int &x);                  //删除，从队头取一个元素
        void Clear(){head = tail;}             //清空队列
        void Put(int x){PushTail(x);}          //进队，将新元素插入到队尾
        void Get(int x){PopFront(x);}          //出队，从队头取一个元素
        void InQueue(int &item);               //插入函数
        bool QueueIsFull(){return(tail+1)% maxsize == head;}
                                               //判断队列是否为满
        bool QueueIsEmpty(){return head == tail;}  //判断队列是否为空
        void Print();
};
CirQueue: : CirQueue()
{       head = tail = 0;                           //队列设置为空队列
        maxsize = QUENESIZE;
        qsize = 0;
        elements = new int [maxsize];              //给队列分配内存空间
}
void CirQueue: : PushTail(int &x)
{       if(QueueIsFull())
            cout <<"队列已满! "<< endl;
        else
        {   tail =(tail+1)% maxsize;               //尾指针加 1
            elements[tail] = x;                    //给队尾赋值
            qsize++;                               //队长加 1
        }
}
int CirQueue::PopFront(int &x)
{       if(QueueIsEmpty())
        {   cout <<"队列已空! "<< endl;
            return -1;
        }
        else
```

```
    {   head =(head+1)% maxsize;                    //头指针加1
        x = elements[head];
        qsize--;
        return x;
    }
}
void CirQueue::Print()
{       int m,s = qsize;
        for(int i = 0;i < s;i++)
        {   m = PopFront(elements[i]);
            cout << m <<"  ";
        }
        cout << endl;
}
int main()
{       CirQueue cir;
        int i,x;
        cout <<"请输入数据:";
        for(i = 0;i < 5;i++)
        {   cin >> x;
            cir.PushTail(x);
        }
        cout <<"队列中数据:";
        cir.Print();
        cout << endl;
        return 0;
}
```

4. 假设一个算术表达式中可以包含三种括号：“（”和“)”，方括号“[”和“]”及花括号“{”和“}”，且这三种括号可按任意次序嵌套使用。编写算法判断给定表达式中所含括号是否配对出现。

第 8 章　树与二叉树

学习目标

通过对本章内容的学习，学生应该能够做到：

1）了解：树和二叉树结构的特点。

2）理解：树、森林及二叉树的基本概念和逻辑结构，树、二叉树的存储结构，以及树和森林与二叉树之间的转换。

3）掌握：包括树和二叉树的遍历等基本操作。

树形结构是一类重要的非线性数据结构，它是以分支关系定义的层次结构。这种数据结构为在计算机应用中经常遇到的一些嵌套性的数据提供了很自然的表示，而且使用这种结构可以有效地解决许多算法问题。本章将重点讨论二叉树的抽象数据类型、存储结构及其各种操作，并研究树和森林与二叉树的转换关系。

8.1　树、二叉树和森林的基本概念

8.1.1　树

1．树的定义

树是由 n（$n \geqslant 0$）个结点组成的有限集合。如果 $n = 0$，则称为空树；如果 $n > 0$，则是非空树。在一棵非空树中：

1）有且仅有一个特定的称为**根**（Root）的结点，它只有直接后继，但没有直接前驱；

2）当 $n > 1$ 时，其余结点可分为 m（$m > 0$）个互不相交的有限集 T_1，T_2，…，T_m，其中每一个集合本身又是一棵树，并且称为根的**子树**（Subtree）。每棵树的根结点有且仅有一个直接前驱，但可以有 0 个或多个直接后继。

图8.1.1所示的是树的结构。图8.1.1（a）是空树，一个结点也没有。图8.1.1（b）是只有一个根结点的树。图8.1.1（c）是一个有 13 个结点的树，其中 A 是根结点，其余结点分成三个互不相交的子集：$T_1 = \{B, E, F, K, L\}$，$T_2 = \{C, G\}$，$T_3 = \{D, H, I, J, M\}$；T_1、T_2、T_3 均为根结点 A 的子树，且本身也是一棵树。T_1 的根结点为 B，其余结点分成互不相交的子集，即 $T_{11} = \{E, K, L\}$，$T_{12} = \{F\}$。T_{11} 和 T_{12} 都是 B 的子树。而在 T_{11} 中，E 是根结点，$T_{111} = \{K\}$和 $T_{112} = \{L\}$是 E 的两棵互不相交的子树，其本身又是只有一个根结点的树。

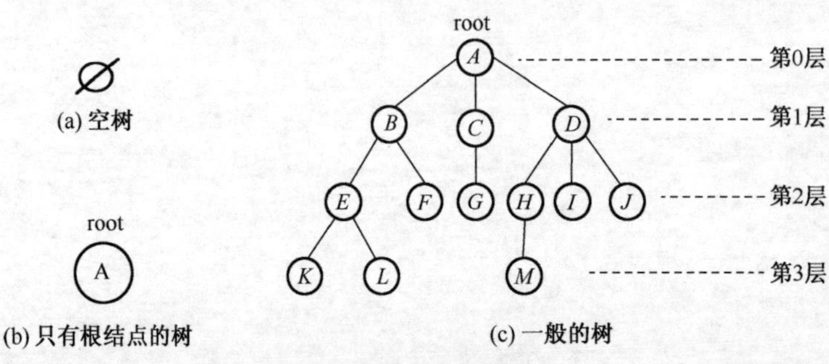

图 8.1.1　树的结构

由图8.1.1可见，树的定义其实是一个递归的定义，即树的定义中又用到了树的概念。

2．树的术语

下面介绍树结构中的一些基本术语。

1）树的结点（Node）：它包含一个数据元素及若干指向其子树的分支。图 8.1.1 中共有13个结点。

2）结点的度（Degree）：结点所拥有的子树数量就是结点的度。如图8.1.1（c）中，根结点的度为 3，结点 *E* 的度为 2。

3）叶（Leaf）结点：结点度为 0 的结点称为叶结点或终端结点。如图8.1.1（c）中，结点 *K*、*L*、*F*、*G*、*M*、*I*、*J* 都是叶结点。

4）分支结点：除叶结点之外的其他结点称为分支结点或非终端结点。如图8.1.1（c）中，结点 *A*、*B*、*E*、*C*、*D*、*H* 都是分支结点。

5）孩子（Child）结点：若结点 x 有子树，则子树的根结点即称为结点 *x* 的孩子结点。如图 8.1.1（c）中，结点 *A* 有 *B*、*C*、*D* 三个孩子结点，结点 *B* 有 *E*、*F* 两个孩子结点，结点 *F* 没有孩子结点。

6）双亲（Parent）结点：若结点 *x* 有孩子结点，则该结点 *x* 称为这些孩子结点的双亲结点。如图8.1.1（c）中，结点 *A* 是其孩子结点 *B*、*C*、*D* 的双亲结点。

7）兄弟（Sibling）结点：同一双亲的孩子结点之间称为兄弟。如图8.1.1（c）中，结点 *A* 的孩子结点 *B*、*C*、*D* 之间即为兄弟。

8）祖先（Ancestor）结点：从根结点到该结点所经过的所有结点称为该结点的祖先结点。如图8.1.1（c）中，结点 *K* 的祖先结点有结点 *A*、*B*、*E*。

9）子孙（Descendant）结点：以某个结点为根的子树中的任一个结点都称为该结点的子孙结点。如图8.1.1（c）中，结点 *B* 的子孙结点有结点 *E*、*F*、*K*、*L*。

10）结点所处的层次（Level）简称结点的层次，即从根到该结点所经过的分支条数。如图 8.1.1（c）中，根结点在第 0 层，其孩子结点在第 1 层。树中任一结点的层次为它的双亲结点的层次加 1。

11）树的高度（Depth）：树中结点的最大层次称为树的高度或深度。如图8.1.1（c）中，树的高度为 3。

12）树的度（Degree）：树中的结点的度的最大值即为树的度。如图8.1.1（c）中，树的度为 3。

13）有序树：树中结点的各子树 T_1，T_2，T_3，…之间是有序的（即不能互换），即为有序树。其中，T_1 叫做根的第 1 棵子树，T_2 叫做根的第 2 棵子树，等等。

14）无序树：树中结点的各子树 T_1，T_2，T_3，…之间是无序的，即它们之间的次序是不重要的，可以互换。

15）森林（Forest）是 m（$m \geqslant 0$）棵互不相交的树的集合。删除一棵非空树的根结点，树变成森林；反之，若增加一个根结点 *x*，让森林中的每棵树的根成为结点 *x* 的孩子结点，森林就变成了一棵树。

8.1.2 二叉树

在进一步讨论树之前，先来讨论一种重要的树形结构——二叉树。

1．二叉树的定义

二叉树的定义也是以递归形式给出的。一棵二叉树是结点的一个有限集合，该集合或者为空，或者是由一个根结点加上两棵分别称为左子树和右子树的、互不相交的二叉树组成的。

二叉树的特点是每个结点最多有两个孩子，即二叉树中不存在度大于 2 的结点，且二叉树的子树有左、右之分，其子树的次序不能颠倒，因此是有序树。

二叉树有 5 种基本形态，如图 8.1.2 所示。图 8.1.2（a）表示一棵空树，一个结点也没有；图 8.1.2（b）是只有一个根结点的二叉树，根的左子树和右子树都是空的；图8.1.2（c）是根的右子树为空的二叉树；图8.1.2（d）是根的左子树为空的二叉树；图8.1.2（e）是根的左子树和右子树都不为空的二叉树。

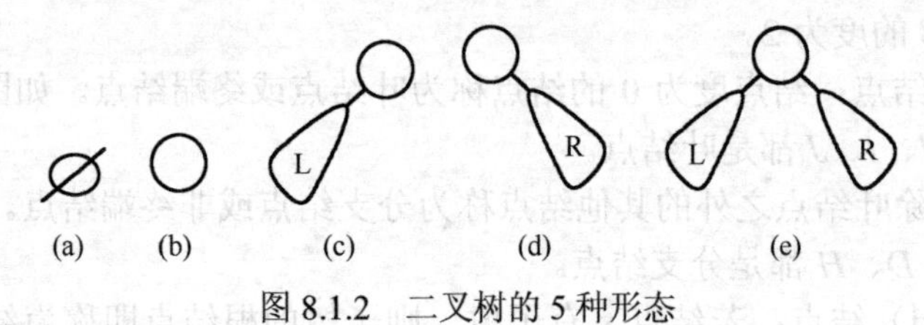

图 8.1.2　二叉树的 5 种形态

2. 二叉树的性质

在讨论二叉树的抽象数据类型之前，先介绍二叉树的一些重要性质。

性质 1　若二叉树的层次从 0 开始，则在二叉树的第 i 层最多有 2^i 个结点（$i \geqslant 0$）。

利用数学归纳法容易证明此性质。当 $i=0$ 时，非空二叉树在第 0 层只有一个根结点，$2^0=1$，结论成立。设对所有的 $j(0 \leqslant j < i)$ 命题成立，即第 j 层上至多有 2^j 个结点，那么，可以证明 $j=i-1$ 时命题也成立。

由归纳假设，第 $i-1$ 层上至多有 2^{i-1} 个结点。由于二叉树的每个结点的度最多为 2，故在第 i 层上最多有 $2^{i-1} \times 2 = 2^i$ 个结点，性质成立。

性质 2　高度为 k 的二叉树至多有 $2^{k+1}-1$ 个结点（$k \geqslant -1$）。

$k=-1$ 是空二叉树的情形，此时结点数为 0，即 $2^{k+1}-1=2^{-1+1}-1=0$，命题成立。$k \geqslant 0$ 是非空二叉树的情形，具有层次 $i=0, 1, \cdots, k$。根据性质 1，第 i 层最多有 2^i 个结点，则整个二叉树中所具有的最大结点数为

$$\sum_{i=0}^{k}（第\ i\ 层上的最大结点数）= \sum_{i=0}^{k} 2^i = 2^{k+1}-1$$

性质成立。

性质 3　对任何一棵二叉树，如果其叶子结点个数为 n_0，度为 2 的非叶子结点个数为 n_2，则有 $n_0=n_2+1$。

该性质的证明需要从二叉树的定义出发。首先统计二叉树中结点的总数 n。设二叉树中度为 1 的结点个数为 n_1，因为二叉树只有度为 0、度为 1 和度为 2 的结点，所以二叉树结点的总数 $n=n_0+n_1+n_2$。再统计二叉树中分支条数 e。因为二叉树中根结点没有双亲结点，进入它的分支条数为 0，其他每个结点都有一个且仅有一个双亲结点，进入它们的分支条数均为 1，故二叉树中总的分支条数 $e=n-1=n_0+n_1+n_2-1$。又由于每个度为 2 的结点发出 2 条边，每个度为 1 的结点发出 1 条边，度为 0 的结点发出 0 条边，因此总的分支条数 $e=2n_2+n_1$。联立上述两个总分支条数的等式有 $n_0+n_1+n_2-1=2n_2+n_1$，得 $n_0-1=n_2$，即 $n_0=n_2+1$。性质成立。

其他性质是有关满二叉树和完全二叉树的，因此，先定义这两种特殊的二叉树。

定义 1　**满二叉树**（Full Binary Tree）：高度为 k 的满二叉树是具有 $2^{k+1}-1$ 个结点的二叉树。因此，在满二叉树中，每一层结点都达到了最大个数。除最底层结点的度为 0 外，其他各层结点的度均为 2。图8.1.3（a）所示的是高度为 3 的满二叉树。

定义 2　**完全二叉树**（Complete Binary Tree）：如果一棵具有 n 个结点的高度为 k 的二叉树，它的每一个结点都与高度为 k 的满二叉树中编号为 0～$n-1$ 的结点一一对应，则称这棵

二叉树为完全二叉树。图8.1.3（b）所示的是高度为 3 的完全二叉树。其特点如下。

① 叶结点仅在层次最大的两层出现。

② 对任一结点，若其右子树的高度为 h，则其左子树的高度只能是 h 或 $h+1$。

性质 4 具有 n 个结点的完全二叉树的高度为 $\lceil \log_2(n+1) \rceil - 1$。

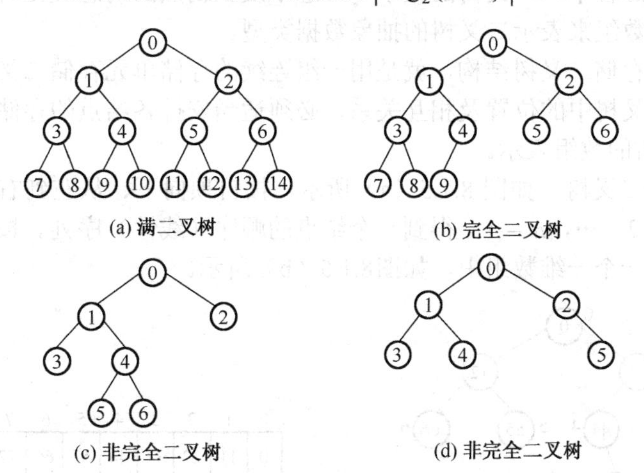

图 8.1.3　特殊形态的二叉树

设完全二叉树的高度为 k，则除最底层外其上面从 0 到第 $k-1$ 层都是满的，总共有 2^k-1 个结点，而最底层，即第 k 层结点个数最多不超过 2^k 个。因此有：

$$2^k-1 < n \leqslant 2^k-1+2^k = 2^{k+1}-1$$

移项得

$$2^k < n+1 \leqslant 2^{k+1}$$

取对数

$$k < \log_2(n+1) \leqslant k+1$$

因为 $\log_2(n+1)$ 介于 k 和 $k+1$ 之间且不等于 k，高度又只能是整数，因此有

$$k+1 = \lceil \log_2(n+1) \rceil$$

从而 $k = \lceil \log_2(n+1) \rceil - 1$，结论成立。

性质 5 如果将一棵有 n 个结点的完全二叉树自顶向下，同一层自左向右连续给结点编号为 0，1，2，…，$n-1$，然后按此结点编号将树中各结点顺序地存放于一个一维数组中，并简称编号为 i 的结点为结点 i（$0 \leqslant i \leqslant n-1$），参见图8.1.4，则有以下关系。

1）若 $i=0$，则结点 i 为根，无双亲；若 $i>0$，则结点 i 的双亲为结点 $\lfloor (i-1)/2 \rfloor$。

2）若 $2 \times i+1 < n$，则结点 i 的左孩子为结点 $2 \times i+1$。

3）若 $2 \times i+2 < n$，则结点 i 的右孩子为结点 $2 \times i+2$。

4）若结点编号 i 为偶数，且 $i!=0$，则它的左兄弟为结点 $i-1$。

5）若结点编号 i 为奇数，且 $i!=n-1$，则它的右兄弟为结点 $i+1$。

6）结点 i 所在层次为 $\lfloor \log_2(i+1) \rfloor$。

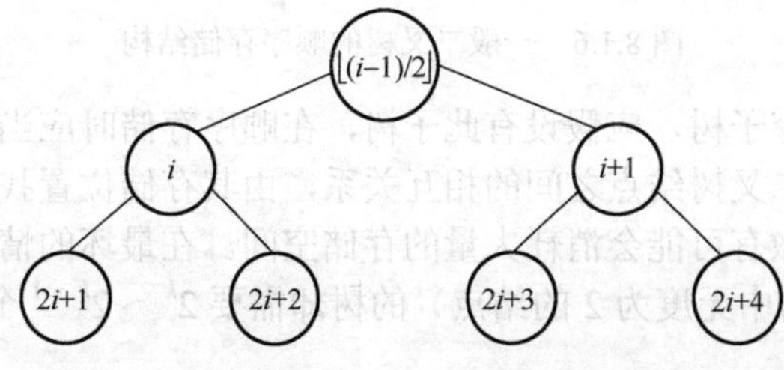

图 8.1.4　完全二叉树中结点 i 的左、右孩子、右兄弟和双亲结点编号

3．二叉树的存储结构

存在两种实现二叉树抽象数据类型的存储结构，即顺序存储结构和链式存储结构。

（1）顺序存储结构

当在数据处理过程中，二叉树的大小和形态不发生剧烈的动态变化时，可以采用顺序存储方式，即可以用数组来表示二叉树的抽象数据类型。

使用数组方式存储二叉树结构，就是用一组连续的存储单元存储二叉树的数据元素。为了反映各结点在二叉树中的位置及相互关系，必须适当安排各结点的存储次序。

1）完全二叉树的数组表示。

设有一棵完全二叉树，如图 8.1.5（a）所示，按自顶向下、从左到右的顺序连续给各个结点编号为 0，1，2，…，$n-1$，得到一个结点的顺序（线性）序列。按该顺序序列将各个结点顺序地存放在一个一维数组中，如图8.1.5（b）所示。

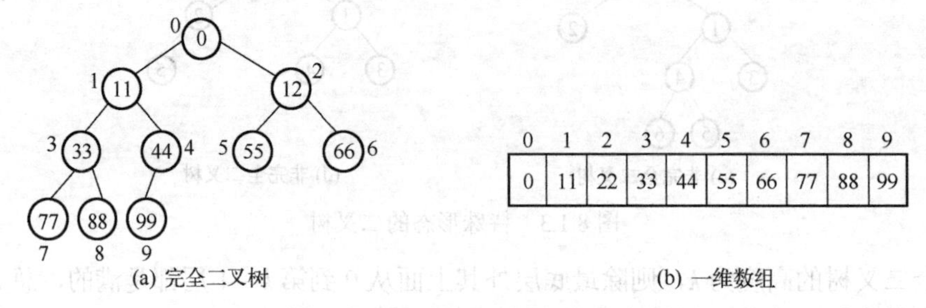

图 8.1.5　完全二叉树的顺序存储结构

根据完全二叉树的特性，已知某结点，与之相关结点在数组中的相对位置可以通过该结点的编号推算出来，从而找到这些结点。这种存储结构是存储完全二叉树的最简单、最节省存储空间的存储方式。

2）一般二叉树的数组表示。

设有一棵一般的二叉树，如图 8.1.6（a）所示。如果将它存放在一个数组中，为了能够简单地找到某一个结点的上下左右的关系，就必须仿照完全二叉树的结构来为二叉树编号，如图8.1.6（b）所示，然后按其编号将其结点值存入数组对应位置中

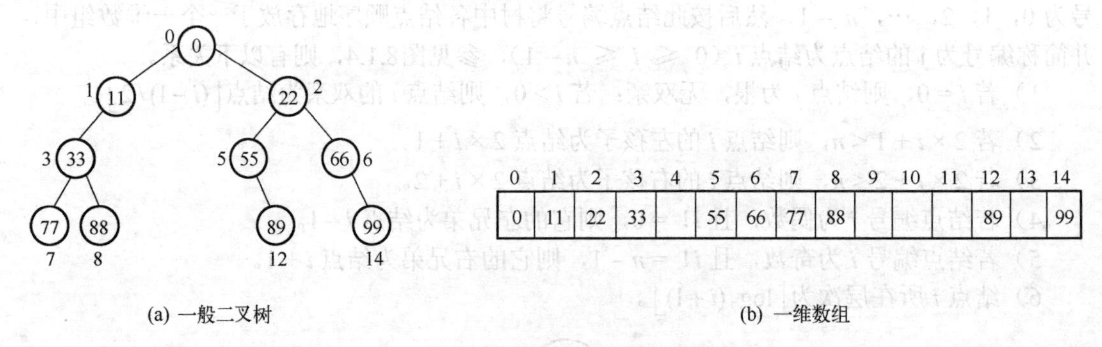

图 8.1.6　一般二叉树的顺序存储结构

在编号时，如遇到空子树，应假设有此子树，在顺序存储时应当像有此子树那样把位置留出来，这样才能反映二叉树结点之间的相互关系，由其存储位置找到它的双亲、孩子、兄弟结点的位置，但这样做有可能会消耗大量的存储空间。在最坏的情况下，一个高度为 k 且只有 $k+1$ 个单支树（树中无度为 2 的结点）的树却需要 2^k ～2^{k+1} 个存储空间，其中只有 k 个存储空间是必需的。

（2）链式存储结构

顺序存储方式的数组用于完全二叉树的存储非常有效，但表示一般的二叉树则不理想。此外，在一棵树中进行插入、删除操作时，为了反映结点层次的变动，可能需要移动许多结点，降低了算法效率。使用链表结构表示则可以克服这些缺点。

1）二叉链表。

根据二叉树定义，可以设计出二叉树结点的结构。二叉树的每一个结点至少应当包括三个域，分别是数据域 data、左孩子指针域 Lchild 和右孩子指针域 Rchild，如图8.1.7（a）所示。这种链表结构称为二叉链表。使用这种结构，可以很方便地根据左孩子指针域 Lchild 和右孩子指针域 Rchild 找到它的左孩子结点和右孩子结点。

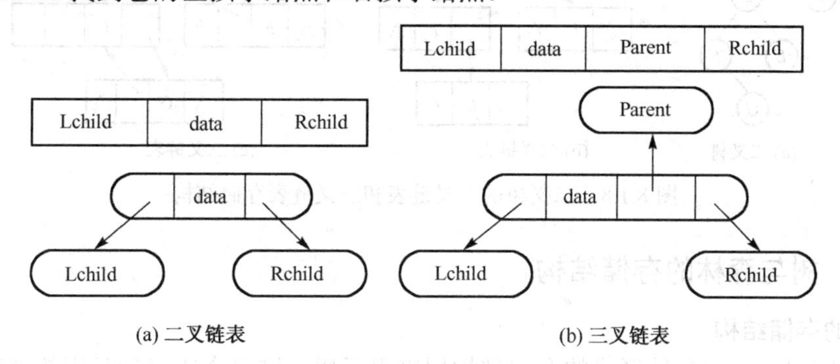

图 8.1.7　二叉树的链表表示

二叉树的二叉链表存储结构类型如下：

```
struct  BintreeNode{
    Type  data;                         //结点的数据域
    BintreeNode * Lchild;               //左孩子指针
    BintreeNode * Rchild;               //右孩子指针
};
```

在建立其抽象类时，整个二叉链表需要一个表头指针，它指向二叉树的根结点，其作用是作为二叉树的起始访问点。图 8.1.8（b）是图 8.1.8（a）所示二叉树的二叉链表存储表示示意图。

2）三叉链表。

二叉链表结构要找到双亲结点非常困难。为了便于查找任一结点的双亲结点，可以在结点中再增加一个双亲指针域 Parent，这种结构称为三叉链表，如图8.1.7（b）所示。

二叉树的三叉链表存储结构类型如下：

```
struct  BintreeNode{
    Type  data;                         //结点的数据域
    BintreeNode * Lchild;               //左孩子指针
    BintreeNode * Rchild;               //右孩子指针
    BintreeNode * Parent;               //双亲结点指针
};
```

在建立其抽象类时，整个三叉链表需要一个表头指针，它指向二叉树的根结点。图 8.1.8（c）是图8.1.8（a）所示二叉树的三叉链表存储表示示意图。

在不同存储结构中，实现二叉树的操作方法也不同，如找结点的双亲，在三叉链表中很容易实现，而在二叉链表中则需要从根指针出发搜索。因此，在实际应用中，采用何种存储结构，除二叉树的形态之外，还要考虑需要完成何种操作。

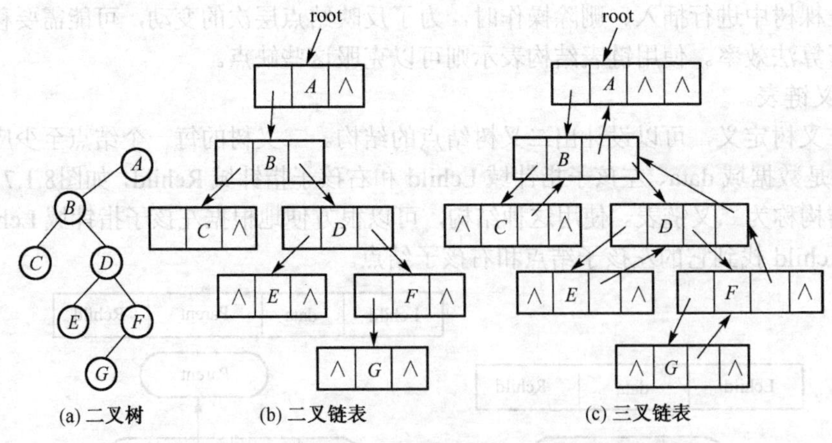

(a) 二叉树　　(b) 二叉链表　　(c) 三叉链表

图 8.1.8　二叉树的二叉链表和三叉链表存储结构

8.1.3　树与森林的存储结构

1．树的存储结构

在实际应用中，有多种形式的存储结构用来表示树，这里介绍三种常用的链表结构。

（1）双亲表示法

假设以一组连续空间存储树的各结点，每个结点又设有两个域，结点结构如下：

```
struct  BintreeNode{
    Type  data;                    //结点的数据域
    int P;                         //双亲结点下标
};
```

data	P

其中，data 域记录该结点的数据信息，P 为整数，表示双亲结点下标。图 8.1.9 表示一棵树及其双亲表示法。图 8.1.9（b）表示每个结点都有两个数据（数据和双亲结点）；图 8.1.9（c）是一种最简单的双亲存储方式，它取消了数据域而只使用了双亲指针域作为数组元素值。

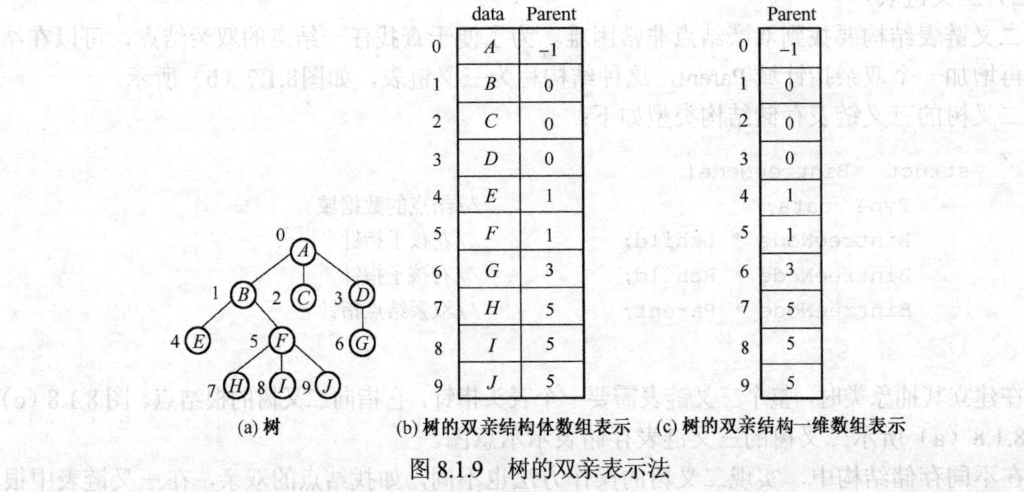

(a) 树　　(b) 树的双亲结构体数组表示　　(c) 树的双亲结构一维数组表示

图 8.1.9　树的双亲表示法

双亲存储结构利用了每个结点（除根结点以外）都有一个双亲的特性。在这种表示中，最大的优点是寻找根结点很容易，但是当要找出某结点的孩子时就需要遍历整个树来完成。

（2）孩子表示法

1）多重链表：由于树中的每个结点都有可能有多棵子树，则可以用多重链表的结构来表示树，即每个结点有多个指针域，其中每个指针指向一棵子树的根结点，此时链表中的结点可以有如下两种结构。

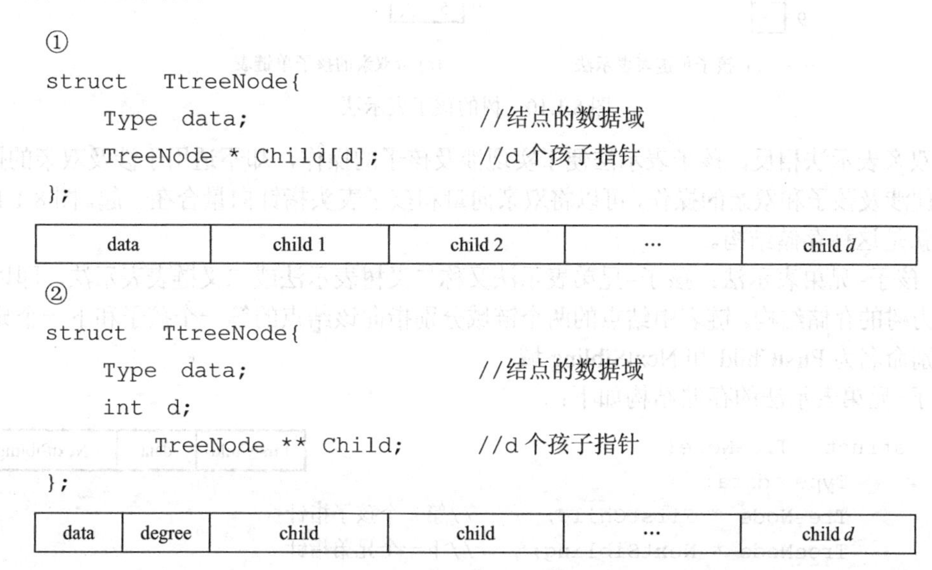

①

```
struct   TtreeNode{
    Type  data;                     //结点的数据域
    TreeNode * Child[d];            //d个孩子指针
};
```

data	child 1	child 2	…	child *d*

②

```
struct   TtreeNode{
    Type  data;                     //结点的数据域
    int  d;
        TreeNode ** Child;          //d个孩子指针
};
```

data	degree	child	child	…	child *d*

若采用第一种结点格式，则多重链表中的结点是同构的，其中 d 为树的度。由于树中很多结点的度小于 d，所以链表中有很多空链域，浪费空间。不难推出，在一棵有 n 个结点度为 k 的树中必定有 $n（k-1）+1$ 个空链域。若采用第二种结点格式，则多重链表中的结点是不同构的，其中 d 为树的度，degree 域的值等于 d。此时，虽能节约存储空间，但操作不方便。

2）单链表：如果把每个结点的孩子结点排列起来，看成一个线性表，而且以单链表作为存储结构，则 n 个结点有 n 个孩子链表（叶子结点的孩子链表为空）。而 n 个头指针又组成一个线性表，为了查找方便，可以用数组向量表示。此时，单链表中各结点由两个域构成，结构如下：

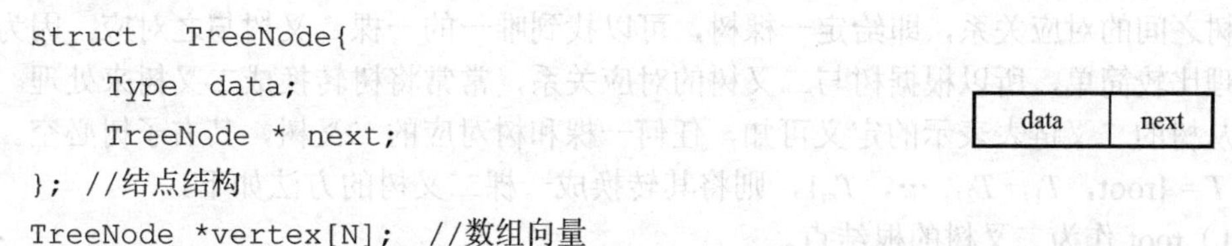

```
struct  TreeNode{
   Type  data;
   TreeNode * next;
}; //结点结构
TreeNode *vertex[N];  //数组向量
```

data	next

数组向量中的每一个向量存放每个单链表的第一个结点地址，如 vertex[i]指向结点 i 的第一个孩子结点。单链表中每一个结点中的 data 域为该孩子结点的数据信息，next 域指向结点 i 的下一个孩子结点。对于图8.1.9（a）所示的树，采用这种存储方式会得到如图8.1.10（a）所示的存储表示。

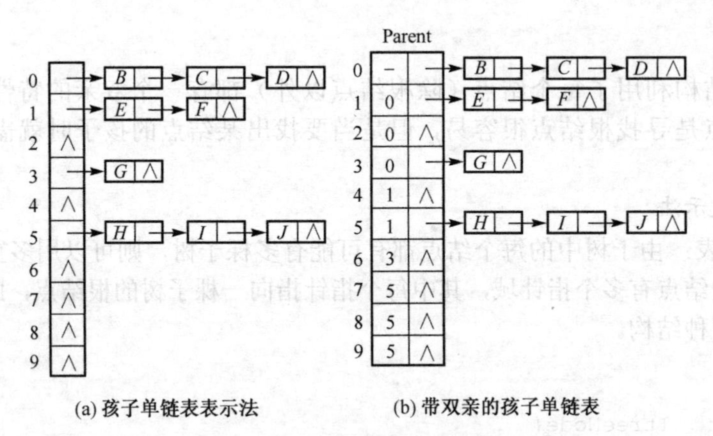

(a) 孩子单链表表示法　　(b) 带双亲的孩子单链表

图 8.1.10　树的孩子表示法

与双亲表示法相反，孩子表示法便于实现涉及孩子的操作，却不适用于涉及双亲的操作。为了方便涉及孩子和双亲的操作，可以将双亲向量和孩子表头指针向量合在一起。图 8.1.10（b）所示的就是这种存储结构。

3）孩子–兄弟表示法：孩子–兄弟表示法又称二叉树表示法或二叉链表表示法，即以二叉链表作为树的存储结构。链表中结点的两个链域分别指向该结点的第一个孩子和下一个兄弟结点，分别命名为 FirstChild 和 NextSibling 域。

孩子–兄弟表示法的存储结构如下：

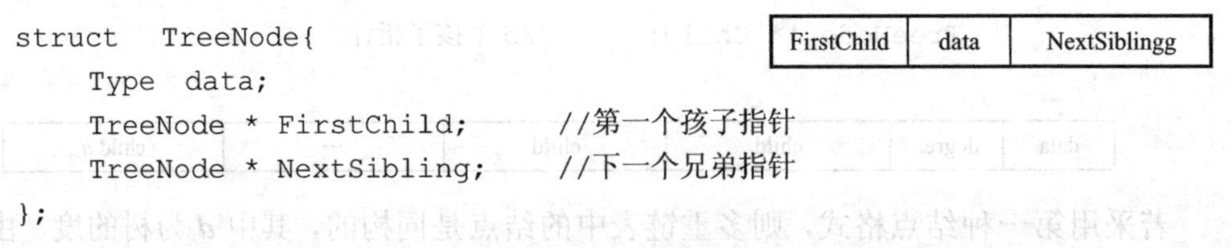


```
struct  TreeNode{
    Type  data;
    TreeNode * FirstChild;        //第一个孩子指针
    TreeNode * NextSibling;       //下一个兄弟指针
};
```

图8.1.11是图8.1.9所示树的孩子–兄弟链表表示。利用这种存储结构便于实现各种树的操作。首先，易于实现找结点的孩子等操作。例如，如果要访问结点 x 的第 i 个孩子，则只要先从 FirstChild 域找到第一个孩子结点，然后沿着孩子结点的 NextSibling 域连续走 $i-1$ 步，便可找到结点 x 的第 i 个孩子。当然，如果为每个结点增加一个 Parent 域，则同样能方便地实现求双亲结点的操作。

2. 树和森林与二叉树的转换

（1）树与二叉树的转换

由于二叉树和树都可以用二叉链表作为存储结构，因此以二叉链表作为媒介可导出树与二叉树之间的对应关系，即给定一棵树，可以找到唯一的一棵二叉树与之对应。因为二叉树的处理比较简单，所以根据树与二叉树的对应关系，常常将树转换成二叉树来处理。

从树的二叉链表表示的定义可知，任何一棵和树对应的二叉树，其右子树必空。如果给定树 $T=\{\text{root}, T_1, T_2, \cdots, T_m\}$，则将其转换成一棵二叉树的方法如下。

1）root 作为二叉树的根结点。

2）树 T 的子树 T_1 作为二叉树的左子树。

3）T_i 作为 T_{i-1} 的右子树，$2 \leqslant i \leqslant m$。

这个转换过程是递归进行的。例如，将如图8.1.12（a）所示的一棵树按上述方法转换成对应的二叉树时，首先将根结点 A 作为二叉树的根结点；结点 B 是 A 的第一棵子树的根，所以作为 A 的左子树的根结点。同理，对于以 B 为根的子树，先将结点 F 作为 B 的左子树的根结点；对于以 F 为根的子树，又将结点 H 作为 F 的左子树的根结点，F 的第 2 个子树 I 作为

F 第 1 棵子树 *H* 的右子树，*J* 作为 *I* 的右子树；最后，*A* 的第 2 棵子树 *D* 作为其第 1 棵子树 *B* 的右子树。从而得到如图 8.1.12（b）所示的二叉树，它只有左子树，右子树为空。

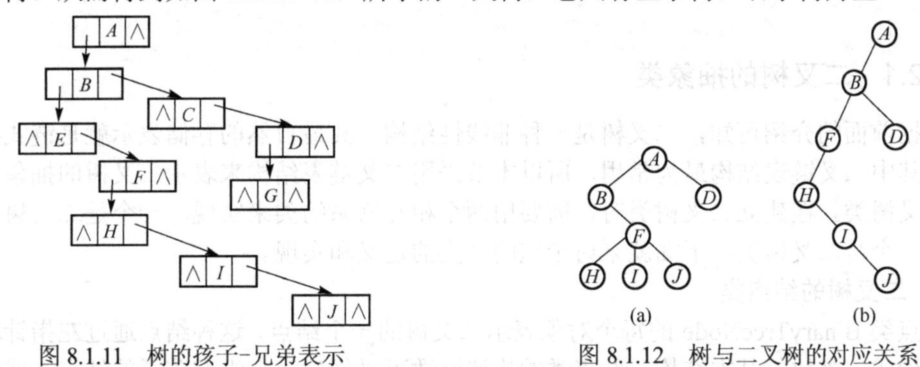

图 8.1.11　树的孩子-兄弟表示　　　　图 8.1.12　树与二叉树的对应关系

（2）森林与二叉树的转换

如果把森林中的第二棵树的根结点看做第一棵树的根结点的兄弟，则可以导出森林与二叉树之间的对应关系。

1）森林转换成二叉树。

如果 $F = \{T_1, T_2, \cdots, T_m\}$ 是森林，则将其转换成一棵二叉树 B =（root，LB，RB）的规则如下。

① 若 F 为空，即 $m = 0$，则 B 为空树。

② 若 F 非空，即 $m \neq 0$，则 B 的根结点 root 即为森林中的第一棵树的根结点 ROOT(T_1)；B 的左子树 LB 是从 T_1 中根结点的子树森林 $F_1 = \{T_{11}, T_{12}, \cdots, T_{1m}\}$ 转换而成的二叉树；其右子树 RB 是从森林 $F' = \{T_2, T_3, \cdots, T_m\}$ 转换而成的二叉树。

2）二叉树转换成森林。

如果 B =（root，LB，RB）是一棵二叉树，则将其转换成森林 $F = \{T_1, T_2, \cdots, T_m\}$ 的规则如下。

① 若 B 为空，则 F 为空。

② 若 B 非空，则 F 中的第一棵树 T_1 的根结点 ROOT（T_1）即为二叉树 B 的根 root；T_1 中根结点的子森林 $F_1 = \{T_{11}, T_{12}, \cdots, T_{1m}\}$ 是由 B 的左子树 LB 转换而成的森林；F 中除 T_1 之外其余树组成的森林 $F' = \{T_2, T_3, \cdots, T_m\}$ 是由 B 的右子树 RB 转换而成的森林。

森林与二叉树的对应关系如图8.1.13所示。

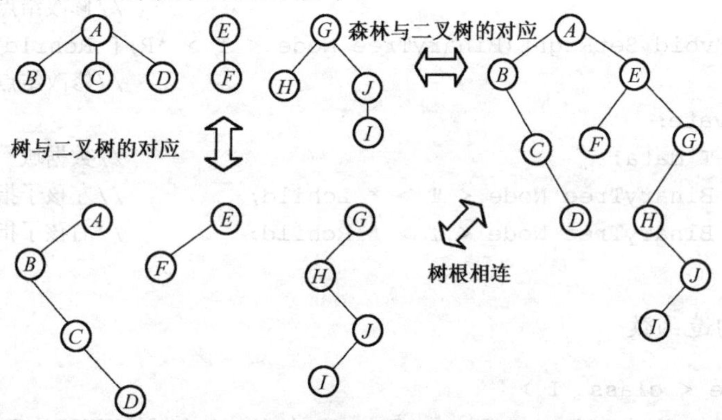

图 8.1.13　森林与二叉树的对应关系示例

从上述递归定义容易写出相互转换的递归算法。同样，森林和树的操作也可转换成二叉树的操作来实现。

8.2 二叉树的抽象类和树的类

8.2.1 二叉树的抽象类

根据前面的介绍可知，二叉树是一种非线性结构，其最自然的存储表示就是链式存储结构，而其中二叉链表结构最为常用，所以本节采用二叉链表结构来表示二叉树的抽象数据类——二叉树类。在建立二叉树类时，需要用两个相互联系的类来实现，一个是二叉树的结点类，另一个是二叉树类。下面就来讨论这两个类的定义和实现。

1. 二叉树的结点类

结点类 BinaryTreeNode 的每个对象表示二叉树的一个结点，这种结点通过左指针和右指针连接构成二叉树的基本结构。结点类的构造函数可以创建一个没有孩子的结点，或者建一个有子树的结点。对于后一种情况，不但需要给构造函数提供结点本身的值，还要给构造函数提供指向左子树和右子树的指针值。结点类的描述如下：

```
template < class  T > class  BinaryTree;
template < class  T > class  BinaryTreeNode
{    friend class BinaryTree < T >;
   public:
      BinaryTreeNode ();                          //构造函数
      BinaryTreeNode (T&value);
      BinaryTreeNode (T&value,BinaryTreeNodee < T > *left = NULL,
      BinaryTreeNodee < T > *right = NULL);
      BinaryTree Node < T > *copy()const;         //复制以当前结点为根的二叉树
      void release();                             //删除当前结点的左右子树
      T & GetData()const {return data;}           //取结点数据值
      BinaryTree Node < T >* GetLeft()const {return Lchild;}
                                                  //取结点左孩子指针
      BinaryTree Node < T >* GetRight()const {return Rchild;}
                                                  //取结点右孩子指针
      void SetData(T&value){data = value;}        //修改结点数据值
      void SetLeft(BinaryTree Node < T > *L){ Lchild = L;};
                                                  //修改结点左孩子指针
      void SetRight(BinaryTree Node < T > *R){ Rchild = R;}
                                                  //修改结点右孩子指针
   private:
      T data;                                     //数据域
      BinaryTree Node < T > * Lchild;             //左孩子指针
      BinaryTree Node < T > * Rchild;             //右孩子指针
};
```

（1）无参数构造函数

```
template < class  T >
BinaryTree Node < T >: : BinaryTree Node(): Lchild(NULL),Rchild(NULL){   }
```

（2）给定结点数据值的构造函数

```
template < class  T >
```

```
BinaryTree Node < T >: : BinaryTree Node(T & value)
{   data = value;
    Lchild = Rchild = NULL;
}
```

（3）带子树的结点构造函数

```
template < class  T >
BinaryTree Node < T >: : BinaryTree Node(T & value,BinaryTree Node < T > *
    left,BinaryTree Node < T > * right)
{   data = value;
    Lchild = left;
    Rchild = right;
}
```

（4）复制子树

成员函数 copy 用于复制以本结点为根的整个子树。这个操作采用递归调用自己来完成对子树的复制，最后建立一个新的根结点。由于这种操作不改变被复制的原来的二叉树，所以应当将成员函数 copy 定义为 const。其函数实现如下。

```
template < class  T >
BinaryTree Node < T > * BinaryTree Node < T > ::copy()const
{   BinaryTree Node < T > *newLeft,*newRight;
    if(Lchild != NULL)newLeft = Lchild -> copy();  //递归调用复制左子树
    else  newLeft = NULL;
    if(Rchild != NULL)newRight= Rchild -> copy();  //递归调用复制右子树
    else  newRight  = NULL;
    BinaryTree Node < T > *newptr;
    newptr = new BinaryTree Node < T >(data,newLeft,newRight);
                                                   //复制本结点
    assert(newptr != NULL);
    if(newptr == NULL)
    {   cout<<" out of memory \n";
        exit(1);
    }
    return  newptr;                                //返回新结点
}
```

（5）释放子树空间

成员函数 release 用于释放以某结点为根的子树中所有结点的存储空间，但是不释放根结点所占的存储空间。其函数实现如下。

```
template < class  T >
BinaryTree Node < T > : : release()
{   if(Lchild != NULL)
    {   Lchild -> release();              //递归调用释放函数释放左子树
        delete Lchild;
        Lchild = NULL;
    }
    if(Rchild != NULL)
    {   Rchild -> release();              //递归调用释放函数释放右子树
        delete Rchild;
```

```
        Rchild = NULL;
    }
}
```

（6）设置新的左子树

在给一个结点的左子树或右子树重新赋值之前，必须先释放这个指针原来所指向的子树的所有结点，否则这些结点所占据的存储空间就会丢失。其函数实现如下。

```
template < class  T >
BinaryTree Node < T > : : SetLeft(BinaryTree Node < T > *L)
{   Lchild -> release();                    //释放原来的左子树
    delete Lchild;                          //释放左子树的根结点
    Lchild = L;                             //修改左指针
}
```

（7）设置新的右子树

```
template < class  T >
BinaryTree Node < T > : : SetRight(BinaryTree Node < T > *R)
{   Rchild -> release();                    //释放原来的右子树
    delete Rchild;                          //释放右子树的根结点
    Rchild = R;                             //修改右指针
}
```

2．二叉树抽象类

因为采用的是二叉链表的存储结构，对二叉树的任何操作首先必须知道树的根结点位置，所以在基本二叉树类 BinaryTree 中，指向根结点的指针 root 是最重要的。如果一棵二叉树是空树，则这个指针值将为空。

二叉树抽象类中的成员函数，主要用来实现前面所提到的树的基本操作。定义抽象类的目的是提供各种二叉树操作中共性的部分。

```
#include <iostream>
using namespace std;
template < class  T > class BinaryTree
{   public:
        BinaryTree();                                       //构造一棵空的二叉树
        BinaryTree(const BinaryTree < T > & source); //复制一棵二叉树
        BinaryTree(Tvalue,BinaryTreeNode<T>*left,BinaryTree<T>*right);
            //以 value 为根、left 和 right 为左右子树构造一棵二叉树
        ~ BinaryTree();         //析构函数，释放二叉树所有结点所占的存储空间
        void DeleteAllValues();        //清除操作，使其变成空树
        bool IsEmpty(); //判断二叉树空否，若为空，函数返回 true，否则返回 false
        virtual BinaryTreeNode <T> * Find(BinaryTreeNode < T >*t,T & value)= 0;
            /*查找函数。在以 t 为根的二叉树中查找，找到值等于 value 的结点时，返回
            该结点地址;否则返回空指针*/
        virtual BinaryTreeNode < T > * Find(T & value)= 0;
    //查找函数。在当前二叉树中查找，找到值等于 value 的结点时，返回该结点地址;否则返回空指针
        virtual bool Insert(BinaryTreeNode < T > * t,T & value)= 0;
    //插入函数。在以 t 为根的二叉树中如果找到值等于 value 的结点，则不插入;
    //否则将 value 插入到该二叉树中，并返回 true
        virtual bool Insert(T & value)= 0;   //在当前二叉树中插入新结点函数
```

```
        virtual bool Delete(BinaryTreeNode < T > * t,T & value)= 0;
            //删除函数。在以 t 为根的二叉树中如果未找到值等于 value 的结点，
            //则返回 false;否则将该结点从该二叉树中删除，并返回 true
        virtual bool Delete(T & value)= 0; //在当前二叉树中删除一个结点
        BinaryTreeNode < T > * LeftChild(T & value);   //返回左孩子地址
        BinaryTreeNode < T > * RightChild(T & value);  //返回右孩子地址
        void Traver(BinaryTreeNode < T > * current);
            //遍历以 current 为根的二叉树
        void Traver();                          //遍历以 root 为根的二叉树
        BinaryTreeNode < T > * GetRoot()const{return root;}    //取根
        friend istream & operator >>(istream & in,BinaryTree < T > & Tree);
        friend ostream & operator <<(ostream & out,BinaryTree < T > & Tree);
    protected:
        BinaryTreeNode < T > * root;
};
```

(1) 构造空树函数

```
template < class  T >
BinaryTree < T >::BinaryTree()
{   root = NULL;        }
```

(2) 拷贝构造函数

```
template < class  T >
BinaryTree < T >::BinaryTree(const BinaryTree < T > & source)
{   root = source. root -> copy(); }
```

(3) 生成左、右子树

```
template < class  T >
BinaryTree<T>::BinaryTree(Tvalue,BinaryTreeNode<T>*left,BinaryTree<T>*right)
{   root = new BinaryTreeNode < T >(value,left,right); }
```

(4) 析构函数

析构函数中使用了结点类中的 release 函数，该函数只删除两个子树中的结点，所以最后需要删除根结点，其函数实现如下。

```
template < class  T >
BinaryTree < T >:: ~ BinaryTree()
{   if(root != NULL)
    {   root -> release();
        delete root;
        root = NULL;
    }
}
```

(5) 删除整棵树中的所有结点

函数 DeleteAllValues 用于删除树中的所有结点，最后将根指针置为空。

```
template < class  T >
BinaryTree < T >::DeleteAllValues()
{   if(root != NULL)
    {   root -> release();
        delete root;
```

```
            root = NULL;
        }
    }
```

（6）判定二叉树是否为空

判定一棵二叉树是否为空，只需检查根指针是否为空即可。

```
template < class  T >
bool BinaryTree < T >::IsEmpty()
{   return root == NULL;
}
```

（7）返回左孩子、右孩子的地址

在返回左、右孩子地址的函数中所用到的查找函数 Find 将在二叉树的遍历和二叉排序树章节中介绍，这里只给出函数原型。假设通过遍历，在二叉树中找到了数据域值等于 value 的结点，则可以得到左孩子或右孩子的地址，并返回该地址值。

```
template < class  T >
BinaryTree <T> * BinaryTree <T>::LeftChild(T & value)
{   BinaryTree <T> * current = Find (value);
    if(current ! = NULL) return current -> GetLeft();
    else  return NULL;
}
template < class  T >
BinaryTree < T > * BinaryTree < T >::RightChild(T & value)
{   BinaryTree < T > * current = Find (value);
    if(current ! = NULL) return current -> GetRight();
    else  return NULL;
}
```

（8）输入流运算符重载

输入并建立一棵二叉树的操作可借助重载运算符来实现。函数中用到插入函数 Insert，其具体实现将在后面的章节中介绍。

```
template < class  T >
istream & operator  >>(istream & in,BinaryTree < T > & Tree)
{   T   item,Ref;
    cout << "Construct binary tree: \n";
    cout << "Input the value of the last null data: \n";
    in >> Ref;
    cout << "Input data(end with"<< Ref <<"): ";
    in >> item;
    while(item != Ref)
    {   Tree. Insert(item);
        in >> item;
    }
    return  in;
}
```

（9）输出流运算符重载

输出一棵二叉树需要用到二叉树的遍历函数 Traver。假设在 Traver 函数中一边遍历一边

输出所遍历到的结点值，则重载输出流运算符的函数实现为

```
template < class  T >
ostream & operator <<(ostream & out,BinaryTree < T > & Tree)
{   cout << "Traversal of binary tree: \n";
    Tree.Traver();
    return  out;
}
```

8.2.2　树的类

在树的存储表示中，一般采用孩子-兄弟表示法，所以下面给出这种表示法的结点类和树的类。

1. 树的结点类

```
template < class  T > class Tree;
template < class  T > class TreeNode
{   public:
        friend  class  Tree<T>;
        TreeNode();                              //构造函数
        TreeNode(T value,TreeNode < T > * fc = NULL,TreeNode < T > * ns = NULL);
    private:
        T  data;                                 //结点的数据值
        TreeNode < T > * FirstChild;             //指向结点的第一个孩子
        TreeNode < T > * NextSibling;            //指向结点的下一个兄弟
};
```

1）无参构造函数如下。

```
template < class  T > TreeNode < T >::TreeNode()
{   FirstChild = NextSibling = NULL;
}
```

2）带参数的构造函数如下。

```
template < class  T >
TreeNode < T >::TreeNode(T value,TreeNode < T > * fc,TreeNode < T > * ns)
{   data = value;
    FirstChild = fc;
    NextSibling = ns;
}
```

2. 树的类

在树的类中，将定义树的一些基本操作，如初始化树；求根结点；找第一个孩子结点和其下一个兄弟结点；找双亲结点；查找、插入和删除一个结点；插入和删除一棵子树等操作。为了方便树的各种操作，在这个类中除了设置根结点指针之外，还设置了一个当前指针，指向经过某操作后的当前结点。

```
template < class  T > class Tree
{  public:
       Tree();                       //构造函数，生成树的结构并初始化为空树
       ~ Tree();                  //析构函数，释放树所占存储空间
       bool  Root();     //寻找树的根结点，若树为空，返回false，否则返回true
```

```
        void  BuildRoot(const T & value);     //建立树的根结点
        int Srh_FirstChild();
            //寻找当前结点的第一个孩子结点，若无孩子，则返回 0，否则返回 1
        int Srh_ NextSibling();
            //寻找当前结点的下一兄弟结点，若无兄弟，则返回 0，否则返回 1
        int Parent(TreeNode < T > * r,TreeNode < T > * v);
            /*从根指针为 r 的树中查找结点 v 的双亲结点，记在 current 中。找到则返回 1，
            否则返回 0*/
        int Parent();   //寻找当前结点的双亲结点，若无双亲结点，则返回 1，否则返回 0
        int Find(TreeNode < T > * p,const T & value);
            /*在以 p 为根的树中查找值为 value 的结点，并将其置为当前结点，找到则返
             回 1，否则返回 0*/
        int Find(const T & value);
            //在树中搜索值为 value 的结点，找到则返回 1，否则返回 0
        void  InsertChild(const T & value);
            //在当前结点下插入值为 value 的新孩子结点
        int DeleteChild(int i); //删除树中当前结点的第 i 个孩子及其全部子孙结点，
            //若结点的第 i 个孩子结点不存在，则返回 0，若删除成功，则返回 1
        void DeleteSubTree(TreeNode < T >* p); //删除以 p 为根结点的子树
        void DeleteSubTree();                    //删除以 current 为根结点的子树
        T GetData(){return current -> data;} //返回函数当前结点中存放的值
        void Traver();                    //遍历以 current 为根结点的二叉树
        int IsEmpty()                            //判断树是否为空
        {   if(root == NULL)          return  1;
            else                  return  0;
        }
private:
        TreeNode < T > * root;            //根指针
        TreeNode < T > * current;        //当前指针
};
```

（1）构造函数

```
template < class  T >
Tree < T >::Tree()                                //构造函数，建立一棵空树
{   root = current = NULL;      }
```

（2）析构函数

```
template < class  T >
Tree < T >::~Tree()                      //析构函数，释放整棵树所占的内存空间
{ if(root != NULL) DeleteSubTree(root);
  root = NULL;
}
```

（3）获取根结点函数

树的操作总是与树的根结点紧密相关的。在 Root 函数中，通过 current 获得根结点指针，如果树非空，则 current 置为 root 根指针，并返回 1；否则，current 置为空，并返回 0。

```
template < class  T >
bool  Tree < T >::Root()
```

```
{   if(root == NULL){   current = NULL;return  false;  }
    else {  current = root;return  true;    }
}
```

（4）创建根结点函数

该函数仅建立了一个新的根结点，以便实现后续建树的操作。

```
template < class  T >
void  Tree < T >::BuildRoot(const T & value)
{   root = current = new TreeNode < T >(value);         }
```

（5）查找第一个孩子的函数

为了实现树的各种查找、插入和删除操作，经常需要搜索当前结点的孩子结点和双亲结点。在树的结构中，一般先搜索当前结点的第一个孩子结点，然后搜索其下一个兄弟结点。在查找第一个孩子的函数 Srh_FirstChild 中，如果当前结点的第一个孩子指针域非空，则当前指针 current 置为该孩子指针并返回 1；否则，current 置为空并返回 0。

```
template < class  T >
int  Tree < T >::Srh_FirstChild()
{   if(current != NULL && curren -> FirstChild != NULL)
        //当前指针非空且第一个孩子指针非空
    {   current = curren -> FirstChild;
        return  1;
    }
    current = NULL;
    return  0;
}
```

（6）查找当前结点的下一个兄弟结点函数

在查找当前结点的下一个兄弟结点 Srh_NextSibling 函数中，如果当前结点的下一个兄弟指针域非空，则当前指针 current 置为该兄弟指针并返回 1；否则，current 置为空并返回 0。

```
template < class  T >
int  Tree < T >::Srh_NextSibling()
{   if(current != NULL && curren -> NextSibling != NULL)
        //当前指针非空且下一个兄弟指针非空
    {   current = curren -> NextSibling;
        return  1;
    }
    current = NULL;
    return  0;
}
```

（7）查找双亲结点函数

在孩子-兄弟存储结构下，要寻找当前结点的双亲结点，需要从根结点开始进行后序遍历（即先访问其孩子和子孙结点，再访问根结点），所以要定义一个 Parent 函数，采用递归调用过程，获得以 r 为根结点的树中 v 结点的双亲结点指针，并将其赋给 current 指针。而在第二个 Parent 函数中，寻找当前结点的双亲结点，它只需通过调用第一个 Parent

函数，获得当前结点的双亲结点的情况。如果当前结点为根结点或为空，则返回 0；否则返回 1。

1）在指定树中查找结点 v 的双亲结点。

```
template < class  T >
int  Tree < T >::Parent(TreeNode < T > * r,TreeNode < T > * v)
{    //从根指针 r 所指结点进行后序遍历，查找结点 v 的双亲，记在 current 中
     int  i;
     TreeNode < T > * q = r -> FirstChild;          //找到第一棵子树
     while(q != NULL && q != v)          //q 等于 NULL，无子树;q 等于 v，找到双亲
     {    if((i = Parent(q,v))!= 0) return  i;
          q = q -> NextSibling;                   //查找下一棵子树
     }
}
```

2）在当前树中查找当前结点的双亲结点。

```
template < class  T >
int  Tree < T >::Parent()
{    TreeNode < T > * p = current;
     if((current == NULL || current == root)    //当前结点为根或为空，返回 0
     {    current == NULL;
          return  0;
     }
     int  k = Parent(root,p);        //寻找以 root 为根的树中 p 结点的双亲结点
     return  k;
}
```

(8) 基本操作函数

下面介绍查找、插入和删除等树的操作函数。

1）查找函数。

① 在指定树中查找给定值的结点——Find 函数一。

Find 函数一是在以 p 为根的树中寻找值为 value 的结点。找到则将其置为当前结点，并返回 1，否则返回 0。

```
template < class  T >
int  Tree < T >::Find(TreeNode < T > * p,const  T & value)
{    int s = 0;
     if(p -> data == value){ s = 1;current=p;return  s;}
     else
     {    TreeNode < T > * q = p -> FirstChild;
          while(q != NULL && !(s = Find (q,value)))
               q = q -> NextSibling;
     }
     return  s;
}
```

② 在当前树中查找给定值的结点——Find 函数二。

Find 函数二是在以 root 为根的当前树中查找值为 value 的结点。如果当前树为非空树，

则调用 Find 函数一，寻找值为 value 的结点，否则直接返回 0。

```
template < class  T >
int  Tree < T >::Find(const T & value)
{   if(IsEmpty())   return  0;
    return  Find(root,value);
}
```

2）插入函数。

插入孩子结点函数 InsertChild 是在当前结点下插入一个包含值为 value 的新结点。如果当前结点无孩子结点，则新结点成为当前结点的第一个孩子，否则，新结点将作为当前结点的最右的一个孩子结点。

```
template < class  T >
void  Tree < T >::InsertChild(const T & value)
{   TreeNode < T > * newNode = new TreeNode < T > (value);
    if(current -> FirstChild == NULL)
            //无孩子结点，则直接插入为其第一个孩子结点
        current -> FirstChild = newNode;
    else    //有孩子结点
    {   TreeNode < T > * p = current -> FirstChild;
            //从第一个孩子开始，顺序搜索其下一个兄弟，直到找到最后一个孩子
        while(p -> NextSibling != NULL) p = p -> NextSibling;
        p->NextSibling = newNode;  //新结点插入，成为当前结点的最右一个孩子结点
    }
}
```

3）删除函数。

① 删除某孩子结点及其所有子树。

删除孩子结点函数 DeleteChild 是要删除当前结点的第 i 个孩子及其全部子孙结点，如果该结点的第 i 个孩子结点不存在，则函数返回 0；如果删除成功，则函数返回 1。

```
template < class  T >
int  Tree < T >::DeleteChild(int i)
{   if(i == 1){                                //删除第一个孩子
        TreeNode < T > * t = current -> FirstChild;
        if(t != NULL)current -> FirstChild = t -> NextSibling;
                                               //将第一个孩子删除
        else  return  0;
    }
    else
    {   TreeNode < T > * q = current -> FirstChild;
        int  k = 1;
        while(q != NULL && k < i - 1)
        {   q = q -> NextSibling;
            k ++;
        }
        if(q != NULL)
        {   TreeNode < T > * t = q -> NextSibling;
```

```
            if(t != NULL)q -> NextSibling = t -> NextSibling;
            else  return  0;
        }
        else  return  0;
    }
    DeleteSubTree(t);
    return  1;
}
```

② 删除指定根结点的子树。

DeleteChild 函数中调用删除子树函数 DeleteSubTree 删除以 *p* 为根结点的整个子树。

```
template < class  T >
void  Tree < T >::DeleteSubTree(TreeNode < T > * p)
{   TreeNode < T > * q = p -> FirstChild,*next;
    while(q != NULL)
    {   next = q -> NextSibling;    //next 用于保存下一个孩子
        DeleteSubTree(q);           //删除以 q 为根结点的子树，包括 q 结点本身
        q = next;
    }
    delete  p;
}
```

③ 删除以当前结点为根的子树。

下面是重载的 DeleteSubTree 函数，其功能是删除以当前结点 current 为根结点的子树。它也调用了上面定义的删除子树函数。

```
template < class  T >
void  Tree < T >::DeleteSubTree()
{  if(current != NULL)
   {  if(current = root)  root = NULL;
      DeleteSubTree(current);
      current = NULL;
   }
}
```

4）测试主函数。

建立一棵树。根结点值为 10；先生成根的三个孩子结点 11、12、13；结点 12 又生成两个孩子结点 14、15；结点 15 生成一个孩子 16；最后返回根，生成第四个孩子 20。

```
int  main()
{   Tree < int > x;
    x.BuildRoot(10);              //建立根结点
    x.InsertChild(11);            //生成根的三个孩子结点 11、12、13
    x.InsertChild(12);
    x.InsertChild(13);
    if(x.Find(12)!= 0)            //生成结点 12 的两个孩子结点 14、15
    {   x.InsertChild(14);
        x.InsertChild(15);
    }
```

```
    if(x.Find(15)!= 0)x. InsertChild(16);   //生成结点15的孩子结点16
    x.Parent();                             //返回根结点
    x.Parent();
    x.InsertChild(20);                      //生成根的第四个孩子结点20
    return 0;
}
```

8.3 二叉树的遍历和树的遍历

8.3.1 二叉树的遍历

1. 二叉树遍历的概念

在二叉树的一些应用中，常常要求在树中查找具有某种特征的结点，或者对树中的全部结点逐一进行某种处理。因此，就提出了二叉树的遍历问题，即如何按照某条搜索路径巡访树中每个结点，使得每个结点均被访问一次，且仅被访问一次。“访问”的含义很广，可以是对结点做各种处理，如输出结点的信息等。遍历对线性结构来说是一个容易解决的问题。而对二叉树则不然，由于二叉树是一种非线性结构，每个结点都可能有两棵子树，因而需要寻找一种规律，以便使二叉树上的结点能排列在一个线性队列上，从而便于遍历。

由二叉树的递归定义可知，二叉树是由3个基本单元组成的，分别是根结点、左子树和右子树。因此，若能依次遍历这三部分，就遍历了整个二叉树。假如以L、V、R分别表示遍历左子树、访问根结点和遍历右子树，则可有 VLR、LVR、LRV、VRL、RVL、RLV这6种遍历二叉树的方案。若限定先左后右，则只有前3种情况，分别称之为先（根）序遍历、中（根）序遍历和后（根）序遍历。基于二叉树的递归定义，可得到如下遍历二叉树的递归算法。

（1）先（根）序遍历

先（根）序遍历二叉树的操作定义如下：若二叉树为空，则为空操作；否则

① 访问根结点；

② 先（根）序遍历左子树；

③ 先（根）序遍历右子树。

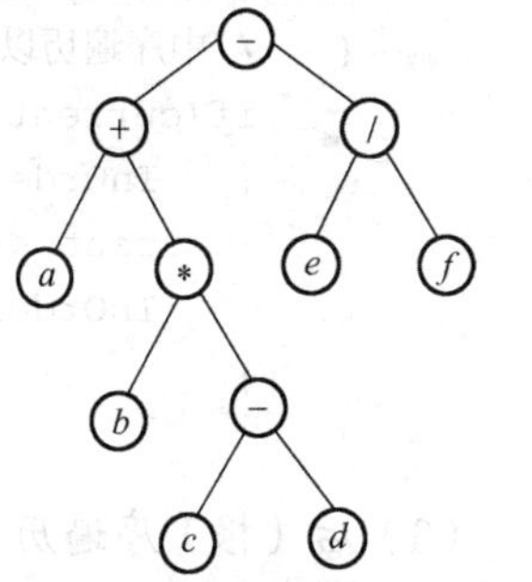

对于如图8.3.1所示的二叉树，按先（根）序遍历得到的访问结点序列为

$$-+a*b-cd/ef$$

图8.3.1 表达式$(a+b*(c-d)-e/f)$的二叉树

根据先（根）序遍历规则，其遍历算法如下。

1）先序遍历当前二叉树：

```
template < class  T >
void  BinaryTree < T >::PreOrder()                  //先序遍历当前二叉树
{   PreOrder(root);
}
```

2）先序遍历以current为根的二叉树：

```
template < class  T >
void  BinaryTree < T >::PreOrder(BinaryTreeNode < T > * current)
```

```
{ //先序遍历以current为根的二叉树
    if(current != NULL)      //current == NULL，即到达叶结点，是递归终止条件
    {   cout << current -> data;                    //访问根结点，用输出语句暂代
        PreOrder(current -> leftChild);     //先序遍历左子树
        PreOrder(current -> rightChild);    //先序遍历右子树
    }
}
```

（2）中（根）序遍历

中（根）序遍历二叉树的操作定义如下：若二叉树为空，则为空操作；否则

① 中（根）序遍历左子树；

② 访问根结点；

③ 中（根）序遍历右子树。

对于如图8.3.1所示的二叉树，按中（根）序遍历得到的访问结点序列为

$$a+b*c-d-e/f$$

根据中（根）序遍历规则，其遍历算法如下。

1）中序遍历当前二叉树：

```
template < class  T >
void  BinaryTree < T >::InOrder()          //中序遍历当前二叉树
{   InOrder(root);
}
```

2）中序遍历以current为根的二叉树：

```
template < class  T >
void  BinaryTree < T >::InOrder(BinaryTreeNode < T > * current)
{   //中序遍历以current为根的二叉树
    if(current != NULL)   // current == NULL，即到达叶结点，是递归终止条件
    {   InOrder(current -> leftChild);       //中序遍历左子树
        cout << current -> data;                  //访问根结点，用输出语句暂代
        InOrder(current -> rightChild);      //中序遍历右子树
    }
}
```

（3）后（根）序遍历

后（根）序遍历二叉树的操作定义如下：若二叉树为空，则为空操作；否则

① 后（根）序遍历左子树；

② 后（根）序遍历右子树；

③ 访问根结点。

对于如图8.3.1所示的二叉树，按后（根）序遍历得到的访问结点序列为

$$abcd-*+ef/-$$

根据后（根）序遍历规则，其遍历算法如下。

1）后序遍历当前二叉树：

```
template < class  T >
void  BinaryTree < T >::PastOrder()      //后序遍历当前二叉树
{   PastOrder(root);
}
```

2）后序遍历以 current 为根的二叉树：

```
template < class  T >
void  BinaryTree < T >::PastOrder(BinaryTreeNode < T > * current)
{    //后序遍历以 current 为根的二叉树
     if(current != NULL)   // current == NULL，即到达叶结点，是递归终止条件
     {    PastOrder(current -> leftChild);     //后序遍历左子树
          PastOrder(current -> rightChild);    //后序遍历右子树
          cout << current -> data;             //访问根结点，用输出语句暂代
     }
}
```

2. 二叉树遍历的应用实例

应用二叉树遍历可以实现许多关于二叉树的运算，下面给出几个实例。需要说明的是，假设这些运算已经在二叉树的抽象类中按以下方式进行了声明。但是，在实际建立二叉树类时，可以根据需要适当选用这些算法。

```
template < class  T > BinaryTree
{    public:
          …
          virtual  int  Size(const BinaryTreeNode < T > * t)const;
          virtual  int  Depth(const BinaryTreeNode < T > * t)const;
          friend  int  operator ==(const BinaryTreeNode < T > & a,const
               BinaryTreeNode < T > & b);
          friend  int  equal(const BinaryTreeNode < T > * a,const BinaryTreeNode
               < T > * b);
};
```

（1）计算二叉树结点个数

为了计算二叉树结点的个数，可以利用二叉树的后序遍历规则，先遍历根结点的左子树和右子树，分别计算出左子树和右子树中的结点个数，然后把访问根结点的语句改为加法语句；二叉树根结点左子树结点个数加上右子树结点个数，再加上根结点，就得到了整个二叉树的结点个数。

```
template < class  T >
int Size(const BinaryTreeNode < T > * t) const
{    //计算以 t 为根的二叉树的结点个数
     if(t == NULL)  return  0;
     else  return  1 + Size(t -> LChild)+ Size(t -> RChild);
}
```

（2）计算二叉树的高度

与计算二叉树结点个数的算法类似，计算二叉树高度时，如果二叉树为空，则高度为-1；否则按后序遍历规则，先递归计算根结点的左子树和右子树的高度，再求出两者中较大者，并加 1（增加根结点时高度加 1），就得到了整个二叉树的高度。

```
template < class  T >
int  Depth(const BinaryTreeNode < T > * t)const
{    //计算以 t 为根的二叉树的高度
```

```
    if(t == NULL)  return  - 1;
    else  return  1 + Max(Depth(t -> LChild), Depth(t -> RChild));
}
```

其中，Max函数的功能是求两者中的较大者：

```
int  Max(int  x,int  y){ return(x > y ? x: y);}
```

（3）判断两棵二叉树是否相等或等价

可以利用二叉树的先序遍历规则来判断两棵二叉树是否相等。其算法如下。

1）判断两棵二叉树的等价性：

```
template < class  T >
int  operator ==(const BinaryTreeNode < T > & a,const BinaryTreeNode < T > & b)
{    //判断两棵二叉树的等价性
    return equal(a. root,b. root);
}
```

2）判断两棵二叉树是否相等：

```
template < class  T >
int  equal(const BinaryTreeNode <T> * a,const BinaryTreeNode <T> * b)
{    //如果a和b的子树不相等，则函数返回0，否则函数返回1
    if(a == NULL && b == NULL)  return  1;       //两者均为空
    if(a != NULL && b != NULL && a -> data == b -> data &&
        equal(a -> Lchild,b -> LChild)&& equal(a -> Rchild,b -> RChild))
            //a子树和b子树根结点的数据相等，而且它们的左、右子树相同
        return  1;
    return  0;
}
```

8.3.2 树的遍历

树的遍历方式有两种，即深度优先遍历和广度优先遍历。另外，本节中提到的访问当前结点函数 visit()并没有给出具体的定义。在具体实现时，可根据不同的需求来完成，如显示结点的数据，或者用结点数据完成其他用途。

1. 深度优先遍历

深度优先遍历通常分为先根次序（前序）遍历和后根次序（后序）遍历。由于对一般的树没有规定子树的次序，所以可以在程序设计过程中人为地假设第一棵子树，第二棵子树，……，等等。

（1）先根次序遍历的过程

① 访问树的根结点；

② 先根次序遍历完根的第一棵子树；

③ 依次先根次序遍历根的第二棵子树，第三棵子树，……，直到遍历完整棵树。

对应的递归算法实现如下：

```
template < class  T >
void  Tree < T >::PreOrder()
{    //以当前指针current为根，进行先根次序遍历
```

```
    if(!IsEmpty())
    {   visit();                           //访问该结点
        TreeNode < T > *p = current;       //保存当前指针
        Srh_FistChild();                   //查找根的第一棵子树
        while(current != NULL)             //先根次序遍历所有子树
        {   PreOrder();
            Srh_NextSibling();
        }
        current = p;                       //恢复当前指针
    }
}
```

如果采用迭代的方法而不采用递归的方法来实现树的遍历，则必须借助栈来记忆回溯的路径。下面给出迭代的先根次序遍历算法。

在遍历过程中，当前指针向左孩子方向边访问边进栈。当遍历到没有左孩子的结点并访问完该结点后退栈，再向其右兄弟方向遍历。如果有右兄弟，则继续遍历以右兄弟为根的子树，否则表示所有子树都已经遍历完成，回退，看它的祖先是否还有没有遍历过的子树。如果栈不空，则可能有，继续退栈，向祖先的下一个右兄弟方向遍历；若栈空，则算法结束。

```
template < class  T >
void  Tree < T >::iterative_PreOrder()
{   //以当前指针 current 为根，进行先根次序遍历
    SeqStack < TreeNode < T > * >  st(MaxSize);
    TreeNode < T >  *p = current;
    do {
        while(!IsEmpty())        //当前指针不空
        {   visit();             //访问该结点
            st. Push(current);  //进栈
            Srh_FistChild();     //当前指针指向第一棵子树的根结点，无左孩，退出循环
        }
        while(IsEmpty()&& ! st. IsEmpty()) //无孩子或者无兄弟，退栈
        {   st. Pop(current);
            Srh_NextSibling();  //当前指针指向右兄弟结点
        }
    } while(!IsEmpty());
    current = p;                 //恢复当前指针
}
```

（2）后根次序遍历的过程

① 后根次序遍历第一棵子树；

② 依次后根次序遍历根的第二棵子树，第三棵子树，…，直至遍历完根的所有子树；

③ 访问根结点。

对应的递归算法实现如下：

```
template < class  T >
void  Tree < T >::PostOrder()
{   //以当前指针 current 为根，进行后根次序遍历
```

```
        if(IsEmpty())
        {   TreeNode < T >  *p = current;         //保存当前指针
            Srh_FistChild();                      //查找根的第一棵子树
            while(current != NULL)                //后根次序遍历所有子树
            {   PostOrder();
                Srh_NextSibling();
            }
            current = p;                          //恢复当前指针
            visit();                              //访问该结点
        }
    }
```

其迭代非递归算法实现如下：

```
    template < class  T >
    void  Tree < T >::iterative_PostOrder()
    {   //以当前指针 current 为根，进行后根次序遍历
        SeqStack < TreeNode  < T > * >  st(MaxSize);
        TreeNode < T >  *p = current;
        do{
            while(!IsEmpty())           //当前指针不空
            {   st. Push(current);  //进栈
                Srh_FistChild(); //当前指针指向第一棵子树的根结点，无左孩子，退出循环
            }
            while(IsEmpty()&& ! st.IsEmpty())     //无孩子或者无兄弟，退栈
            {   st. Pop(current);
                visit();            //访问该结点
                Srh_NextSibling();  //当前指针指向右兄弟结点
            }
        } while(!IsEmpty());
        current = p;                 //恢复当前指针
    }
```

2. 广度优先遍历

广度优先遍历即分层进行的访问。首先访问层次为 0 的根结点，然后自左向右顺序访问层次为 1 的各个结点，自左向右顺序访问层次为 2 的各个结点，……，直至所有的结点都访问完为止。

在广度优先遍历算法中，借助一个队列来安排分层访问的顺序。在访问某一层的结点时，扫描其所有孩子（循孩子的右兄弟链），将它们依次进入队列，预先把下一层要访问的结点按序排在队列中。具体算法如下。

```
    template < class  T >
    void  Tree < T >::LevelOrder()
    {   //以当前指针 current 为根，进行广度优先遍历
        SeqStack < TreeNode  < T > * >  st(MaxSize);
        if(!IsEmpty()){                          //当前指针不空
            TreeNode < T >  *p = current;  //保存当前指针
            qu. Put(current);                    //根指针进队列
```

```
        while(!qu. IsEmpty())
        {   qu. Get(current);                   //从队列中取一个结点
            visit();                            //访问该结点
            Srh_FistChild();                    //待访问结点的所有孩子依次插入队列
            while(!IsEmpty())
            {   qu. Put(current);               //进队
                Srh_NextSibling();              //下一个兄弟
            }
        }
    }
    current = p;                                //恢复当前指针
}
```

8.4 二叉排序树

二叉排序树的中序遍历结果是一个有序序列，在经常需要进行排序和查找的应用中，将数据组织成二叉排序树结构是一种非常有效的方法。下面介绍二叉排序树的有关概念以及查找、插入和删除等方法。

1. 二叉排序树及其查找

（1）二叉排序树的定义

二叉排序树或者是一棵空树，或者是具有下列性质的二叉树。

1）若它的左子树不空，则左子树上所有结点的值均小于它的根结点的值；

2）若它的右子树不空，则右子树上所有结点的值均大于它的根结点的值；

3）它的左子树、右子树也分别为二叉排序树。

图8.4.1所示为两棵二叉排序树的例子。从这些树中可以看到，任一结点的值大于它的左子树上所有结点的关键码，同时小于它的右子树上的所有结点的关键码。

下面给出二叉排序树类的定义，它是 BinaryTree 类的派生类，在前面已经被声明为 BinTreeNode 的友元类。

```
template < class  T >
class BST: public  BinaryTree < T >
{   public:
    //…   其他的成员函数声明与定义，请读者自己完成
        BinTreeNode < T > * Find(BinTreeNode < T > * t,T & value);
        //在以 t 为根的二叉树中查找，如果找到值等于 value 的结点，则返回其地址，否则返回空
        BinTreeNode < T > * Find(T & value);      //在当前二叉树中查找
        int  Insert(BinTreeNode < T > * t,T & value);
        /*在以 t 为根的二叉树中如果找到值等于 value 的结点，则不插入并返回 0，否则
        插入到该二叉树中，并返回 1*/
        int  Insert(T & value);        //在当前二叉树中插入新元素
        int  Delete(BinTreeNode < T > * t,T & value);
        /*在以 t 为根的二叉树中如果找到值等于 value 的结点，则返回 0，否则将此结点从该
        二叉树中删除，并返回 1*/
        int  Delete(T & value);              //在当前二叉树中删除一个元素
};
```

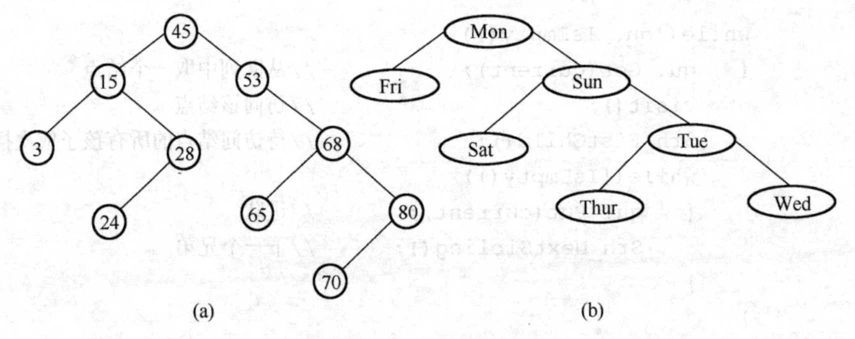

图 8.4.1　二叉排序树

（2）二叉排序树的查找过程

二叉排序树又称二叉查找树，其查找过程如下：当二叉排序树不空时，首先将给定值和根结点值比较，如果相等，则查找成功；否则依据与根结点值的大小关系，分别在左子树或右子树上继续查找。需要说明的是，这里提到的结点值是指结点的关键码，即二叉排序树建立时所依据的结点值，它能唯一地表示该结点，而且所有结点的关键码互不相同。但为了统一算法，在算法中直接用 data 域作为结点的关键码。二叉排序树的查找算法如下。

1）递归算法：

```
template < class  T >
BinTreeNode < T > * BST < T >::Find(BinTreeNode < T > * t,T & value)
{   if(t == NULL || t -> GetData() == value)          //树空或查找成功，返回
        return t;
    else  if(value < t -> GetData())
        return  (Find(t -> Lchild,value));            //继续查找左子树
    else  return  (Find(t -> Rchild,value));          //继续查找右子树
}
```

2）迭代算法：

```
template < class  T >
BinTreeNode < T > * BST < T >::Find(BinTreeNode < T > * t,T & value)
{   if(t != NULL) //树空，返回
    {   BinTreeNode < T > * s = t;                  //从根开始查找
        while(s != NULL)
        {   if(s -> GetData() == value)
                return s;                           //查找成功
            if(s -> GetData() < value)              //继续查找右子树
                s = s -> GetRight();
            else  s = s -> GetLeft();               //继续查找左子树
        }
        return  NULL;
    }
    return  NULL;
}
```

有了以上 Find 函数的定义后，就可以很容易地定义当前二叉排序树的查找函数，它需要调用以上函数功能，方法如下：

```
template < class  T >
BinTreeNode < T > * BST < T >::Find(T & value)
{   if(root = =NULL) return  NULL;        //如果当前树空，则直接返回空
    else  return Find(root,value);
}
```

2. 二叉排序树的插入和删除操作

（1）二叉排序树的插入

二叉排序树是一种动态树表。其特点如下：树的结构通常不是一次生成的，而是在查找过程中，通过插入操作而建立的。插入的原则如下：当树中不存在关键码等于给定值时插入；若二叉排序树为空，则插入结点为树的根结点，否则继续在左子树或右子树上查找，直至某个结点的左子树或右子树空为止，插入结点作为一个新的叶结点并成为该结点的左孩子或右孩子。

有关插入算法的实现如下。

```
template < class  T >
int  BST < T >::Insert(BinTreeNode < T > * t,T & value)
{   //在以 t 为根的二叉排序树中插入值为 value 的结点
    if(t = =NULL)
    {   t = new BinTreeNode < T >(value);
        if(t == NULL)
        {   cout << "Out of space"<< endl;
            exit(1);
        }
        return  1;
    }
    if(value < t -> GetData())
        Insert(t -> GetLeft(),T & value);
    else  if(value > t -> GetData())
        Insert(t -> GetRight(),T & value);
    else  return 0;
}
template < class  T >
int  BST < T >::Insert(T & value)
{   //在当前二叉排序树中插入值为 value 的结点
    if(root = =NULL)
    {   root = new BinTreeNode < T >(value);
        return  1;
    }
    else  return(Insert(root ,value));
}
```

利用二叉排序树的插入算法，可以很方便地建立二叉排序树。例如，有一个结点关键码的输入序列为{53，68，55，17，82，10，45}，从空的二叉排序树开始，一个结点一个结点逐步插入，从而建立起最终的二叉排序树。插入过程如图8.4.2所示。

由此可见，每次结点的插入，都要从根结点出发查找插入位置，然后把新结点作为叶结点插入，这样不需要移动结点，只需要修改树中某个已有结点的一个空指针即可。

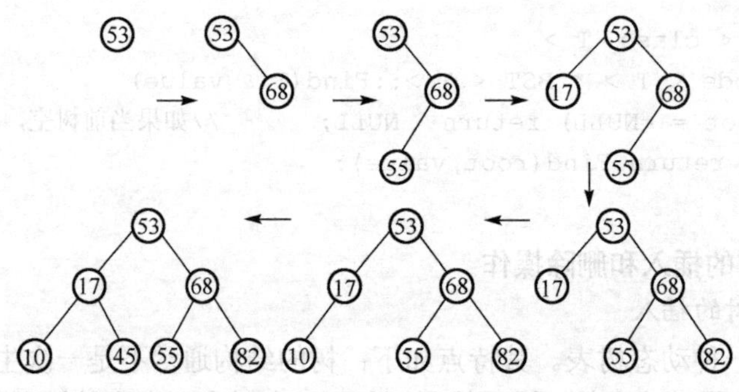

图 8.4.2　按输入数据顺序建立二叉排序树的过程

同样的数据输入顺序不同，建立起来的二叉排序树的形态也不相同，这将直接影响到二叉排序树的查找性能，最坏的情况是建立起一棵单支树（树中所有的结点都只有一棵子树）。

（2）二叉排序树的删除

在二叉排序树中删除一个结点时，必须将因删除结点而断开的二叉链表重新链接起来，同时确保二叉排序树的性质不会改变。此外，为了保证在执行删除后，树的查找性能不至于降低，还需要做到重新链接后树的高度不能增加。因此，在删除算法中需要按以下方法处理。

1）如果要删除的是叶结点，则只要将其双亲结点指向它的指针清为空，再释放它即可。

2）如果要删除的结点只有左子树，没有右子树，则可以将其左子树顶替它的位置，再释放即可；同理，如果要删除的结点只有右子树，没有左子树，则可以将其右子树顶替它的位置，再释放即可。

3）如果要删除的结点既有左子树，又有右子树，则可以在它的右子树中寻找按中序遍历的第一个结点（关键码最小的结点），将它的值填补到被删除的结点中，再来处理该结点的删除问题，这是一个递归过程。当然，也可以在它的左子树中寻找中序遍历的最后一个结点（关键码最大的结点），将它的值填补到被删除的结点中。

图8.4.3描述了上述三种情况的删除结果。其中，图（b）删除了图（a）中只有右子树的结点 17，图（c）删除了图（a）中只有左子树的结点 82，图（d）删除了图（a）中有左、右子树的结点 68。因为 68 的右子树中序遍历的第一个结点是 76，所以用 76 填补 68 的位置；同时，76 又是一个只有右子树的结点，所以它的位置由它的右子树来填补，右子树只有结点 80，将 80 直接填补 76 的位置之后可得到图（d）的结果。

有关的删除算法的实现如下。

```
template < class  T >
int  BST < T >: : Delete(BinTreeNode < T > * t,T & value)
{    //删除以 t 为根的二叉排序树中值为 value 的结点，删除成功返回 1;未找到就返回 0
     BinTreeNode < T > * s;
     if(t != NULL)
         if(value > t -> GetData())                  //在左子树中执行删除操作
                        Delete(t -> GetLeft(),value);
         else if(value < t -> GetData())             //在右子树中执行删除操作
                        Delete(t -> GetRight(),value);
         else if(t -> GetLeft()!= NULL && t -> GetRight()!= NULL)
                                                     //要删除的结点有左、右孩子
         {    BinTreeNode < T > * p = t-> GetRight();
```

```
            while(p -> GetLeft()!= NULL) p = p -> GetLeft();
            s = p;    //在值为 value 的结点 t 的右子树中查找值最小的结点 s
            t -> SetData ( s -> GetData())_;
                                //用该结点 s 的值代替 t 结点的值 value
            Delete(t -> GetRight(),t -> data); //在右子树中删除结点 s
            return  1;
        }
    else
     {  s = t;
        if(t -> GeLeft()== NULL)   t = t -> GetRight();       //只有右孩子
        else if(t -> GeRight()== NULL)   t = t -> GetLeft(); //只有左孩子
        delete  s;
        return  1;
    }
    return  0;
}
template < class  T >
int  BST < T >::Delete(T & value)
{     //删除当前二叉排序树中值为 value 的结点
    if(root == NULL) return  0;           //如果当前树为空，则返回 0
    else  return(Delete(root,value));
}
```

根据上述算法，读者可以试着写出另一种算法，即先找到值为 value 的结点 x，然后在 x 的左子树中寻找按中序遍历的最后一个结点 y（关键码最大的结点），将它的值填补到被删除的结点中，再进行删除处理。

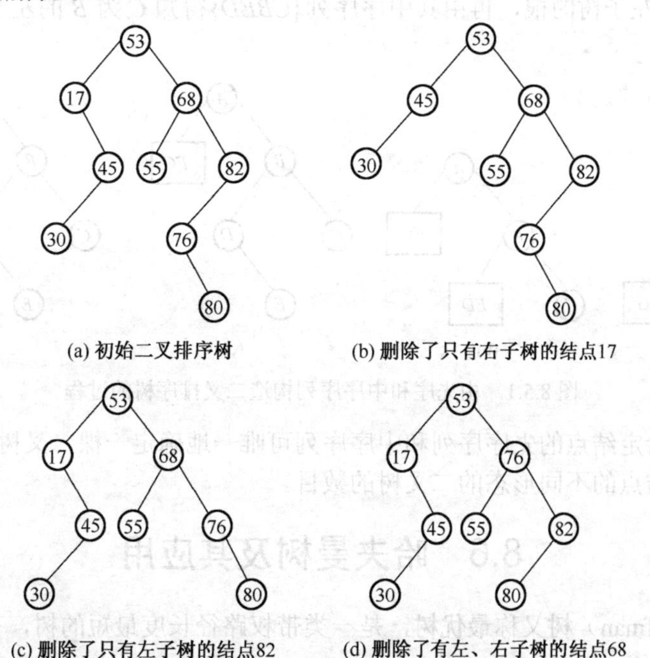

图 8.4.3　二叉排序树的删除

8.5 二叉树的计数

在讨论二叉树计数之前先明确两个不同的概念。

1）二叉树 T 和 T' 相似：二者都是空树或者二者均不为空树，且它们的左、右子树分别相似，即具有相同的树的形态。

2）二叉树 T 和 T' 等价：二者不仅相似，而且所有对应结点上的数据元素均相同。

本节要讨论的是二叉树计数问题，即关于 n 个结点所能构成的互不相似的二叉树的数目问题。

从二叉树的遍历已经知道，任何一棵二叉树结点的前序序列和中序序列是唯一的。反之，给定结点的前序序列和中序序列能否唯一确定一棵二叉树呢？

由遍历的定义可知，二叉树的前序遍历是先访问根结点 *V*，其次遍历左子树 L，最后遍历右子树 *R*，即在结点的先序序列中，第一个结点必定是根结点。又由于中序遍历是先遍历左子树，其次访问根结点，最后遍历右子树，因此根结点将中序序列分割成两部分：在根结点之前的是左子树的中序序列，在根结点之后的是右子树的中序序列。再者，根据左子树的中序序列中结点的个数，又可将先序序列除根以外分成左子树的先序序列和右子树的先序序列两部分。以此类推，便可递归得到整棵二叉树。

例如，已知结点的先序序列和中序序列分别是 *ABCDEFG* 和 *CBEDAFG*，则可按上述分解求得整棵二叉树。

构造过程如图8.5.1所示。首先，由先序序列得知二叉树的根为 *A*，结合中序序列可确定其左子树的中序序列为{*CBED*}，右子树的中序序列{*FG*}。其次，左子树的先序序列为{BCDE}，右子树的先序序列为{*FG*}。类似的，可由左子树的先序序列和中序序列构造 *A* 的左子树，由右子树的先序序列和中序序列构造 *A* 的右子树。例如，由 *A* 的左子树的先序序列{*BCDE*}得知 *B* 为左子树的根，再由其中序序列{*CBED*}得知 *C* 为 *B* 的左子树，{*ED*}为 *B* 的左子树，等等。

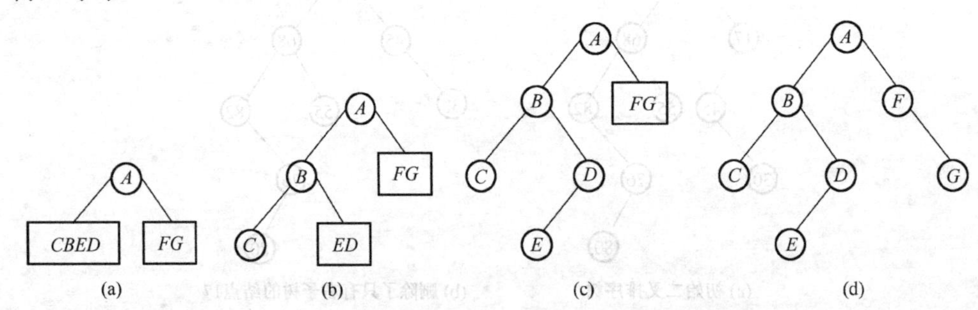

图 8.5.1 由先序和中序序列构造二叉排序树的过程

由此可见，给定结点的先序序列和中序序列可唯一地确定一棵二叉树。我们可以由此结论推出具有 n 个结点的不同形态的二叉树的数目。

8.6 哈夫曼树及其应用

哈夫曼（Huffman）**树**又称**最优树**，是一类带权路径长度最短的树，有着广泛的应用。

8.6.1 最优二叉树

首先给出路径和最优路径的概念。从树中的一个结点到另一个结点之间的分支构成这两个结点之间的路径，路径上的分支数目称为**路径长度**。**树的路径长度**是从树根到每一结点的路径长度之和。

将上述概念推广到一般情况，考虑带权的结点。结点的带权路径长度为从该结点到树根之间的路径长度与结点上权的乘积。**树的带权路径长度**为树中所有叶子结点的带权路径长度之和，通常记为 $\mathrm{WPL}=\sum_{k=1}^{n} w_k l_k$。

假设有 n 个权值$\{w_1, w_2, \cdots, w_n\}$，试构造一棵有 n 个叶子结点的二叉树，每个叶子结点带权为 w_i，则其中带权路径长度 WPL 最小的二叉树称为**最优二叉树或哈夫曼树**。

例如，图8.6.1中有三棵二叉树，其都有 4 个叶子结点 a、b、c 和 d，分别带权 7、5、2 和 4，它们的带权路径长度分别如下。

1）WPL = 7 × 2＋5 × 2＋2 × 2＋4 × 2 = 36。

2）WPL = 7 × 3＋5 × 3＋2 × 1＋4 × 2 = 46。

3）WPL = 7 × 1＋5 × 2＋2 × 3＋4 × 3 = 35。

其中，以 3）树的路径长度最小。可以验证，它恰为哈夫曼树，即其带权路径长度在所有带权 7、5、2 和 4 的 4 个叶子结点的二叉树中最小。

那么，如何构造哈夫曼树呢？哈夫曼最早给出了一个具有一般规律的算法，称为哈夫曼算法。该算法如下。

1）根据给定的 n 个权值$\{w_1, w_2, \cdots, w_n\}$构造 n 棵二叉树的集合 $F=\{T_1, T_2, \cdots, T_n\}$，其中每棵二叉树 T_i 中只有一个带权为 w_i 的根结点，其左、右子树均空。

2）在 F 中选取两棵根结点的权值最小的树作为左、右子树来构造一棵新的二叉树，且置新的二叉树的根结点的权值为其左、右子树上根结点的权值之和。

3）在 F 中删除这两棵树，同时将新得到的二叉树加入 F。

4）重复步骤 2）和步骤 3），直到 F 只含一棵树为止。这棵树就是哈夫曼树。

例如，图 8.6.2 说明了图 8.6.1（c）的哈夫曼树构造过程。其中，根结点上标注的数字是所赋的权值。

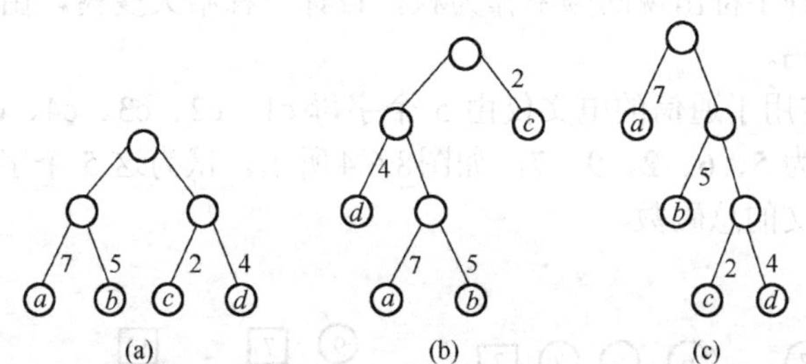

图 8.6.1　具有不同带权路径长度的二叉序树

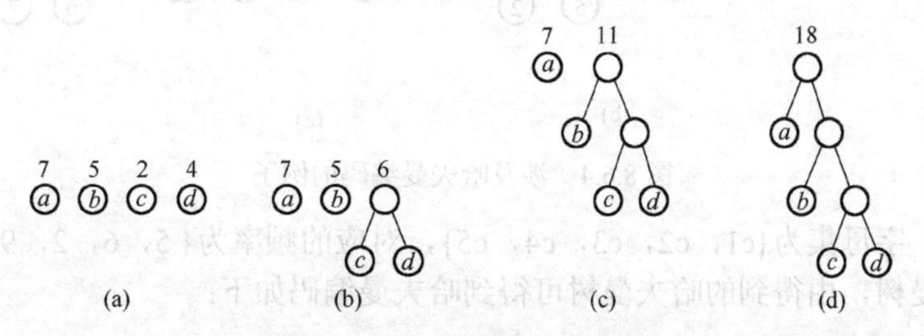

图 8.6.2　哈夫曼树的构造过程

8.6.2 哈夫曼编码

目前，进行快速远距离通信的主要手段是电报，即将需传送的文字转换成由二进制的字符组成的字符串。例如，假设需传送的电文为“ABACCDA”，它只有 4 种字符，只需两个字符的串便可分辨。假设 A、B、C、D 的编码分别为 00、01、10、和 11，则上述 7 个字符的电文便为“00010010101100”，总长 14 位，对方接收时，可按二位一分进行译码。

在传送电文时，希望总长尽可能短。如果对每个字符设计长度不等的编码，且让电文中出现次数较多的字符采用尽可能短的编码，则传送电文的总长度可减少。如果设计 A、B、C、D 的编码分别为 0、00、1 和 01，则上述 7 个字符的电文可转换成总长为 9 的字符串“000011010”。但是，这样的电文无法翻译，如传送过去的字符串中前 4 个字符的子串“0000”就会有多种译法，或是“AAAA”，或是“ABA”，也可以是“BB”等。因此，若要设计长短不等的编码，则其中的任一个字符的编码都必须不是另一个字符的编码的前缀，这种编码称为**前缀编码**。

可以利用二叉树来设计二进制的前缀编码。假设有一棵如图8.6.3所示的二叉树，其 4 个叶子结点分别表示 A、B、C、D 这 4 个字符，且约定左分支表示字符“0”，右分支表示字符“1”，则可以根结点到叶子结点的路径上分支字符组成的字符串作为该叶子结点字符的编码。读者可以证明，如此得到的必为二进制前缀编码。如由图 8.6.3 所得 A、B、C、D 的二进制前缀编码分别为 0、10、110 和 111。

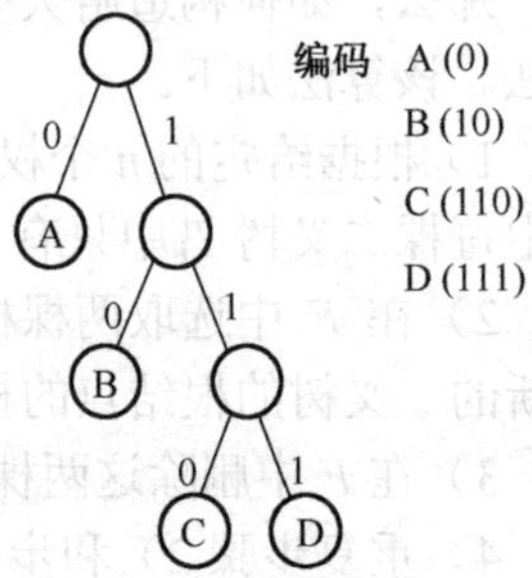

编码 A (0) B (10) C (110) D (111)

图 8.6.3 前缀编码示例

那么如何得到使电文总长最短的二进制前缀编码呢？假设每种字符在电文中出现的次数为 w_i，其编码长度为 l_i，电文中只有 n 种字符，则电文总长为 $\sum_{i=1}^{n} w_i l_i$ 。对应到二叉树上，若置 w_i 为叶子结点的权，l_i 恰为从根到叶子的路径长度，则 $\sum_{i=1}^{n} w_i l_i$ 恰为二叉树上带权路径长度。由此可见，设计电文总长最短的二进制前缀编码即以 n 种字符出现的频率作为权，设计一棵哈夫曼树，由此得到的二进制前缀编码便称为哈夫曼编码。

【例 8.6.1】 假定用于通信的电文仅由 5 个字母 c1、c2、c3、c4、c5 组成，各字母在电文中出现的频率分别为 5、6、2、9、7，如图8.6.4所示。试为这 5 个字母设计不等长的哈夫曼编码，并给出该电文的总码数。

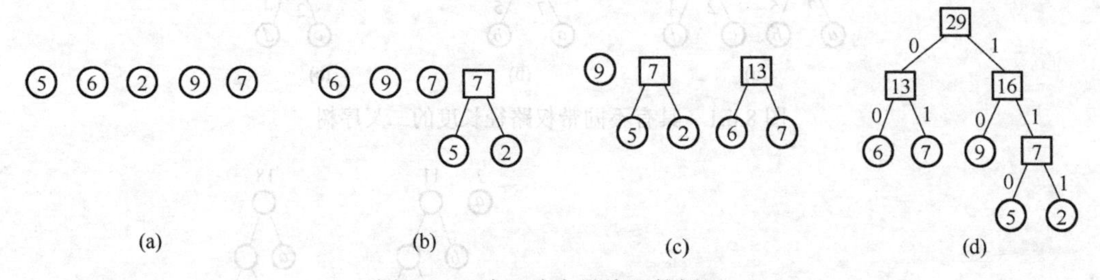

图 8.6.4 涉及哈夫曼编码的例子

由题可知，字母集为{c1，c2，c3，c4，c5}，对应的频率为{ 5，6，2，9，7 }。

构造哈夫曼树，由得到的哈夫曼树可得到哈夫曼编码如下：

```
c1    c2    c3    c4    c5
110   00    111   10    01
```

电文总码数：

$$5\times3+6\times2+2\times3+9\times2+7\times2=55$$

8.7 本章小结

本章介绍的基本内容包括树和二叉树的逻辑结构、顺序存储结构和链式存储结构，以及相应的基本操作，并讨论了树和森林与二叉树的转换关系。

树形数据结构的特点是它是以分支关系定义的层次结构，数据元素之间存在着一对多的关系，是一种重要非线性数据结构。

本章也讲述了树形结构的顺序存储和链式存储结构，并重点讨论了以链式存储结构为基础的二叉树、排序二叉树、树的各种操作；讨论了二叉树和树的遍历，以及最优二叉树（哈夫曼树）的应用。

习 题 8

8.1 一棵度为 2 的树与二叉树有何区别？

8.2 试分别画出具有 3 个结点的树和 3 个结点的二叉树的所有不同状态。

8.3 在结点个数为 n（$n>1$）的各棵树中，试问：

（1）高度最小的树的高度是多少？它有多少个叶子结点？多少个分支结点？

（2）高度最大的树的高度是多少？它有多少个叶子结点？多少个分支结点？

8.4 一棵深度为 h 的满 k 叉树有如下性质：第 h 层上的结点都是叶子结点，其余各层上的结点均有 k 棵非空子树。如果按层次顺序从 0 开始编号，问：

（1）各层的结点数目有多少？

（2）编号为 p 的结点的父结点（若存在）的编号是多少？

（3）编号为 p 的结点的儿子结点（若存在）的编号是多少？

（4）编号为 p 的结点有右兄弟的条件是什么？其右兄弟的编号是多少？

8.5 已知一棵度为 k 的树中有 n_1 个度为 1 的结点，n_2 个度为 2 的结点，……，n_k 个度为 k 的结点，问该树中有多少个叶子结点？

8.6 使用顺序存储表示和二叉链表表示法，分别画出如习题 8.6 图所示的二叉树的存储表示。

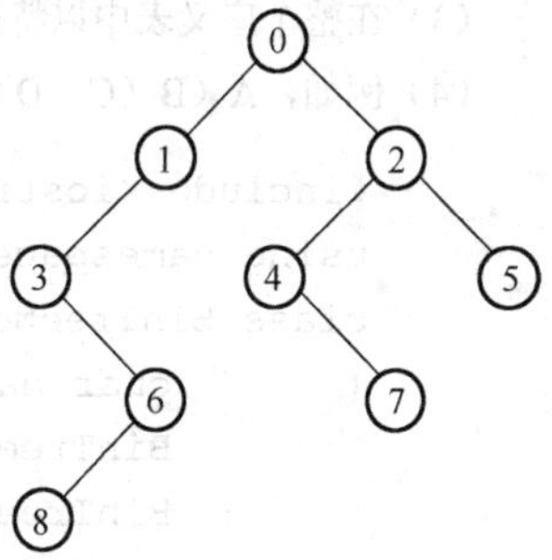

习题 8.6 图

8.7 请画出习题 8.7 图（a）所示的一棵树和习题 8.7 图（b）所示的森林各自对应的二叉树。

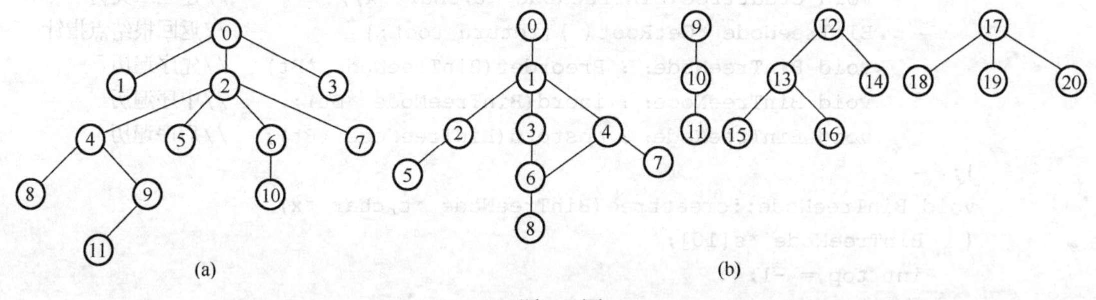

习题 8.7 图

8.8 请给出习题 8.8 图所示的一棵二叉树先序遍历、中序遍历和后序遍历的序列结果。

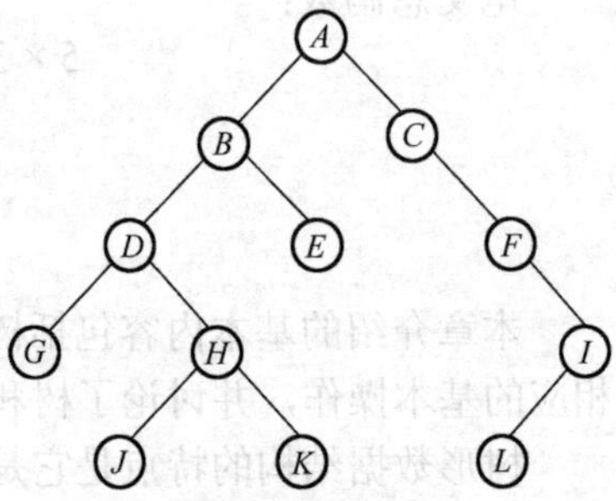

8.9 假设一棵树的先序序列为 *EBADCFHGIKJ*、中序序列为 *ABCDEFGHIJK*，请画出该树。

8.10 假设一棵二叉树的中序序列为 *DCBGEAHFIJK*、后序序列为 *ABCDEFGHIJK*，请画出该树。

8.11 假设一棵二叉树的层序序列为 *ABCDEFGHIJ*、中序序列为 *DBGEHJACIF*，请画出该树。

习题 8.8 图

8.12 编写递归算法，将二叉树中所有结点的左、右子树相互交换。

8.13 编写按层次顺序（同一层自左至右）遍历二叉树的算法。

8.14 对以孩子-兄弟链表表示的树编写算法，分别完成以下操作：

（1）计算树的高度；

（2）统计叶子结点的个数。

8.15 设计一个算法来完成哈夫曼树的构造。

实验训练题 8

1. 运行下列程序。该程序实现二叉树的建立与三种遍历。假定采用广义表表示的输入法，对二叉树做如下规定：

（1）每棵树的根结点作为由子树构成的表的名称而放在表的前面；

（2）每个结点的左子树和右子树用逗号隔开，若只有右子树而没有左子树，则逗号不能省略；

（3）在整个广义表中以特殊字符“#”作为结束标志；

（4）例如，A（B（C，D），E（F（H，I）））#。

```
#include <iostream>
using namespace std;
class BinTreeNode                                              //二叉树结点类的定义
{       char data;                                             //结点的数据域
        BinTreeNode *Lchild;                                   //左孩子指针
        BinTreeNode *Rchild;                                   //右孩子指针
        BinTreeNode *root;
    public:
        BinTreeNode( ){root = NULL;}
        void creattree(BinTreeNode *t,char *x);               //建立二叉树
        BinTreeNode *GetRoot( ){return root;}                 //返回根结点指针
        void BinTreeNode: : Preorder(BinTreeNode *Bt)         //先序遍历
        void BinTreeNode: : inord(BinTreeNode *Bt);           //中序遍历
        void BinTreeNode: : postord(BinTreeNode *Bt);         //后序遍历
};
void BinTreeNode::creattree(BinTreeNode *t,char *x)
{   BinTreeNode *s[10];
    int top = -1;
    BinTreeNode *p;
    int k;
    char ch;
```

```
    ch =*x;
    while(ch!= '# ')
    {   switch(ch)
        {   case '(' :  top++;s[top]= p;k =1;break;
            case ')' :  top--;break;
            case ',' :  k = 2;break;
            default:
                p = new BinTreeNode;
                p -> data = ch;p -> Lchild = p -> Rchild = NULL;
                if(root == NULL)
                    root = p;
                else
                {   switch(k)
                    {   case 1: s[top]->Lchild = p;break;
                        case 2: s[top]->Rchild = p;break;
                    }
                }
        }
        ch =*++x;
    }
}
void BinTreeNode::Preorder(BinTreeNode *root)       //先序遍历
{   if(root != NULL)
    {   cout << root-> data <<"  ";
        Preorder(root->Lchild);
        Preorder(root->Rchild);
    }
}
void BinTreeNode::inord(BinTreeNode *Bt)        //中序遍历
{   if(Bt!= NULL)
    {   inord(Bt->Lchild);
        cout << Bt->data <<"  ";
        inord(Bt->Rchild);
    }
}
void BinTreeNode::postord(BinTreeNode *Bt)      //后序遍历
{   if(Bt!= NULL)
    {   postord(Bt->Lchild);
        postord(Bt->Rchild);
        cout << Bt->data <<"  ";
    }
}
int main( )
{   BinTreeNode Bt,*Root;                               //定义二叉树对象
    char b[20];                                         //定义数组，存放广义表
    cout <<"请输入二叉树，以'#'字符结束："<< endl;      //输入广义表，以"#"结束
    cin >> b;
    Bt.creattree(&Bt,b);                            //建立二叉树函数
```

```
    Root = Bt.GetRoot( );                              //求根结点指针
    cout << endl;
    cout <<"先序遍历：";
    Bt.Preorder(Root);
    cout << endl;
    cout <<"中序遍历：";
    Bt.inord(Root);
    cout << endl;
    cout <<"后序遍历：";
    Bt.postord(Root);
    return 0;
}
```

2．运行下列程序。该程序可以判断两棵二叉树是否相似。

算法设计：判断两棵二叉树 A 与 B 是否相似，是指要么它们都为空或都只有一个根结点，要么它们的左右子树均相似。算法有以下主要内容。

（1）设计建立二叉树算法 Creat（BinTreeNode *&root），该算法采用递归方法实现二叉树的建立。

（2）设计判断相似算法 Like（BinTreeNode *A，BinTreeNode *B），该算法功能是若 A 与 B 相似，则函数返回 1，否则返回 0。该算法从以下三个方面进行考虑。

① 若 A=B=NULL，则 A 与 B 相似，即 Like（A，B）= 1；

② 若 A 与 B 中有一个为 NULL，另一个不为 NULL，则 A 与 B 不相似，即 Like（A，B）= 0；

③ 采用递归方法，进一步判断 A 的左子树和 B 的左子树、A 的右子树和 B 的右子树是否相似。

```
#include <iostream>
using namespace std;
class BTree;                                    //BTree类的预先声明
class BinTreeNode                               //二叉树结点类的定义
{       friend class BTree;
        char data;                              //结点的数据域
        BinTreeNode *Lchild;                    //左孩子指针
        BinTreeNode *Rchild;                    //右孩子指针
        BinTreeNode *Parent;                    //双亲结点指针
    public:
        BinTreeNode( ){ Lchild = Rchild = NULL; }
        BinTreeNode(char item)
        {   data = item;
            Lchild = Rchild = NULL;
        }
        BinTreeNode(char value,BinTreeNode *left,BinTreeNode *right);
        void Preorder1(BinTreeNode *root);                //先序遍历
        BinTreeNode *GetLeft( ){        return Lchild;  }
};
class BTree                                                //二叉树类
{  public:
        BTree( ){   root = NULL;        }                  //构造一棵空的二叉树
        BTree(char value,BinTreeNode *left,BinTreeNode *right);
        //以value为根，left和right为左右子树构造一棵二叉树
        void DeleteAllValues( );                  //清除操作，使其变为空树
```

```
        int IsEmpty( );                              //判断二叉树是否为空
        BinTreeNode *Find(BinTreeNode *t,char & value)
        void Insert(BinTreeNode *t,char & value);
        void Delete(BinTreeNode *t,char & value);
        void Creat( ){  Creat(root);      }
        void Creat(BinTreeNode *&root);
        int Like(BinTreeNode *A,BinTreeNode *B);     //判断两棵二叉树是否相似
        void Preorder(BinTreeNode *root);            //先序遍历
        void InOrder(BinTreeNode *root);             //中序遍历
        void PastOrder(BinTreeNode *root);           //后序遍历
        void Print(BinTreeNode *root);
        BinTreeNode *GetRoot( ){        return root;       }
    protected:
        BinTreeNode *root;
};
void BTree::Creat(BinTreeNode *&root)
{   char ch;
    cin >> ch;
    if(ch == '#' )   root = NULL;
    else
    {   root = new BinTreeNode;
        root -> data = ch;
        Creat(root -> Lchild);
        Creat(root -> Rchild);
    }
}
int BTree::Like(BinTreeNode *A,BinTreeNode *B)
{   int same;
    if(!A&&!B)  return 1;
    else if((!A&&B)||(A&&!B))   return 0;
    else
    {   same = Like(A->Lchild ,B->Lchild);
        if(same)        same = Like(A->Rchild,B->Rchild);
        return same;
    }
}
void BTree::Preorder(BinTreeNode *root)          //先序遍历
{ if(root != NULL)
    {   cout << root->data <<"  ";
        Preorder(root->Lchild);
        Preorder(root->Rchild);
    }
}
void BTree::InOrder(BinTreeNode *root)           //中序遍历
{   if(root != NULL)
    {   InOrder(root->Lchild);
        cout << root->data <<"  ";
        InOrder(root->Rchild);
```

```
    }
}
void BTree::PastOrder(BinTreeNode *root)            //后序遍历
{   if(root != NULL)
    {   PastOrder(root->Lchild);
        PastOrder(root->Rchild);
        cout << root->data <<" ";
    }
}
void BTree::Print(BinTreeNode *root)
{   cout <<"先序遍历结果: ";
    Preorder(root);
    cout <<"\n 中序遍历结果: ";
    InOrder(root);
    cout <<"\n 后序遍历结果: ";
    PastOrder(root);
    cout << endl;
}
int main( )
{   BTree Bt,Bp;
    BinTreeNode *RootA,*RootB;
    int n;
    cout <<"\n 输入二叉树 A: ";
    Bt.Creat( );
    RootA = Bt.GetRoot( );
    Bt.Print(RootA);
    cout <<"\n 输入二叉树 B: ";
    Bp.Creat( );
    RootB = Bp.GetRoot( );
    n = Bt.Like(RootA,RootB);
    if(n == 1)cout <<"判断结果: A 与 B 相似\n";
    else cout <<"判断结果: A 与 B 不相似";
    retrun 0;
}
```

3. 以二叉链表作为二叉树的存储结构，试利用栈的基本操作写出先序遍历的非递归形式算法。

4. 以二叉链表作为二叉树的存储结构，编写递归算法，将二叉树中所有结点的左、右子树相互交换。

5. 以二叉链表作为二叉树的存储结构，求二叉树中以元素值为 x 的结点为根的子树的深度。

6. 以二叉链表作为二叉树的存储结构，设计复制一棵二叉树的算法。

7. 算术表达式与二叉树之间存在着对应关系，编写一个算法，将先序形式输入的算术表达式按中序方式输出。

第 9 章　图

学习目标

通过对本章内容的学习，学生应该能够做到：

1）了解：图形结构的特点。

2）理解：图的基本概念和逻辑结构，以及图的基本存储方法。

3）掌握：图的基本操作，图的遍历及应用。

图（Graph）是较线性表和树更为复杂的一种数据结构。在线性表中，数据元素之间是线性关系，每个数据元素均只有一个直接前驱和一个直接后继；在树形结构中，数据元素之间有着明显的层次关系，并且每一层上的数据元素可能和下一层中的多个元素（即其孩子结点）相关，但只能和上层中的一个元素（即其双亲结点）相关；而在图形结构中，结点之间的关系可以是任意的，图中任意两个数据元素之间都可能相关。因此，图的应用极其广泛，在交通运输、工程计划分析、运筹学、统计学、遗传学甚至社会科学中，图都有重要的应用。这主要是由于在科学和工程问题中，经常要处理一些数据对象之间的任意关系，而图正是描述这类数据关系的有效工具。

9.1　图的基本概念

9.1.1　图的定义

图是一种数据结构，它的形式化定义为

$$\text{Graph} = (V, R)$$

其中，$V = \{ x \mid x \in \text{数据对象} \}$；

$R = \{ RV \}$；

$\text{VR} = \{ <v, w> \mid v, w \in V \;\&\&\; P(v, w) \}$。

图中的数据元素通常称为顶点（Vertex），V 是顶点的有穷非空集合；VR 是两个顶点之间的关系的集合。若 $<v, w> \in \text{VR}$，则$<v, w>$表示从 v 到 w 的一条**弧**（Arc），且称 v 为**弧尾**（Tail）或初始点（Initial Node），且称 w 为**弧头**（Head）或终端点（Terminal Node），此时的图称为**有向图**（Digraph）。若 $<v, w> \in \text{RV}$ 必有$<w, v> \in \text{RV}$，即 RV 是对称的，则以无序对（w，v）代替这两个有序对，表示 v 和 w 之间的一条边（Edge），此时的图称为**无向图**（Undigraph）。谓词 P（v, w）则表示从 v 到 w 的一条单向通路。

图9.1.1（a）所示的 G_1 是有向图。

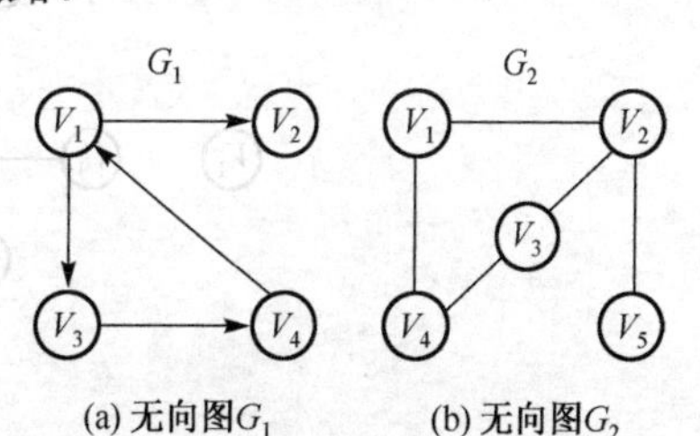

(a) 无向图G_1　　(b) 无向图G_2

图 9.1.1　图的示例

$$G_1 = (V_1, \{A_1\})$$

其中，$V_1 = \{ v_1, v_2, v_3, v_4 \}$；

$A_1 = \{ <v_1, v_2>, <v_1, v_3>, <v_3, v_4>, <v_4, v_1> \}$。

图9.1.1（b）所示的 G_2 是无向图。

$$G_2 = (V_2, \{E_2\})$$

其中，$V_2 = \{ v_1, v_2, v_3, v_4, v_5 \}$；

$E_2 = \{(v_1, v_2), (v_1, v_4), (v_2, v_3), (v_2, v_5), (v_3, v_4)\}$。

我们用 n 表示图中顶点的数目，用 e 表示边或弧的数目。在下面的讨论中，不考虑顶点到自身的边或弧，即若$< v_i, v_j > \in \text{RV}$，则 $v_i \neq v_j$，那么，对于无向图，e 的取值范围是 $0 \sim \frac{1}{2}n(n-1)$。有 $\frac{1}{2}n(n-1)$条边的无向图称为完全图（Completed Graph）。对于有向图，e 的取值范围是 $0 \sim n(n-1)$。有 $n(n-1)$条边的有向图称为有向完全图。有很少条边或弧（如 $e < n \log n$）的图称为稀疏图（Spares Graph），反之称为稠密图（Dense Graph）。

9.1.2 图的术语

1. 顶点的度

1）顶点的入度（InDegree）：以顶点 v 为头（或终点）的弧的数目称为顶点的入度，记为 ID(v)。

2）顶点的出度（OutDegree）：以顶点 v 为尾（或初始点）的弧的数目称为顶点的出度，记为 OD(v)。

3）顶点的度（TotalDegree）：所有与顶点 v 关联的边的数目称为顶点的度，记为 TD(v)。可以证明

$$\text{TD}(v) = \text{ID}(v) + \text{OD}(v)$$

一般的，如果顶点 v_i 的度记为 TD(v_i)，那么，一个有 n 个顶点、e 条边或弧的图，满足以下关系：

$$e = \frac{1}{2}\sum_{i=1}^{n}\text{TD}(v_i)$$

图 9.1.1（a）所示的 G_1 的各顶点的入度、出度和度如表 9.1.1 所示。

表 9.1.1 图 8.1.1（a）中图 G_1 各顶点的入度、出度和度

	v_1	v_2	v_3	v_4
入度 ID（v_i）	1	1	1	1
出度 OD（v_i）	2	0	1	1
度 TD（v_i）	3	1	2	2

2. 子图

假设有两个图 $G = (V, \{E\})$和 $G' = (V', \{E'\})$，如果 $V' \subseteq V$ 且 $E' \subseteq E$，则称 G' 为 G 的子图（Subgraph）。图 9.1.2（a）所示的是图 8.1.1（a）所示 G_1 的子图，图 9.1.2（b）所示的是图 9.1.1（b）所示 G_2 的子图。

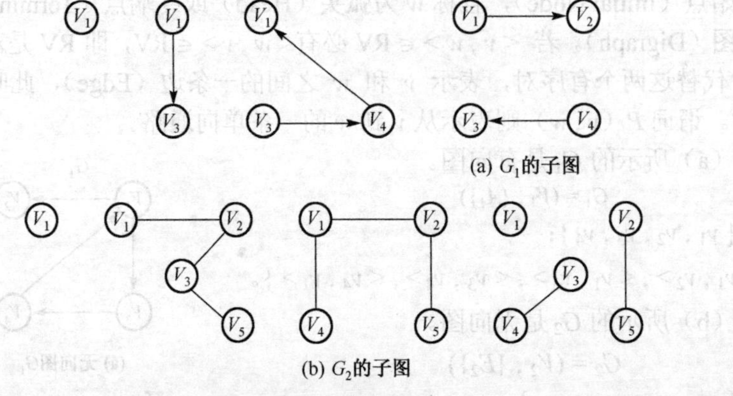

图 9.1.2 子图示例

3．路径

1）路径指从一个顶点 v 到另一个顶点 v' 所经过的顶点序列。该序列（$v = v_{i,0}$，$v_{i,1}$，…，$v_{i,m}=v'$），其中（$v_{i,j-1}$，$v_{i,j}$）$\in E$，$1 \leqslant j \leqslant m$。如果 G 是有向图，则路径也是有向的，顶点序列$<v_{i,j-1}, v_{i,j}>\in E$，$1 \leqslant j \leqslant m$。

2）路径长度：路径上所经过的边或弧的数目。

3）回路或环：第一个结点和最后一个结点相同的路径。

4）简单路径：顶点序列中顶点不重复出现的路径。

4．连通图

1）连通图（Connected Graph）：在无向图 G 中，如果从顶点 v 到 v' 有路径，则称 v 和 v' 是连通的。如果对于图中的任意两个顶点 v_i，$v_j \in V$，v_i 和 v_j 都是连通的，则称 G 是连通的。图 9.1.1（b）中的 G_2 就是一个连通图，图中任意两个顶点之间都是连通的；图 9.1.3（a）中的 G_3 则是非连通图。

2）连通分量（Connected Component）：指无向图中的极大连通子图。所谓极大连通子图即任意增加结点或边所得到的子图都不连通。图 9.1.3（b）所示为 G_3 的三个连通分量。

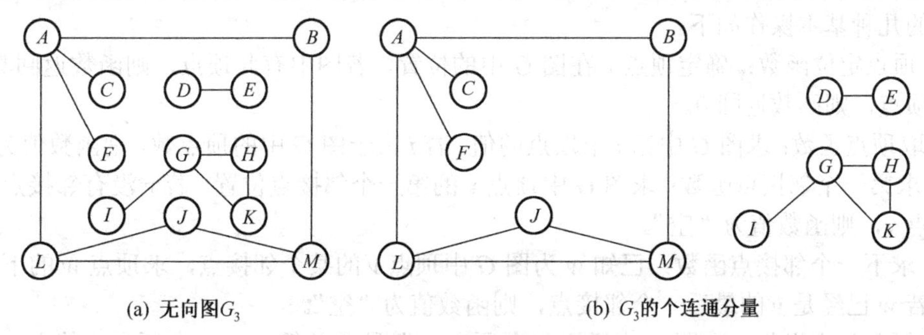

图 9.1.3　无向图及其连通分量

3）强连通图：在有向图 G 中，如果对于每一对 v_i，$v_j \in V$，$v_i \neq v_j$，从 v_i 到 v_j 和从 v_j 到 v_i 都存在路径，则称 G 是强连通图。图 9.1.1（a）中的 G_1 不是强连通图。

4）强连通分量：指有向图中的极大强连通子图。图 9.1.1（a）中的 G_1 的两个强连通分量如图 9.1.4 所示。

5．生成树

一个连通图的**生成树**是一个极小连通子图，它含有图中全部顶点，但只有足以构成一棵树的 $n-1$ 条边。图 9.1.5 所示的是图 9.1.3（a）中的 G_3 中最大连通分量的一棵生成树。如果在一棵生成树上添加一条边，则必定构成一个环，因为这条边使得它依附的那两个顶点之间有了第二条路径。一棵有 n 个顶点的生成树有且仅有 $n-1$ 条边。如果一个图有 n 个顶点且有小于 $n-1$ 条边，则是非连通图。如果它有多于 $n-1$ 条边，则一定有环。但是，有 $n-1$ 条边的图不一定是生成树。

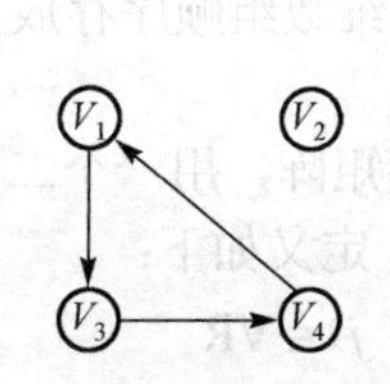

图 9.1.4　G_1 的两个强连通分量

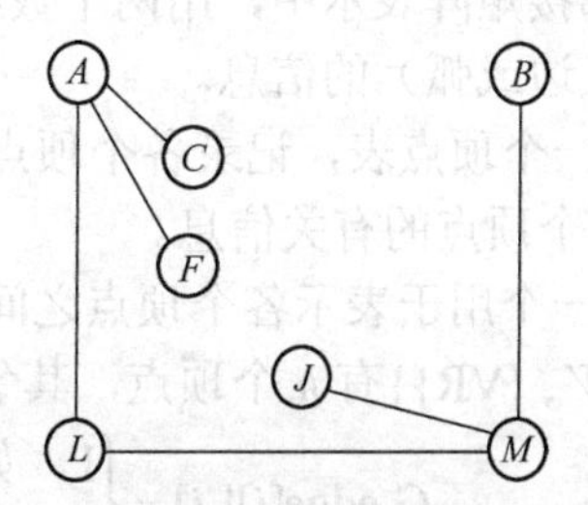

图 9.1.5　G_3 的最大连通分量的一棵生成树

6. 网络

（1）权：与图的边或弧有关的数，用于表示从一个顶点到另一个顶点的距离或耗费。

（2）网络：带权的图称为网络。

9.1.3 图的基本操作

和其他结构相同，图的基本操作也包括查找、插入和删除等。为了给出确切的操作定义，首先明确关于“顶点在图中的位置”的概念。

由图的逻辑结构来看，图中的顶点之间不存在全序的关系，即无法将图中的各个顶点排列成一个线性序列。任何一个顶点都可以看做第一个顶点；其次，任何顶点的**邻接顶点**（如果(u, v)是图中一条边或弧，则 u 和 v 互为邻接点）之间也不存在次序关系。然而，为了操作方便，需要将图中的顶点按任意顺序排列起来。所谓**“顶点在图中的位置”**指该顶点在这个人为的排列位置中的序号。同理，对某个顶点的所有邻接点进行排列，在这个排列中自然形成了第一个或第 k 个邻接点。若某个邻接点的个数大于 k，则第 $k+1$ 个邻接点为第 k 个邻接点的下一个邻接点，而最后一个邻接点的下一个邻接点为“空”。

图的几种基本操作如下。

1）顶点定位函数：确定顶点 v 在图 G 中的位置。若图中有此顶点，则函数返回其序号；若无此顶点，则函数返回 0。

2）取顶点函数：求图 G 中第 i 个顶点的值。若 i 大于图 G 中的顶点数，则函数值为“空”。

3）求第一个邻接点函数：求图 G 中顶点 v 的第一个邻接点位置。若 v 没有邻接点或图 G 中无顶点 v，则函数值为“空”。

4）求下一个邻接点函数：已知 w 为图 G 中顶点 v 的某个邻接点，求顶点 w 的下一个邻接点。若 w 已经是 v 的最后一个邻接点，则函数值为“空”。

5）插入顶点操作：在图 G 中增添一个顶点 u 为图 G 的第 $n+1$ 个顶点，其中 n 为插入之前图 G 中顶点的个数。

6）插入边或弧操作：在图 G 中增添一条从顶点 v 到顶点 w 的边或弧。

7）删除顶点操作：从图 G 中删除顶点 v 以及与顶点 v 相关联的弧。

8）删除边或弧操作：在图 G 中删除一条从顶点 v 到顶点 w 的边或弧。

在给定图的情况下，经常使用的操作是 1）～4），由于 5）～8）涉及图的修改，一般情况下不使用，所以可以将它们定义为抽象类的纯虚函数成员，在具体使用时，再在其继承类中定义其功能。在本章后面介绍的图的邻接矩阵和邻接表类中，将这些操作直接作为类的虚函数来声明并定义，给出了这些操作的基本算法，为读者在实际使用时提供参考。

9.1.4 图的存储表示

1. 邻接矩阵

在存储邻接矩阵表示中，用两个数组分别表示存储数据元素（顶点）的信息和数据元素之间的关系（边或弧）的信息。

1）建立一个顶点表，记录各个顶点的信息。如果用一个一维数组顺序存放，则 G.Vex[i] 存放的是第 i 个顶点的有关信息。

2）建立一个用于表示各个顶点之间关系的矩阵，称为邻接矩阵，用一个二维数组存放。若设图 $G=\{V, \{\mathrm{VR}\}\}$ 有 n 个顶点，其邻接矩阵即为 n 阶方阵，定义如下：

$$\mathrm{G.edge}[i][j]=\begin{cases}1, & \text{如果} <i,\ j> \in \mathrm{VR} \text{或}（i,\ j) \in \mathrm{VR} \\ 0, & \text{如果} <i,\ j> \notin \mathrm{VR} \text{或}（i,\ j) \notin \mathrm{VR}\end{cases}$$

无向图的邻接矩阵为对称矩阵。将第 i 行的元素值或第 i 列的元素值累加起来即可得到**顶点 i 的度**。图9.1.6（a）所示的是无向图 G_5 及其邻接矩阵。

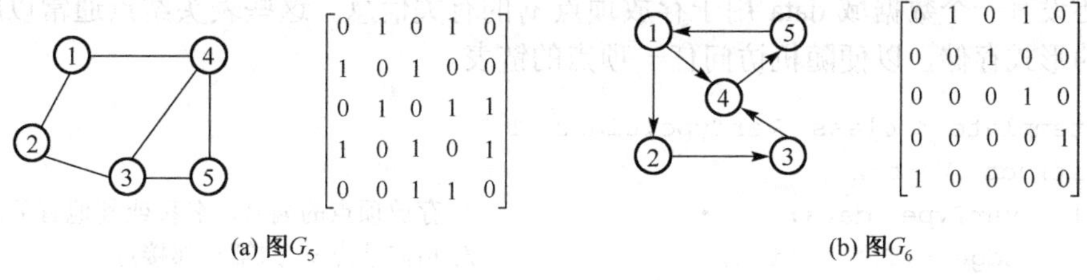

图 9.1.6　图及其邻接矩阵

有向图的邻接矩阵则不一定对称。如果 G.edge[i][j]=1，则表示有一条从顶点 i 到顶点 j 的有向边，将第 i 行的所有元素值累加起来即可得到**顶点 i 的出度**；将第 j 列的所有元素值累加起来即可得到**顶点 j 的入度**。图9.1.6（b）所示的是有向图 G_6 及其邻接矩阵。

对于网络（或带权图），邻接矩阵的定义如下：

$$\text{G.edge}[i][j]=\begin{cases}W[i][j], & \text{如果} <i,j>\in \text{VR或}(i,j)\in \text{VR}\\ \infty, & \text{如果} <i,j>\notin \text{VR或}(i,j)\notin \text{VR}\end{cases}$$

其中，$W[i][j]$表示弧$<i,j>$或边（i,j）上的权值。将第 i 行所有权值 $W[i][j]\neq\infty$ 的顶点个数统计出来即可得到**顶点 i 的出度**；将第 j 列所有权值 $W[i][j]\neq\infty$ 的顶点个数统计出来即可得到**顶点 j 的入度**。网络的邻接矩阵如图9.1.7所示。

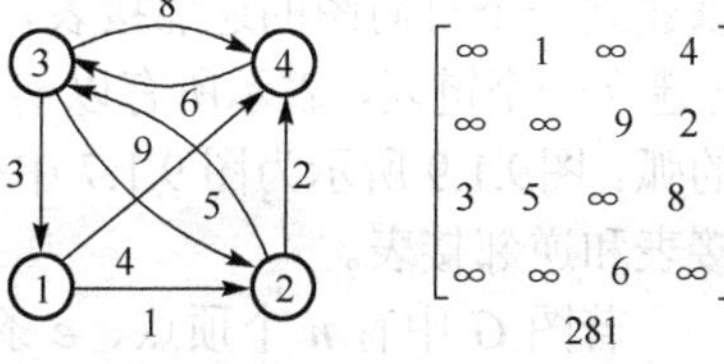

图 9.1.7　网络（G_6）的邻接矩阵

在这种存储结构上，容易实现图的一些基本操作。例如，查找 v 的第一个邻接点。首先由顶点定位函数找到 v 在图 G 中的位置，即 v 在第一个数组 Vex 中的序号 i，则在二维数组 Edge 中的第 i 行上的第一个值为“1”的分量所在的列号 j，便是 v 的第一个邻接点在 G 中的位置。其他操作同理。

2. 邻接表

当图中的边数少于顶点的个数时，邻接矩阵中会出现大量的 0 或∞元素，将耗费大量的存储单元。为此，可以将邻接矩阵的 n 行改为 n 个单链表。

邻接表是图的一种链式存储结构。在邻接表中，对图中的每个顶点建立一个单链表，第 i 个单链表中的结点表示依附于顶点 v_i 的边（对有向图是指以顶点 v_i 为初始点（或尾）的弧）。单链表中的结点（又称边结点）及其表头结点（也是顶点向量表元素）的情况如下：

边结点

dest	cost	next

表头结点

data	link

1）每个边结点由三个域组成，dest 域表示与顶点 v_i 邻接的边上的另一个顶点在图中的位置；next 域表示与 v_i 邻接的下一条边的顶点所对应的指针；cost 域用于存储和边或弧相关联的信息，对于网络（或带权图）而言，其代表权值。

```
template < class T >
struct Edge
{   int  dest;                      //表示与顶点 vi 邻接的边上的另一个顶点在图中的位置
    T  cost;                        //边上的权值
    Edge < T >  *next;              //与 vi 邻接的下一条边的顶点所对应的指针
};
```

2）在表头结点中，设有一个链域 link 指向链表中的第一个结点（即顶点 v_i 的第一个邻接点），还设有一个数据域 data 用于存放顶点 v_i 的有关信息。这些表头结点通常以顺序结构（向量）的形式存储，以便随机访问任一顶点的链表。

```
template < class  VerType,class  T >
struct  Vertex
{    VerType  data;                         //存放顶点的编号、名称或其他有关信息
     Edge < T >  *link;                     //指向顶点 vi 的第一邻接点
};
Vertex < VerType,T > vex [ N ];            //定义顶点向量,N 为顶点个数
```

在无向图邻接表中，顶点的度恰为第 i 个链表中的结点数。图9.1.8 所示为图9.1.6（a）无向图 G_5 的邻接表。

在有向图中，第 i 个链表中的结点数只是顶点 v_i 的出度，为了求入度，必须遍历整个邻接表。在所有链表中，其 dest 域为 i 的结点的个数是顶点 v_i 的入度。有时，为了便于确定顶点的入度或以顶点 v_i 为终点（或头）的弧，可以建立一个有向图的逆邻接表，即对每个顶点 v_i 建立一个链表，表示所有以 v_i 为终点（或头）的弧。图9.1.9 所示为图 9.1.7 中有向图 G_6 的邻接表和逆邻接表。

图 9.1.8　图 G_5 的邻接表

若图 G 中有 n 个顶点、e 条边，对于无向图，它的邻接表需 n 个头结点和 $2e$ 个表结点。对于有向图，它的邻接表需 n 个头结点和 e 个表结点，逆邻接表也需 n 个头结点和 e 个表结点。显然，在边或弧稀疏的情况下，用邻接表表示图比用邻接矩阵表示节省空间。在邻接表中容易找到任一顶点的第一个邻接点和下一个邻接点，但是要判定任意两个顶点 v_i 和 v_j 之间是否有边或弧，则需要搜索第 i 个或第 j 个链表，在这一点上，邻接表不如邻接矩阵方便。

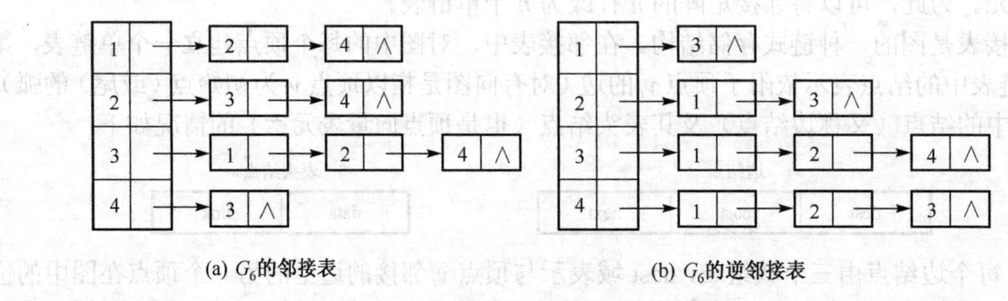

(a) G_6的邻接表　　(b) G_6的逆邻接表

图 9.1.9　有向图 G_6 的邻接表和逆邻接表

3. 十字链表

十字链表是有向图的另一种链式存储结构，可以看做将有向的邻接表和逆邻接表结合起来得到的一种链表。在十字链表中，有向图的每一个顶点有一个结点，对应于图中的每一条弧也有一个结点。这些结点的结构如下：

弧结点

tailvex	Headvex	Hlink	tlink

顶点结点

data	fiestin	firstout

1）弧结点由 4 个域组成，其中尾域 tailvex 和头域 headvex 分别指示弧尾（起始点）和弧头（终结点）这两个顶点在图中的位置；链域 hlink 指向弧头（终结点）相同的下一条弧；链域 tlink 指向弧尾（起始点）相同的下一条弧。

```
struct  ArcNode
{    int  tailvex;                //指示弧尾（起始点）顶点在图中的位置
     int  headvex;                //指示弧头（终结点）顶点在图中的位置
     ArcNode  * hlink;            //指向弧头（终结点）相同的下一条弧
     ArcNode  * tlink;            //指向弧尾（起始点）相同的下一条弧
};
```

2）顶点结点由三个域组成，其中 data 域存储和顶点相关的信息；fiestin、firstout 为两个链域，分别指向以该顶点为弧头（终结点）和弧尾（起始点）的第一个弧结点。

```
template < class  VerType >
struct  VertexNode
{    VerType  data;                  //存储和顶点相关的信息
     ArcNode  * fiestin;             //指向以该顶点为弧头（终结点）的第一个弧结点
     ArcNode  * firstout;            //指向以该顶点为弧尾（起始点）的第一个弧结点
};
```

3）弧头相同的弧在同一链表上，弧尾相同的弧在同一链表上。它们的头结点即为顶点结点，并顺序存储。

```
VertexNode < VerType >  orthList [ 顶点的最大个数 ];
```

由图 9.1.10 可知，在十字链表上既容易找到以 v_i 为尾的弧，也容易找到以 v_i 为头的弧，因而容易求得顶点的出度和入度。同时，建立十字链表和建立邻接表的时间复杂度是相同的。在某些有向图的应用中，十字链表是很有用的工具。

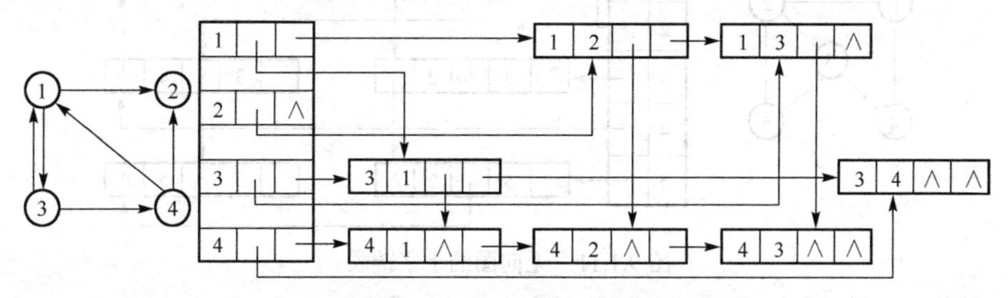

图 9.1.10　有向图的十字链表

4. 邻接多重表

邻接多重表是无向图的另一种链式存储结构。虽然邻接表是无向图的一种非常有效的存储结构，在邻接表中容易求得顶点和边的各种信息。但是在邻接表中每条边（v_i，v_j）有两个结点，分别在第 i 个和第 j 个链表中，这给某些图的操作带来了不便。因此，在需要对无向图进行边的操作时，采用邻接多重表作为存储结构更为适宜。

邻接多重表的结构与十字链表的结构类似，每一条边对应一个结点表示，每一个顶点也对应一个结点表示。

1）每条边的结点由 5 个域组成，其中 mark 域为标志域，用于标志该边是否被搜索过；ivex 和 jvex 分别指示该边所依附的两个顶点在图中的位置；链域 ilink 指向下一条依附于顶点 v_i 的边；链域 jlink 指向下一条依附于顶点 v_j 的边。

边结点				
mark	ivex	ilink	jvex	jlink

顶点结点	
data	firstedge

```
struct  EdgeNode
{    int  mark;                        //1 表示该边被搜索过，0 表示该边未被搜索过
     int  ivex,jvex;                   //该边所依附的两个顶点 vi 和 vj 在图中的位置
     EdgeNode  * ilink;                //指向下一条依附于顶点 vi 的边
     EdgeNode  * jlink;                //指向下一条依附于顶点 vj 的边
};
```

2）顶点结点由两个域组成，其中 data 域存储和顶点相关的信息；firstedge 指示第一条依附于该顶点的边。

```
template < class  VerType >
struct  VertexNodefirstedg
{    VerType  data;                    //存储和顶点相关的信息
     EdgeNode  * firstedge;            //指示第一条依附于该顶点的边
};
```

3）所有依附于同一顶点的边串联在同一链表中。由于每一条边依附于两个顶点，因此每个边结点同时链接在两个链表中。一般而言，各顶点结点按顺序结构存储在有序数组中。

```
VertexNode < VerType >   adjmuList [ 顶点的最大个数 ];
```

图9.1.11所示为无向图及其按以上存储结构产生的邻接多重表。

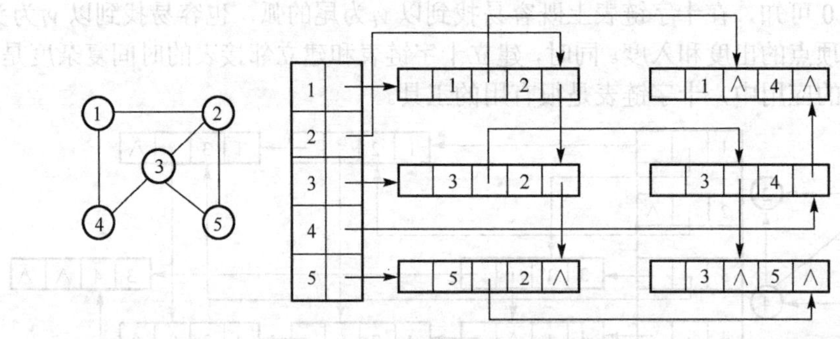

图 9.1.11　无向图的十字链表

对于无向图而言，其邻接多重表和邻接表的差别仅仅在于同一条边在邻接表中用两个结点表示，而在邻接多重表中只需要用一个结点表示。因此，除了在边结点中增加了一个标志域外，邻接多重表所需的存储量和邻接表相同。在邻接多重表上，各种操作的实现也和邻接表相似。

9.2　图的抽象类

由 9.1 节可知，在图的处理中，图的存储表示有多种，而其中较常用的主要有两种：一种是邻接矩阵，另一种是邻接表。这两种结构适用于无向图和有向图的存储表示，并且用来表示网络最为简单、方便。因此，我们通过建立这两种结构的抽象类来使读者在实际应用中更好地使用图这种数据结构。

9.2.1 图的邻接矩阵类

用邻接矩阵作为图的存储表示时，要做的主要是建立两个顺序表向量：一个是顶点表向量，用一个一维数组 Vex [ ]来表示；另一个是用于存储边的表向量，用一个二维数组 Edge [ ] [ ]来表示。这两个数组的大小均取决于图中的顶点个数，而与边数无关。根据图的基本操作，图的邻接矩阵抽象类如下。

```
#include <iostream>
using namespace std;
# include <conio.h>
const  int  MAXVS = 10;          //图的最大顶点数
const  int  MAXVS = 50;          //图的最大边数
template < class  T,class  VerType >
class  Graph
{  private:
    int  curNum;                 //当前图中的顶点数
    int  n;                      //给定图的顶点数
    int  e;                      //当前图中的边数
    VerType  Vex[MAXVS];         //存放顶点的有关信息
    T  Edge[MAXVS][MAXVS];       //存放顶点之间边的信息
    T  max;                      //用于表示权值的极限值
    int  net;                    //net=1 表示带权网络图；net=0 表示不带权值的图
    int  mark;                   //mark=1 表示有向图；markt  =  0 表示无向图
   public:
    Graph();                     //构造空图
    Graph(int sn,int se,int mark = 0,int  net = 0,int  max  =  100);//初始化图
    virtual  bool  InsertVertex(const  VerType  & v);        //插入一个顶点
    virtual  void  InserEdge(const  int  v1,const  int  v2,T  weight  =  1);
                                 //插入权值为 weight 的边(v1,v2)
    virtual  void  DeleteVertex(const  int  v);              //删除顶点 v
    virtual  void  DeleteEdge(const  int  v1,const  int  v2);//删除边(v1,v2)
    int  GetFirstEdge(const  int  v);              //寻找 v 的第一个邻接点的位置
    int  GetNextEdge(const  int  v,const  int  v1);
    //寻找 v 的当前邻接点 v1 的下一个邻接点的位置
    T  GetWeight(const  int  v1,const  int  v2); //给出边(v1,v2)的权值
    int  GetNVex(){ return  n;}                    //返回邻接矩阵的大小
    int  GetNumVex(){ return  curNum;}             //返回当前顶点数
    int  GetNumEdge(){ return  e;}                 //返回当前边数
    VerType  GetData(int  i){ return  vex  [ i ];}    //返回顶点 i 的信息
    bool  IsEdge(int  v1,int  v2);  /*若(v1,v2)是图中的边，则返回 true，否则
                                     返回 false*/
    bool  IsEmpty();                 //图空返回 true，否则返回 false
    bool  IsFullGraph();             //是完全图返回 true，否则返回 false
    friend istream & operator >>(istream & in,Graph <T,VerType> & g);
                                     //输入图的顶点和边的信息
    friend ostream & operator <<(ostream & out,Graph <T,VerType> & g);
                                     //输出图的顶点和边的信息
};
```

（1）无参构造函数

```
template < class  T,class  VerType >
Graph <T,VerType>::Graph()            //构造空图
{   n = curNum = 0;
    e = 0;
    mark = 0;net= 0;                       //默认为不带权的无向图
     max= 0;
}
```

（2）带参数的构造函数

```
template <class T,class VerType>
Graph <T,VerType>::Graph(int  sn,int  se,int  mark,int  net,int  mark)
                                          //初始化图
{   n = curNum = sn;
    e = se;
    Graph < T,VerType >::mark = mark;
    Graph < T,VerType >::net= net;
    Graph < T,VerType >::max= max;
}
```

（3）获得顶点 v 的第一个邻接点

```
template < class  T,class  VerType >
int  Graph < T,VerType >::GetFirstEdge(const  int  v)
{   if(v!= -1)
    {   for(int  k = 0;k < n;k++)    //寻找与 v 邻接的第一个顶点的位置
        if(Edge[v][k]>0 && Edge[v][k]<max || Edge[k][v]>0
                                                   && Edge[k][v]<max)
            return  k;
        if( k >= n) return  -1;      //没有邻接点,返回-1
    }
    return  -1;
}
```

（4）寻找下一个邻接点

```
template < class  T,class  VerType >
int  Graph < T,VerType >::GetNextEdge(const  int  v,const  int  v1)
{   if(v!= -1 && v1!= -1)
    {   for(int  k = v1 + 1;k < n;k++)
                                   //寻找与 v 邻接的顶点 v1 的下一个邻接点的位置
            if(Edge[v][k]>0  && Edge[v][k]<max || Edge[k][v]>0
                && Edge[k][v]<max)  return  k;
        if( k >= n) return  -1;          //没有邻接点，返回-1
    }
    return  -1;
}
```

（5）获取边的权值

```
template < class  T,class  VerType >
int  Graph < T,VerType >::GetWeight(const int v2,const int v1)
{   return  Edge[v1][v2];   }
```

（6）判定是否为完全图

```
template < class  T,class  VerType >
bool  Graph < T,VerType >::IsFullGraph()
{   int s = curNum*(curNum-1);
    if(mark ==1)
    {  if(e == s)  return  true;           //若是有向完全图，则返回true
       else  return  false;
    }
    else
    {  if(e == s/2)        return  true;    //若是完全图，则返回false
       else  return  false;
    }
    }
```

（7）判定是否为空图

```
template < class  T,class  VerType >
bool  Graph < T,VerType >::IsEmpty()
{   if(curNum == 0 || n == 0)  return  true;//图中的顶点数为0，为空图，返回true
    else  return  fasle;                  //否则为非空图，返回false
}
```

（8）判定两个顶点之间是否有一条边

```
template < class  T,class  VerType >
bool  Graph < T,VerType >::IsEdge(int v1,int v2)
{   if(Edge[v1][v2]>0 && Edge[v1][v2]<max)
        return  true;                    //(v1,v2）是一条边时返回true
    else  return  false;                 //否则返回false
}
```

（9）插入一条边

```
template < class  T,class  VerType >
void  Graph<T,VerType>::InserEdge(const  int  v1,const  int  v2,T  weight)
{   if(v1!= -1  && v2!= -1)              //v1和v2是图中的顶点时，插入一条边
    {  Edge[v1][v2]=weight;
       if(mark == 0)  Edge[v2][v1]=weight;    //无向图
       e++;                                   //边数加1
    }
}
```

（10）插入一个顶点

```
template < class  T,class  VerType >
bool  Graph < T,VerType >::InsertVertex(const  VerType & v)
```

```
{   if(n < MAXVS)
    {   n++;                                          //顶点数加 1
        curNum++;                                   //当前顶点数加 1
        Vexs[n] = v;                                  //新顶点的位置为 n，信息为 v
        return true;
    }
    else
        return false;
}
```

（11）删除一条边

只是将邻接矩阵对应值置为 max 或 0，这取决于是否为带权图。如果是带权图，则置为 max；否则置为 0。另外，值得注意的是，如果是无向图，则要重置 Edge [v1][v2]和 Edge [v2][v1]两个元素的值为 max 或 0。

```
template < class  T,class  VerType >
void  Graph < T,VerType >::DeleteEdge(const  int  v1,const  int  v2)
{   if(v1!= -1 && v2!= -1)                            //v1 和 v2 是图中的顶点
    {   if(net == 1)
        {   Edge[v1][v2] = max;                       //是带权图时，赋值 max
            if(mark==0) Edge[v2][v1]= max;            //是无向图
        }
        else
        {   Edge[v1][v2] = 0;                         //不是带权图时，赋值 0
            if(mark == 0)Edge[v2][v1] = 0;            //是无向图
        }
        e--;                                          //边数减 1
    }
}
```

（12）删除一个顶点及其邻接的边

```
template < class  T,class  VerType >
void  Graph < T,VerType >::DeleteVertex(const  int  v)
{   if(v1!= -1)
    {   for(int k = 0;k < n;k++)     //删除所有与 v 邻接的边
            if (Edge[v][k]>0 && Edge[v][k]<max || Edge[k][v]>0
        && Edge[k][v]<max)
            {   if(net == 1)
                    Edge[v][k] = Edge[k][v] = max; //是带权图时，赋值 max
                else Edge[v][k] = Edge[k][v] = 0;  //否则赋值 0
                e--;                               //边数减 1
            }
        curNum--;                                     //当前顶点数减 1
    }
}
```

（13）输入流运算符重载

```
template < class  T,class  VerType >
```

```
istream & operator >> (istream & in,Graph < T,VerType > & g)
                                              //输入图的顶点和边的信息
{   cout << "Please input the info of the graph:\n";
    cout << "Input the info of the VerTexs:\n";
    for(int  i = 0;i < g.n;i ++)in >>g.vex[i]; //输入各个顶点的信息
    cout << "Input the info of the EDGES:\n";
    for(int i = 0;i < g. n;i ++)   //输入各个顶点之间的关系值，建立邻接矩阵
        for(int  j = 0;j < g.n;j ++)
            in >> g.Edge[i][j];
    return  in;
}
```

(14) 输出流运算符重载

```
template < class  T,class  VerType >
ostream & operator >> (ostream & out,Graph < T,VerType > & g)
    //输出图的顶点和边的信息
{   cout << "Please output the info of the graph:\n";
    cout << "Output the info of the VerTexs:\n";
    for(int  i=0; i<g.n; i++)   out<<g.vex[i];  //输出各个顶点的信息
    cout << "Input the info of the EDGES:\n";
    for(i=0; i<g.n; i++)    // (i,j)间存在边时，输出其权值或者 1（标志存在边）
        for(int j=0; j<g.n; j++)
            if(Edge[i][j]>0 && Edge[i][j]<max)
                out << "("<< i << ","<< j <<")="<< g.Edge[i][j];
    return  out;
}
```

(15) 测试主函数

```
int  main()
{   Graph < int,int >  g(4,5,1);                //有向图
    cin >> g;
    cout << g;
    int  k = g.GetFirstEdge(2);                 //求顶点 2 的第一个邻接点
    int  next = g.GetFirstEdge(2,k);            //下一个邻接点
    cout << "First of 2 is: "<< k <<"\n"<<"Next is: "<< next << endl;
    g.InsertEdge(0,2);                          //插入一条边
    cout << g;
    getch();
    g.DeleteVertex(1);                          //删除一个顶点
    cout << g;
    return  0;
}
```

9.2.2 图的邻接表类

邻接表是邻接矩阵的改进。在邻接表中，需要建立 n 个单链表，把从同一个顶点发出的边连接到同一个单链表中，单链表的每一个结点代表一条边，叫做边结点。因此，在建立图的邻接表类时，先按上一节介绍的方式定义边结点和头结点结构，然后在图的邻接表类中建

立一个顶点向量表 vex，以表示图的数据属性。图的邻接表类与图的矩阵类中所声明的内容基本一致，但在实现上由于存储结构的不同而有所不同。下面先给出图的邻接表类的声明，然后介绍其各个成员的实现方法。

```
#include <iostream>
using namespace std;
const int MAXVS = 10;          //图的最大顶点数
const int MAXVS = 50;          //图的最大边数
template < class T >
struct Edge                    //边结点定义
{   int dest;                  //表示与顶点 vi 邻接的边上的另一个顶点在图中的位置
    T   cost;                  //边上的权值等
    Edge < T > * next;         //与邻接的下一条边的顶点所对应的指针
};
template < class T >
struct Vertex                  //表头结点定义
{   VerType data;              //存放顶点的编号、名称或其他有关信息
    Edge < T > * link;         //指向顶点 vi 的第一个邻接点
};
template < class T,class VerType >
class Graph
{  private:
      Vertype <T,VerType > * vex;            //定义顶点向量表
      int curNum;                            //当前图中的顶点数
      int n;                                 //给定图的顶点数
      int e;                                 //当前图中的边数
      int mark;                    //mark = 1 表示有向图; markt = 0 表示无向图
    public:
      Graph();                               //构造空图
      Graph(int sn,int se,int mark = 0);     //初始化图
      ～ Graph();                            //析构函数，释放图所占的空间
      virtual bool InsertVertex(const VerType & v);   //插入一个顶点
      virtual void InserEdge(const int v1,const int v2,T weight);
                             //插入权值为 weight 的边 (v1, v2)
      virtual void DeleteVertex(const int v);          //删除顶点 v
      virtual void DeleteEdge(const int v1,const int v2); //删除边 (v1, v2)
      int GetFirstEdge(const int v);         //寻找 v 的第一个邻接点的位置
      int GetNextEdge(const int v,const int v1);
                             //寻找 v 的当前邻接点 v1 的下一个邻接点的位置
      T GetWeight(const int v1, const int v2); //给出边 (v1, v2) 的权值
      int GetNumVex(){ return curNum;}                  //返回当前顶点数
      int GetNumEdge(){ return e;}                      //返回当前边数
      VerType GetData(int i){ return vex[i].data;}     //返回顶点 i 的信息
      bool IsEdge(intv1,intv2);//(v1, v2)是图中的边时返回 true，否则返回 fasle
      bool IsEmpty();              //图空返回 true，否则返回 false
      bool IsFullGraph();          //是完全图时返回 true，否则返回 false
      friend istream & operator >> (istream & in,Graph < T,VerType > & g);
                                   //输入图的顶点和边的信息
```

```
    friend ostream & operator << (ostream & out,Graph < T,VerType > & g);
                                          //输出图的顶点和边的信息
};
```

（1）无参构造函数

```
template < class  T,class  VerType >
Graph < T,VerType >::Graph()    //构造空图
{   n = curNum = 0;
    e = 0;
    mark = 0;
}
```

（2）带参数的构造函数

```
template < class  T,class  VerType >
Graph < T,VerType >::Graph(int  sn,int  se,int  m)      //初始化图
{   n = curNum = sn;
    e = se;
    mark = m;
    vex = new VerType[ n ];
}
```

（3）析构函数

```
template < class  T,class  VerType >
Graph < T,VerType >::~ Graph()                     //析构函数，释放图所占的空间
{   for(int  i = 0;i < n;i ++)
    {   Edge < T > * p = vex [ i ].link;
        while(p!= NULL)                             //删除以vex [ i ]为头的单链表
         {   vex [ i ].link = p -> next;            //头指针指向下一个结点
             delete  p;                             //删除前一个结点
             p = vex [ i ].link;                    //p指向当前第一个结点
         }
    }
    delete [  ] vex;
}
```

（4）获得顶点 v 的第一个邻接点

```
template < class  T,class  VerType >
int  Graph < T,VerType >::GetFirstEdge(const  int v)
{   if(v!= -1)
    {   Edge < T > * p = vex[i].link;  //寻找与v邻接的第一个顶点的地址
         if(p!= NULL)    return  p -> dest;
    }
    return  -1;                                 //没有邻接点时返回 - 1
}
```

（5）获取下一个邻接点

```
template < class  T,class  VerType >
```

```
int Graph < T,VerType >::GetNextEdge(const  int  v,const  int  v1)
{   if(v!= -1 && v1!= -1)
    {   Edge < T > * p = vex[i].link;   //寻找与v邻接的第一个顶点的地址
        while(p!= NULL)           //寻找与v邻接的顶点v1的下一个邻接点的位置
            if(p->dest == v1 && p->next != NULL)
                return  p -> dest;    //若找到，则返回位置信息
            else  p = p -> next;      //否则，循链表继续找
    }
    return  -1;                       //没有下一个邻接点时返回 - 1
}
```

(6) 获取边的权值

```
template < class  T,class  VerType >
int  Graph < T,VerType >::GetWeight(const  int  v2,const  int  v1)
{ if(v1!= -1 && v2!= -1)
    {   Edge < T > * p = vex[i].link;   //寻找与v1邻接的第一个顶点的地址
        while(p!= NULL)           //寻找与v1邻接的顶点v2的下一个邻接点的位置
            if(p -> dest == v2)
                    return  p -> cost;     //若找到，则返回权值
            else  p = p -> next;            //否则，循链表继续找
    }
    return  0;                               //边不在图中返回0
}
```

(7) 判定是否为完全图

```
template < class  T,class  VerType >
bool Graph < T,VerType >::IsFullGraph()
{ int  s = curNum*(curNum-1);
    if(mark ==1)
    {   if(e == s)  return true;             //是有向完全图时返回true
        else        return fasle;
    }
    else
    {   if(e == s/2)    return  true;         //是完全图时返回true
        else            return  fasle;
    }
}
```

(8) 判定是否为空图

```
template < class  T,class  VerType >
bool  Graph < T,VerType >::IsEmpty()
{   if(curNum == 0 || n == 0)  return  true;    //图中的顶点数为0，为空图
    else return  false;                          //否则为非空图
}
```

(9) 判定两个顶点之间是否有一条边

```
template < class  T,class  VerType >
```

```
bool  Graph < T,VerType >::IsEdge(int  v1,int  v2)
{   if(v1!= -1 && v2!= -1)
    {   Edge < T > * p = vex[i].link;        //寻找与v1邻接的第一个顶点的地址
        while(p!= NULL)                      //寻找与v1邻接的顶点中是否有v2
            if(p -> dest == v2)
                return  true;                //表示（v1，v2）是边，返回true
            else  p = p -> next;             //否则，循链表继续找
    }
    return  false;                           //找不到v2，返回false
}
```

(10) 插入一条边

```
template < class  T,class  VerType >
void Graph<T,VerType>::InserEdge(const  int  v1,const  int  v2,T  weight)
{   if(v1!= -1 && v2!= -1)                 //v1和v2是图中的顶点时，插入一条边
    {   Edge < T > * p = vex[i].link;      //寻找与v1邻接的第一个顶点的地址
        Edge < T > * newNode = new Edge < T >;//增加一个新的边结点
        vex[v1].link = newNode;            //v2插入作为v1的第一个邻接边
        newNode -> next = p;
        newNode -> cost = weight;          //设置新结点的信息
        e++;                               //边数加1
    }
}
```

(11) 插入一个顶点

```
template < class  T,class  VerType >
bool  Graph < T,VerType >::InsertVertex(const  VerType & v)
{   if(n < MAXVS)
    {   n++;                               //顶点数加1
        curNum++;                          //当前顶点数加1
        if(curNum < = n)
            Vex[curNum-1].data = v;        //新顶点的信息为v
        Vex[curNum-1].link = NULL;
        return true;
    }
    else
        return false
}
```

(12) 删除一条边

```
template < class  T,class  VerType >
void  Graph < T,VerType >::DeleteEdge(const  int  v1,const  int  v2)
{   if(v1!= -1 && v2!= -1)                   //v1和v2是图中的顶点
    {   Edge < T > * p = vex[i].link,*pre = p;  //寻找与v1邻接的第一个顶点地址
        if(p -> dest == v2)                  //要删除的是第一条邻接边
        {   vex[v1].link = p -> next;
            delete  p;
            e--;                             //边数减1
```

```
        }
        else
        {  while(p!= NULL)
           { if(p -> dest == v2)
              {  pre -> next = p -> next;
                    delete p;
                    break;
                    e--;                              //边数减 1
              }
              else{ pre = p;p = p -> next;}  //否则，循链表继续找
           }
        }
     }
  }
```

(13)删除一个顶点及其邻接的边

```
template< class  T,class  VerType >
void  Graph < T,VerType >::DeleteVertex(const  int  v)
{   if(v1!= -1)
    {   Edge < T > * p = vex[i].link,*pre = p;
                                          //寻找与 v1 邻接的第一个顶点的地址
        while(p!= NULL)                   //删除所有与 v 邻接的边
        {   p = pre -> next;
            delete  pre;
            e--;                          //边数减 1
        }
    }
    if(mark== 1)     //若是有向图，则要搜索以 v 为终结点（头）的边结点并删除
    {   for(int  i = 0;i < n; i ++)       //遍历所有的单链表
        {   p = vex[i].link;
            pre = p;
            if(p -> dest == v)            //是顶点 vi 的第一个邻接点
            {   vex[i].link = p -> next;
                delete  p;
                e--;
            }
            else                          //否则，搜索顶点 vi 的其他边结点
                while(p!= NULL)
                {   if(p -> dest == v)  //是顶点 vi 的第一个邻接点
                    {   pre -> next = p -> next;
                        delete  p;
                        e--;
                    }
                    else { pre = p;p = p -> next;}
                }
        }
        curNum--;                         //当前顶点数减去 1
    }
}
```

（14）输入流运算符重载

```
template < class  T,class  VerType >
istream & operator >> (istream & in,Graph < T,VerType > & g)
                                                  //输入图的顶点和边的信息
{  cout << "Please input the info of the graph:\n";
   cout << "Input the info of the VerTexs:\n";
   for(int  i = 0;i < n;i ++)                     //输入各个顶点的信息
   {   in >>g.vex[i].data;
       g.vex[i].link = NULL;
   }
   cout << "Input the info of the EDGES:\n";
   int  d,c;
   for(int  i = 0;i < n;i ++)  //依次输入各个顶点的邻接边顶点的位置和权值
   {   in>>d;            //输入第一个邻接点的位置，如果没有邻接点，则输入 - 1
       while(d!= -1)
       {   in>>c;                                  //输入邻接边的权值
           InsertEdge(i,d,c);                      //插入一个边结点
           in>>d;                                  //输入邻接点的位置
       }
   }
   return  in;
}
```

（15）输出流运算符重载

```
template < class  T,class  VerType >
ostream & operator >> (ostream & out,Graph < T,VerType > & g)
                                                  //输出图的顶点和边的信息
{   cout << "Please output the info of the graph:\n";
    cout << "Output the info of the VerTexs:\n";
    for(int  i = 0;i < g.n;i++)out << g.vex[i];//输出各个顶点的信息
    cout << "Input the info of the EDGES:\n";
    for(i = 0;i < n;i ++)
    {  Edge < T > * p = vex[i].link;
       while(p != NULL)                           //存在边时，输出其权值
          if(mark == 0)                           //是无向图
               out <<"("<< i <<","<< p->dest <<")="<< p->cost << endl;
          else                                    //是有向图
               out <<"<"<< i <<","<< p->dest <<">="<< p->cost << endl;
    }
   return  out;
}
```

有关计算入度和出度的函数声明及其定义，读者可以自己完成。

9.3 图 的 遍 历

图的遍历和树的遍历类似，是指从图的某一顶点出发，访问图中的其他顶点，且使每

一个顶点仅被访问一次。图的遍历算法是求解图的连通性、拓扑排序和求关键路径等算法的基础。然而，图的遍历比树的遍历复杂得多。因为图的任一顶点都可能和其余的顶点相邻接，所以在访问了一个顶点之后，可能沿着某条路径搜索之后，又回到该顶点上。为了避免同一顶点被访问多次，在遍历图的过程中，必须记下每个已访问过的顶点。为此，可设置一个标志顶点是否被访问过的辅助数组 visited [ ]，它的初始状态是 0，在图的遍历过程中，一旦某个顶点 v_i 被访问过，就立即置 visited [i]为 1，防止它被多次访问。根据面向对象编程思想，还可以考虑将顶点是否被访问的标记封装到顶点类中，使得程序结构更紧凑。

图的遍历通常有两种方法：一种是深度优先搜索（Depth_First Search，DFS），另一种是广度优先搜索（Breadth_First Search，BFS）。这两种方法既适用于无向图，又适用于有向图。下面介绍图类中需要增加的数据和函数说明。另外，visited [ ]数组的大小分配和初始化可以在相应的构造函数中完成，在此不再赘述。

```
template < class  T,class  VerType >
class  Graph
{   private:
        //…
        int  visited[MAXVS];          //在构造函数中，将其各元素初始化为 0
    public:
        //…
        void  DFS(int  v);
        void  BFS(int  v);

};
```

9.3.1 深度优先搜索

深度优先搜索遍历类似于树的先根遍历，是树的先根遍历的推广。假设初始状态是图中所有顶点未曾被访问，则深度优先搜索可从图中某个顶点 v_i 出发，访问此顶点，然后依次从 v_i 的未被访问的邻接点出发深度优先遍历图，直至图中所有和 v_i 有路径相通的顶点都被访问到；若此时图中尚有顶点未被访问，则另选图中一个未曾被访问的顶点作为起点，重复上述过程，直至图中所有顶点都被访问到为止。

以图 9.3.1（a）中无向图 G_6 为例，深度优先搜索遍历图的过程如图 9.3.1（b）所示。图中各顶点旁边附加的数字表明了各顶点访问的次序。由深度优先搜索过程中访问过的所有顶点和遍历时所经过的边形成的图称为原图的深度优先生成树。深度优先搜索递归算法如下。

```
template < class  T,class  VerType >
void Graph < T,VerType >::DFS(int  v)
{   cout << GetData(v)<<  ‘ ’;
    visited[v] = 1;
    int  w = GetFirstEdge(v);
    while(w! = - 1)
     {   if(! visited[w])DFS(w);
         W=GetNextEdge(v,w);
     }
}
```

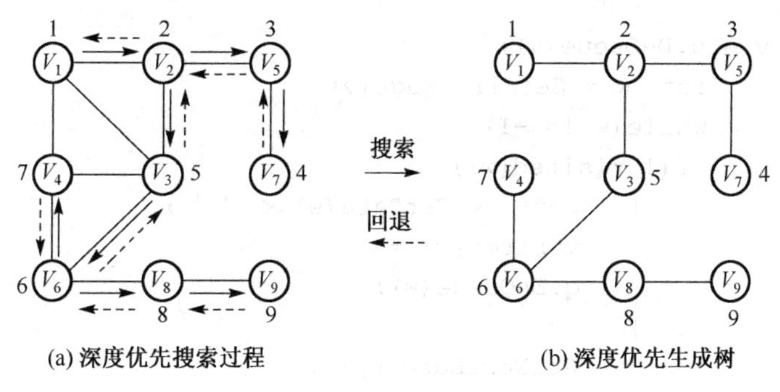

图 9.3.1　深度优先搜索的示例

9.3.2　广度优先搜索

广度优先搜索遍历类似于树的按层次遍历的过程。

假设从图中某个顶点 v_i 出发，在访问了 v_i 之后依次访问 v_i 的各个未曾访问过的邻接点，然后分别从这些邻接点出发依次访问它们的邻接点，并使"先被访问的顶点的邻接点"先于"后被访问的顶点的邻接点"被访问，直至图中所有已被访问的顶点的邻接点都被访问到。若此时图中尚有顶点未被访问，则另选图中一个未曾被访问的顶点作为起点，重复上述过程，直至图中所有顶点都被访问到为止。换句话说，广度优先搜索遍历图的过程以 v_i 为起点，由近至远，依次访问和 v_i 有路径相通且路径长度为 1，2…的顶点。图9.3.2（a）给出一个从顶点 V_1 出发进行广度优先搜索的例子。图中各顶点旁边附加的数字表明了顶点访问的顺序。图 9.3.2（b）给出了图 9.3.21（a）经由广度优先搜索得到的广度优先生成树，它由遍历时访问过的 n 个顶点和遍历时经历的 $n-1$ 条边组成。

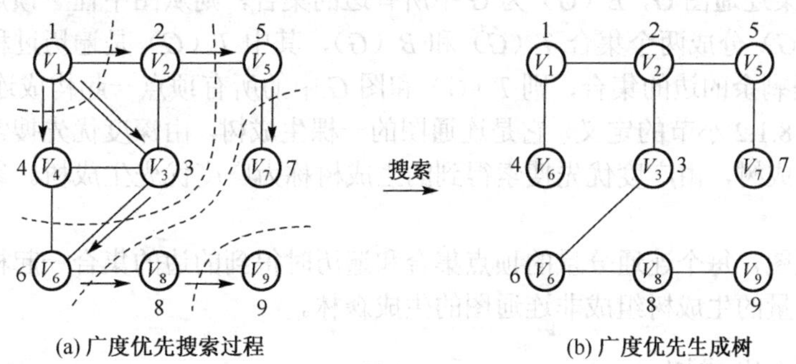

图 9.3.2　广度优先搜索的示例

广度优先搜索是一种分层的搜索过程，如图 9.3.2（a）所示，每向前走一步可能访问一批顶点，不像深度优先搜索那样有回退的情况，因此，广度优先搜索不是一个递归过程，其算法也不是递归的。为了实现逐层访问，算法中使用了一个队列，来记忆正在访问的这一层和上一层的顶点，以便向下一层访问。另外，与深度优先搜索过程一样，为了避免重复访问，需要使用一个辅助数组 visited [ ]，给被访问过的顶点加标记。下面给出广度优先搜索的算法。

```
template < class  T,class  VerType >
void Graph < T,VerType >::BFS(int  v)
{   cout << GetData(v)<<  ' ';
    visited[v] = 1;
    Queue < int > q;
    q.EnQueue(v);
    while(!q.IsEmpty())
```

```
{   v = q.DeQueue(v);
        int  w = GetFirstEdge(v);
        while(w != -1)
    {   if(! visited[w])
            {   cout << GetData(w)<<  ' ';
                visited[w] = 1;
                q.EnQueue(w);
            }
            w = GetNextEdge(v,w);
        }
    }
}
```

9.4 图的连通性与最小生成树

在这一节中，将利用遍历图的算法求解图的连通性问题，并讨论最小代价生成树以及重连通性与通信网络的经济性和可靠性的关系。

9.4.1 无向图的连通分量和生成树

在对无向图进行遍历时，对于连通图，仅需要从图中任一顶点出发，进行深度优先搜索或广度优先搜索，便可访问到图中所有顶点。对于非连通图，则需从多个顶点出发进行搜索，而每一次从一个新的起始点出发进行搜索过程得到的顶点访问序列恰为其各个连通分量的顶点集。例如，设某连通图 G，$E(G)$ 为 G 中所有边的集合，则从图中任一顶点出发遍历图 G 时，必定将 $E(G)$ 分成两个集合 $T(G)$ 和 $B(G)$，其中 $T(G)$ 是遍历过程中历经的边的集合，$B(G)$ 是剩余的边的集合，则 $T(G)$ 和图 G 中的所有顶点一起构成连通图 G 的极小连通子图，根据 8.1.2 小节的定义，它是连通图的一棵生成树。由深度优先搜索得到的生成树称为深度优先生成树，由广度优先搜索得到的生成树称为广度优先生成树。参见图9.3.1（b）和图9.3.2（b）。

对于非连通图，每个连通分量的顶点集合和遍历时得到的边的集合一起构成若干棵生成树，这些连通分量的生成树组成非连通图的生成森林。

9.4.2 最小生成树

由前面的讲述可知，一个连通图的生成树是原图的极小连通子图，它包含原图中的所有顶点和尽可能少的边。这意味着对于生成树来说，如果再去掉一条边，就会使生成树变成非连通图；如果增加一条边，就会形成一个带回路的图。另外，使用不同的遍历方法或者从不同的顶点出发，都可能得到不同的生成树。

对于一个带权的连通图（即网络），如果找出一棵生成树，使得各边上的权值总和达到最小，这是一个具有实际意义的问题。例如，在 n 个城市之间建立通信网络，至少要架设 $n-1$ 条线路，而最多可能 $n(n-1)/2$ 条线路，那么，如何在这些可能的线路中选取 $n-1$ 条，使得总耗费最少呢？

可以用连通图来表示 n 个城市以及 n 个城市之间可能设置的通信线路。我们可以用网络的顶点表示城市，用边表示两个城市之间的线路，用边的权值表示架设该线路的造价。对于 n 个顶点的连通图可以有许多不同的生成树，每一棵生成树都可以是一个通信网。我们希望能够根据各边上的权值，选择一棵造价最小的生成树。这个问题就是构造连通图的最小代价生成树的问题（简称为最小生成树）。

按照生成树的定义，n 个顶点的连通网络的生成树有 n 个顶点和 $n-1$ 条边，因此，构造最小生成树的准则有以下三条。

1）必须使用网络中的边来构造最小生成树。

2）必须使用且仅使用 $n-1$ 条边来连接网络中的 n 个顶点。

3）不能使用产生回路的边。

构造最小生成树可以有多种算法。其中多数算法利用了最小生成树的下列简称为 MST 的性质：假设 $N=（V，\{E\}）$是一个连通网，U 是顶点集 V 的一个非空子集。若（u，v）是一条具有最小权值（代价）的边，其中 $u \in U$，$v \in V-U$，则必存在一棵包含边（u，v）的最小生成树。Prim（普里姆）算法和 Kruskal（克鲁斯卡尔）算法是两个利用 MST 性质构造最小生成树的典型算法。

1. Prim 算法

假设 $N=(V, \{E\})$是连通网，TE 是 N 上最小生成树中边的集合。算法从 $U=\{u_0\}(u_0 \in V)$，TE = {}开始，重复执行下述操作：在所有 $u \in U$，$v \in V-U$ 的边（u，v）$\in E$ 中找一条代价最小的边（u_0，v_0）并入集合 TE，同时 v_0 并入 U，直至 $U=V$ 为止。此时 TE 中必有 $n-1$ 条边，则 $T=（V，\{TE\}）$为 N 的最小生成树。

例如，对图9.4.1（a）所示的带成本无向图，使用 Prim 算法得到最小代价生成树。顶点集合为 $V=\{1，2，3，4，5，6\}$；为了得到最小代价生成树，先按成本非降次序排列图的边，即（1，2），（3，6），（4，6），（2，6），（1，4），（3，5），（2，5），（1，5），（2，3），（5，6），其相应的成本序列为 10，15，20，25，30，35，40，45，50，55。假设先选取顶点 3 作为起点，则与 3 邻接的各条边中，找最小成本边，找到的边为（3，6），于是集合 $U=\{3，6\}$，$V-U=\{1，2，4，5\}$；下一条边应该由一个在集合 $V-U$ 中的顶点以及顶点 3 和 6 中的一个组成，找到的最小成本边为（4，6），于是 $U=\{3，4，6\}$，$V-U=\{1，2，5\}$；同理，与 3，4，6 邻接的最小成本边为（2，6），所以 $U=\{2，3，4，6\}$，$V-U=\{1，5\}$；继续找与 2，3，4，6 邻接的最小成本边为（1，2），所以 $U=\{1，2，3，4，6\}$，$V-U=\{5\}$；最后，找到的边为（3，5）。此时 $U=V$，生成最小生成树 TE = {（3，6），（4，6），（2，6），（1，2），（3，5）}，如图9.4.1（b）所示。

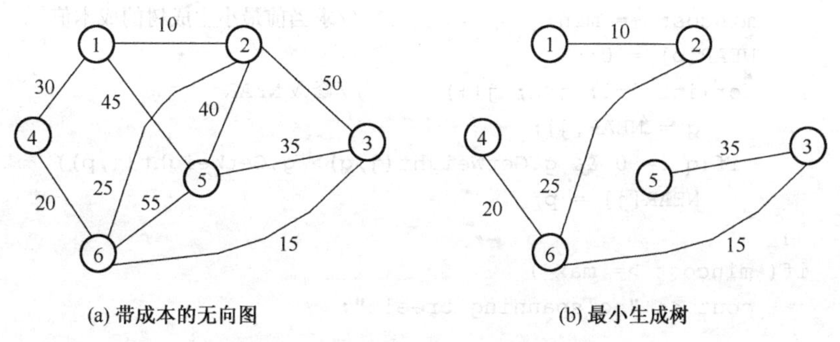

图 9.4.1　带成本无向图的最小生成树

下面给出 Prim 算法的一种实现方法。在该方法中，为了有效地求出边（i，j），将还没有计入这棵树中的每一个结点 j 和值 NEAR [j]联系起来。其中 NEAR [j]是树中的一个结点，它使得边（j，NEAR [j]）的权值 Edge [j] [NEAR [j]]是 NEAR [j]所有选择中的最小值。而对于已经在树中的所有结点 j，定义 NEAR [j] = 0。用使 NEAR [j] ≠ 0（表示 j 还不在树中）且 Edge [j] [NEAR [j]]为最小值的结点来确定要计入的下一条边。

设定 TR 集合来存放最小生成树各边的信息。普里姆算法也可以声明为图的邻接矩阵类的友员函数。具体实现如下：

```
void  Prim(Graph & g,int  TR [ ] [ ],int  v)
{    T  mincost, w, min, max;
     int  p, q, n;
     int  * NEAR;
     max = g.max;                            //获取当前图 g 的最大权值
     n = g.n;                                //获取当前图 g 的顶点个数
     NEAR = new int [n];
     Mincost = g.GetWeight(v,0);             //找出与 v 相邻的边中权值最小的边
     for(int i=1; i<n; i++)
     {   w = g.GetWeight(v,i);
         if(w < mincost)                     //（v，p）是与 v 邻接的最小生成树
         {   mincost = w;p = i;  }
     }
     TR[0][0] = v;
     TR[0][1] = p;
     for(i=0; i<n; i++)                      // NEAR 置初值
         if(g.GetWeight(i,p)< g.GetWeight(i,v)) NEAR[i]=p;
         else  NEAR[i]=v;
     NEAR[v] = NEAR[p] = 0;
     for( i=1; i<n; i++ )                    //查找最小生成树的其余 n - 2 条边
     {   min = max;
         for(int j = 1;j < n;j ++)  /*设 p 是使 NEAR [ j ] ≠ 0（表示 j 还不在树中）
                                    且 Edge[ j ][NEAR[ j ]]为最小值的结点*/
         {   q = NEAR[j];
             if( q!=0 && g.GetWeight(j,p)<min )
             {   min = g.GetWeight(j,p); p = j;  }
         }
         TR[p][0] = p;
         TR[p][1] = NEAR[p];                 //将边(p,NEAR[p])计入最小生成树
         mincost += min;                     //求当前最小生成树的成本值
         NEAR[p] = 0;
         for(int j=1; j<n; j++)              //修改 NEAR
             q = NEAR[j];
          if(q != 0 && g.GetWeight(j,q)> g.GetWeight(j,p))
             NEAR[j] = p;
     }
     if( mincost >= max )
         cout << "no spanning tree! ";
}
```

Prim 算法的时间复杂度为 $O(n^2)$（n 为网中顶点的数目），它与网中的边数无关，因此适用于求边稠密的网的最小生成树。

2. Kruskal 算法

假设 $N=(V,\{E\})$ 是连通网，令最小生成树的初始状态为只有 n 个顶点而无边的非连通图 $T=(V,\{\})$，图中每个顶点自成一个连通分量。在 E 中选择代价最小的边，若该边依附的顶点落在 T 中不同的连通分量上，则将此边加入到 T 中，否则舍去此边而选择下一条代

价最小的边。以此类推，直至 T 中所有顶点都在同一连通分量上为止。

仍以图9.4.1（a）所示的带成本无向图为例，使用 Kruskal 算法来得到最小生成树。按以下顺序考虑该图的边：(1，2)，(3，6)，(4，6)，(2，6)，(1，4)，(3，5)，(2，5)，(1，5)，(2，3)，(5，6)，其相应的成本序列是 10，15，20，25，30，35，40，45，50，55。

1）最初各个顶点自成一个连通分量{1}，{2}，{3}，{4}，{5}，{6}。

2）在考虑第一条边（1，2）时，由于顶点 1、2 分别在不同的连通分量中，所以将此边加入 *T*，此时连通分量合并成为{1，2}，{3}，{4}，{5}，{6}。

3）考虑边（3，6），由于顶点 3、6 分别在不同的连通分量中，所以将边（3，6）加入 *T*，连通分量合并成为{1，2}，{3，6}，{4}，{5}。

4）考虑边（4，6），由于顶点 4、6 分别在不同的连通分量中，所以将边（4，6）加入 *T*，连通分量合并成为{1，2}，{3，4，6}，{5}。

5）考虑边（2，6），由于顶点 2、6 分别在不同的连通分量中，所以将边（2，6）加入 *T*，连通分量合并成为{1，2，3，4，6}，{5}。

6）考虑边（1，4），由于此时顶点 1、4 已经在同一个连通分量中，因此将该边舍弃。

7）考虑边（3，5），由于顶点 3、5 分别在不同的连通分量中，所以将边（3，5）加入 *T*，连通分量合并成为{1，2，3，4，5，6}。

至此，最小生成树产生，如图9.4.1（b）所示，其余的边不再考虑计入 *T*。

一个连通分量可以看做一个整数集合，并且用树的结构表示。当求两个不相交集合的并集时，一种最直接的方法就是使一棵树变成另一棵树的子树。如果用链接表来表示，链接表中的每个结点都需要设置 data 和 parent 信息段。为了实现方便，对图中的各个结点进行顺序编号，从而取消链接表结点中的 data 信息段，则该链接表可以直接用一个整数数组 parent 来表示，parent [i]表示第 *i* 个结点的父结点的编号。这样，两个不相交集合的合并，实质上只需把一棵树中根的 parent 信息段置成另一棵树的根即可，而生成的新树的根就代表这两个集合合并之后所得到的并集。至于寻找元素 *i* 所属集合的运算就是确定包含元素 *i* 的树的根。因此，我们创建了一个 jointset 类，在生成最小生成树的过程中，通过数组 parent 来建立不同的连通分量。其中，Union 成员函数实现分量的合并，Find 函数用于查找顶点 *i* 所在分量的根。另外，每个连通分量根结点中 parent 域用于存放当前树中包含的结点的总个数的负数，以区别其他结点。算法实现如下：

```
class  jointset                          //连通分量
{   int  num;                            //初始连通分量数目，即图的顶点个数
    int  * parent;
  public:
    jointset(int  n);    //构造函数，建立n个初始连通分量，并置它们的parent值为 - 1
    void  Find(int  i);                 //寻找结点i所在连通分量的根结点
    void  Union(int  i,int  j);  //将以i，j为根的两个连通分量合并成一个连通分量
};
jointset::jointset( int  n )
{   num = n;
    parent = new int [num];             //建立n个初始连通分量
    for(int i=0; i<num; i++)
        parent[i] = -1; //每个连通分量根结点的parent存放该分量中的结点的个数的负数
}
void jointset::Union(int i,int j)  //将以i，j为根的两个连通分量合并成一个连通分量
{   int  x;
```

```
        x = parent[i]+parent[j];   //x为新连通分量根结点的parent中要存放的值
        if(parent[i] > parent[j])
        {   parent[i]=j;        parent[j]=x; } //i的结点少
        else
        {   parent[j]=i;        parent[i]=x; } // j的结点少
    }
    int jointset::Find(int i)                  //寻找i结点所在分量的根结点
    {   int j=i;
        while(parent[j]>0)j = parent[j];       //寻找根结点
        int k=i;
        while(parent[j]>0)                     //压缩由i到根的j结点
        {   t=parent[k];        parent[k]=j;      k=t;
        }
        return  j;
    }
```

为了寻找最小权值的边，建立一个边的结点结构如下：

```
    struct  node < T >          //边结点
    {   int one;                //边的一个顶点值
        int  next;              //边的另一个顶点值
        T  cost;                //边的权值
    };
```

Kruskal算法可以声明为图的邻接矩阵类的友元函数，根据Kruskal算法思想以及上面建立的jointset类和边结点，算法实现如下：

```
    void  jointset(Graph & g,int  TR[ ][ ])
    {   T  w, min, max, mincost = 0;
        int  n,e,k = 0;
        node < T >* in;
        max = g.max;                       //获取当前图g的最大权值
        n = g.n;                           //获取当前图g的顶点个数
        e = g.GetNumEdge();                //获取当前图g的边数
        in = new  node < T > [e];
       for(i = 0;i < n; i ++)              //找出所有边，存放到in中
           for(j = 0;j < n;j ++)
           {   w = g.GetWeight(i,j);
               if(w < max && w > 0)
               {  in[k].one = i;  in[k].next = j;
                  in[k].cost = w; k++;
               }
           }
       for(i = 0;i < e - 1; i ++)  //in按各边的权值从小到大排序
       {   min = i;
           for(j = i + 1;j < e; j ++)
               if(in[j].cost < in[min].cost)  min = j;
           if(min != i)
           {  w = in[i].cost;in[j].cost = in[min].cost;in[min].cost = w;
              p = in[i].one;in[i].one = in[min].one;in[min].one = p;
```

```
                p = in[i].next;in[i].next = in[min].next;in[min].next = p;
            }
        }
        jointset  M(g.n);          //建立 n 个连通分量
        i = 0;  p = 0;
        while(i < e)
        {   u = in[i].one;  v = in[i].next;  //取当前最小权值的边
            j = M.Find(u);k = M.Find(v);   //寻找该边的两个顶点所在连通分量的根
            if(j != k)                 //如果两个顶点不在一个连通分量中，则合并两个连通分量
            {   TR[p][0] = u;TR[p][1] = v;p++;
                mincost + = in[i].cost;
                M.Union(j,k);
            }
            if( p<n-1 ) i ++;          //如果没有 n - 1 边，则继续
            else  break;               //如果已经构造了 n - 1 边，则最小生成树完成
        }
        if(p!= n - 1)   cout << "no spanning tree\n";
    }
```

Kruskal 算法的时间复杂度为 O（e log$e$）（e 为网中边的数目），它与网中的顶点数无关，因此适用于求边稀疏的网的最小生成树。

9.4.3　关节点和重连通分量

在一个无向连通图 G 中，如果删去顶点 v 以及和 v 相关的各边之后，图 G 被分割成两个或两个以上的连通分量，则称顶点 v 为该图的一个**关节点**（也称割点）。一个没有关节点的连通图称为**重连通图**。例如，在图9.4.2 中，（a）是一个连通图，但不是重连通图，因为图中有 B、C 和 D 三个关节点。若删去顶点 C 及所有依附于顶点 C 的边，该图就被分割成 4 个连通分量{A，B}，{E}，{F}和{D，G，H}。类似的，若删去顶点 B 或 D 及所有依附于它们的边，则该图就被分割成两个连通分量。

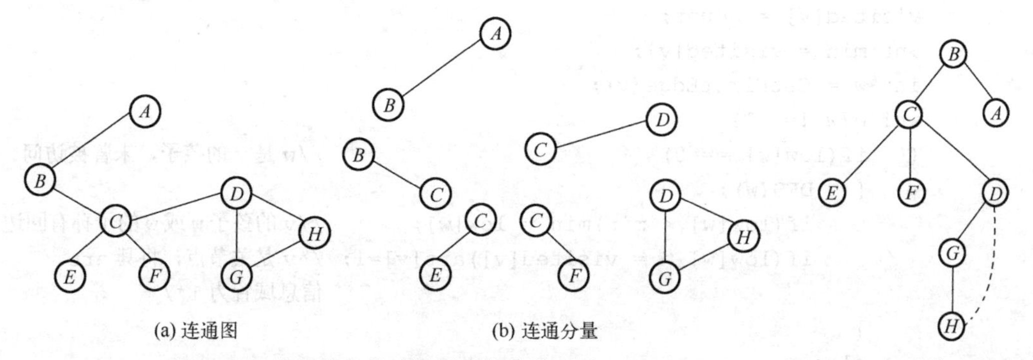

图 9.4.2　带关节点的连通图及其连通分量　　　图 9.4.3　深度优先生成树

在重连通图上，任何一对顶点之间至少存在两条路径，则在删去某个顶点及该顶点相关联的边时也不破坏图的连通性。若在连通图上删去 k 个顶点才能破坏图的连通性，则称此图的**连通度**为 k。

在表示一个通信网络的连通图中不希望有关节点，因为一旦出现故障，将导致其他站点通信中断。相反，如果通信网络是重连通图，则即使某个站点或某条通信链路出现故障，也不会破坏图的连通性，整个系统还能正常运行。

一个连通图如果不是重连通图，那么它可以包含几个重连通图分量。一个连通图的重连通图分量是该图的极大连通子图。例如，图 9.4.2（a）所示的图包含 6 个连通分量，它们在图 9.4.2 (b) 给出。容易验证，同一个图中的两个重连通图分量最多可能有一个公共顶点，同一条边也不可能同时处在多个重连通图分量中。因此，图 G 的重连通图分量事实上会把 G 的边划分到互不相交的边的子集中。

根据图是否有关节点，可判别连通图是否为重连通的。那么如何求得图的关节点呢？图 9.4.3 所示的是图9.4.2（a）所示连通图的深度优先生成树。图中的实线表示树边，虚线表示回边（即不在生成树上的边)。对树的任一顶点 v 而言，其孩子结点为在其后搜索到的邻接点，而其双亲结点和由回边连接的祖先结点是在它之前搜索到的邻接点。在利用深度优先搜索求深度优先生成树时，可以得出两类关节点的特性。

1）若生成树的根有两棵或两棵以上的子树，则此根顶点必定为关节点。因为图中不存在连接不同子树中顶点的边，若删去根顶点，生成树便变成了生成森林。

2）若生成树中某个非叶子顶点为 v，其某棵子树的根和子树中的其他结点均没有指向 v 的祖先的回边，则 v 为关节点。因为若删去 v，则其子树和图的其他部分被分割开来。

在图的邻接表抽象类中重新定义遍历时访问数组 visited，visited [v]为深度优先遍历连通图时访问顶点 v 的次序号；并引入一个新的数组成员 low，low [v]是从 v 或 v 的子孙出发通过回边可以到达的最小深度优先遍历序号（也称深度优先数)。其定义如下：

$$\text{low}[v] = \min\{\text{visited}[v],\ \text{low}[w],\ \text{visited}[k]\}$$

其中，w 是 v 的孩子结点，k 是 v 在深度优先生成树上由回边连接的祖先结点。那么，若对某个顶点 v，存在孩子结点 w，而且 $\text{low}[w] \geqslant \text{visited}[v]$，则表明 w 及其子孙均无指向 v 的祖先的回边，所以该顶点 v 必为关节点。

另外，在图的邻接表抽象类中增加一个数据成员 count，用于计算生成树中各个顶点遍历的次序号，下面将深度优先遍历过程改写成以下算法：

```
template < class  T,class  VerType >
void Graph < T,VerType >::DFS_articul(int  v)
{    count++;
     visited[v] = count;
     int min = visited[v];
     int w = GetFirstEdge(v);
     while(w != -1)
     {    if(low[w] == 0)                               //w 是 v 的孩子，未曾被访问
          {  DFS(w);
             if(low[w]  < min)min = low[w];          //v 的孩子 w 或 w 的子孙有回边
             if(low[w]  > = visited[v])art[v]=1;  /*v 是关节点，将其 art
                                                      信息域置为 1*/

          }
          else
          if(visited[w]  < min)          min = visited[w];
          w = GetNextEdge(v,w);
     }
      low[v] = min;                                      //求得 v 的最小深度优先数
}
```

下面的算法是查找图中所有关节点时初始调用的函数，其中包括对 count、low、visited 数组的初始化。其具体实现如下。

```
template < class  T,class  VerType >
void Graph < T,VerType >::Get_articul(int  v)
{   count = 1;
    for(int  i = 0;i < n;i ++)
        low[i] = visited[i] = 0;
    int w = GetFirstEdge(v);
    DFS_articul(w);                 //深度优先遍历第一棵子树
    if(count < curNum)
    {   art[v] =1;                  //根是关节点
        w = GetNextEdge(v,w);       //继续遍历根的其他子树，看是否还存在关节点
        while(w != -1)
        {   if(visited[w] == 0) DFS_articul(w);
            w = GetNextEdge(v,w);
        }
    }
}
```

9.5 最短路径

假设用一个带权的图来表示一个交通运输网络，用图的顶点表示城市，用图中各条边表示城市之间的交通运输路线，每条边上的权值表示两个城市之间的距离，或途中所需时间，或交通费用等。考虑到交通路线的有向性，如船的顺水和逆水时所耗费的时间或代价不同，所以交通运输网络往往用带权有向图来表示。所谓**最短路径**是指，从图中某个顶点（源点）到达另一个顶点（终点）的路径可能不止一条，如果能找到一条路径使得沿此路径上各边上的权值之和最小，则该条路径即为最短路径。图9.5.1的有向图 D_1 从顶点 v_0 到顶点 v_3 的最短路径为 $v_0 \to v_4 \to v_3$。

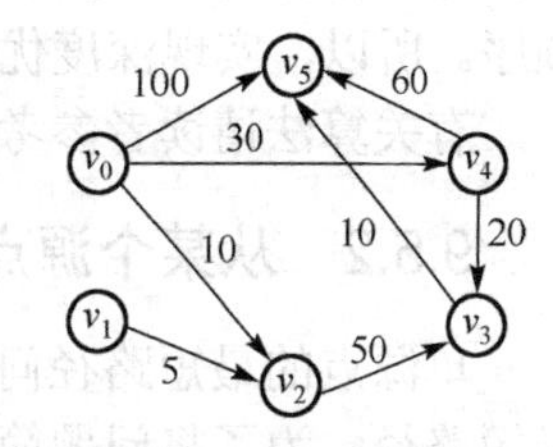

图 9.5.1 带权有向图 D_1

本节讨论两种最常见的求解最短路径的方法。

9.5.1 图结点的可达性

在讨论有向图的最短路径的问题之前，先来考虑顶点的可达性问题。所谓顶点的可达性问题是指从图的某个顶点出发，沿着图的边前进，可能到达图中哪些顶点，或者求取由图中的一顶点出发能够到达的顶点集合问题。从顶点 v_i 可以到达另一个顶点 v_j，就是指从顶点 v_i 到 v_j 至少有一条路径。

1. 可达性问题与 Warshall 算法

可达性问题可以有不同的提法。第一个提法是给定某个顶点，要求得到由该顶点出发可以到达顶点集合。另一个提法是确定所有顶点之间的互相连通关系。显然，后一个问题的解决实际上也解决了图中所有的由单个顶点出发的可达性问题。下面给出的算法解决了后一个问题，这就是著名的 Warshall 算法。

```
void  Warshall(int n)   //w[i][j] = 1 表示从 vi 到 vj 连通或者有路径
{  for( int m=0; m<n; m++ )
      for( int i=0; i<n; i++ )
         for( int j=0; j<n; j++ )
                w[i][j] || = w[i][m] && w[m][j];
```

}

这个算法书写上非常简短，其核心部分是一个简单的三重循环。所有具体的计算都用逻辑运算完成，在对矩阵元素 $w[i][j]$求新值时用其旧值与 $w[i][m]$和 $w[m][j]$的“与”求一次“或”。这就是说，从顶点 v_i 到达顶点 v_m 以及从顶点 v_m 到达顶点 v_j 都有路径。算法开始时，矩阵 w 记录了所有直接的边连接（即邻接矩阵对应元素的值），通过对整个矩阵所有元素一遍遍更新，如果得到的矩阵 $w[i][j]$的值是 1，那么显然可以断定从顶点 v_i 可以到达顶点 v_j。在邻接矩阵表示中，可达用 1 表示，不可达用 0 表示，逻辑与和或运算正好可以完成这种计算工作。

2. 用深度优先搜索方式求解可达性问题

邻接矩阵表示方法与图的结构之间有一种直接对应的关系，非常容易理解和使用，所以在下面讲述的最短路径问题中，均采用此结构。但是这种表示方法的主要缺点是空间的占用量太大，假设有 n 个顶点的图，空间需求为 $O(n^2)$，当 n 较大而边数较少时，也可以用邻接表来表示图。

现在考虑由一个顶点出发的可达性问题。由一个顶点出发可到达的顶点可以通过搜索方式确定，从选定的初始顶点出发一步一步考察，所遇到的顶点就是可达顶点。在这个搜索过程中记录遇到的顶点，并由最后到达的那个顶点继续前进。如果不再有顶点，或者能够到达的顶点都已经去过，则不再前进，需要退回到刚刚经过的上一个顶点，由那个顶点出发再考虑其他路径。按照上述方式搜索的过程就是前面讲述的“深度优先搜索”过程。显然，堆栈适合用来存储搜索过程中所遇到的顶点的数据结构，因为顶点的存储与取出采用后进先出的顺序。所以，实现深度优先搜索，需要用一个堆栈作为辅助数据结构。

有关算法请读者参考相关书籍。

9.5.2 从某个源点到其余各顶点的最短路径

单源点的最短路径问题如下：给定带权有向图 D 和源点 v，求从 v 到 D 中其余各顶点的最短路径。为了将问题简单化，我们在此仅讨论权值非负的情形。

为了求得这些最短路径，Dijkstra（迪克斯特拉）提出了按路径长度的递增次序，逐步产生最短路径的算法。首先求出长度最短的一条路径，然后参照它求出长度次短的一条路径，以此类推，直到从顶点 v 到其他各顶点的最短路径全部求出为止。

首先，引进一个辅助向量 dist，它的每一个分量 dist[i]表示当前所找到的从 v 到终点 v_i 的最短路径的长度。若从 v 到 v_i 有弧，则 dist[i]为弧上的权值，否则置 dist[i]为∞。此时长度为 $\text{dist}[j]=\underset{i}{\text{Min}}\{\text{dist}[i]\,|\,v_i\in V\}$ 的路径就是从 v 出发的长度最短的一条路径，此路径为（v，v_j）。

那么下一条长度次短的路径是哪一条呢？假设下次最短路径的终点是 v_k，显然，其或者是（v_0，v_k），或者是（v_0，v_j，v_k），即其长度或者是从 v_0 到 v_k 的有向边上的权，或者是 dist[j]与从 v_j 到 v_k 的有向边上的权值之和。

一般情况下，假设 S 为已经求得的最短的终点集合，则可以证明，下一条最短路径（设其终点为 x）或者是弧（v，x），或者是中间经过 S 中的顶点而最后到达顶点 x 的路径。下面用反证法证明其正确性。

假设此路径（从 v 到 x）上存在一个顶点 vp 不在 S 中，即 $vp\in V-S$，则说明还存在一条终点不在 S 中但长度比此路径还短的路径。但这是不可能的。因为我们是按路径长度递增的次序产生的各条最短路径，故长度比此路径短的所有路径均已产生，它们的终点必定在 S 中，即假设不成立。

因此，一般情况下，下一条长度次短的路径的长度必定是 $\text{dist}[j] = \min_i\{\text{dist}[i] \mid v_i \in V - S\}$，其中，dist[i]或者是弧（v，v_i）上的权值，或者是 dist[k]（$v_k \in S$）和弧（v_k，v_i）上的权值之和。

在每次求得一条最短路径之后，其终点 v_j 加入集合 S，然后对所有的 $v_i \in V-S$，修改其 dist[i]，dist[i] = Min{ dist[i]，dist[j] + Edge[i][j] }，其中 Edge[i][j]是边（v_j，v_i）上的权值。下面的程序给出了 Dijkstra 算法的实现。

G 是一个具有 n 个顶点的带权有向图，各边上的权值由 Edge[i][j]给出。数组 dist[j]是当前求得的从顶点 v 到顶点 v_j 的最短路径长度（权值之和）。数组 path[j]存放从顶点 v 到顶点 v_j 的最短路径，即 Path[j] = i 表示 dist[i]与（v_i，v_j）权值之和为最短路径。S[i] = 1 表示顶点 $v_i \in S$（最短路径的终点集合），S[i] = 0 表示顶点 $v_i \in V - S$。MAXNUM 是计算机允许的最大值，即图的邻接矩阵表示中的∞。

```
viod  shortestpath_DIJ(const int n,const int v)
{   for(int i=0; i<n; i++ )              //初始化数组 dist 和 path
     {   dist[i] = Edge[v][i];
         S[i] = 0;
         if( i!=v && dist[i]<MAXNUM )  path[i] = v;
         else  path[i] = -1;
     }
    S[v] = 1;
    dist[v] = 0;                         //顶点 v 加入集合 S
    for( i=0; i<n; i++ )                 //从顶点 v 确定 n - 1 条最短路径
     {  int  min = MAXNUM, u = v;
         for( int j=0; j<n; j++ )      //选择当前不在集合 S 中具有最短路径的顶点 u
         {    if(!S[w]&&Edge[u][w]< MAXNUM && dist[u]+Edge[u][w]<dist[w])
              {    dist[w] = dist[u] + Edge[u][w];
                   path[w] = u;
              }
         }
    }
}
```

分析 Dijkstra 算法的时间复杂度，该算法包括了并列的 for 循环，第一个 for 循环是辅助数组的初始化工作，时间复杂度为 $O(n)$，其中 n 为图中的顶点数；第二个 for 循环是双重循环，进行最短路径的求解工作。因为对图中的几乎所有顶点都有计算，每个顶点的计算又要对集合 S 内的顶点进行检测，对集合 V–S 中的顶点进行修改，所以运算的时间复杂度为 $O(n^2)$。因此，该算法总的时间复杂度为 $O(n^2)$。

例如，有向图 D_1 的带权邻接矩阵为

$$\begin{bmatrix} \infty & \infty & 10 & \infty & 30 & 100 \\ \infty & \infty & 5 & \infty & \infty & \infty \\ \infty & \infty & \infty & 50 & \infty & \infty \\ \infty & \infty & \infty & \infty & \infty & 10 \\ \infty & \infty & \infty & 20 & \infty & 60 \\ \infty & \infty & \infty & \infty & \infty & \infty \end{bmatrix}$$

对 D_1 实施 Dijkstra 算法，则所得从 v 到其余各顶点的最短路径，以及运算过程中的 dist 向量的变化情况列于表 9.5.1 中。

表 9.5.1　Dijkstra 算法中数组值的变化及最短路径

终点	从 v_0 到各终点的 dist 值和最短路径的求解过程				
	$i=1$	$i=2$	$i=3$	$i=4$	$i=5$
v_1	∞	∞	∞	∞	∞ 无
v_2	10 （v_0，v_2）				
v_3	∞	60 （v_0，v_2，v_3）	50 （v_0，v_4，v_3）		
v_4	30 （v_0，v_4）	30 （v_0，v_4）			
v_5	100 （v_0，v_5）	100 （v_0，v_5）	90 （v_0，v_4，v_5）	60 （v_0，v_4，v_3，v_5）	
v_j	v_2	v_4	v_3	v_5	
S	{v_0，v_2}	{v_0，v_2，v_4}	{v_0，v_2，v_3，v_4}	{v_0，v_2，v_3，v_4，v_5}	

9.5.3　每一对顶点之间的最短路径

每一对顶点之间的最短路径问题描述如下：已知一个各边权值大于 0 的带权有向图，对每一对顶点 v_i 和 v_j，求出 v_i 与 v_j 之间的最短路径长度。

解决这个问题的最简单的办法是，每次以一个顶点为源点，重复执行 Dijkstra 算法 n 次。这样便可以求得每一对顶点之间的最短路径。其总的执行时间是 $O(n^3)$。其算法如下。

```
void shortestpath_DJ_ALL( int n )
{   for( int i=0; i<n; i++ )
        shortestpath_DIJ(n,i);
}
```

为了记录所有顶点之间的最短路径和最短路径长度，需要将上述 Dijkstra 算法中的数组 dist 和 Path 改成二维数组，则 dist[i][j]表示从源点 v_i 到终点 v_j 的最短路径长度，dist[i][j] = u 表示从源点 v_i 到终点 v_j 的最短路径，即 dist[i][u]与（v_u，v_j）的权值之和为最短路径。

下面介绍另外一个算法——Floyd（弗洛伊德）算法。该算法的时间复杂度也是 $O(n^3)$，但在形式上要简单一些。

Floyd 算法仍从图的带权邻接矩阵出发，其基本思想如下：假设求从顶点 v_i 到 v_j 的最短路径，如果从 v_i 到 v_j 有弧，则从 v_i 到 v_j 存在一条长度 Edge[i][j]路径，该路径不一定是最短路径，尚需要进行 n 次试探。

1）首先，考虑路径（v_i，v_0，v_j）是否存在（即判别弧（v_i，v_0）和（v_0，v_j）是否存在）。如果存在，则比较（v_i，v_j）和（v_i，v_0，v_j）的路径长度，取长度较短者为从 v_i 到 v_j 的中间顶点的序号不大于 0 的最短路径。

2）假如在路径上再增加一个顶点 v_1，也就是说，如果（v_i，…，v_1）和（v_1，…，v_j）分别是当前找到的中间顶点的序号不大于 0 的最短路径，那么（v_i，…，v_1，…，v_j）就有可能是从 v_i 到 v_j 的中间顶点的序号不大于 1 的最短路径。将它和已经得到的从 v_i 到 v_j 中间顶点序号不大于 0 的最短路径相比较，从中选出中间顶点的序号不大于 1 的最短路径。

3）再增加一个顶点 v_2，继续进行试探，以此类推。一般情况下，若（v_i, …, v_k）和（v_k, …, v_j）分别是从 v_i 到 v_k 和从 v_k 到 v_j 的中间顶点的序号不大于 $k-1$ 的最短路径，则将（v_i, …, v_k, …, v_j）和已经得到的从 v_i 到 v_j 中间顶点序号不大于 $k-1$ 的最短路径相比较，其长度较短者便是从 v_i 到 v_j 中间顶点序号不大于 k 的最短路径。

4）在经过 n 次比较后，最后求得的必是从 v_i 到 v_j 的最短路径。

按此方法，可以同时求得各对顶点间的最短路径。

现定义一个 n 阶方阵序列：

$$A^{(-1)}, A^{(0)}, A^{(1)}, A^{(2)}, \cdots, A^{(k)}, \cdots, A^{(n-1)}$$

其中，$A^{(-1)}[i][j]=\mathrm{Edge}[i][j]$，$A^{(k)}[i][j]=\mathrm{Min}\{A^{(k-1)}[i][j], A^{(k-1)}[i][k]+A^{(k-1)}[k][j]\}$。

从上述计算公式可知，$A^{(-1)}[i][j]$是从 v_i 到 v_j 中间顶点序号不大于 1 的最短路径的长度；$A^{(k)}[i][j]$是从 v_i 到 v_j 中间顶点序号不大于 k 的最短路径的长度；$A^{(n-1)}[i][j]$就是从 v_i 到 v_j 的最短路径的长度。

下面给出 Floyd 算法的实现。

G 是一个具有 n 个顶点的带权有向图，各边的权值由 Edge[i] [j]给出。$a[i][j]$是从顶点 v_i 到 v_j 的最短路径长度（权值之和）。数组 path [i] [j]记录在 v_i 到 v_j 路径上顶点 v_j 的前一个顶点的顶点序号。MAXNUM 是计算机允许的最大值，即图的邻接矩阵表示中的∞。

```
viod shortestpath_FLOYD(const  int  n)
{   for( int i=0; i<n; i++ )                    //初始化数组 a 和 path
        for( int j=0; j<n; j++ )
        {   a[i][j] = Edge[i][j];
            if( i!=j&&a[i][j]<MAXNUM )  path[i][j]=i;  //vi 与 vj 之间有弧
            else  path[i][j] = 0;
        }
    for( int k=0; k<n; k++ )                    //计算每一对顶点之间的 A(k)值
        for( i=0; i<n; i++ )
            for( j=0; j<n; j++ )
                if( a[i][k]+a[k][j] < a[i][j] )
                {   a[i][j] = a[i][k] + a[k][j];
                    path[i][j] = path[k][j];
                }
}
```

利用上述算法，可以求得带权有向图的每一对顶点之间的最短路径及其路径长度。

对图9.5.2所示的带权有向图用 Floyd 算法计算，所得的结果列于表 9.5.2 中。由 $A^{(3)}$可知，顶点 1 到顶点 0 的最短路径长度为 $a[1][0]=11$。以 path$^{(3)}$为例，对其最短路径的算法如下。

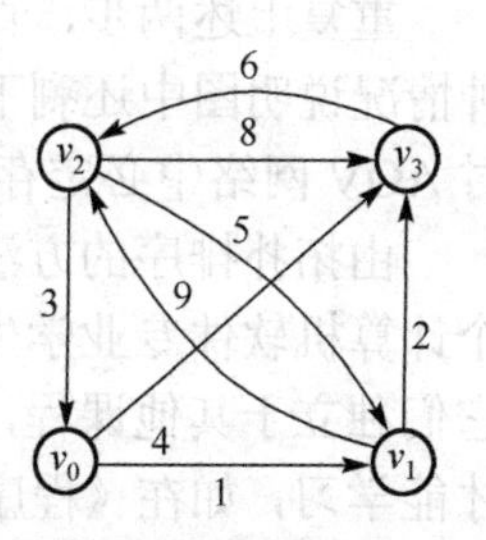

图 9.5.2　带权有向图 D_2

1）其最短路径参看 path [1] [0] = 2，表示顶点 0 之前的顶点是 2。

2）path [1] [2] = 3，表示顶点 2 之前的顶点是 3。

3）path [1] [3] = 1，表示顶点 3 之前的顶点是 1。

4）得出从顶点 1 到顶点 0 的最短路径为 1→3→2→0。

表 9.5.2 Floyd 算法求解结果

	$A^{(-1)}$				$A^{(0)}$				$A^{(1)}$				$A^{(2)}$				$A^{(3)}$			
	0	1	2	3	0	1	2	3	0	1	2	3	0	1	2	3	0	1	2	3
0	0	1	∞	4	0	1	∞	4	0	1	10	3	0	1	10	3	0	1	9	3
1	∞	0	9	2	∞	0	9	2	∞	0	9	2	12	0	9	2	11	0	8	2
2	3	5	0	8	3	4	0	7	3	4	0	6	3	4	0	6	3	4	0	6
3	∞	∞	6	0	∞	∞	6	0	∞	∞	6	0	9	10	6	0	9	10	6	0
	$path^{(-1)}$				$path^{(0)}$				$path^{(1)}$				$path^{(2)}$				$path^{(3)}$			
	0	1	2	3	0	1	2	3	0	1	2	3	0	1	2	3	0	1	2	3
0	0	0	0	0	0	0	0	0	0	0	1	1	0	0	1	1	0	0	3	1
1	0	0	1	1	0	0	1	1	0	0	1	1	2	0	1	1	2	0	31	1
2	2	2	0	2	2	0	0	0	2	0	0	1	2	0	0	1	2	0	0	1
3	0	0	3	0	0	0	3	0	0	0	3	0	2	0	3	0	2	0	3	0

9.6 活动网络

通常，把计划、施工过程、生产流程、程序流程都看做一个工程。除了很小的工程外，一般把工程分为若干称为“活动”的子工程。在这些子工程之间，通常受一定条件的约束，如其中某些子工程的开始必须在另一些子工程完成之后。对整个工程和系统，一般人们最关心的是两个问题：一是工程能否顺利进行，二是估算整个工程完成所需要的最短时间。通常用**有向无环图**（即一个无环的有向图）来描述一项工程或系统的实施过程。

9.6.1 AOV 网络

在有向图中，用顶点表示活动，用有向边< v_i，v_j >表示活动 v_i 必须先于活动 v_j 进行，这种有向图称为用顶点表示活动的（Activity On Vertices）网络，记为 AOV 网络。

在 AOV 网络中，如果出现了有向环，则意味着某项活动应以自己作为先决条件，这显然是荒谬的。如果设计时出现这种情况，工程将无法进行；对程序而言，将出现死循环。因此，对给定的 AOV 网络，必须先判定它是否存在有向环。检测是否存在有向环的方法是对 AOV 网络构造它的拓扑有序序列，即将图中的各个顶点排列成一个线性有序的序列。如果图中的所有顶点都在它的拓扑有序序列中，则 AOV 网络中必定不存在环。

如何进行拓扑排序呢？方法如下。

1）在有向图中选择一个没有前驱的顶点并输出。

2）从图中删除该顶点和所有以它为尾（或起点）的弧。

重复上述两步，直至全部顶点均已输出，或者当前图中不存在无前驱的顶点为止。后一种情况说明图中还剩下一些顶点，它们都已经有直接前驱，再也找不到无前驱的顶点了，这时 AOV 网络中必定存在有向环。

由拓扑排序的方法可知，一个 AOV 网络的顶点的拓扑有序序列是不唯一的。例如，一个计算机软件专业学生必须学习的一系列基本课程如表 9.6.1 所示。其中有些课程是基础课，它们独立于其他课程，如《高等数学》；而另一些课程则必须在学完作为其基础的先修课程后才能学习，如在《程序设计基础》和《离散数学》学完之前不能开始学习《数据结构》。这些先决条件定义了课程之间的领先（优先）关系。这个关系可以用有向图更清楚地表示，如图 9.6.1 所示。图中顶点表示课程，有向边（弧）表示先决条件。若课程 i 是课程 j 的先决条件，则图中有弧 <i，j>。

表 9.6.1　计算机软件专业必修课程

课程编号	课程名称	先决条件
C_1	程序设计基础	无
C_2	离散数学	C_1
C_3	数据结构	C_1，C_2
C_4	汇编语言	C_1
C_5	语言的设计和分析	C_3，C_4
C_6	计算机原理	C_{11}
C_7	编译原理	C_5，C_3
C_8	操作系统	C_3，C_6
C_9	高等数学	无
C_{10}	线性代数	C_9
C_{11}	普通物理	C_9
C_{12}	数值分析	C_9，C_{10}，C_1

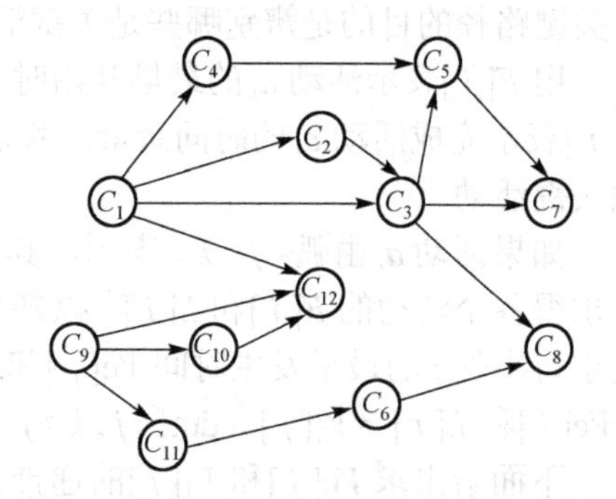

图 9.6.1　表示课程之间优先关系的有向图

根据上述拓扑排序的方法，对图 9.6.1 中的有向图进行拓扑排序，得到的拓扑序列为

$$(C_1,C_2,C_3,C_4,C_5,C_7,C_9,C_{10},C_{11},C_6,C_{12},C_8)$$

或者

$$(C_9,C_{10},C_{11},C_6,C_1,C_{12},C_4,C_2,C_3,C_5,C_7,C_8)$$

这个序列说明，学生必须按照拓扑序列的顺序选修课程，才能保证学习任何一门课程时其先修课程已经学完。

9.6.2　AOE 网络

与 AOV 网络密切相关的另一个网络就是用边表示活动的网络。如果在无环有向图中用有向边表示一个工程的各个活动，用有向边上的权值表示活动的持续时间，用顶点表示事件，则这样的有向图叫做用边表示活动的（Activity On Edge）网络，记为 AOE 网络。

例如，图9.6.2所示的是一个有 8 个活动的 Floyd 算法网络。其中有 6 个事件 v_0，v_1，…，v_5。事件 v_0 发生表示整个工程开始，事件 v_5 发生表示整个工程结束。其他每一个事件 v_i 发生表示在它之前的活动都已经完成，在它之后的活动可以开始。例如，事件 v_3 发生表示活动 a_2 和 a_4 已经完成，活动 a_6 可以开始。与每个活动相联系的数字是执行该活动所需的时间，如活动 a_0 需要 3 天，a_1 需要 2 天。

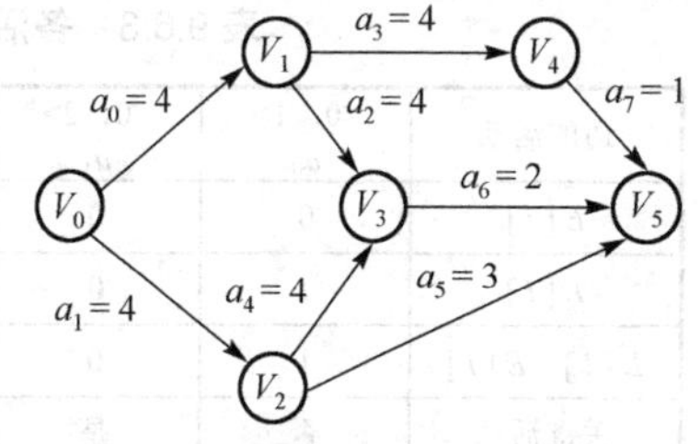

图 9.6.2　AOE 网络示例

由于整个工程只有一个开始点和一个完成点，所以称开始点（即入度为 0 的顶点）为源点；称结束点（即出度为 0 的顶点）为汇点。

AOE 网络在某些工程估算方面非常有用，例如，可以使人们了解：

1）完成整个工程至少需要多少时间？

2）哪些活动是影响工程进度的关键，即为了缩短工程时间，应加快哪些步骤？

在 AOE 网络中，有些活动是可以并行的。从源点到汇点的有向路径可能不止一条，这些路径的长度（路径长度是指在这条路径上所有活动的持续时间之和）也可能不同。完成不同路径上的活动所需的时间虽然不同，但只有各条路径上所有活动都完成了，整个工程才算完成。因此，完成整个工程所需的时间取决于从源点到汇点的最长路径长度。这条路径长度最长的路径叫做关键路径。

要找出关键路径，必须找出关键活动，即不按期完成就会影响整个工程完成的活动。关键路径上的所有活动都是关键活动，提前完成非关键活动并不能加快工程的进度，因此，分析关键路径的目的是辨别哪些是关键活动，以便提高关键活动的工效，缩短整个工期。

用 $E[i]$表示活动 a_i 的最早开始时间，$L[i]$表示活动 a_i 的最迟开始时间，两者之差 $L[i]-E[i]$表示完成活动 a_i 的时间余量。我们把 $L[i]=E[i]$的活动，即没有时间余量的活动，叫做关键活动。

如果活动 a_i 由弧 $<j, k>$表示，其持续时间记为 dut($<j, k>$)，为了找出关键活动，就必须求得各个活动的 $E[i]$和 $L[i]$，以判断 $L[i]=E[i]$是否成立。为了求得 $E[i]$和 $L[i]$，首先要求得事件 j 的最早发生时间 $Ve[j]$和最迟发生时间 $V_1[j]$，因为它们之间有如下关系：$E[i]=Ve[j]$和 $L[i]=V_1[j]-\mathrm{dut}(<j,k>)$。

下面给出求 $Ve[j]$和 $V_1[j]$的递推公式。

（1）从 $Ve[0]=0$ 开始向前递推

$$V_e[j]=\max_i\{V_e[i]+\mathrm{dut}(<i,\ j>)\},\ <i,\ j>\in S_1,\ j=1,\ 2,\ \cdots,\ n-1$$

其中，S_1 是所有以 j 为终点的弧的集合。

（2）从 $V_1[n-1]=Ve[n-1]$起向后递推

$$V_1[j]=\min_i\{V_1[i]+\mathrm{dut}(<i,\ j>)\},\ <i,\ j>\in S_2,\ j=n-2,\ n-3,\ \cdots,\ 0$$

其中，S_2 是所有以 j 为起点的弧的集合。

这样，图 9.6.2 所示的 AOE 网络按以上方法计算后，结果如表 9.6.2 和表 9.6.3 所示。

表 9.6.2　各顶点（事件）的最早发生时间 $Ve[j]$和最迟发生时间 $V_1[j]$

事件	V_0	V_1	V_2	V_3	V_4	V_5
$Ve[j]$	0	3	2	6	6	8
$V_1[j]$	0	4	2	6	7	8

表 9.6.3　各活动的最早发生时间 $E[i]$和最迟发生时间 $L[i]$

边的活动	<0，1> a_0	<0，2> a_1	<1，3> a_2	<1，4> a_3	<2，3> a_4	<2，5> a_5	<3，5> a_6	<4，5> a_7
$E[i]$	0	0	3	3	2	3	6	6
$L[i]$	1	0	4	4	2	5	6	7
$L[i]-E[i]$	1	0	1	1	0	3	0	1
关键活动	否	是	否	否	是	否	是	否

可见，a_1、a_4 和 a_6 为关键活动，组成一条关键路径 $V_0\to V_2\to V_3\to V_5$。但是，影响关键活动的因素是多方面的，任何一项活动持续时间的改变都会引起关键路径的改变。如图9.6.2所示的 AOV 网络，如果 a_4 的持续时间改为 3，则可发现关键活动数量增加了，关键路径也增加了。若同时将 a_3 的时间改为 4，则 $V_0\to V_2\to V_3\to V_5$ 不再是关键路径。由此可见，关键活动速度的提高是有限度的，只有在不改变网的关键路径的情况下，提高关键活动的速度才有效。另外，若网中有几条关键路径，那么，仅提高一条关键路径上的关键活动的速度无法缩短整个工程的工期，而必须同时提高几条关键路径上的活动的速度。

9.7　本章小结

本章介绍的基本内容包括图形结构的逻辑结构、顺序存储结构和链式存储结构，以及相应的基本操作。

在图形结构中，结点之间的关系可以是任意的，图中任意两个数据元素之间都可能相关，数据元素之间存在着**多对多**的关系，是一种重要的非线性数据结构。

本章重点讨论了图的各种操作、图的遍历和最小生成树算法。

习　题 9

9.1　已知一个有向图如习题 9.1 图所示，请给出该图的：

（1）每个顶点的入度和出度；

（2）邻接矩阵；

（3）邻接表；

（4）逆邻接表；

（5）强连通分量。

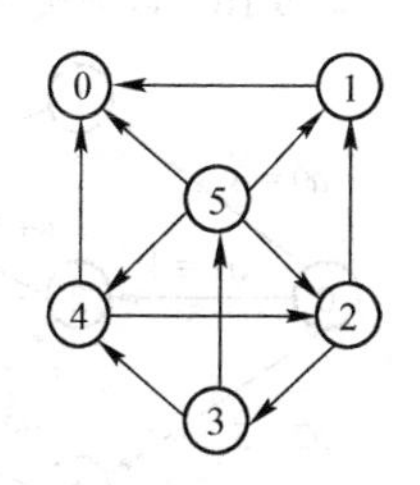

习题 9.1 图

9.2　已知一个无向图的邻接矩阵如下所示，试画出该图，并分别画出自顶点 0 出发进行遍历所得到的深度优先生成树和广度优先生成树。

$$
\begin{array}{c}
\begin{matrix} \quad & 0 & 1 & 2 & 3 & 4 & 5 \end{matrix} \\
\begin{matrix} 0 \\ 1 \\ 2 \\ 3 \\ 4 \\ 5 \end{matrix}
\begin{bmatrix}
0 & 1 & 1 & 0 & 0 & 1 \\
1 & 0 & 1 & 1 & 0 & 0 \\
1 & 1 & 0 & 1 & 0 & 0 \\
1 & 1 & 1 & 0 & 1 & 1 \\
1 & 0 & 0 & 1 & 0 & 1 \\
1 & 0 & 0 & 1 & 1 & 0
\end{bmatrix}
\end{array}
$$

9.3　请针对习题 9.3 图所示的无向带权图，完成以下两项工作。

（1）写出它的邻接矩阵，并按 Prim 算法求出其最小生成树。

（2）写出它的邻接表，并按 Kruskal 算法求出其最小生成树。

9.4　请对习题 9.4 图完成以下两项工作。

（1）判断是否为重连通图，如果不是，则找出关节点。

（2）找出该图的所有连通分量。

9.5　请对习题 9.5 图完成以下两项工作（要求写出执行算法的各步结果）。

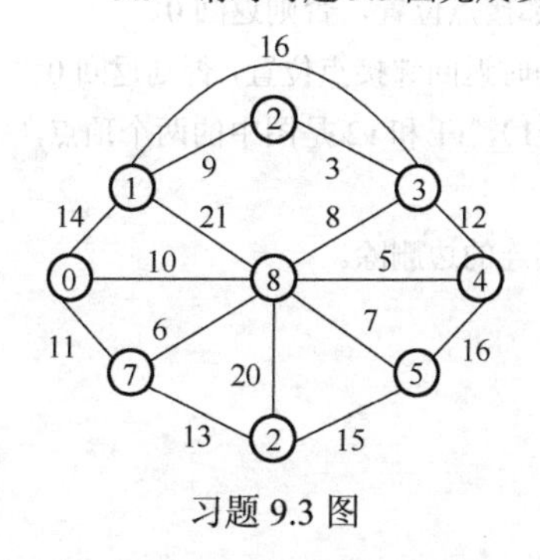

习题 9.3 图

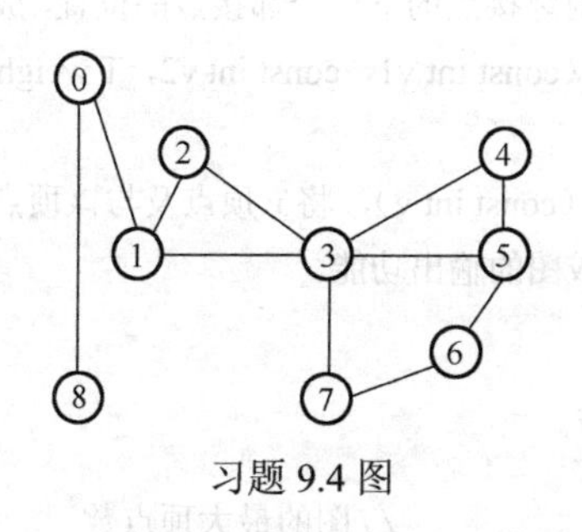

习题 9.4 图

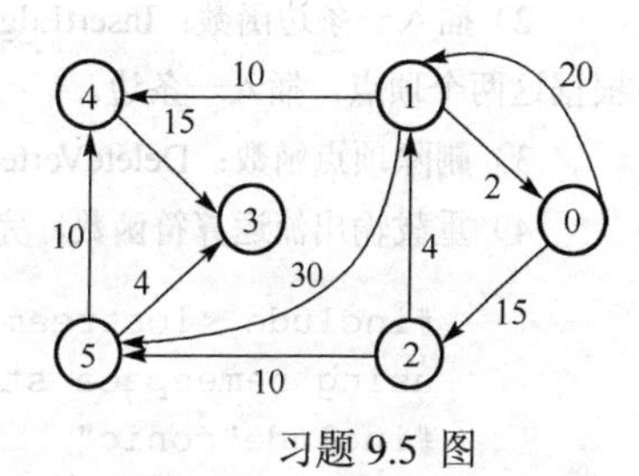

习题 9.5 图

（1）试利用 Dijkstra 算法求从顶点 0 到其他各顶点之间的最短路径。

（2）试利用 Floyd 算法求各顶点之间的最短路径。

9.6　试列出习题 9.6 图的全部可能的拓扑有序序列。

9.7　对习题 9.7 图所示的 AOE 网络，计算：

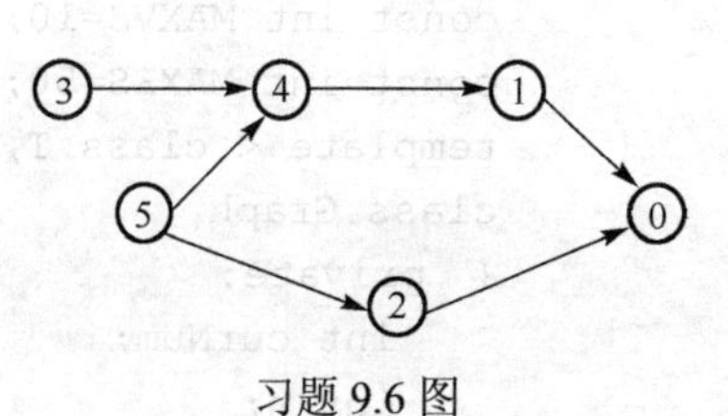

习题 9.6 图

（1）各事件的最早发生时间 ve（i）和最迟发生时间 vl（i）。

（2）各活动的最早开始时间 E（i）和最迟开始时间 L（i）。

（3）列出各条关键路径。

9.8　已知习题 9.8 图所示有向图，以及图中的两个顶点 u 和 v，试编写算法求有向图从 u 到 v 的所有简单路径，并写出该图检索的过程和结果。

9.9　试编写利用深度优先遍历有向图求关键路径的算法。

9.10　以邻接表作为存储结构实现从源点到其余各顶点的最短路径的 Dijkstra 算法。

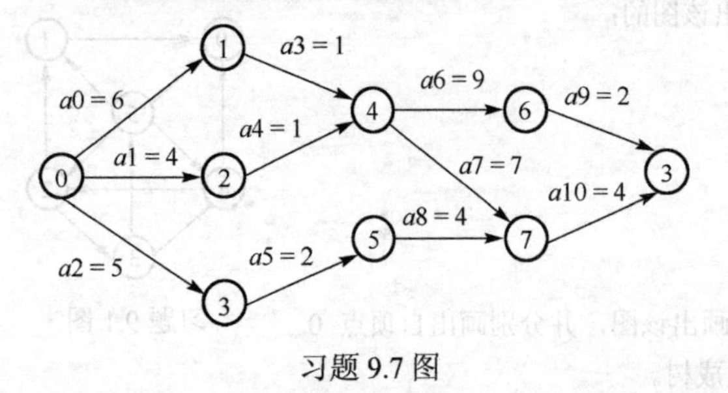

习题 9.7 图

习题 9.8 图

实验训练题 9

1．运行下列程序。该程序对实验训练 9.1 图中的 $G1$ 采用邻接矩阵存储结构，实现对图进行创建、输出图信息，并可对图进行查找、插入、删除等操作。

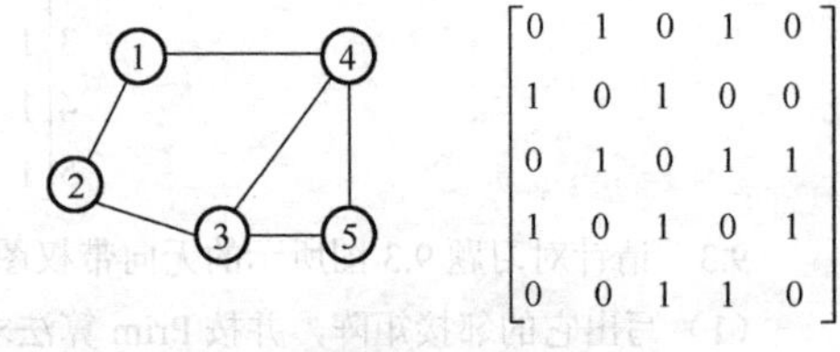

实验训练 9.1 图

算法设计：为了完成题目要求，需要设计出相应的函数，以图 $G1$ 为例，具体内容如下。

（1）建立算法。

① 通过构造函数将顶点数存入 G1.n，边数存入 G1.e；

② 通过重载的输入函数将顶点信息存入 G1.vex[i]，顶点与边关系信息存入 G1. Edge[i][j]。

（2）各种功能操作。

1）两个查找函数。

① GetFirstEdge()：寻找顶点 V 的第一个邻接点的位置，成功返回时邻接点位置，否则返回 0。

② GetNextEdge()：寻找 V 的当前邻接点的下一个邻接点的位置，成功时返回邻接点位置，否则返回 0。

2）插入一条边函数：InsertEdge（const int v1，const int v2，T weight =1），$v1$ 和 $v2$ 是图中的两个顶点，根据这两个顶点，插入一条边。

3）删除顶点函数：DeleteVertex（const int v），将 v 顶点及与该顶点相连的边删除。

4）重载输出流运算符函数，完成图的输出功能。

```
#include <iostream>
using namespace std;
#include"conio"
const int MAXVS=10;              //图的最大顶点数
const int MAXES=50;              //图的最大边数
template < class T,class VerType >
class Graph
{  private:
     int curNum;                 //当前图中的顶点数
     int n;                      //给定图的顶点数
```

```
    int e;                          //当前图中的边数
    VerType vex[MAXVS];             //存放顶点的有关信息
    T Edge[MAXVS][MAXES];           //存放顶点与顶点之间边的信息
    T max;                          //用于表示权值的权限值
    int net;            //net=1，表示带权网络图；net=0，表示不带权值的图
    int mark;           //mark=1，表示有向图；mark=0，表示无向图
  public:
    Graph();            //构造空图
    Graph(int sn,int se,int mark = 0,int net = 0,int max = 1000);//初始化图
    //插入权值为 weight 的边(v1,v2)
    virtual InsertEdge(const int v1,const int v2,T weight = 1);
    virtual void DeleteVertex(const int v);      //删除顶点 v
    int GetFirstEdge(const int v);           //寻找 v 的第一个邻接点的位置
    //寻找 v 的当前邻接点的下一个邻接点的位置
    int GetNextEdge(const int v,int v1);
    //输入图的顶点和边的信息
    friend istream &operator >>(istream &in,Graph< T,VerType>&g);
    //输出图的顶点和边的信息
    friend ostream &operator <<(ostream &out。Graph< T,VerType>&g);
};
template < class T,class VerType >                  //构造空图
Graph < T,VerType >::Graph()
{   n = curNum = 0;
    e = 0;
    mark = 0;
    net = 0;                                        //默认为不带权的无向图
    max = 1000;
}
template < class T,class VerType >                  //带参数的构造函数
Graph < T,VerType >::Graph(int sn,int se,int mark,int net,int max)
{   n = curNum = sn;
    e = se;
    Graph < T,VerType >::mark = mark;
    Graph < T,VerType >::net = net;
    Graph < T,VerType >::max = max;
}
template < class T,class VerType >              //寻找 v 的第一个邻接点的位置
int Graph < T,VerType >::GetFirstEdge(const int v)
{   if( v!= -1 )
    {   for(int k=0; k<n; k++)
          if(Edge[v][k]>0&&Edge[v][k]<max||Edge[k][v]>0&&Edge[k][v]<max)
              return k;
          if( k>=n ) return -1;                 //没有邻接点，返回-1
    }
    return -1;
}
template < class T,class VerType >              //寻找与 v 邻接的下一个顶点的位置
int Graph < T,VerType >::GetNextEdge(const int v,int v1)
```

```
{   if( v!= -1 && v1!= -1 )
    {   for(int k = v1+1;k < n;k++)
        if(Edge[v][k]>0&&Edge[v][k]<max||Edge[k][v]>0&&Edge[k][v]<max)
            return k;
        if( k>=n ) return -1;
    }
    return -1;
}
template < class T,class VerType >                    //插入一条边
void Graph < T,VerType >::InsertEdge(const int v1,const int v2,T weight)
{ if(v1!= -1&&v2!= -1)                            //v1 和 v2 是图中的顶点时，插入一条边
    { Edge[v1][v2] = weight;
      if( mark==0 )   Edge[v2][v1] = weight;  //无向图
      e++;                                          //边数加 1
    }
}
template < class T,class VerType >                    //删除一个顶点及其邻接的边
void Graph < T,VerType >::DeleteVertex(const int v)
{ if(v!= -1)
    {   for(int k = 0;k < n;k++)                        //删除所有与 v 邻接的边
        if(Edge[v][k]>0&&Edge[v][k]<max||Edge[k][v]>0&&Edge[k][v]<max)
        {   if(net == 1)                                //是带权图时，赋值 max
                Edge[v][k] = Edge[k][v] = max;
            else Edge[v][k] = Edge[k][v] = 0;  //否则赋值 0
            e--;                                        //边数减 1
        }
        curNum--;                                       //当前顶点数减 1
    }
}
template < class T,class VerType >                    //输入图的顶点和边的信息
istream &operator >>(istream &in,Graph < T,VerType >&g)
{   cout <<"Please input the info of the graph:\n";
    cout <<"请输入顶点信息:\n";
    for( int i=0; i<g.n; i++ ) in >> g.vex[i];
    cout <<"请输入各顶点之间边关系信息:\n";
    for( i=0; i<g.n; i++ )                    //输入各顶点之间的关系值，建立邻接矩阵
    {  cout <<"第"<< i+1 <<"顶点:";
       for( int j=0; j<g.n; j++ )
          in >> g.Edge[i][j];
    }
    return in;
}
template < class T,class VerType >        //输出图的顶点和边的信息
ostream &operator <<(ostream &out,Graph < T,VerType >&g)
{   out <<"输出各顶点信息: ";
    for( int i=0; i<g.n; i++ )
        out << g.vex[i] <<"  ";              //输出各个顶点的信息
    out <<"\n 输出各顶点及边信息:\n";
    for( i=0; i<g.n; i++ )
```

```
        {   out <<"第"<< i+1 <<"顶点:";
            for( int j=0;j<g.n; j++ )
                if( g.Edge[i][j] > 0&&g.Edge[i][j] < g.max )
                    out <<"("<< i+1 <<","<< j+1 <<")";
            out << endl;
        }
        return out;
    }
    int main()
    {   Graph < int,int > G1(5,6,0);                    //有向图
        int v1,v2;
        cin >> G1;                                      //输入图的信息
        cout << G1<< endl;                              //输出图的信息
        int k =G1.GetFirstEdge(2);                      //求顶点 2 的第一个邻接点
        int next = G1.GetNextEdge(2,k);                 //求顶点 2 的下一个邻接点
        cout <<"顶点 2 的第一个邻接点:"<< k <<"\n";
        cout <<"下一个邻接点:"<< next << endl;
        cout <<"\n 插入一条边,请输入顶点位置 v1,v2:";
        cin >> v1 >> v2;
        G1.InsertEdge(v1-1,v2-1,1);                     //插入一条边
        cout << G1 << endl;
        cout <<"请输入要删除的顶点:";
        cin >> v1;
        G1.DeleteVertex(v1-1);                          //删除一个顶点
        cout << G1 << endl;
        return 0;
    }
```

2. 运行下列程序。该程序对一个带权图 *G*3，其存储结构为邻接表，如实验训练 9.2 图所示，对图 *G*3 进行插入边、删除边操作。

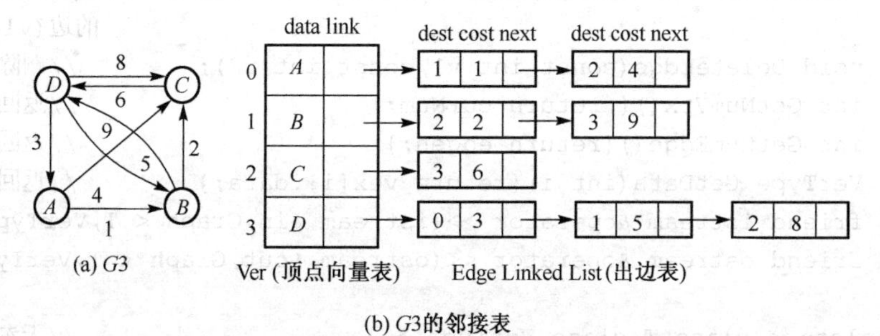

实验训练 9.2 图

算法设计如下。

（1）定义一个边结点 Edge，目的是把同一顶点发出的边链接在同一个单链中，每个结点代表一条边。边结点包括：顶点下标 dest、指向下一个结点指针 next 和权值 cost。

（2）定义顶点结点 Vertex，内容有存放顶点信息的 data 变量和指向邻接顶点的指针 link。

（3）定义图类，它将顶点与边链表联系起来，构成一个邻接表，用于存储图的信息。

（4）在图类中，定义相关的函数，对数据进行操作。

插入一条边函数 InserEdge()，可在 *v*1、*v*2 两个顶点间插入一条边；删除一条边函数 DeleteEdge()，可

删除 $v1$、$v2$ 两个顶点间的一条边。

```
#include <iostream>
using namespace std;
const int MaxVerSize =10;          //图最大顶点数
const int MaxEdgeSize = 50;        //最大边数
template < class T >
struct Edge                        //边结点定义
{   int dest;                      //表示与顶点 vi 邻接的边上另一个顶点在图中的位置
    T cost;                        //边上的权值等
    Edge < T > *next;              //与 vi 邻接的下一条边的顶点所对应的指针
};
template < class T,class VerType >
struct Vertex                      //表头结点定义
{   VerType data;                  //存放顶点的编号、名称或其他有关信息
    Edge < T > *link;              //指向顶点 vi 的第一个邻接点
};
template < class T,class VerType >
class Graph
{  private:
    Vertex < T,VerType > *vex;       //定义顶点向量表
    int curNum;                  //当前图中的顶点数
    int vern;                    //给定图的顶点数
    int edgen;                   //当前图中的边数
    int mark;                    //mark=1，表示是有向图；mark=0，表示是无向图
   public:
    Graph();
    Graph(int sn,int se,int m = 0);     //初始化图
    ~Graph();
    virtual void InserEdge(const int v1,int v2,T weight); /*插入权值为 weight
                                                          的边(v1, v2) */
    void DeleteEdge(const int v1,const int v2);        //删除边（v1,v2）
    int GetNumVtx(){ return curNum;}                     //返回当前顶点数
    int GetNumEdge(){return edgen;}                      //返回当前边数
    VerType GetData(int i){return vex[i].data;}          //返回顶点 i 的信息
    friend istream &operator >>(istream &in,Graph < T,VerType > &g);
    friend ostream &operator <<(ostream &out,Graph < T,VerType > &g);
};
template < class T,class VerType >                     //无参构造函数
Graph < T,VerType >::Graph ()
{   curNum = 0;
        vern = 0;
        edgen = 0;
        mark = 0;
}
template < class T,class VerType >                     //带参数的构造函数
Graph < T,VerType >::Graph(int sn,int se,int m)
{   curNum = sn;
```

```
    vern = sn;
    edgen = se;
    mark = m;
    vex = new Vertex < T,VerType > [vern];
}
template < class T,class VerType >              //析构函数
Graph < T,VerType >::~Graph()
{   for(int i = 0;i < vern;i++)
     {  Edge < T > *p = vex[i].link;
        while(p!= NULL)                         //删除以vex[i]为头结点的单链表
        {  vex[i].link = p -> next;             //头指针指向下一个结点
           delete p;                            //删除前一个结点
           p = vex[i].link;                     //p 指向当前第一个结点
        }
     }
    delete [ ]vex;
}
template < class T,class VerType >              //插入一条边
void Graph < T,VerType >::InserEdge(const int v1,const v2,T weight)
{   if(v1!= -1&&v2!= -1)                   //v1、v2 是图中的顶点时，插入一条边
    {   Edge < T > *p = vex[v1].link;      //寻找与 v1 邻接的第一个顶点地址
        Edge < T > *newNode = new Edge < T >;//增加一个新的边结点
        vex[v1].link = newNode;            //v2 插入作为 v1 的第一个邻接边
        newNode-> next = p;
        newNode-> cost = weight;           //设置新结点的信息
        newNode-> dest = v2;
        edgen = edgen+1;                   //边数加 1
    }
}
template < class T,class VerType >         //删除一条边
void Graph < T,VerType >::DeleteEdge(const int v1,const int v2)
{   if(v1!=-1&&v2!=-1)                     //v1、v2 是图中的顶点
    {   Edge < T > *p = vex[v1].link,*pre = p;//寻找与 v1 邻接的第一个顶点地址
        if(p->des t== v2)                  //要删除的是第一条邻接边
        {  vex[v1].link = p->next;
           delete p;
           edgen--;                        //边数减 1
        }
        else                               //否则，寻找与 v1 邻接的顶点 v2 的地址
        {  while(p!= NULL)
           {  if(p->dest == v2)
               {  pre->next = p->next;
                  delete p;
                  break;
                  edgen--;
               }
              else {pre = p;p = p->next;}
           }
```

```
        }
    }
}
template < class T,class VerType >    //输入流运算符重载
istream &operator >>(istream &in,Graph < T,VerType > &g)
{   cout <<"Please input the info of the graph"<< endl;
    cout <<"请输入顶点信息:"<< endl;
    for(int i = 0;i < g.vern;i++)
    {   cin >> g.vex[i].data;
        g.vex[i].link = NULL;
    }
    cout <<"请输入边信息(位置，权值，以-1 结束):"<< endl;
    int d,c;
    for(i = 0;i < g.vern;i++)          //依次输入各个邻接边顶点的位置和权值
    {   cout<<"第"<<i+1<<"顶点:";       //输入第一个邻接的位置，如果没有邻接点，输入-1
        in >> d;                       //输入邻接点的位置
        while(d!= -1)
        {   in >> c;                   //输入邻接边的权值
            g.InserEdge(i,d,c);        //插入一个边结点
            in >> d;
        }
    }
    return in;
}
template < class T,class VerType >    //输出流运算符重载
ostream &operator <<(ostream &out,Graph < T,VerType > &g)
{   out <<"输出图信息:"<< endl;
    for(int i = 0;i < g.vern;i++)
    {   out << g.vex[i].data <<"  ";
        Edge < T > *p = g.vex[i].link;
        while(p!= NULL)
            if(g.mark == 0)
            {   out <<"("<< i <<","<< p->dest <<")"<< p->cost <<"  ";
                p = p->next;
            }
            else
                out <<"<"<<i<<","<<p->dest<<">="<<p->cost<< endl;
        out << endl;
    }
    return out;
}
int main()                             //测试主函数
{   Graph < int,char > G3(4,4,0);      //定义一个有 4 条边的图
    int v,e;
    cin >> G3;                         //输入顶点及边的信息
    cout << G3;                        //输出
    v = G3.GetNumVtx();                //取图的顶点数
    e = G3.GetNumEdge();               //取图的边数
```

```
    cout <<"图G3有"<< v <<"个顶点,有"<< e <<"条边。"<< endl;
    cout <<"\n在B,C顶点间加条边(B->C),权值为10:"<< endl;
    G3.InserEdge(1,2,10);                    //插入边
    cout << G3;
    cout <<"\n删除C,D顶点间边(C->D):"<< endl;
    G3.DeleteEdge(2,3);                      //删除边
    cout << G3;
    return 0;
}
```

3．运行程序。该程序对实验训练9.2图的*G*3进行深度优先搜索，并用图*G*3的数据进行测试。

算法设计：图*G*3还是使用邻接表存储结构，在类定义中增加了一个数组visited用于存放访问标志，访问过的顶点标志置1，否则置0。深度优先搜索是从顶点位置*v*出发，以深度优先次序访问所有可读入的尚未访问过的顶点。

```
#include <iostream>
using namespace std;
const int MaxVerSize = 10;                  //图最大顶点数
const int MaxEdgeSize = 50;                 //最大边数
template < class T >
struct Edge                                 //边结点定义
{   int dest;
    T cost;
    Edge < T > *next;
};
template < class T,class VerType >
struct Vertex                               //表头结点定义
{   VerType data;
    Edge < T > *link;
};
template < class T,class VerType >
class Graph
{   private:
        Vertex < T,VerType > *vex;          //定义顶点向量表
        int curNum;                         //当前图中的顶点数
        int vern;                           //给定图的顶点数
        int edgen;                          //当前图中的边数
        int mark;            //mark=1，表示是有向图；mark=0，表示是无向图
        int *visited;                       //存放访问标志
    public:
        Graph();
        Graph(int sn,int se,int m = 0);//初始化图
        ~Graph();
        //插入权值为weight的边(v1,v2)
        virtual void InserEdge(const int v1,int v2,T weight);
        int GetFirstEdge(const int v); //寻找v的第一个邻接点的位置
        //寻找v的当前邻接点v1的下一个邻接点的位置
        int GetNextEdge(const int v,int v1);
```

```
        int GetNumVex(){ return curNum;}              //返回当前顶点数
        int GetNumEdge(){return edgen;}               //返回当前边数
        void DFS();
        void DFS(int v);
        VerType GetData(int i){return vex[i].data;}       //返回顶点 i 的信息
        friend istream &operator >>(istream &in,Graph <T,VerType> &g);
        friend ostream &operator <<(ostream &out,Graph <T,VerType> &g);
};
template < class T,class VerType >                    //无参构造函数
Graph < T,VerType >::Graph()
{
    //同上题
}
template < class T,class VerType >                    //带参数的构造函数
Graph < T,VerType >::Graph(int sn,int se,int m)
{
    //同上题
}
template < class T,class VerType >                    //析构函数
Graph < T,VerType >::~Graph()
{
    //同上题
}
//寻找 v 的第一个邻接点的位置
template < class T,class VerType >
int Graph < T,VerType >::GetFirstEdge(const int v)
{   if(v!= -1)
    {   Edge < T > *p = vex[v].link;
        if(p!=NULL) return p->dest;
    }
    return -1;                                        //没有邻接点，返回-1
}
template < class T,class VerType >                    //获取下一个邻接点
int Graph < T,VerType >::GetNextEdge(const int v,const int v1)
{   if(v!= -1&&v1!= -1)
    {   Edge < T > *p = vex[v].link;
        while(p!=NULL)
            if(p->dest == v1&&p->next!=NULL)
                return p->next->dest;
            else p = p->next;
    }
    return -1;
}
template < class T,class VerType >                    //插入一条边
void Graph < T,VerType >::InserEdge(const int v1,const v2,T weight)
{
    //同上题
}
```

```
template < class T,class VerType >            //深度优先搜索（主过程）
void Graph < T,VerType >::DFS()
{   int n;
    n = GetNumVex();                          //取顶点个数
    visited = new int[n];                     //根据顶点个数创建辅助数组
    for( int i=0; i<n; i++ )       visited[i] = 0;      //辅助数组初始化
    DFS(0);                                   //从顶点 0 开始深度优先搜索
    delete []visited;
  }
template < class T,class VerType >            //深度优先搜索（子过程）
void Graph < T,VerType >::DFS(int v)
{   cout << GetData(v)<<"";                   //访问该顶点的数据
    visited[v] = 1;                           //访问标志改为访问过
    int w = GetFirstEdge(v);                  //寻找顶点 v 的第一个邻接顶点 w
    while(w!= -1)                             //有邻接顶点
    {   if(!visited[w]) DFS(w);               //若未访问过，则从 w 递归访问
        w = GetNextEdge(v,w);
    }
}
template < class T,class VerType >            //输入流运算符重载
istream &operator >>(istream &in,Graph < T,VerType > &g)
{
    //同上题
}
template < class T,class VerType >            //输出流运算符重载
ostream &operator <<(ostream &out,Graph < T,VerType > &g)
{
    //同上题
}
int main()                                    //测试主函数
{   Graph < int,char > G3(4,4,0);             //定义一个无向图
    cin >> G3;                                //输入顶点及边的信息
    cout <<"深度遍历:";
    G3.DFS();
    cout << endl;
    return 0;
}
```

4. 分别在有向图的邻接矩阵和邻接表上，删除图中某个给定边的算法，并分析算法的时间复杂度。

5. 分别在有向图的邻接矩阵和邻接表上，在图中插入一个顶点的算法，并分析算法的时间复杂度。

6. 根据带权图的邻接矩阵，编写一个将该邻接矩阵转换为邻接表的算法。

7. 在图的广度优先遍历算法中，如果以一个整型数组 $A[n]$ 作为队列存储空间，请改写图的广度优先遍历算法，使得算法结束后，图的广度优先遍历序列的顶点序号依次保存在数组 $A[n]$ 中。假设图采用邻接表存储。

8. 以邻接表为存储结构，利用 DFS 搜索策略编写一个算法，求图中从顶点 u 到顶点 v 的一条简单路径，并输出该路径。

9. 若有向图中存在一个顶点 v，从 v 可以通过路径到达图中其他所有顶点，那么称 v 为该有向图的根。请在邻接矩阵存储结构上写出一个算法，求有向图所有根。

第 10 章　查找与散列结构

学习目标

通过对本章内容的学习，学生应该能够做到：

1）了解：静态查找和动态查找等查找方法。

2）理解：各种查找方法的特点。

3）掌握：顺序表、有序表以及二叉排序树的查找方法。

10.1　基 本 概 念

本章将讨论另一种在实际应用中大量使用的数据结构——查找表。

查找表（Search Table）是由同一类型的数据元素（或记录）构成的集合。由于“集合”中的数据元素之间存在着完全松散的关系，因此查找表是一种非常灵便的数据结构。

对查找表经常进行的操作如下。

1）查询某个“特定的”数据元素是否在查找表中。

2）检索某个“特定的”数据元素的各种属性。

3）在查找表中插入一个数据元素。

4）从查找表中删除某个数据元素。

若对查找表只做前两种统称为“查找”的操作，则称此类查找表为**静态查找表**（Static Search Table）。若在查找过程中同时插入查找表中不存在的数据元素，或者从查找表中删除已存在的某个数据元素，则称此类查找表为**动态查找表**（Dynamic Search Table）。

在日常生活中，人们几乎每天都要进行“查找”工作。例如，在电话号码簿中查阅“某单位”或“某人”的电话号码；在字典中查阅“某个词”的读音和含义等。其中“电话号码簿”和“字典”都可视为一张查找表。

在各种系统软件或应用软件中，查找也是最常见的结构之一，如编译程序中符号表、信息处理系统中信息表等。

由此可见，所谓“查找”即为在一个含有众多的数据元素（或记录）的查找表中找出某个“特定的”数据元素（或记录）。

为了叙述方便，必须给出这个“特定的”词的确切含义。首先需引入一个“关键字”的概念。

关键字（Key）是数据元素（或记录）中某个数据项的值，用它可以标识（识别）一个数据元素（或记录）。若此关键字可以唯一地标识一个记录，则称此关键字为**主关键字**（Primary Key）（对不同的记录，其主关键字均不同）。反之，称用以识别若干记录的关键字为**次关键字**（Secondary Key）。当数据元素只有一个数据项时，其关键字即为该数据元素的值。

查找（Searching）是根据给定的某个值，在查找表中确定一个其关键字等于给定值的记录或数据元素。若表中存在这样一个记录，则称**查找是成功**的，此时查找的结果为给出整个记录的信息，或指示该记录在查找表中的位置；若表中不存在关键字等于给定值的记录，则称**查找不成功**，此时查找的结果可给出一个“空”记录或“空”指针。

例如，当用计算机处理大学入学考试成绩时，全部考生的成绩可以用表 10.1.1 的结构存储在计算机中，表中每一行为一个记录，考生的准考证号为记录的关键字。假设给定值为179327，则通过查找可得考生张平的各科成绩和总分，此时查找是成功的。若给定值为179238，则由于表中没有关键字为179238的记录，则查找不成功。

表 10.1.1　高考成绩表示例

准考证号	姓名	各科成绩							总分
		政治	语文	外语	数学	物理	化学	生物	
⋮									
179325	陈红	85	86	88	100	92	90	45	586
179326	陆华	78	75	90	80	95	88	37	543
179327	张平	82	80	98	98	84	96	40	558
⋮									

如何进行查找？显然，在一个结构中查找某个数据元素的过程依赖于这个数据元素在结构中所处的地位。因此，对表进行查找的方法取决于表中数据元素以何种关系（这个关系是人为加上的）组织在一起。例如，查电话号码时，由于电话号码簿是按用户（集体或个人）的名称（或姓名）分类且以笔画顺序编号，则查找的方法就是先顺序查找待查用户的所属类别，然后在此类中顺序查找，直到找到该用户的电话号码为止。又如，查阅英文单词时，由于字典是按单词的字母在字母表中的次序编排的，因此，查找时不需要从字典中第一个单词比较开始，而只要根据待查单词中每个字母表中的位置查到该单词。

同样，在计算机中进行查找的方法也随数据结构不同而不同。查找表是一种非常灵便的数据结构，表中数据元素之间仅存在着“同属一个集合”的松散关系，给查找带来了不便。因此，需在数据元素之间人为地加入一些关系，以便按某种规则进行查找，即以另一种数据结构表示查找表。下面分别讨论静态查找和动态查找。

10.2　静态查找表

静态查找表可以有不同的表示方法，在不同的表示方法中，实现查找操作的方法也不同。

10.2.1　顺序表的查找

顺序查找（Sequential Search）的查找过程如下：从表中最后一个记录开始，逐个进行记录的关键字和给定值的比较，若某个记录的关键字和给定值比较相等，则查找成功，找到所查记录；反之，若直至第一个记录，其关键字和给定值比较都不相等，则表明表中没有所查记录，查找不成功。

下面进行查找操作的**性能分析**。衡量一个算法好坏的量度有3个方面，即时间复杂度（衡量算法执行的时间量级）、空间复杂度（衡量算法的数据结构所占存储以及大量的附加存储）和算法的其他性能。对于查找算法来说，通常只需要一个或几个辅助空间。又由于查找算法中的基本操作是“将记录的关键字和给定值进行比较”，因此，通常以“其关键字和给定值进行过比较的记录个数的平均值”作为衡量查找算法好坏的依据。

为确定记录在查找表中的位置，需与给定值进行比较的关键字个数的期望值称为查找算法在查找成功时的**平均查找长度**（Average Search Length）。

对于含有 n 个记录的表，查找成功时的平均查找长度为

$$\mathrm{ASL}=\sum_{i=1}^{n}P_iC_i \tag{10.2.1}$$

其中，P_i 为查找表中第 i 个记录的概率，且 $\sum_{i=1}^{n}P_i=1$；C_i 为找到表中其关键字与给定值相等的第 i 个记录，和给定值已进行过比较的关键字个数。显然，C_i 随查找过程不同而不同。

从顺序查找的过程可见，C_i 取决于所查记录在表中的位置。例如，对于查找表中最后一个记录，仅需比较一次；而对于查找表中第一个记录，则需比较 n 次。一般情况下，C_i 等于 $n-i+1$。

顺序查找的平均查找长度为

$$\mathrm{ASL}=nP_1+(n-1)P_2+\cdots+2P_{n-1}+P_n \tag{10.2.2}$$

假设每个记录的查找概率相等，即

$$P_i=1/n$$

则在等概率情况下顺序查找的平均查找长度为

$$\mathrm{ASL}_{SS}=\sum_{i=1}^{n}P_iC_i=\frac{1}{n}\sum_{i=1}^{n}(n-i-1)=\frac{n+1}{2} \tag{10.2.3}$$

有时，表中各个记录的查找概率并不相等。例如，将全校学生的病历档案建立一张表存放在计算机中，则体弱多病同学的病历记录的查找概率必定高于健康同学的病历记录。由于式（10.2.2）中的 ASL 在 $P_n \geqslant P_{n-1} \geqslant \cdots \geqslant P_2 \geqslant P_1$ 时达到极小值，因此，对记录的查找概率不等的查找若能预先得知每个记录的查找概率，则应先对记录的查找概率进行排序，使表中记录按查找概率由小至大重新排列，以便提高查找效率。

然而，在一般情况下，记录的查找概率预先无法测定。为了提高查找效率，可以在每个记录中附设一个访问频度域，并使顺序表中的记录始终保持按访问频度非递减有序的次序排列，使得查找概率大的记录在查找过程中不断往后移，以便在以后的逐次查找中减少比较次数，或者在每次查找之后都将刚查找到的记录直接移至表尾。

顺序查找和后面将要讨论到的其他查找算法相比，其缺点是平均查找长度较大，特别是当 n 很大时，查找效率较低。然而，它有很大的优点，即算法简单且适应面广。它对表的结构无任何要求，无论记录是否按关键字有序均可应用，而且，上述所有讨论对线性链表也同样适用。

容易看出，上述平均查找长度的讨论是在 $\sum_{i=1}^{n}P_i=1$ 的前提下进行的，换句话说，我们认为每次查找都是“成功”的。然而，查找可能产生“成功”与“不成功”两种结果，但在实际应用的大多数情况下，查找成功的可能性比不成功的可能性大得多，特别是在表中记录数 n 很大时，查找不成功的概率可以忽略不计。当查找不成功的情形不能忽视时，查找算法的平均查找长度应是查找成功时的平均查找长度与查找不成功时的平均查找长度之和。

对于顺序查找，不论给定值 Key 为何值，查找不成功时和给定值进行比较的关键字个数均为 $n+1$。假设查找成功与不成功的可能性相同，对每个记录的查找概率也相等，则 $P_i=1/(2n)$，此时顺序查找的平均查找长度为

$$\mathrm{ASL}_{SS}=\frac{1}{2n}\sum_{i=1}^{n}(n-i+1)+\frac{1}{2}(n+1)=\frac{3}{4}(n+1) \tag{10.2.4}$$

除 Hash 表外，以下所讨论的是查找成功时的平均查找长度和查找不成功时比较次数。

10.2.2　有序表的查找

用有序表表示静态查找表时，可用折半查找（Binary Searoh）来实现。

折半查找的查找过程如下：先确定待查记录所在的范围（区间），然后逐步缩小范围直到找到或找不到该记录为止。

例如，已知如下 11 个数据元素的有序表（关键字即为数据元素的值）：

（05，13，19，21，37，56，64，75，80，88，92）

现要查找关键字为 21 和 85 的数据元素。

假设指针 low 和 high 分别指示待查元素所在范围的下界和上界，指针 mid 指示区间的中间位置，即 $\text{mid}=\lfloor(\text{low}+\text{high})/2\rfloor$。在此例中，low 和 high 的初值分别为 1 和 11，即[1，11]为待查范围。

先看给定值 Key = 21 的查找过程：

05　13　19　21　37　56　64　75　80　88　92

↑ low　　　　　　　　↑ mid　　　　　　　　↑ high

令查找范围中间位置的数据元素的关键字 mid.Key 与给定值 Key 相比较，因为 mid.Key > Key，说明待查元素若存在，必在区间[low，mid - 1]内，则令指针 high 指向第 mid - 1 个元素，重新求得 $\text{mid}=\lfloor(1+5)/2\rfloor=3$。

05　13　19　21　37　56　64　75　80　88　92

↑ low　　↑ mid　　↑ high

仍以 mid. Key 和 Key 相比，因为 mid. Key < Key，说明待查元素若存在必在[mid + 1，high]内，则令指针 low 指向第 mid + 1 个元素，求得 mid 的新值为 4。再比较 mid. Key 和 Key，因为相等，则查找成功，所查元素在表中序号等于指针 mid 的值。

05　13　19　21　37　56　64　75　80　88　92

↑ low ↑ high

↑ mid

再看 Key = 85 的查找过程：

05　13　19　21　37　56　64　75　80　88　92

↑ low　　　　　　　　↑ mid　　　　　　　　↑ high

mid. Key < Key，令 low = mid + 1　　↑ low　　↑ mid　　↑ high

mid. Key < Key，令 low = mid + 1　　↑ low　↑ high

↑ mid

mid. Key > Key，令 high = mid−1　　↑ high　↑ low

此时，因为下界 low >上界 high，则说明表中没有关键字等于 Key 的元素，查找不成功。

从上例可见，折半查找过程是以处于区间中间位置的关键字和给定值比较的，若相等，则查找成功，若不等，则缩小范围，直至新的区间中间位置记录的关键字等于给定值或者查找区间的大小小于零（表明查找不成功）为止。

下面进行折半查找操作的**性能分析**。先看上述 11 个元素的表的具体例子。从上述查找过程可知：找到第⑥个元素仅需比较 1 次；找到第③和第⑨个元素需比较 2 次；找到第①、④、⑦、⑩个元素需比较 3 次；找到第②、⑤、⑧、（11）个元素需比较 4 次。

这个查找过程可用图 10.2.1 所示的二叉树来描述。树中每个结点表示表中一个记录，结点中的值为该记录在表中的位置，通常称这个描述查找过程的二叉树为判定树，从判定树上可见，查找 21 的过程恰好是走了一条从根到结点④的路径，和给定值进行比较的关键字个数为该路径上的结点数或结点④在判定树上的层次数。类似的，找到有序表中任一记录的过程就是走了一条从根结点到与该记录相应的结点的路径，和给定值进行比较的关键字个数恰为该结点在判定树上的层次数。因此，折半查找法在查找成功时进行比较的关键字个数最多不超过树的深度，而具有 n 个结点的判定树的深度为 $\lfloor \log_2 n \rfloor + 1$（判定树是非完全二叉树，但它的叶子结点所在层次之差最多为 1，则 n 个结点的判定树的深度和 n 个结点的完全二叉树的深度相同），所以，折半查找法在查找成功时和给定值进行比较的关键字个数至多为 $\lfloor \log_2 n \rfloor + 1$。

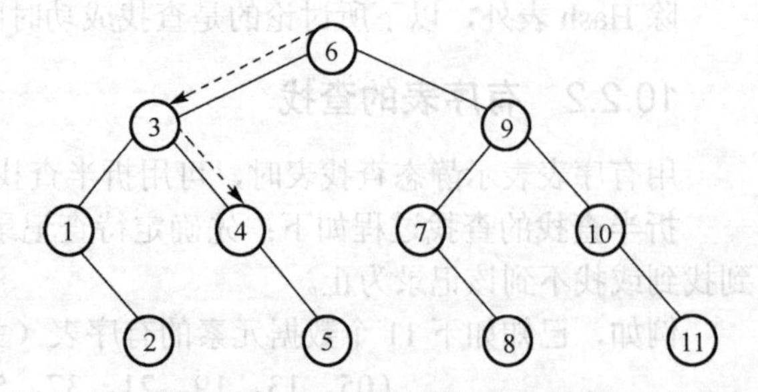

图 10.2.1　描述折半查找过程的判定树及查找 21 的过程

如果在图 10.2.1 所示的判定树中所有结点的空指针域上加一个指向一个方形结点的指针，如图 10.2.2 所示，则称这些方形结点为判定树的外部结点（与之相对，称那些圆形结点为内部结点），那么折半查找时查找不成功的过程就是走了一条从根结点到外部结点的路径，和给定值进行比较的关键字个数等于该路径上内部结点个数，例如，查找 85 的过程即为走了一条从根到结点 9-10 的路径。因此，折半查找在查找不成功时和给定值进行比较的关键字个数最多也不超过 $\lfloor \log_2 n \rfloor + 1$。

那么，折半查找的平均查找长度是多少？

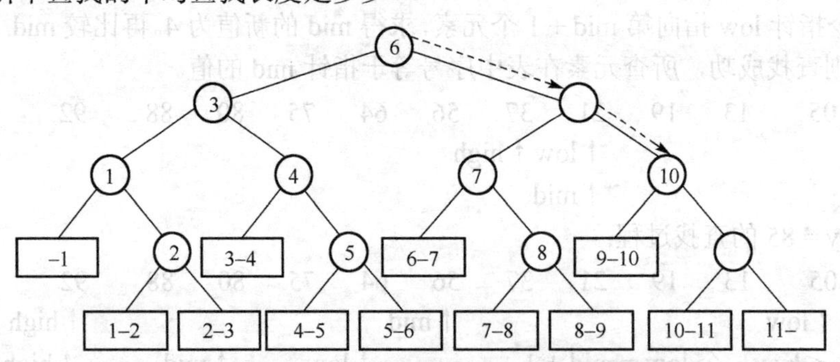

图 10.2.2　加上外部结点的判定树和查找 85 的过程

为了讨论方便，假定有序表的长度 $n = 2^h - 1$（反之，$h = \log_2(n+1)$），则描述折半查找的判定树是深度为 h 的满二叉树。树中层次为 1 的结点有 1 个，层次为 2 的结点有 2 个，……，层次为 h 的结点有 $2^h - 1$ 个。假设表中每个记录的查找概率相等（$P_i = 1/n$），则查找成功时折半查找的平均查找长度为

$$\begin{aligned}
\text{ASL}_{bS} &= \sum_{i=1}^{n} P_i C_i = \frac{1}{n}\sum_{i=1}^{n} C_i = \frac{1}{n}\sum_{j=1}^{h} j \cdot 2^{j-1} = \frac{1}{n}\left(\sum_{i=0}^{h-1} 2^i + 2\sum_{i=0}^{h-2} 2^i + \cdots + 2^{h-1}\sum_{i=0}^{0} 2^i\right) \\
&= \frac{1}{n}[h \cdot 2^h - (2^0 + 2^1 + \cdots + 2^{h-1})] = \frac{1}{n}[(h-1)2^h + 1] \qquad (10.2.5) \\
&= \frac{1}{n}[(n+1)(\log_2(n+1) - 1) + 1] = \frac{n+1}{n}\log_2(n+1) - 1
\end{aligned}$$

对任意的 n，当 n 较大（$n > 50$）时，可有如下近似结果：

$$\mathrm{ASL}_{bS} = \log_2(n+1) - 1 \qquad (10.2.6)$$

可见，折半查找的效率比顺序查找高，但折半查找的方法只适用于有序表，且限于顺序存储结构（对线性链表无法有效地进行折半查找）。

10.2.3 索引顺序表的查找

若以索引顺序表表示静态查找表，则可采用分块查找方法。分块查找又称索引顺序表查找，这是顺序查找的一种改进方法。在此查找法中，除表本身以外，尚需建立一个“索引表”。例如，图10.2.3 所示为一个表及其索引表，表中含有 18 个记录，可分成 3 个子表（R_1，R_2，…，R_6）、（R_7，R_8，…，R_{12}）、（R_{13}，R_{14}，…，R_{18}），对每个子表（或称块）建立一个索引项，其中包括两项内容，即关键字项（其值为该子表内的最大关键字）和指针项（指示该子表的第一个记录在表中的位置）。索引表按关键字有序，则表或者有序或者分块有序。所谓“分块有序”指的是第二个子表中所有记录的关键字均大于第一个子表中的最大关键字，第三个子表中的所有关键字均大于第二个子表中的最大关键字，……，以此类推。

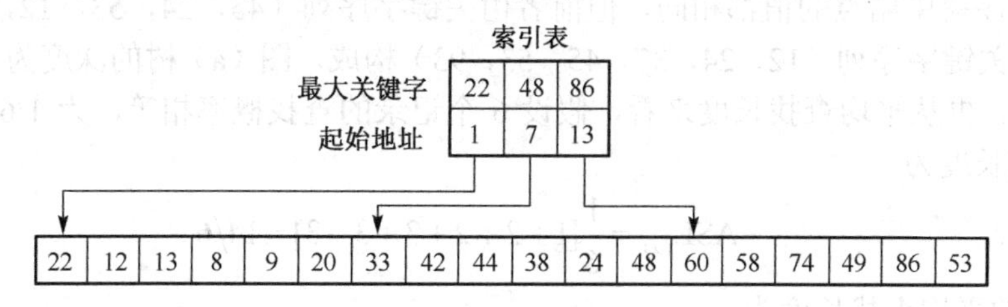

图 10.2.3　表及其索引表

因此，分块查找过程需分两步进行。先确定待查记录所在的块（子表），然后在块中顺序查找。假设给定值 Key = 38，则先将 Key 依次和索引表中各最大关键字进行比较，因为 22 < Key < 48，则关键字为 38 的记录若存在，必定在第二个子表中，由于同一索引项中的指针指示第二个子表中的第一个记录是表中的第 7 个记录，则自第 7 个记录起进行顺序查找，直到所查找的记录与 Key 相等为止。假如此子表中没有关键字等于 Key 的记录（如 Key = 29 时，自第 7 个记录起至第 12 个记录的关键字和 Key 比较都不相等），则查找不成功。

由于由索引项组成的索引表按关键字有序，则确定块的查找可以用顺序查找，亦可用折半查找；而块中记录是任意排列的，则在块中只能使用顺序查找。因此，分块查找的算法即为这两种查找算法的简单合成。

分块查找的平均查找长度为

$$\mathrm{ASL}_{bS} = L_b + L_w \qquad (10.2.7)$$

其中，L_b 为查找索引表确定所在块的平均查找长度，L_w 为在块中查找元素的平均查找长度。

一般情况下，为进行分块查找，可以将长度为 n 的表均匀地分成 b 块，每块含有 S 个记录，即 $b = \lceil n/s \rceil$，又假定表中每个记录的查找概率相等，则每块查找的概率为 $1/b$，块中每个记录的查找概率为 $1/S$。

若用顺序查找确定所在块，则分块查找的平均查找长度为

$$\mathrm{ASL}_{bS} = L_b + L_w = \frac{1}{b}\sum_{j=1}^{b} j + \frac{1}{s}\sum_{i=1}^{s} i = \frac{b+1}{2} + \frac{s+1}{2} = \frac{1}{2}\left(\frac{n}{s} + s\right) + 1 \qquad (10.2.8)$$

可见，此时的平均查找长度不仅和表长 n 有关，还和每一块的记录个数 S 有关。在给定 n 的前提下，S 是可以选择的。容易证明，当 S 取 $\sqrt{n}$ 时，ASL_{bS} 取最小值 $\sqrt{n}+1$。这个值比顺序查找有了很大改进，但远不及折半查找。

若用折半查找确定所在块，则分块查找的平均查找长度为

$$ASL_{bS} \cong \log_2\left(\frac{n}{s}+1\right)+\frac{s}{2} \tag{10.2.9}$$

10.3　动态查找表

动态查找表的特点如下：表结构本身是在查找过程中动态生成的，即对于给定值 Key，若表中存在其关键字等于 Key 的记录，则查找成功，否则插入关键字等于 Key 的记录。

二叉排序树的查找、插入及删除的实现在第 8 章中已经讲述过。这里对二叉排序树的查找进行分析。在二叉排序树上查找关键字等于给定值的结点的过程，恰是走了一条从根结点到该结点的路径的过程，和给定值比较的关键字个数等于路径长度加 1（或结点所在层次数），因此，和折半查找类似，与给定值比较的关键字个数不超过树的深度。然而，折半查找长度为 n 的表的判定树是唯一的，而含有 n 个结点的二叉排序树却不唯一。图10.3.1 中（a）和（b）的两棵二叉排序树中结点的值都相同，但前者由关键字序列（45，24，53，12，37，93）构成，而后者由关键字序列（12，24，37，45，53，93）构成。图（a）树的深度为 3，而图（b）树的深度为 6。再从平均查找长度来看，假设 6 个记录的查找概率相等，为 1/6，则图（a）树的平均查找长度为

$$ASL_{(a)}=\frac{1}{6}[1+2+2+3+3+3]=14/6$$

而图（b）树的平均查找长度为

$$ASL_{(b)}=\frac{1}{6}[1+2+3+4+5+6]=21/6$$

因此，含有 n 个结点的二叉排序树的平均查找长度和树的形态有关。当先后插入的关键字有序时，构成的二叉排序树蜕变为单支树。树的深度为 n，其平均查找长度为 $\frac{n+1}{2}$（和顺序查找相同），这是最差的情况。显然，最好的情况是二叉排序树的形态和折半查找的判定树相同，其平均查找长度和 $\log_2 n$ 成正比。那么，它的平均性能如何呢？

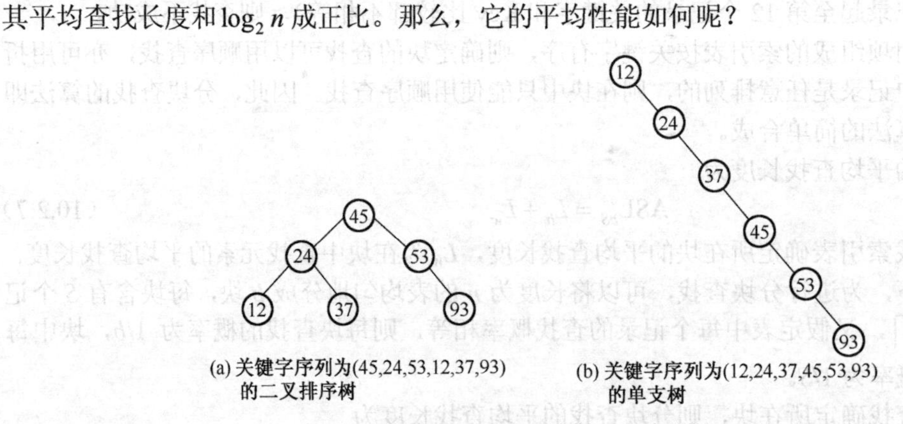

图 10.3.1　不同形态的二叉查找树

假设在含有 n（$n \geqslant 1$）个关键字的序列中，i 个关键字小于第一个关键字，$n-i-1$ 个关键字大于第一个关键字，则由此构造而得的二叉排序树在 n 个记录的查找概率相等的情况下，其平均查找长度为

$$P(n,\ i)=\frac{1}{n}[1+i*(P(i)+1)+(n-i-1)(P(n-i-1)+1)] \tag{10.3.1}$$

其中，$P(i)$ 为含有 i 个结点的二叉排序树的平均查找长度，则 $P(i)+1$ 为查找左子树每个关键字时所用比较次数的平均值，$P(n-i-1)+1$ 为查找右子树每个关键字时所用比较次数的平均值。又假设表中 n 个关键字的排列是“随机”的，即任一个关键字在序列中将是第 1 个，或第 2 个，……，或第 n 个的概率相同，则从 i 等于 0 至 n–1 取平均值：

$$P(n)=\frac{1}{n}\sum_{i=0}^{n-1}P(n,\ i)=1+\frac{1}{n^2}\sum_{i=0}^{n-1}[iP(i)+(n-i-1)P(n-i-1)]$$

容易看出，上式括弧中的第一项和第二项对称。又 $i=0$ 时，$iP(i)=0$，则上式可改写为

$$P(n)=1+\frac{2}{n^2}\sum_{i=1}^{n-1}iP(i)\qquad (n\geqslant 2)\tag{10.3.2}$$

显然，$P(0)=0$，$P(1)=1$。

由式（10.3.2）可推得

$$\sum_{j=0}^{n-1}jP(j)=\frac{n^2}{2}[P(n)-1]$$

又

$$\sum_{j=0}^{n-1}jP(j)=(n-1)P(n-1)+\sum_{j=0}^{n-2}jP(j)$$

由此可得

$$\frac{n^2}{2}[P(n)-1]=(n-1)P(n-1)+\frac{(n-1)^2}{2}[P(n-1)-1]$$

也就是说

$$P(n)=\left(1-\frac{1}{n^2}\right)P(n-1)+\frac{2}{n}-\frac{1}{n^2}\tag{10.3.3}$$

由递推公式（10.3.3）和初始条件 $P(1)=1$ 可推得

$$P(n)=2\frac{n+1}{n}\left(\frac{1}{2}+\frac{1}{3}+\cdots+\frac{1}{n+1}\right)-1=2\left(1+\frac{1}{n}\right)\left(\frac{1}{2}+\frac{1}{3}+\cdots+\frac{1}{n}\right)+\frac{2}{n}-1$$

则当 $n\geqslant 2$ 时，

$$P(n)\leqslant 2\left(1+\frac{1}{n}\right)\ln n\tag{10.3.4}$$

由此可见，在随机的情况下，二叉排序树的平均查找长度和 $\log n$ 是等数量级的。然而，在某些情况下，尚需在构成二叉排序树的过程中进行“平衡化”处理，成为平衡二叉树。

10.4 Hash 表及其查找

10.4.1 Hash 表

在前面讨论的各种结构（线性表、树等）中，记录在结构中的相对位置中是随机的，和记录的关键字之间不存在确定关系，因此，在结构中查找记录时需进行一系列和关键字的比较。这一类查找方法建立在“比较”的基础上。在顺序查找时，比较的结果有等于与不等于两种可能；在折半查找、二叉排序树查找时，比较的结果有大于、等于和小于三种可能。查找的效率依赖于查找过程中所进行的比较次数。

理想的情况是希望不经过任何比较，一次存取便能得到所查记录，那就必须在记录的存储位置和它的关键字之间建立一个确定的对应关系 f，使每个关键字和结构中一个唯一的存储位置相对应。因而在查找时，只要根据这个对应关系 f 找到给定值 K 的 f（K）。若结构中

存在关键字和 K 相等的记录，则称这个对应关系 f 为 **Hash**（哈希）函数或**散列**函数，按这个思想建立的表为 Hash（哈希）表或散列表。

以下是一个 Hash 表的最简单的例子。假设要建立一张全国 30 个地区的各少数民族人口统计表，每个地区为一个记录，记录的各数据项为

编号	地区名	总人口	汉族	回族	…

显然，可以用一个一维数组 C（1：30）来存放这张表，其中 $C[i]$是编号为 i 的地区的人口情况。编号 i 便是记录的关键字，由它唯一确定记录的存储位置 $C[i]$。例如，假设北京市的编号为 1，则若要查看北京市的各民族人口，只要取出 $C[1]$的记录即可。假如把这个数组看做 Hash 表，则 Hash 函数 f(key) = key。然而，很多情况下的 Hash 函数并不如此简单。仍以此为例，为了查看方便应以地区名作为关键字，假设地区名以汉语拼音的字符表示，则不能简单地取 Hash 函数 f(key)= key，而是先将它们转化为数字，有时还要做一些简单的处理。例如，可以有这样的 Hash 函数：

① 取关键字中第一个字母在字母表中的序号作为 Hash 函数，例如，BEIJING 的 Hash 函数值为字母“B”在字母表中的序号，等于 02；

② 或先求关键字的第一个和最后一个字母在字母表中的序号之和，然后判别这个和值，若比 30（表长）大，则减去 30，例如，TIANJIN 的首尾两个字母“T”和“N”的序号之和为 34，故取 04 为它的 Hash 函数值；

③ 或先求每个汉字的第一个拼音字母的 ASCII 码（和英文字母相同）之和的八进制形式，然后将这个八进制数看做十进制数再除以 30 并取余数，若余数为零则加上 30 为 Hash 函数值。例如，HENAN 的头尾两个拼音字母为“H”和“N”，它们的 ASCII 码之和为$(226)_8$，以$(226)_8$除以$(30)_{10}$得余数为 16，则 16 为 HENAN 的 Hash 函数值，即记录在数组中的下标值。上述人口统计表中部分关键字在这三种不同的 Hash 函数值如表 10.4.1 所示。

表 10.4.1　简单的 Hash 函数示例

key	BEIJING（北京）	TIANJIN（天津）	HEBEI（河北）	SHANXI（山西）	SHANGHAI（上海）	SHANDONG（山东）	HENAN（河南）	SICHUAN（四川）
f_1（key）	02	20	08	19	19	19	08	19
f_2（key）	09	04	17	28	28	26	22	03
f_3（key）	04	26	02	13	23	17	16	16

从这个例子可见：

① Hash 函数是一个映像，因此，Hash 函数的设定很灵活（Hash 的原意为杂凑），只要使得任何关键字由此所得的 Hash 函数值都落在表长允许范围之内即可；

② 对不同的关键字可能得到同一 Hash 地址，即 key1 ≠ key2，而 f(key1)= f(key2)，这种现象称**冲突**（Collision）。具有相同 Hash 函数值的关键字对该 Hash 函数来说称为**同义词**（Synonym）。例如，关键字 HEBEI 和 HENAN 不等，但 f_1(HEBEI)= f_1(HENAN)；又如，f_2(SHANXI)= f_2(SHANGHAI)；f_3(HENAN)= f_3(SICHUAN)。这种现象给建表造成了困难，如在第一 Hash 函数下，因为山西、上海、山东和四川这 4 个记录的 Hash 地址均为 19，而 C[19]只能存放一个记录，那么其他 3 个记录存放在表中的什么位置呢？并且，从上表三个不同的 Hash 函数的情况可以看出，Hash 函数选择合适时可以减少这种冲突现象。特别是在这个例子中，只可能有 30 个记录，可以仔细分析这 30 个关键字的特性，选择一个适当的 Hash 函数来避免冲突的发生。

然而，在一般情况下，冲突只能尽可能少，而不能完全避免。因为 Hash 函数是从关键字集合到地址集合的映像。通常，关键字集合比较大，它的元素包括所有可能的关键字，而

地址集合的元素仅为 Hash 表中的地址值。假如表长为 n，则地址为 0 到 $n-1$。因此，在一般情况下，Hash 函数是一个压缩映像，这就不可避免地产生冲突。在建造 Hash 表时，不仅要设定一个“好”的 Hash 函数，还要设定一种处理冲突的方法。

综上所述，Hash 表根据设定的 Hash 函数 H(key)和冲突的方法将一组关键字映像到一个有限的连续的地址集（区间）上，并以关键字在地址集中的“像”作为记录在表中的存储位置，这种表便称为 **Hash 表**，这一映像过程称为建造 Hash 表或散列，所得存储位置称为**哈希（Hash）地址**或**散列地址**。

下面分别就 Hash 函数和处理冲突的方法进行讨论。

10.4.2 Hash 函数的构造方法

构造 Hash 函数的方法很多。在介绍各种方法之前，首先需要明确什么是“好”的 Hash 函数。

若对于关键字集合中的任一个关键字，经 Hash 函数映像到地址集合中的任何一个地址的概率是相等的，则称此类 Hash 函数为**均匀的**（Uniform）Hash 函数。换句话说，就是使关键字经过 Hash 函数得到一个“随机的地址”，以便使一组关键字的 Hash 地址均匀分布在整个地址区间中，从而减少冲突。下面介绍几种常用的构造 Hash 函数的方法。

1. 直接定址法

取关键字或关键字的某个线性函数值为 Hash 地址，即

$$H(\text{key})=\text{key} \quad 或 \quad H(\text{key})=a \cdot \text{key}+b$$

其中，a 和 b 为常数（这种 Hash 函数叫做自身函数）。

例如，有一个从 1 岁到 100 岁的人口数字统计表，其中，年龄作为关键字，Hash 函数取关键字自身，参见表 10.4.2。

表 10.4.2 直接定址 Hash 函数例之一

地址	01	02	03	…	25	26	27	…	100
年龄	1	2	3	…	25	26	27	…	…
人数	3000	2000	5000	…	1050	…	…	…	…
：									

这样，若要询问 25 岁的人有多少，则只要查表的第 25 项即可。

又如，有一个 1949 年后出生的人口调查表，关键字是年份，Hash 函数取关键字加一常数，H（key）= key +（– 1948），参见表 10.4.3。

表 10.4.3 直接定址 Hash 函数例之二

地址	01	02	03	…	22	…
年份	1949	1950	1951	…	1970	…
人数	…	…	…	…	15000	…
：						

这样，若要查 1970 年出生的人数，则只要查第(1970–1948)= 22 项即可。

由于直接定址所得地址集合和关键字集合的大小相同，因此，对于不同的关键字不会发生冲突。但实际中能使用这种 Hash 函数的情况很少。

2. 数字分析法

假设关键字是以 r 为基的数（如以 10 为基的十进制数），并且 Hash 表中可能出现的关键

字都是事先知道的，则可取关键字的若干位组成 Hash 地址。

例如，有 80 个记录，其关键字为 8 位十进制数。假设 Hash 表的表长为 100_{10}，则可取两位十进制数组成 Hash 地址。取哪两位呢？原则是使得到的 Hash 地址尽量避免冲突，则从分析这 80 个关键字着手。假设这 80 个关键字中的一部分如下：

```
                :
8   1   3   4   6   5   3   2
8   1   3   7   2   2   4   2
8   1   3   8   7   4   2   2
8   1   3   0   1   3   6   7
8   1   3   2   2   8   1   7
8   1   3   3   8   9   6   7
8   1   3   5   4   1   5   7
8   1   3   6   8   5   3   7
8   1   4   1   9   3   5   5
                :
①  ②  ③  ④  ⑤  ⑥  ⑦  ⑧
```

在对关键字的全体分析中可发现，第①②位都是“8 1”，第③位只可能取 1、2、3 或 4，第⑧位只可能取 2、5 或 7，因此这 4 位都不可取。由于中间的 4 位可看做近乎随机的，因此，可取其中任意两位，或取其中两位与另外两位的叠加求和后舍去进位作为 Hash 地址。

3. 平方取中法

取关键字平方后的中间几位作为 Hash 地址，这是一种较常用的构造 Hash 函数的方法。通常在选定 Hash 函数时不一定能知道关键字的全部情况，取其中哪几位都不一定合适，而一个数平方后的中间几位和数的每一位都相关，由此使随机分布的关键字得到的 Hash 地址也是随机的。取的位数由表长决定。

例如，有一组关键字如表 10.4.4 所示。关键字为 4 位八进制的数字，假如表长为 $512 = 2^9$，则可取关键字平方后的中间 3 位二进制为 Hash 地址。

表 10.4.4　平均取中法示例

关键码	关键码的平方	Hash 地址
0100	0010000	010
1100	1210000	210
1200	1440000	440
1160	1370400	370
2061	4310541	310
2062	4314704	314

4. 折叠法

将关键字分割成位数相同的几部分（最后一部分的位数可以不同），然后取这几部分的叠加和（舍去进位）作为 Hash 地址，这种方法称为折叠法（Folding）。当关键字位数很多，而且关键字中每一位上数字分布大致均匀时，可以采用折叠法得到 Hash 地址。

例如，每一种西文图书都有一个国际标准图书编号（ISBN），它是一个 10 位的十进制数字，若要以它作为关键字建立一个 Hash 表，当馆藏书种类不到 10000 时，可采用折叠法构造一个 4 位数的 Hash 函数。在折叠法中数位叠加可以有移位叠加和间界叠加两种方法。

移位叠加是将分割后的每一部分的最低位对齐，然后相加；间界叠加是从一端向另一端沿分割界来回折叠，然后对齐相加。例如，国际标准图书编号 0–442–20586–4 的 Hash 地址分别如图10.4.1（a）和（b）所示。

(a) 移位叠加	(b) 间界叠加
5864	5864
4220	0224
+) 04	+) 04
10088	6092
H(key) = 0088	H(key) = 6092

图 10.4.1　由折叠法求得 *Hash* 地址

5．除留余数法

取关键字被某个不大于 Hash 表表长 m 的数 p 除后所得余数为 Hash 地址，即

$$H(\text{key}) = \text{key} \quad \text{MOD} \quad p \qquad (p \leqslant m)$$

这是一种最简单、最常用的构造 Hash 函数的方法。它不仅可以对关键字直接取模（MOD），也可以在折叠、平方取中等运算之后取模。

值得注意的是，在使用除留余数法时，对 p 的选择很重要。若 p 选择的不好，容易产生冲突。

例如，若 p 含有质因子 pf，则所有含有 pf 因子的关键字的 Hash 地址均为 pf 的倍数。例如，当 $p = 21$（$= 3\times7$）时，下列含因子 7 的关键字对 21 取模的 Hash 地址均为 7 的倍数。

关键字	28	35	63	77	105
Hash 地址	7	14	0	14	0

假设有两个标识符 xy 和 yx，其中 x、y 均为字符，又假设它们的机器代码（6 位二进制数）分别为 $c(x)$和 $c(y)$，则上述两个标识符的关键字分别为

$$\text{key1} = 2^6\, c(x) + c(y)，\text{key2} = 2^6\, c(y) + c(x)$$

假设用除留余数法求 Hash 地址，且 $p = tq$，t 是某个常数，q 是某个质数，则当 $q = 3$ 时，这两个关键字将被散列在差为 3 的地址上。因为

$$[H(\text{key1}) - H(\text{key1})] \quad \text{MOD} \quad q$$
$$= \{ [\, 2^6 c(x) + c(y)] \quad \text{MOD} \quad p - [\, 2^6 c(y) + c(x)] \quad \text{MOD} \quad p \,\} \quad \text{MOD} \quad q$$
$$= \{ 2^6 c(x)\ \text{MOD} \quad p + c(y)\ \text{MOD} \quad p - 2^6 c(y)\ \text{MOD} \quad p + c(x)\ \text{MOD} \quad p \,\} \quad \text{MOD} \quad q$$

因为对任一 x 有$(\, x\ \text{MOD}\ (t * q)\,)\text{MOD}\ q = (\, x\ \text{MOD}\ q\,)\text{MOD}\ q$，所以上式为

$$\{\ 2^6\ c(x)\ \text{MOD}\ q + c(y)\ \text{MOD}\ q - 2^6\ c(y)\ \text{MOD}\ q + c(x)\ \text{MOD}\ q\ \}\ \text{MOD}\ q$$

当 q = 3 时，上式为

$$\{(2^6 \ \text{MOD}\ 3c(x)\ \text{MOD}\ 3 + c(y)\ \text{MOD}\ 3 - (2^6\ \text{MOD}\ 3c(y)\ \text{MOD}\ 3 + c(x)\ \text{MOD}\ 3)\ \text{MOD}\ 3 = 0\ \text{MOD}\ 3$$

由经验可知，一般情况下，可以选 p 为质数或不包含小于 20 的质因素的数。

6．随机数法

选择一个随机函数，取关键字的随机函数值为它的 Hash 地址，即 $H(\text{key}) = \text{random}(\text{key})$，其中 random 为随机函数。一般的，当关键字长度不等时采用此法构造 Hash 函数较恰当。

实际中需视不同的情况采用不同的 Hash 函数。通常需要考虑的因素有以下几个。

1）计算 Hash 函数所需时间（包括硬件指令的因素）。

2）关键字的长度。

3）Hash 表的大小。

4）关键字的分布情况。

5）记录的查找频率。

10.4.3　处理冲突的方法

前面曾提到均匀的 Hash 函数可以减少冲突，但不能避免，因此，如何处理冲突是构造 Hash 表非常重要的一个方面。

假设 Hash 表的地址集为 0～（n–1），冲突是指由关键字得到的 Hash 地址为 j（$0 \leqslant j \leqslant n-1$）的位置上已存有记录，则“处理冲突”就是为该关键字的记录找到另一个“空”的 Hash 地址。在处理冲突的过程中可能得到一个地址序列 H_i，$i=1, 2, \cdots, k$，（$H_i \in [0, n-1]$）。也就是说，在处理 Hash 地址的冲突时，若得到的另一个 Hash 地址 H_1 仍然发生冲突，则再求下一个地址 H_2，若 H_2 仍然冲突，再求 H_3。以此类推，直至 H_k 不发生冲突为止，则 H_k 为记录在表中的地址。下面介绍几种常用的处理冲突的方法。

1．开放定址法

$$H_i = (H(\text{key}) + d_i) \text{ MOD } m \quad i = 1, 2, \cdots, k(k \leqslant m-1) \tag{10.4.1}$$

其中，$H(\text{key})$为 Hash 函数；m 为 Hash 表表长；d_i 为增量序列。d_i 可有下列三种取法。

1）$d_i = 1, 2, 3, \cdots, m-1$，称为线性探测再散列。

2）$d_i = 1^2, -1^2, 2^2, -2^2, 3^2, \cdots, \pm k^2$，（$k \leqslant m/2$），称为二次探测再散列。

3）d_i= 伪随机数序列，称为伪随机探测再散列。

例如，在长度为 11 的 Hash 表中已填有关键字分别为 17，60，29 的记录（Hash 函数 $H(\text{key})=\text{key MOD } 11$），现有第 4 个记录，其关键字为 38，由 Hash 函数得到 Hash 地址为 5，产生冲突；当用线性探测再散列的方法处理时，得到下一个地址 6，仍冲突；再求下一个地址 7，仍冲突；直到 Hash 地址为 8 的位置为“空”时为止，处理冲突的过程结束，记录填入 Hash 表中序号为 8 的位置。若用二次探测再散列，则应该填入序号为 4 的位置。类似的，可得到伪随机探测再散列的地址。其过程如图 10.4.2 所示。

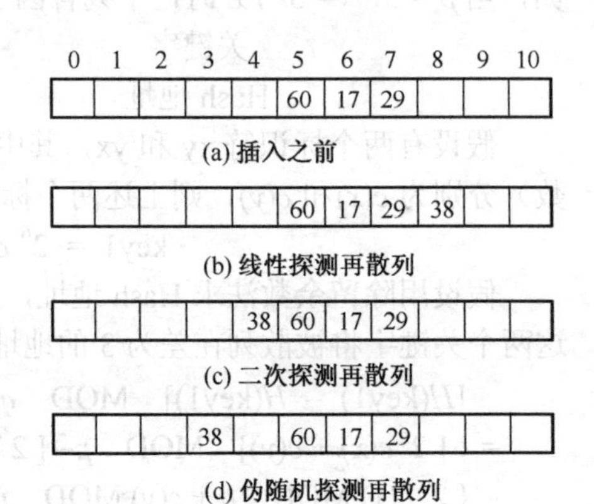

图 10.4.2　用开放定址处理冲突时，关键字为 38 的记录插入前后的 Hash 表

从上述线性探测再散列的过程中可以看到一个现象，当表中 i，$i+1$，$i+2$ 位置上已有记录时，下一个 Hash 地址为 i，$i+1$，$i+2$ 和 $i+3$ 的记录都将填入 $i+3$ 的位置，这种在处理冲突过程中发生的第一个 Hash 地址不同的记录争夺同一个后继 Hash 地址的现象称为“二次聚集”，即在处理同义词的冲突过程中又添加了非同义词的冲突，显然，这种现象对查找不利。但另一方面，用线性探测再散列处理冲突可以做到只要 Hash 表未填满，总能找到一个不冲突的地址 H_k；有文献证明二次探测再散列只有在 Hash 表长 m 为形如 $4j+3$（j 为整数）的素数时才可能；伪随机探测再散列则取决于伪随机数列。

2．再 Hash 法

$$H_i = \text{RH}_i(\text{key}) \qquad i = 1, 2, \cdots, k \tag{10.4.2}$$

RH_i 均是不同的 Hash 函数，即在同义词产生地址冲突时计算另一个 Hash 函数地址，直到冲突不再发生。这种方法不易产生“聚集”，但增加了计算时间。

3．链地址法

将所有关键字为同义词的记录存储在同一线性链表中。假设某 Hash 函数产生的 Hash 地址为区间［0，m–1］，则设立一个指针型向量

Chain　ChainHash[m];

其每个分量的初始状态都是空指针。凡 Hash 地址为 i 的记录都插入到头指针为 ChainHash[i]的

链表中。链表中的插入位置可以在表头或表尾，也可以在中间，以保持同义词在同一线性链表中按关键字有序。

例如，已知一组关键字为（19，14，23，01，68，20，84，27，55，11，10，79），则按 Hash 函数 H(key)= key MOD 13 和链地址法处理冲突构造所得的 Hash 表如图10.4.3 所示。

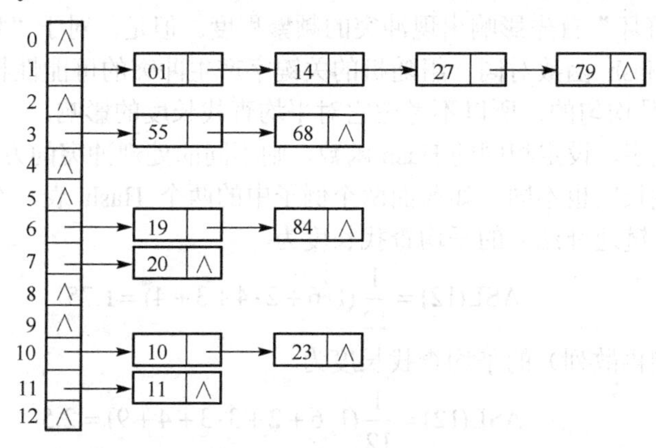

图 10.4.3 链地址法处理冲突时的哈希表（同一链表中关键字自小至大有序）

4. 建立一个公共溢出区

这也是处理冲突的一种方法。假设 Hash 函数的值域为[0，m – 1]，则设向量 HashTable [0 : m – 1]为基本表，每个分量存放一个记录，另设一个向量 Over Table b[0 : v]为溢出表。所有关键字和基本表中关键字为同义词的记录，不管它们由 Hash 函数得到的 Hash 地址是什么，一旦发生冲突，都填入溢出表。

10.4.4 Hash 表的查找及其分析

在 Hash 表中进行查找的过程和 Hash 表造表的过程基本一致。给 K 定值，根据造表时设定的 Hash 函数求得 Hash 地址，若表中此位置上没有记录，则查找不成功；否则比较关键字，若和给定值相等，则查找成功；否则根据造表时设定的处理冲突的方法查找“下一地址”，直至 Hash 表中某个位置为“空”或者表中所填记录的关键字等于给定值为止。

例如，已知一组关键字为（19，14，23，01，68，20，84，27，55，11，10，79），按 Hash 函数 H(key) = key MOD 13 和线性处理冲突构造所得的 Hash 表 a. elem [0 : 15]如图10.4.4 所示。

0	1	2	3	4	5	6	7	8	9	10	11	12	13	14	15
	14	01	68	27	55	19	20	84	79	23	11	12			

图 10.4.4 Hash 表 a. elem[0：15]

给定值 K = 84 的查找过程如下：首先求得 K 的 Hash 地址 H(84)= 6，因为 a. elem[6]不空，且 a. elem[6]. key≠84，则找第一次冲突处理后的地址 H_1 = (6 + 1)MOD 16 = 7，而 a. elem[7]不空且 a. elem[8]. key≠84，则找第二次冲突处理后的地址 H_2 = (6 + 2) MOD 16 = 8，而 a. elem[8]不空且 a. elem[7]. key = 84，即查找成功，返回记录在表中的序号 8。

给定值 K = 38 的查找过程如下：首先求得 Hash 地址 H(38)= 12，因 a. elem[12]不空且 a. elem[12]. key≠38，则找下一地址 H_1 = (12 + 1) MOD 16 = 13，由于 a. elem[13]是空记录，因此表明表中不存在关键字等于 38 的记录。

从 Hash 表的查找过程可见：

① 虽然 Hash 表在关键字与记录的存储位置之间建立了直接映像，但由于“冲突”的产

生，使得 Hash 表的查找过程仍然是一个给定值和关键字进行比较的过程，因此，仍需以平均查找长度作为衡量 Hash 表的查找效率的度量；

② 查找过程中需和给定值进行比较的关键字的个数取决于 Hash 函数、处理冲突的方法和 Hash 表装填因子三个因素。

Hash 函数的“好坏”首先影响出现冲突的频繁程度。但是，对于“均匀的” Hash 函数可以假定，不同的 Hash 函数对同一组随机的关键字产生冲突的可能性相同，因为一般情况下设定的 Hash 函数是均匀的，所以不考虑它对平均查找长度的影响。

对同样一组关键字，设定相同的 Hash 函数，则不同的处理冲突的方法得到的 Hash 表不同，它们的平均查找长度也不同。如前面两个例子中的两个 Hash 表，在记录的查找概率相同的前提下，前者（链地址法）的平均查找长度为

$$\text{ASL}(12)=\frac{1}{12}(1\cdot 6+2\cdot 4+3+4)=1.75$$

后者（线性探测再散列）的平均查找长度为

$$\text{ASL}(12)=\frac{1}{12}(1\cdot 6+2+3\cdot 3+4+9)=2.5$$

容易看出，线性探测再散列在处理冲突的过程中易产生记录的二次聚集，即使得 Hash 地址不相同的记录又产生新的冲突；而链地址法处理冲突不会发生类似情况，因为 Hash 地址不同的记录在不同的链表中。

在一般情况下，处理冲突方法相同的 Hash 表，其平均查找长度依赖于 Hash 表的装填因子。

Hash 表的装填因子定义为

$$\alpha=\frac{\text{表中填入的记录数}}{\text{哈希表的长度}}$$

其中，α 标示 Hash 表的装满程度。直观地看，α 越小，发生冲突的可能性就越小；反之，α 越大，表中已填入的记录越多，再填记录时，发生冲突的可能性就越大，则查找时，给定值需与之进行比较的关键字的个数也就越多。

可以证明：线性探测再散列的 Hash 表查找成功时的平均查找长度为

$$S_{nl}\approx\frac{1}{2}\left(1+\frac{1}{1-\alpha}\right) \tag{10.4.3}$$

随机探测再散列、二次探测再散列和再 Hash 的 Hash 表查找成功时的平均查找长度为

$$S_{nr}\approx-\frac{1}{\alpha}\ln(1-\alpha) \tag{10.4.4}$$

链地址法处理冲突的 Hash 表查找成功时的平均查找长度为

$$S_{nc}\approx 1+\frac{\alpha}{2} \tag{10.4.5}$$

由于 Hash 表在查找不成功时所用比较次数也和给定值有关，因此可类似地定义 Hash 表在查找不成功时的平均查找长度为，查找不成功时需和给定值进行比较的关键字个数的期望值。同样可证明，不同的处理冲突方法构成的 Hash 表查找不成功时的平均查找长度分别为

$$U_{nl}\approx\frac{1}{2}\left(1+\frac{1}{(1-\alpha)^2}\right) \tag{10.4.6}$$

——线性探测再散列

$$U_{nr} \approx \frac{1}{1-\alpha} \qquad (10.4.7)$$

——伪随机探测再散列等

$$U_{nc} \approx \alpha + e^{-\alpha} \qquad (10.4.8)$$

——链地址

从以上分析可见，Hash 表的平均查找长度是α的函数，而不是 n 的函数。由此，不管 n 多大，总可以选择一个合适的装填因子以便将平均查找长度限定在一个范围内。

值得注意的是，若要在非链地址处理冲突的 Hash 表中删除一个记录，则需在该记录的位置上填入一个特殊的符号，以免找不到在它之后填入的“同义词”的记录。

需要说明的是，对于预先知道且规模不大的关键字集，有时也可以找到不发生冲突的 Hash 函数，因此，对于频繁进行查找的关键字集，还是应尽力设计一个完美的 Hash 函数。

10.5 本章小结

本章介绍的基本内容包括静态查找表、动态查找表、散列表。

静态查找表是只做查询和检索操作的查找表，包括顺序查找、折半查找、分块查找等。动态查找表是在查找过程中同时做插入或删除操作的查找表，重点讨论了二叉排序树。

以上讨论的各种结构，记录在结构中的相对位置是随机的，和记录的关键字之间不存在确定关系，因此，在结构中查找记录时需要进行一系列和关键字的比较。理想情况是希望不经过任何比较，一次存取就能得到所查记录，因此必须在记录的存储位置和其关键字之间建立一个确定的对应关系 f，对应关系 f 为哈希函数。应用哈希函数，由记录的关键字确定记录在表中的地址，并将记录放入此地址，构成哈希表。利用哈希函数进行查找的过程即为哈希查找。

习 题 10

10.1 若对大小均为 n 的有序的顺序表和无序的顺序表分别进行顺序查找，试在下列三种情况下分别讨论两者在等概率时的平均查找长度是否相等：

（1）查找不成功，即表中没有关键字等于给定值 K 的记录；

（2）查找成功，且表中只有一个关键字等于给定值 K 的记录；

（3）查找成功，且表中有若干个关键字等于给定值 K 的记录，一次查找要求找出所有记录。此时的平均查找长度应考虑找到所有记录时所用的比较次数。

10.2 试分别在线性表（a，b，c，d，e，f，g）中进行折半查找，以查找关键字等于 e、f 和 g 的过程。

10.3 画出对长度为 10 的有序表进行折半查找的判定树，并求其等概率时查找成功的平均查找长度。

10.4 试将折半查找的算法改写成递归算法。

10.5 已知长度为 12 的表（Jan，Feb，Mar，Apr，May，June，July，Aug，Sep，Oct，Nov，Dec）。

（1）试按表中元素的顺序依次插入一棵初始为空的二叉排序树，画出插入完成之后的二叉排序树，并求其在等概率的情况下查找成功的平均查找长度。

（2）若对表中元素先进行排序构成有序表，求在等概率的情况下对此有序表进行折半查找时查找成功的平均查找长度。

（3）按表中元素顺序构成一棵平衡二叉排序树，并求其在等概率的情况下查找成功的平均查找长度。

10.6 试给出一个个数最小的关键字序列，使构造 AVL 树时四种调整平衡操作（LL，LR，RR，RL）各至少执行一次，并画出构造过程。

10.7 在地址空间为 0～13 散列区间中，对以下关键字序列构造两个 Hash 表（Jan，Feb，Mar，Apr，May，June，July，Aug，Sep，Oct，Nov，Dec）：

（1）用线性探测开放定址法处理冲突；

（2）用链地址法处理冲突。

10.8 已知一个含有 1000 个记录的表，关键字为中国人姓氏的拼音，请给出此表的一个 Hash 表设计方案，要求其在等概率的情况下平均查找长度不超过 3。

10.9 选取 Hash 函数 H（key）=（3*key）MOD 11。用开放定址法处理冲突，$d_i = i$（(7k) MOD 10 + 1）（i = 1，2，3，…）。试在 0 ～ 10 的散列地址空间中对关键字序列（22，41，53，46，30，13，01，67）构造 Hash 表，并求等概率的情况下查找成功时的平均查找长度。

10.10 假设 Hash 表的长度为 m，Hash 函数为 H（x），用链地址法处理冲突，试输入一组关键字并构造 Hash 表的算法。

10.11 已知某 Hash 表的装载因子小于 1，Hash 函数 H（key）为关键字的第一个字母在字母表中的序号（如 H（“china”）= 3），处理冲突的方法为线性探测开放定址法。试编写一个算法并建立一个 Hash 表，要求能按第一个字母的顺序输出 Hash 表中的关键字。

实验训练题 10

1. 运行下列程序。该程序将一组数据存放在线性表中，采用顺序查找方法，在表的数据中查找关键字，找到后输出该关键字所在位置，否则输出“没找到!”。

算法设计：

（1）定义结点类和查找类，用于存入数据元素和相关操作函数。

（2）通过调用 InitList()函数，输入数据，建立线性表。

（3）通过调用 Search（int x）函数，查找数据，查找成功时返回关键字所在位置，否则，返回 0。

```
#include <iostream>
using namespace std;
class SeqSearch;
class Node                                        //定义数据表中结点类
{   friend class SeqSearch;
    int key;                                      //关键字域
    int other;                                    //其他数据
  public:
    int getKey(){return key;}                     //读取关键字
    void setKye(int k){key = k;}                  //修改关键字
};
class SeqSearch                                   //定义数据表查找类
{   Node *Element;                                //数据表中存储数据的数组
    int ArraySize,CurrentSize;                    //数组最大长度和长度
  public:
    SeqSearch(int sz){Element = new Node[sz];}//构造函数
    ~SeqSearch(){delete []Element;}              //析构函数
    void InitList();                              //建立数据表
    int Search(int x);                            //查找关键字
};
void SeqSearch::InitList()
{   cout <<"请输入数据个数:";
```

```
        cin >> CurrentSize;                           //输入表当前长度
        cout <<"请输入数据:"<< endl;
        for(int i = 0;i < CurrentSize;i++)
            cin >> Element[i].key;                    //输入数据
    }
    int SeqSearch: :Search(int x)
    {   Element[0].setKye(x);                         //将 x 送入 0 号位置并设置监视哨
        int i = CurrentSize;
        while(Element[i].getKey()!= x)i--;            //从后向前顺序查找
        if(i!=0)        return i+1;
        else        return 0;
    }
    const int Size =100;
    int main()
    {   int Target,Location;
        SeqSearch L(Size);                            //定义数据表
        L.InitList();                                 //建立数据表
        cout <<"请输入要查找的关键字:";
        cin >> Target;                                //输入要查找的关键字
        if((Location =L.Search(Target))!=0)           //Location 为查找到的位置
            cout <<"关键字所在位置:"<< Location << endl;
            else
            cout <<"没有找到! "<< endl;
        return 0;
    }
```

2. 运行下列程序。该程序将一组数据存放在线性表中，算法采用折半查找，查找表中数据的字，找到后输出关键字所在位置，否则输出“没找到!”。

算法设计：采用两种折半查找方法，一种是递归法，另一种是迭代法。

（1）建立数据表，读取数据，方法与上题类似。

（2）调用函数 BinSearch（int x，int low，int high）查找关键字，该函数采用递归调用方法查找关键字。参数 x 为待查找关键字；low 为当前查找范围上界；high 为当前查找范围下界。查找成功时返回关键字所在位置，否则，返回–1。

（3）调用函数 BinSearch1（int x）查找关键字，该函数采用非递归法查找关键字，查找成功时返回关键字所在位置，否则，返回–1。

```
    #include <iostream>
    using namespace std;
    class OrderedList;
    class Node                                        //定义数据表中结点类
    {   friend class OrderedList;
        int key;                                      //关键字域
      public:
        int getKey(){return key;}                     //读取关键字
        void setKey (int k){key = k;}                 //修改关键字
    };
    class OrderedList                                 //定义有序顺序表类
    {   Node *Element;                                //数据表中存储数据的数组
```

```
    int ArraySize, CurrentSize;           //数组最大长度和当前长度
  public:
    OrderedList(int Size);                //构造函数
    ~OrderedList(){delete []Element;}     //析构函数
    void InitList();//建立数据表
    int GetCursize(){return CurrentSize;} //返回当前长度
    int BinSearch(int x,int low,int high); //查找关键字(递归)
    int BinSearch1(int x);                //查找关键字（迭代)
};
void OrderedList::InitList()
{   cout <<"请输入数据个数: ";
    cin >> CurrentSize;                   //输入表当前长度
    cout <<"请输入数据: "<< endl;
    for(int i = 0;i < CurrentSize;i++)
        cin >> Element[i].key;            //输入数据
}
OrderedList::OrderedList(int Size)
{   Element = new Node[Size];
    ArraySize = Size;
}
int OrderedList::BinSearch(int x,int low,int high)
{   int mid = -1;
    if(low <= high)
    {   mid =(low+high)/2;
        if(Element[mid].getKey()== x)
            return mid;
    else if(Element[mid].getKey()<x)    //关键字小于给定值，右缩查找区间
            return BinSearch(x,mid+1,high);
    else                                //关键字大于给定值，左缩查找区间
            return BinSearch(x,low,mid-1);
    }
    else    return mid;
}
int OrderedList::BinSearch1(int x)
{   int high = CurrentSize-1,low =0,mid;
    while(low <= high)
    {   mid =(low+high)/2;
        if(Element[mid].getKey()== x)
            return mid;
        else if(Element[mid].getKey()< x)
            low = mid+1;
        else
            high = mid-1;
    }
    return -1;
}
const int Size =100;
int main()
```

```
{   int Target, Location, high;
    OrderedList L(Size);                        //定义数据表
    L.InitList();                               //建立数据表
    cout <<"请输入要查找的关键字: ";
    cin >> Target;                              //输入要查找的关键字
    high = L.GetCursize();
   if((Location = L.BinSearch(Target,0,high-1))!= -1)//Location为查找到的位置
        cout <<"关键字所在位置: "<< Location+1 << endl;
    else
        cout <<"没有找到! "<< endl;
    cout <<"请输入要查找的关键字: ";
    cin >> Target;                              //输入要查找的关键字
    if((Location = L.BinSearch1(Target))!= -1) //Location为查找到的位置
        cout <<"关键字所在位置: "<< Location+1 << endl;
    else
        cout <<"没有找到! "<< endl;
    return 0;
}
```

3．运行下列程序。该程序可以在二叉排序树上查找元素。

算法设计：利用二叉排序树特性，建立一棵二叉排序树。建立过程是将数组的第一个元素作为根结点，后面的元素按要求分别插入到根结点两边，形成一棵二叉排序树。根据二叉排序树特性可知，二叉排序树上的查找方法和有序顺序表的折半查找方法类似。

Search()函数为查找函数，采用递归方法，查找过程是先将待查找元素与根结点元素进行比较，如果小于根结点元素，则继续在左子树上查找，直到查找到该关键字并返回；如果大于根结点元素，则在右子树上查找，直到查找到该关键字并返回。

```
#include <iostream>
using namespace std;
class BinaryTree;
class BinTreeNode                               //二叉树结点类的定义
{   int data;                                   //结点的数据域
    BinTreeNode *Lchild;                        //左孩子指针
    BinTreeNode *Rchild;                        //右孩子指针
    friend class BinaryTree;
  public:
    BinTreeNode(){ Lchild = Rchild = NULL; }
};
class BinaryTree                                //二叉排序树类定义
{ public:
    BinaryTree(){ Root = NULL;}                 //构造函数
    void CreatBst(int a[ ],int n);              //建立二叉排序树
    void Insert(BinTreeNode *&Root,BinTreeNode *p);
                                                //向二叉排序树中插入一个结点
    void BSTSearch(int item);
    BinTreeNode *Search(BinTreeNode *&Root,int item); //查找元素
    void InOrder(){ InOrder(Root);}             //中序遍历二叉排序树
    void InOrder(BinTreeNode *current);         //中序遍历以current为根的子树
```

```
  private:
    BinTreeNode  *Root;
};
//建立二叉排序树
void BinaryTree::CreatBst( int a[ ], int n )
{   for( int i=0; i<n; i++ )
    {   BinTreeNode *p = new BinTreeNode;
        p->data = a[i];
        Insert( Root, p );
    }
}
//向二叉排序树中插入一个结点
void BinaryTree::Insert( BinTreeNode * &Root, BinTreeNode *p )
{   if( Root == NULL )
        Root = p;                              //插入新结点
    else if( p->data < Root->data )
        Insert( Root->Lchild, p );             //向左子树中插入结点
    else
        Insert( Root->Rchild, p );             //向右子树中插入结点
}
void BinaryTree::BSTSearch( int item )
{   BinTreeNode *p;
    p = Search( Root, item );                  //调用查找元素函数
    if(p == NULL) cout <<"没有找到! "<< endl;
    else cout <<"已找到! "<< endl;
}
BinTreeNode *BinaryTree::Search( BinTreeNode *&Root, int item )
{   if( Root == NULL ) return NULL;
    else
    {   if(Root->data == item)
            return Root;
        else if(item < Root->data)
            return Search(Root->Lchild,item);
        else
            return Search(Root->Rchild,item);
    }
}
//中序遍历以 current 为根的子树
void BinaryTree::InOrder(BinTreeNode *current)
{   if( current!= NULL )                 //current == NULL 是递归终止条件
    {   InOrder(current->Lchild);        //中序遍历左子树
        cout << current->data <<"";      //访问根结点,用输出语句暂代
        InOrder(current->Rchild);        //中序遍历右子树
    }
}
int main()
{  BinaryTree Bt;                                  //定义二叉树对象
   int b[]={38,56,33,29,76,4,67,23},item; //定义数组指针 b, 用于存放元素
```

```
    Bt.CreatBst(b,8);                        //以数组b为元素，建立二叉排序树
    cout <<"二叉树中元素:\n";
    Bt.InOrder();
    cout <<"\n 请输入要查找元素: ";
    cin >> item;
    Bt.BSTSearch(item);
    return 0;
}
```

4. 运行下列程序。该程序用于建立一个二叉排序树，数据元素由一数组提供，设计一个算法，在二叉排序树中插入一个新元素。

算法设计：利用二叉排序树特性，建立一棵二叉排序树。方法与上题类似。

Insert（BinTreeNode *&Root，BinTreeNode *p）函数是插入函数，采用的是递归方法。它将要插入的结点的关键字与根结点数据元素进行比较，如果小于根结点关键字，则在左子树中继续比较，直到找到相应位置，将新元素插入到左子树；如果新元素小于根结点关键字，则在右子树中继续比较，直到找到相应位置，将新元素插入到右子树。

```
#include <iostream>
using namespace std;
class BinaryTree;
class BinTreeNode                                //二叉树结点类的定义
{  int data;                                     //结点的数据域
   BinTreeNode *Lchild;                          //左孩子指针
   BinTreeNode *Rchild;                              //右孩子指针
   friend class BinaryTree;
  public:
   BinTreeNode(){  Lchild=Rchild=NULL; }
};
class BinaryTree                                 //二叉排序树类定义
{  public:
   BinaryTree(){ Root = NULL;}                   //构造函数
   BinTreeNode *GetRoot(){return Root;}          //返回根结点指针
   void CreatBst(int a[],int n);                 //建立二叉排序树
   void Insert(int item);                        //向二叉排序树中插入一个元素
   void Insert(BinTreeNode *&Root,BinTreeNode *p);//向二叉排序树中插入一个结点
   void PreOrder(){PreOrder(Root);}              //先序遍历二叉排序树
   void PreOrder(BinTreeNode *current);          //先序遍历以current为根的子树
   void InOrder();                               //中序遍历二叉排序树
   void InOrder(BinTreeNode *current);           //中序遍历以current为根的子树
   void Print();
  private:
   BinTreeNode  *Root;
};
//建立二叉排序树
void BinaryTree::CreatBst(int a[ ],int n)
{   for(int i = 0;i < n;i++)
    {   BinTreeNode *p = new BinTreeNode;
        p->data = a[i];
```

```
        Insert(Root,p);
    }
}
//向二叉排序树中插入一个结点
void BinaryTree::Insert(BinTreeNode * &Root,BinTreeNode *p)
{   if(Root == NULL)
        Root = p;                                   //插入新结点
    else if(p->data < Root->data )
        Insert(Root->Lchild,p);                     //向左子树中插入结点
    else
        Insert(Root->Rchild,p);                     //向右子树中插入结点
}
//向二叉排序树中插入一个元素
void BinaryTree::Insert(int item)
{   BinTreeNode *p = new BinTreeNode;
    p->data = item;
    Insert(Root,p);
}
//先序遍历以 current 为根的子树
void BinaryTree::PreOrder(BinTreeNode *current)
{   if(current!= NULL)      //current == NULL，即到达叶结点，是递归终止条件
    {   cout << current->data <<"";       //访问根结点，用输出语句暂代
        PreOrder(current->Lchild);        //先序遍历左子树
        PreOrder(current->Rchild);        //先序遍历右子树
    }
}
//中序遍历当前二叉树
void BinaryTree::InOrder()
{   InOrder(Root); }
//中序遍历以 current 为根的子树
void BinaryTree::InOrder(BinTreeNode *current)
{   if(current!=NULL)                     //current == NULL 是递归终止条件
    { InOrder(current->Lchild);           //中序遍历左子树
      cout << current->data <<"";         //访问根结点，用输出语句暂代
      InOrder(current->Rchild);           //中序遍历右子树
    }
}
void BinaryTree::Print()
{   cout <<"先序遍历: ";
    PreOrder();
    cout << endl;
    cout <<"中序遍历: ";
    InOrder();
    cout << endl;
}
int main()
{   BinaryTree Bt;                        //定义二叉树对象
    int n,*b,i;                           //定义数组指针 b，用于存放元素
```

```
    int select = 0,flag =1;
    while(flag)
    {   cout <<"1.  建立二叉排序树"<< endl;
        cout <<"2.  插入元素"<< endl;
        cout <<"3.  退出"<< endl;
        cout <<"请选择(1-3): ";
        cin >> select;
        switch(select)
        {   case 1:
                {   cout <<"请输入元素个数: ";
                    cin >> n;
                    b = new int[n];
                    cout <<"请输入元素: ";
                    for(i = 0;i < n;i++)
                        cin >> b[i];
                    Bt.CreatBst(b,n);         //以数组 b 为元素，建立二叉排序树
                    Bt.Print();
                    break;
                }
                case 2:
                {   int item;
                    cout <<"请输入要插入元素: ";
                    cin >> item;
                    Bt.Insert(item);
                    Bt.Print();
                    break;
                }
                case 3:
                    flag = 0;break;
                }
        }
    return 0;
}
```

5. 试编写二叉反应树的删除算法，并编写一个主函数验证该算法。

6. 试编写一算法，将两棵二叉排序树合并为一棵二叉排序树。

7. 试编写一算法，将一棵二叉排序树分成两棵二叉排序树，使得其中一棵树的所有结点的关键字都小于或等于 x，另一棵树的任一结点的关键字都大于 x。

第 11 章　排　　序

学习目标

通过对本章内容的学习，学生应该能够做到：

1）了解：各种排序方法的特点。

2）理解：各种排序方法的排序过程。

3）掌握：排序算法的实现（如插入排序、选择排序、冒泡排序、快速排序、堆排序等）。

11.1　排序的基本概念

排序（Sorting）是计算机程序设计中的一种重要操作，它的功能是将一个数据元素（或记录）的任意序列，重新排列成一个按关键字有序的序列。顺序表可以采用查找效率较高的折半查找法，其平均查找长度为 $\log_2(n+1)-1$，而无序的顺序表只能进行顺序查找，其平均查找长度为 $(n+1)/2$。又如，构造二叉排序树的过程本身就是一个排序的过程。因此，如何进行排序，特别是高效率排序，是计算机领域研究的重要课题之一。

为了便于讨论，在此首先要对排序做一个确切的定义。假设含有 n 个记录的序列为

$$\{ R_1, R_2, \cdots, R_n \} \tag{11.1.1}$$

其相应的关键字序列为

$$\{ K_1, K_2, \cdots, K_n \}$$

需确定 1，2，…，n 的一种排列 p_1，p_2，…，p_n，使其相应的关键字满足如下的非递减（或非递增）关系

$$K\,p_1 \leqslant K\,p_2 \leqslant \cdots \leqslant K\,p_n \tag{11.1.2}$$

即使式（11.1.1）的序列成为一个按关键字有序的序列

$$\{ R\,p_1, R\,p_2, \cdots, R\,p_n \} \tag{11.1.3}$$

这种操作称为排序。

上述排序定义中的关键字 K_i（$i=1, 2, \cdots, n$）可以是主关键字，也可以是记录 R_i 的次关键字，甚至是若干数据项的组合。若 K_i 是主关键字，则任何一个记录的无序序列经排序后得到的结果是唯一的；若 K_i 是次关键字，则排序的结果不唯一，因为待排序的记录序列中可能存在两个或两个以上关键字相等的记录。假设 $K_i = K_j$（$1 \leqslant i \leqslant n$，$1 \leqslant j \leqslant n$，$i \neq j$），且在排序前的序列中 R_i 领先 R_j（即 $i<j$）。若在排序后的序列中 R_i 仍领先 R_j，则称所用的**排序方法是稳定的**；反之，若可能使排序后 R_j 领先于 R_i，则称所用的**排序方法是不稳定的**。

由于待排序的记录数量不同，使得排序过程中涉及的存储器不同，可将排序方法分为两大类：一类是**内部排序**，指的是待排序记录存放在计算机随机存储器中进行排序的过程；另一类是**外部排序**，指的是待排序记录的数量很大，以致内存一次不能容纳全部记录，在排序过程中尚需对外存进行访问的排序过程。本章讨论的是内部排序的方法，但有些方法（特别是归并排序的思想）也可以用于外排序。

内部排序的方法很多，但就其全面性能而言，很难提出一种被认为是最好的方法，每一种方法都有各自的优缺点，适合在不同的环境（如记录的初始排列状态等）下使用。如果按排序过程中依据的不同原则对内部排序方法进行分类，则大致可分为插入排序、交换排序、选择排

序、归并排序和计数排序等五类；如果按内部排序过程中所需的工作量来区分，则主要分为简单排序、基数排序和先进的排序方法三类，其时间复杂度分别为 $O(n^2)$、$O(dn)$和 $O(n\log n)$。

通常，在排序的过程中需进行以下两种操作。

1）比较两个关键字的大小。

2）将记录从一个位置移动至另一个位置。前一个操作对大多数排序方法来说是必要的，而后一个操作可以通过改变记录的存储方式来避免。

待排序的记录序列有下列三种存储方式。

1）待排序的一组记录存放在地址连续的一组存储单元上。它类似于线性表的顺序存储结构，在序列中相邻的两个记录 R_j 和 R_{j+1}（$j=1$，2，…，$n-1$），它们的存储位置也相邻。在这种存储方式中，记录之间的次序关系由其存储位置决定，则实现排序必须借助移动记录。

2）一组待排序的记录存放在静态链表中，记录之间的次序关系由指针指示，则实现排序不需要移动记录，仅需要修改指针即可。

3）待排序的记录本身存储在一组地址连续的存储单元内，同时另设一个指示各个记录存储位置的地址向量，在排序过程中不移动记录本身，而移动地址向量中这些记录的“地址”，在排序结束之后再按照地址向量中的值调整记录的存储位置。

在第 2）种存储方式下实现的排序又称（链）表排序，在第 3）种存储方式下实现的排序又称地址排序。在本章的讨论中，待排序的一组记录中以上述第 1）种方式存储，且为了讨论方便，设记录的关键字均为整数。

下面给出静态排序过程中所用到的数据表类定义。由于数据的存储是封装在类中的，是私有部分，所以只能通过公共成员函数 getKey（读取关键字）、setKey（修改关键字）、swap（交换两个记录的位置）以及比较操作来操作类的对象，这体现了抽象数据类型的思想。

```
const  int  DefaultSize = 100;
template < class T > class  datalist;              //数据表的声明
template < class T > class  Element                //数据表元素类的定义
{  private:
     T key;                                        //关键码
     field  otherdata;                             //其他数据成员
   public:
     Type  getKey(){return  key;}                  //取当前结点的关键字
     void  setKey(const  T x){ key = x;}           //将当前结点的关键字修改为 x
     Element < T > & operator = (Element < T > & x){ this = x;}
                                                   //元素 x 的值赋给 this
     int operator == (T & x){ return !(this < x || x < this);}
                                                   //判断 this 与 x 相等
     int  operator != (T & x){ return !(this < x || x < this);}
                                                   //判断 this 与 x 不等
     int  operator < = (T & x){ return !(this > x);} //判断 this 小于或等于 x
     int  operator > = (T & x){ return !(this < x);} //判断 this 大于或等于 x
     int  operator <(T & x){  return  this < x;}    //判断 this 小于 x
};
template < class T > class  datalist
{   //用顺序表来存储待排序的元素，这些元素的类型为 Type
    public:
      datalist(int MaxSz=DefaultSize):MaxSize(MaxSz),CurrentSize(0)
      { Vector = new Element < T > [MaxSz];
```

```
    }
    void  swap(Element < T > & x,Element < T > & y)
    { Element < T > temp = x;x = y;y = temp;
    }
  private:
    Element < T > * Vector;          //存储待排序元素的向量
    int  MaxSize,CurrentSize;        //向量中最大元素个数与当前元素个数
};
```

11.2 插入排序

插入排序的基本方法如下：每步将一个待排序的对象，按其关键字大小插入到前面已经排好序的一组对象的适当位置上，直到对象全部插入为止。

可以选择不同的方法在已经排好序的有序数据表中寻找插入位置。依据查找方法的不同，有多种插入排序。下面将介绍几种在顺序表上的排序方法。

11.2.1 直接插入排序

直接插入排序（Straight Insertion Sort）是一种最简单的排序方法，它的基本操作是将一个记录插入到已经排好序的有序表中，从而得到一个新的、记录数增 1 的有序表。

例如，已知待排序的一组记录的初始排列如下所示：

R（49），*R*（38），*R*（65），*R*（97），*R*（76），*R*（13），*R*（27），*R*（<u>49</u>），… （11.2.1）

其中，*R*（*x*）表示关键字为 x 的记录。假设在排序过程中前 4 个记录已按关键字递增的次序重新排列，构成一个含 4 个记录的有序序列

{ *R*（38），*R*（49），*R*（65），*R*（97）} （11.2.2）

现要将式（11.2.1）中第 5 个（即关键字为 76）记录插入上述序列，以得到一个新的含 5 个记录的有序序列，则首先要在式（11.2.1）的序列中进行查找以确定 *R*（76）所应插入的位置，然后进行插入。假如从 *R*（97）起向左进行顺序查找，由于 $65<76<97$，则 R（76）应插在 *R*（65）和 *R*（97）之间，从而得到下列新的有序序列

{ *R*（38），*R*（49），*R*（65），*R*（76），*R*（97）} （11.2.3）

称从式（11.2.2）到式（11.2.3）的过程为一趟直接插入排序。一般情况下，第 i 个直接插入排序的操作如下：在含有 i–1 个记录的有序子序列 V[1：i–1]中插入一个记录 V[i]后，变成含有 i 个记录的有序子序列 V[1：i]。在自 i–1 起往前搜索的过程中，可以同时后移记录。整个排序过程为进行 n–1 趟插入，即先将序列中的第 1 个记录看做一个有序的子序列，然后从第 2 个记录起逐个进行插入，直至整个序列变成按关键字非递减有序序列为止。对式（11.2.1）的关键字进行直接插入排序的过程如图11.2.1所示。

i:	0	1	2	3	4	5	6	7	temp
初始关键字：	[49]	38	65	97	76	13	27	<u>49</u>	49
1:	[38	49]	65	97	76	13	27	<u>49</u>	65
2:	[38	49	65]	97	76	13	27	<u>49</u>	97
3:	[38	49	65	97]	76	13	27	<u>49</u>	76
4:	[38	49	65	76	97]	13	27	<u>49</u>	13
5:	[13	38	49	65	76	97]	27	<u>49</u>	27
6:	[13	27	38	49	65	76	97]	<u>49</u>	<u>49</u>
7:	[13	27	38	49	<u>49</u>	65	76	97]	

图 11.2.1 直接插入排序示例

下面给出直接插入排序的算法。

```
template < class T >
void  InsertionSort(datalist < T > & list)
{    //按关键字 Key 非递减顺序对序列进行排序
     for(int i=1; i<list.CurrentSize; i++)  Insert(list,i);
}
template < class T >
void  Insert(datalist < T > & list,int  i)
{    /将元素 list.Vector[i]按其关键字插入到有序表 list.Vector[0],…,list.
     Vector[i-1]中,使得 list.Vector[0]到 list.Vector[i]有序*/
     Element < T > temp = list.Vector[i];
     int j = i;
     while(j>0 && temp.getKey()<list.Vector[j-1].getKey())
     {    list.Vector[j] = list.Vector[j-1];
          j --;
     }
     list.Vector[j] = temp;
}
```

若设待排序的记录个数为 CurrentSize = n，则该算法的主程序执行 $n-1$ 趟。因为关键字比较次数和记录移动次数与记录关键字的初始排列有关，所以在最好情况下，即在排序前记录已经按关键字大小从小到大排好序了，每趟只需与前面的有序记录序列的最后一个记录的关键字比较 1 次，移动 2 次记录，总的关键字比较次数为 $n-1$，记录移动次数为 $2(n-1)$。而在最坏情况下，即第 i 趟时第 i 个记录必须与前面 i 个记录都做关键字比较，并且每做 1 次比较就要做 1 次记录移动，则总的关键字比较次数 KCN 和记录移动次数 RMN 分别为

$$\mathrm{KCN}=\sum_{i=1}^{n-1} i = n(n-1)/2 \approx n^2/2$$

$$\mathrm{KCN}=\sum_{i=1}^{n-1} (i+2) = (n+4)(n-1)/2 \approx n^2/2$$

若待排序的记录序列中出现各种可能排列的概率相同，则可取上述最好情况和最坏情况的平均情况。在平均情况下的关键字比较次数和对象移动次数约为 $n^2/4$，因此，直接插入排序的时间复杂度为 $O(n^2)$。直接插入排序是一种稳定的排序方法。

11.2.2　其他插入排序

从上一节的讨论可知，直接插入排序算法简单，且容易实现。当待排序记录的数量 n 很小时，这是一种很好的排序方法。但是，通常待排序序列中的记录数量 n 很大，此时不宜采用直接插入排序。因此需要讨论改进的方法。在直接插入排序的基础上，从减少“比较”和“移动”这两种操作的次数考虑，可得到下面两种插入排序的方法。

1. 折半插入排序

由于插入排序的基本操作是在一个有序表中进行查找和插入，则由 10.2.2 小节的讨论可知，该“查找”操作可利用“折半查找”来实现，由此进行的插入排序称之为**折半插入排序**（Binary Insertion Sort）。其算法如下。

```
template < class T >
void  BinaryInsertSort(datalist < T > & list)
```

```
{   for(int i=1; i<list.CurrentSize; i ++) BinaryInsert(list,i);
}
template < class T >
void  BinaryInsert(datalist < T > & list,int  i)
{   /*利用折半查找，按list.Vector[i].Key在list.Vector[0]到list.Vector[i-1]
    中查找list.Vector[i]应插入的位置，再空出这个位置进行插入*/
    int left = 0,Right = i-1;
    Element < T > temp = list.Vector[i];
    while(left <= Right)                          //利用折半查找插入位置
    {   int middle =(left+Right)/2;               //取中点
        if(temp.getKey()<list.Vector[middle].getKey())//插入值小于中点值
            Right = middle - 1;                   //向左缩小区间
        else  left = middle + 1;                  //否则，向右缩小区间
    }
    for( int k=i-1;k>=left; k-- )
        list.Vector[k+1] = list.Vector[k]; //成块移动空出插入位置
    list.Vector[k] = temp;                        //插入
}
```

容易看出，折半插入排序所需附加的存储空间和直接插入排序相同，从时间上比较，折半插入排序仅减少了关键字间的比较次数，而记录的移动次数不变。因此，折半插入排序的时间复杂度仍是 $O(n^2)$。折半插入排序是一种稳定的排序方法。

2. 链表插入排序

链表插入排序的基本思想：在每个记录的结点中增加一个链域 link。对于存放于数组中的一组记录 $V[1]$, $V[2]$, …, $V[n]$，若 $V[1]$, $V[2]$, …, $V[n-1]$已经通过链接指针 link，按其关键字的大小，从小到大链接起来，现在要插入 $V[i]$，$i=2$，3，…，n，则必须在前面 $i-1$ 个链接起来的记录当中，循链顺序检测比较，找到 $V[i]$ 应插入（或链入）的位置，把 $V[i]$插入，并修改相应的链接指针，这样就可得到 $V[1]$，$V[2]$，…，$V[i]$的一个通过链接指针排列好的链表。如此重复执行，直到把 $V[n]$也插入到链表中排好序为止。

在给出示例和算法之前，先定义用于链表插入排序的静态链表。在这种静态链表表示中，每一个元素至少有两个域，其结构可参看如下定义。

```
template < class T >  class  staticlinklist;     //静态链表类的声明
template < class T >  class  Element             //静态链表元素类的定义
{   private:
        T key;                                   //关键字
        int  link;                               //结点的链接指针
        pubilc:
        T getKey()
        {    return  key;    }                   //取当前结点的关键字
        void  setKey(const Type x)
        {    key = x;        }                   //将当前结点的关键字修改为 x
        int getlink()
        {  return  link; }                       //取当前结点的链接指针
        void setlink(const int l)
        {    link = l;   }                       //将当前结点的链接指针置为 l
}
```

```
template < class T >  class  staticlinklist //静态链表的类定义
{   pubilc:
       dstaticlinklist(int MaxSz=DefaultSize):MaxtSize(MaxSz),CurrentSize(0)
       {    Vector = new Element < T > [MaxSz];}
    private:
      Element < T > * Vector;            //存储待排序元素的向量
      int  MaxSz,CurrentSize;            //向量中最大元素个数和当前元素个数
};
```

图 11.2.2 所示为一个链表插入排序的示例。在静态链表记录数组 Vector[ ]中，利用 Vector[0]. link 存放当前链接成功的有序链表的表头指针，且令 Vector[0]. Key 为机器可表示的且排序中不可能遇到的最大数据 MaxNum。这样，把 Vector[0]当做当前已链接好的有序循环链表的表头结点。在排序开始时，先把表头结点 Vector[0]和第一个结点 Vector[1]组成一个循环链表，认定表头第一个记录已经插入有序的循环链表中了。其他结点的 link 域全部为 0。其次，从 $i=2$ 开始，依次将第 i 个记录结点插入到链表中，并使链表仍为有序链表。下面给出链表插入排序的算法。

```
template < class T >
int  LinkInsertSort(staticlinklist < T > & list)
{   /*对list.Vector[1],…,list.Vector[n]按其关键字key排序，这个表是一个静态链表，
    每个记录中有一个link域。list.Vector[0]作为排序后各个记录所构成的有序循环链表
    的表头结点使用。初始化时结点的关键字是最大值MaxNum。n是表中当前结点个数*/
    list.Vector[0].SetKey(MaxNum);
    list.Vector[0].SetLink(1);
    list.Vector[1].SetLink(0);              //初始化，形成只有头结点的循环链表
    for(int i=2; i<=list.CurrentSize; i++)//向有序链表中插入一个结点，共n-1趟
    {   int  current = list.Vector[0].getLink(); //current是链表检测指针
        int  pre = 0;                       //pre指向current的前驱
        while(list.Vector[current].getLink()<=list.Vector[i].getLink())
                                            //循链找插入位置
        {   pre = current;
            current = list.Vector[current].getLink();
                                            // pre跟上，current循链检测下一结点
        }
        template < class T >  void Shellsort(datalist < T > & list)
        SetLink(current);
        list.Vector[pre].SetLink(i);    //结点i链入pre与current之间
    }
}
```

使用链表插入排序，每插入一个记录，最大关键字比较次数等于链表中已排好序的记录个数，最小关键字比较次数为 1，故总的关键字比较次数最小为 $n-1$，最大为 $\sum_{i=0}^{n} i=\frac{n(n-1)}{2}$。用链表插入排序时，记录移动次数为 0。但为了实现链表插入，在每个记录中增加了一个 link 域，并使用了 Vector[0]作为链表的表头结点，总共用了 n 个附加域和一个附加记录。算法从 $i=2$ 开始，从前向后插入，并且在 Vector[pre]. key == list. Vector[i]. key 时，将 Vector[i]插在 Vector[pre]的后面，所以，链表插入排序方法是稳定的。

		0	1	2	3	4	5	6
初始状态	index	0	1	2	3	4	5	6
	key	MaxNum	21	25	49	25	16	08
	link	1	0	0	0	0	0	0
i=2	key	MaxNum	21	25	49	25	16	08
	link	1	2	0	0	0	0	0
i=3	key	MaxNum	21	25	49	25	16	08
	link	1	2	3	0	0	0	0
i=4	key	MaxNum	21	25	49	25	16	08
	link	1	2	4	0	3	0	0
i=5	key	MaxNum	21	25	49	25	16	08
	link	5	2	4	0	3	1	0
i=6	key	MaxNum	21	25	49	25	16	08
	link	6	2	4	0	3	1	5

图 11.2.2　链表插入排序示例

11.2.3　希尔排序

希尔排序（Shell's Sort）又称“缩小增量排序”（Diminishing Increment Sort），它也是一种插入排序的方法，但在时间效率上较前述几种排序方法有较大的改进。该方法的基本思想如下：设待排序记录序列有 n 个记录，首先取一个整数 gap < n 作为间隔，将全部记录分为 gap 个子序列，所有距离为 gap 的记录放在同一个子序列中，在每一个子序列中分别直接插入排序，然后缩小间隔 gap，如取 gap =「gap /2」，重复上述的子序列划分和排序工作，直到最后取 gap = = 1，将所有记录放在同一个序列中排序为止。由于开始时 gap 的取值较大，每个子序列中的记录较少，排序速度较快；待到排序后期，gap 的取值逐渐变小，子序列中的记录个数逐渐变多，但由于前面工作的基础，大多数记录已经基本有序，所以排序速度仍然很快。

图 11.2.3 给出对有 6 个记录的记录序列进行希尔排序的过程。第 1 趟取间隔 gap =「gap /2」= 3，将整个待排序记录划分间隔为 gap =「gap /2」= 3 的 3 个子序列，分别对其进行直接插入排序；第 2 趟把间隔缩小为 gap =「gap /2」= 2，将整个记录序列划分间隔为 2 的 2 个子序列，分别对其进行直接插入排序；第 3 趟把间隔缩小为 1，对整个序列进行直接插入排序，因为此时整个对象序列已经达到基本有序，所以高效地实现了排序。整个排序的关键字比较次数和记录移动次数少于直接插入排序。

i	0	1	2	3	4	5	gap
初始	21	25	49	25	16	08	3
1	21	—	—	25			
		25	—	—	16		
			49	—	—	08	
	21	16	08	25	25	49	

(a) $i=1$ 时希尔排序的过程

i	0	1	2	3	4	5	gap
2	21	—	08	—	25		2
		16	—	25	—	49	
	08	16	21	25	25	49	
3	08	16	21	25	25	49	
	08	16	21	25	25	49	

(b) $i=2$，3 时希尔排序的过程

图 11.2.3　希尔排序的过程

下面给出希尔排序的算法，算法中缩小间隔（增量）的方式是 gap =「gap /2」，这是一个不稳定的排序方法。

```
template < class T >
void  Shellsort(datalist < T > & list)
{  int  gap = list.CurrentSize/2;          //增量的初始值
   while(gap)                              //循环条件是 gap >= 1
   {   ShellInsert(list,gap);        //按增量 gap 划分子序列，分别进行插入排序
       gap = gap==2?1:(int)(gap/2);        //缩小增量 gap
   }
}
template < class T >
void  ShellInsert(datalist < T > & list;const  int  gap)
{   for(int  i = gap;i < list. CurrentSize;i ++)//各子序列轮流执行插入排序
    {   Element < T >  temp = list. Vector [ i ];
        int j = i;                              //暂存待插入对象
        while(j>=gap && temp.getKey()<list.Vector[j-gap].getKey())
         {   //当前插入元素比位于 j-gap 的元素小，则位于 j-gap 的元素后移
             list.Vector[j]=list.Vector[j-gap];
             j - = gap;
         }
         list.Vector[i] = temp;                 //插入
    }
}
```

11.3　快 速 排 序

本节讨论一类借助“交换”进行排序的方法，其中最简单的一种就是人们所熟悉的起泡排序（Bubble Sort）。

起泡排序的基本方法如下：设待排序对象序列中的对象个数为 *n*，首先比较待排序对象的关键字 *V*[*n* –2]. key 和 *V*[*n*–1]. key，如果 *V*[*n*–2]. Key > *V*[*n*–1]. key（发生逆序），则交换 *V*[*n*–2]. key 和 *V*[*n*–1]. key；然后对 *V*[*n*–3]. key 和 *V*[*n*–2]. key（可能是刚交换过来的）做同样的理；重复此过程直到处理完 *V*[0]和 *V*[1]。我们称之为一趟起泡，结果是将关键字最小的记录交换到待排序记录序列的第一个位置，其他记录也都向排序的最终位置移动。当然，在个别情形下，记录有可能在排序过程中向相反的方向移动，但记录移动的总趋势是向最终位置移动。正因为每一趟起泡就把一个关键字小的对象前移到它最后应在的位置，所以叫做起泡排序。这样最多做 *n*–1 趟就能把所有记录排好序。但具体到某一个待排序记录序列时可能不需要 *n*–1 趟起泡就能全部排好序。为此，在算法中增加了一个标志 exchange，用以标识本趟

起泡结果是否发生了逆序和交换。如果没有发生交换则表示全部记录已经排好序，可以终止处理，结束算法。图11.3.1所示为起泡排序的例子。

i	0	1	2	3	4	5	Exch
初始序列	[21	25	49	25	16	08]	1
1	**08**	[21	25	49	25	16]	1
2	**08**	**16**	[21	25	49	25]	1
3	**08**	**16**	**21**	[25	49	25]	1
4	**08**	**16**	**21**	**25**	[49	25]	1
…	…	…	…	…	…	…	0

(a)各趟排序后的结果

0	1	2	3	4	5	Exch
[21	25	49	25	16	08]	0
[21	**25**	**49**	**25**	**08**	**16]**	1
[21	**25**	**49**	**08**	**25**	**16]**	1
[21	**25**	**08**	**49**	**25**	**16]**	1
[21	**08**	**25**	**49**	**25**	**16]**	1
[08	**21**	**25**	**49**	**25**	**16]**	1

(b) $i=1$ 时起泡排序的过程

图 11.3.1　起泡排序的过程

下面给出起泡排序的算法。在记录的初始排列已经按关键字从小到大排好序时，此算法只执行一趟起泡，做 $n-1$ 次关键字比较，不移动对象，这是最好的情形。最坏的情形是算法执行了 $n-1$ 趟起泡，第 i 趟（$1 \leqslant i < n$）做了 $n-i$ 次关键字比较，执行了 $n-i$ 次记录交换。这样在最坏情形下总的关键字比较次数 KCN 和记录移动次数 RMN 为

$$\mathrm{KCN}=\sum_{i=1}^{n}(n-i)=\frac{1}{2}n(n-1),\quad \mathrm{RMN}=3\sum_{i=1}^{n}(n-i)=\frac{3}{2}n(n-1)$$

起泡排序需要一个附加记录以实现对象值的对换。它是一个稳定的排序方法。

```
template < class T >
void  BubbleSort(datalist < T > & list)
{   //对表 list.Vector[0]到 list.Vector[n-1]逐趟进行比较，遇到逆序即交换
    //n 是表当前长度
    int pass = 1;
    int  exchange = 1;                          //当 exchange 为 0 时停止排序
    while(pass < list.CurrentSize && exchange) //起泡排序趟数不超过 n - 1
    {    BubbleExchange(list,pass,exchange);
         pass ++;
    }
}
template < class T >
void BubbleExchange(datalist < T > & list,const int i,int & exchange)
{   exchange = 0;                              //假定元素未交换
    for( int j=list.CurrentSize; j>=i; j-- )
        if( list.Vector[j-1].getKey() > list.Vector[j].getKey())
                                               //发生逆序
        {  swap(list.Vector[j-1],list.Vector[j]); //交换
           exchange = 1;                       //做“发生了交换”标志
        }
}
```

快速排序（Quick Sort）是对起泡排序的一种改进。它的基本思想如下：通过一趟排序将待排序记录分割成独立的两部分，其中一部分记录的关键字均比另一部分记录的关键字小，则可分别对这两部分记录继续进行排序，以达到整个序列有序。首先任意选取待排序中的一个记录（通常可选第一个记录）作为枢轴或支点（Pivot），然后按以下原则重新排列其余记录：将所有关键字较枢轴小的记录都安置在枢轴之前，将所有关键字较枢轴大的记录都安置

在枢轴之后。由此可以该“枢轴”记录最后所落的位置 i 作为分界线，将序列分割成两个子序列。这个过程称为一趟快速排序（或一次划分）。算法描述如下。

```
QuickSort(List)
{   if(List 的长度大于 1)
    {   //将序列 List 划分为两个子序列——LeftList 和 RightList
        QuickSort(LeftList);     //分别对两个子序列进行排序
        QuickSort(RightList);
        将两个子序列 LeftList 和 RightList 合并为一个序列 List;
    }
}
```

例如，图11.3.2（a）给出的待排序序列有 6 个记录{21，25，49，$\underline{25}$，16，08}，以第一个记录 21 作为枢轴，对整个记录序列进行划分，一趟划分后得到左右两个子序列：{16，08}和{$\underline{25}$，49，25}，左侧子序列所有记录的关键字均小于 21，右侧子序列的所有记录的关键字均大于 21。对左侧子序列以 16 为枢轴，对右侧子序列以 $\underline{25}$ 为枢轴进行同样的划分，即可得到最终排序的结果。

i	0	1	2	3	4	5	pivot
初始序列	[21	25	49	$\underline{25}$	16	08]	21
1	[08	16]	21	[$\underline{25}$	25	49]	08 (左) $\underline{25}$ (右)
2	08	[16]	21	$\underline{25}$	[25	49]	25 (右)
3	08	16	21	$\underline{25}$	25	[49]	

(a) 各趟排序后的结果

$i=1$	0	1	2	3	4	5	pivot
初始序列	[21	25	49	$\underline{25}$	16	08]	21
	pivotpos↑	↑ i	↑ i	↑ i	↑ i		
循环 4	[21	16	49	$\underline{25}$	25	08]	交换25与16
		pivotpos↑			↑ i	↑ i	
循环 5	[21	16	08	25	25	49]	交换49与08
			pivotpos↑			↑ i	
出循环	[08	16]	21	[$\underline{25}$	25	49]	交换21与08

(b) $i=1$时快速排序的过程

图 11.3.2　快速排序的过程

下面给出快速排序的算法。算法 QuickSort 是一个递归的算法，其递归树如图11.3.3所示。算法 Partition 利用序列第一个记录作为枢轴，将整个序列划分为左右两个子序列。算法中执行了一个循环，只要是关键字小于枢轴记录关键字的记录都移到序列左侧，关键字大于枢轴记录关键字的记录都移到序列右侧，最后枢轴记录安放到位，函数返回其位置。图11.3.2（b）给出了该算法执行的一个示例。

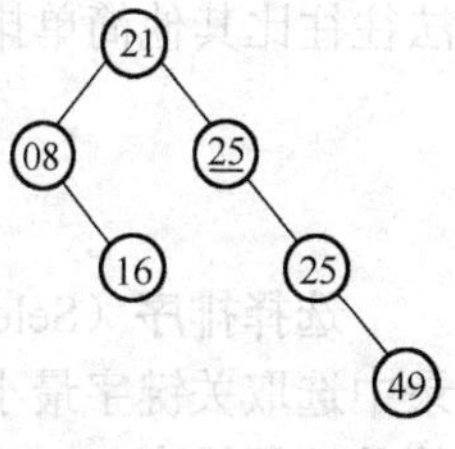

图 11.3.3　递归树

```
template < class T >
void  QuickSort(datalist < T > & list,const  int left,const  int right)
{   /*对记录 list.Vector[left],…,list.Vector[right]进行排序，使各记录按
    关键字非递减有序，pivot=list.Vector[left].key 是枢轴，排序结束后它把参加
    排序的序列分成两部分，排在它左边的记录关键字都小于或等于它，而右边的都大于它*/
```

```
    if(left < right)
     {  //记录序列长度大于1时
        int  pivotpos = Partition(list,left,right);
                    //对 list.Vector[left]~list.Vector[right]进行划分
        QuickSort(list,left,pivotpos-1);        //对左侧子序列进行同样处理
        QuickSort(list,pivotpos+1,right);   //对右侧子序列进行同样处理
     }
}
template < class T >
int  Partition(datalist < T > & list,const int low,const int  hight)
{   int pivotpos = low;
    Element < T > pivot = list.Vector[low]; //枢轴记录
     for( int i=low+1; i<=hight; i++ )         //检测整个序列，进行划分
        if(list.Vector[i].getKey()<pivot.getKey()&& ++pivotpos!=i)
                                               //小于枢轴的交换到左侧
           Swap(list.Vector[pivotpos],list.Vector[i]);
     Swap(list.Vector[low],list.Vector[pivotpos]); //将枢轴记录就位
     return  pivotpos;                         //返回枢轴记录位置
}
```

从快速排序算法的递归树可知，快速排序的趟数取决于递归树的深度。如果每次划分对一个记录定位后，该记录的左侧子序列与右侧子序列的长度相同，则下一步将是对两个长度减半的子序列进行排序，这是最理想的情况。在 n 个元素的序列中，对一个记录定位所需时间为 $O(n)$。若设 $T(n)$是对 n 个元素的序列进行排序所需的时间，而且每次对一个记录正确定位后，正好把序列划分为长度相等的两个子序列，此时，总的计算时间为

$$
\begin{aligned}
T(n) &\leqslant cn + 2T(n/2) \qquad \text{//c是一个常数} \\
&\leqslant cn + 2(cn/2 + 2T(n/4)) = 2cn + 4T(n/4) \\
&\leqslant 2cn + 4(cn/4 + 2T(n/8)) = 3cn + 8T(n/8) \\
&\ldots\ldots \\
&\leqslant cn\log_2 n + nT(1) = O(n\log_2 n)
\end{aligned}
$$

可以证明，函数 QuickSort 的平均时间也是 $O(n\log_2 n)$。此外，实验结果也表明，就平均时间而言，快速排序是我们所讨论的所有内排序方法中最好的一种。

快速排序是一种不稳定的排序方法。对于关键字相同的记录，排序后可能会颠倒次序。另外，对于 n 较大的平均情况而言，快速排序是“快速”的，但是当 n 很小时，这种排序方法往往比其他简单排序方法更慢。

11.4 选择排序

选择排序（Selection Sort）的基本思想如上：每一趟在 $n-i+1$（i=1，2，…，$n-1$）个记录中选取关键字最小的记录作为有序序列中第 i 个记录。其中，最简单且为读所最熟悉的是简单选择排序（Simple Selection Sort）。

11.4.1 简单选择排序

简单选择排序的基本操作步骤如下。

1）在一组记录 $V[i]$ ～ $V[n-1]$中具有最小关键字的记录；

2）若它不是这组记录中的第一个记录，则将它与这组记录中的第一个记录对调；

3）在这组记录中剔除这个具有最小关键字的记录，在剩下的记录 $V[i+1]$ ～ $V[n-1]$中重复执行步骤 1)、步骤 2)，直到剩余记录只有一个为止。

图11.4.1 给出了一个简单选择排序的例子。图11.4.1（a）是对 6 个记录的序列进行简单选择排序时，各趟选择和对调的结果；图11.4.1（b）是 $i = 1$ 时选出具有最小关键字记录的过程。

i	0	1	2	3	4	5	k
初始序列	**[21**	25	49	25	16	08]	5
0	08	**[25**	49	25	16	21]	4
1	08	16	**[49**	25	25	21]	5
2	08	16	21	**[25**	25	49]	3
3	08	16	21	25	**[25**	49]	4
4	08	16	21	25	25	**[49]**	

(a)各趟排序后的结果

0	1	2	3	4	5	j	k
08	**[25***	49	25	16	21]	1	1
08	**[25***	49	25	16	21]	2	1
08	**[25**	49	25	**16**	21]	3	1
08	**[25**	49	25	**16***	21]	4	4
08	**[25**	49	**25**	**16***	21]	5	4

(b) $i = 1$ 时简单选择排序进程

图 11.4.1　简单选择排序的过程

下面给出简单选择排序的算法。

```
template < class T >
void  SelectSort(datalist < T > & list)
{   //对表 list.Vector[0]到 list.Vector[n-1]进行排序，n 表示当前长度
     for( int i=0; i<list.CurrentSize-1; i++ );
}
template < class T >
void  SelectSort(datalist < T > & list,const int i)
{   int  k = i;
     //在 list.Vector[i].key 到 list.Vector[n-1].Key 中找到最小关键字的记录
     for(int j=i+1; j<list.CurrentSize; j++)
         if(list.Vector[j].getKey()<list.Vector[k].getKey())
             k = j;                      //当前具有最小关键字的记录
    if( k!=i )  Swap(list.Vector[i],list.Vector[k]);    //交换
}
```

简单选择排序的关键字比较次数 KCN 与记录的初始排列无关。第 i 趟选择具有最小关键字记录从小到大有序的时候，记录的移动次数 RMN = 0，达到最少；而最坏情况是每一趟都要进行交换，总的记录移动次数为 RMN = $3(n-1)$。简单选择排序是一种不稳定的排序方法。

11.4.2　锦标赛排序

简单选择排序要执行 $n-1$ 趟（$i = 0, 1, \cdots, n-2$），第 i 趟要从 $n-i$ 个记录中选出一个具有最小关键字的记录，需要进行 $n-i-1$ 次关键字比较。当 n 比较大时，关键字比较次数相当多，这是因为在后一趟比较选择时，往往把前一趟已做过的比较又重复做了一遍，没有把前一趟比较的结果保留下来。

锦标赛排序克服了这一缺点，其思想与体育比赛类似。首先取得 n 个记录的关键字，进行两两比较，得到$\lceil n/2 \rceil$个比较的优胜者（关键字小者），作为第一步比较的结果保留下来，然后对这$\lceil n/2 \rceil$个记录进行关键字的两两比较，如此重复，直到选出一个关键字最小的记录为止。例如，在图11.4.2 所示的例子中，最下面是记录排列的初始状态，相当于一棵满的完全二叉树的叶结点，它存放的是所有参加排序的记录的关键字。如果 n 不是 2 的 k 次幂，则

让叶结点数补足到满足 $2^{k-1} < n \leqslant 2^k$ 个。叶结点上面一层的非叶结点是叶结点关键字两两比较的结果。最顶层是树的根，表示最后选择出来的是具有最小关键字的记录。

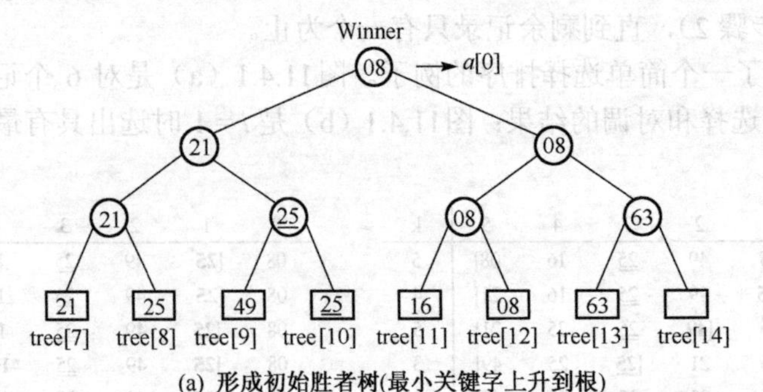

(a) 形成初始胜者树(最小关键字上升到根)

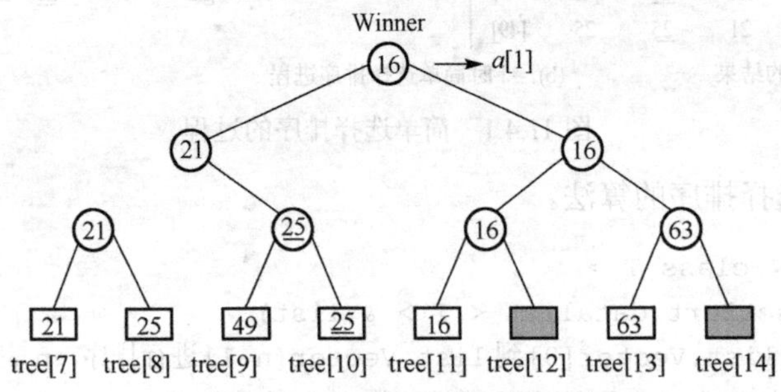

(b) 输出冠军并调整胜者树后树的状态active

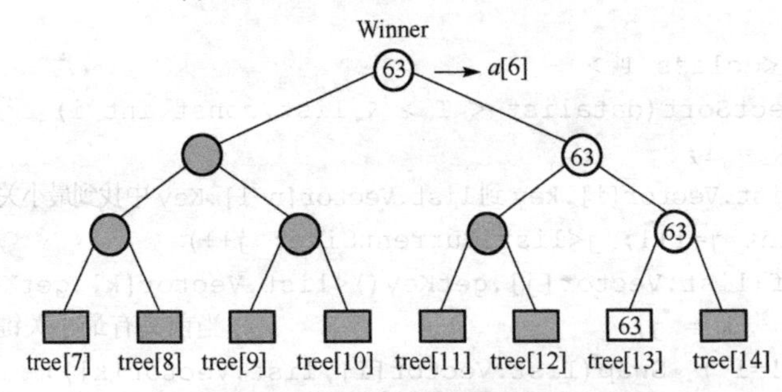

(c) 全部比赛结果输出时树的状态

图 11.4.2 锦标赛排序的示例

由于每次两两比较的结果是把关键字小者作为优胜者上升到双亲结点，所以称这种比赛树为胜者树。位于最低层的叶结点叫做胜者树的外结点，非叶结点称为胜者树的内结点。每个结点除了存放记录的关键字 data 外，还存放了该记录是否要参选的标志 active 和此记录在完全二叉树中的序号 index。

图11.4.2（a）所示的胜利树中 $n = 7$，外结点 8 个，多出的外结点的 active 域置为 0，表示不参加比较。选择具有最小关键字的记录做了 7 次比较。在输出具有最小关键字的记录后，继续选择具有次小关键字的记录。此时，需将外结点中具有最小关键字的记录的 active 域改为 0，重新进行比较，但此时的比较只限于从根的 active 域修改为 0 的外结点这一条路径上的比较，其他结点保持不变。

例如，在图11.4.2（b）中，记录 08 输出后，相应外结点的 active 域改为 0，其对手 16 上升到双亲结点；16 再与新的对手 63 比较，16 是优胜树，再上升到双亲；最后 16 与新的对手 21 比较，16 是优胜者，上升到根结点。具有次小关键字的记录上升到根结点，总共只做了两次比较。

顺序选择其他关键字时的处理过程与此类似。每次选出一个记录的关键字比较次数均为2。直到全部记录选出，排序完成。最后选出具有最大关键字记录的情况可参见图11.4.2（c）。

这种利用胜者树进行锦标赛排序的算法如下。

```
template < class T >  class  DataNode              //胜利树结点的类定义
{   public:
     T  data;                  //数据值
     int  index;               //树中的结点号，即在完全二叉树顺序存储中的下标
     int  active;              //是否参选的标志，等于1表示参选；等于0表示不再参选
};
template < class T >
void  TournamentSort(T a [  ],int  n)
{   /*建立树的顺序存储数组tree，将数组a[ ]中的元素复制到胜者树中，对它们进行排序，
    并把结果送回数组中，n是待排序元素个数*/
    DataNode < T >  *tree;                        //胜利者树结点数组
    DataNode < T >  item;
    int  bottomRowSize = PowerOfTwo(n);
                   //计算满足 >=n的2的最小次幂的数：树的底行大小，n=7时它为8
    int  TreeSize=2*bottomRowSize-1;              /*计算胜利者的大小：内结点数 +
                                                  外结点数*/
    int  loadindex=bottomRowSize-1;               //外结点开始的位置
    tree = new DataNode < T > [treeSize];         //动态分配胜利者结点数组空间
    int  j=0;                                     //在数组a中取数据指针
    for(int i=loadindex; i<treeSize; i++)         //复制数组数据到树的外结点中
    {  tree[i].index = i;                         //下标
       if( j<n )                                  //复制数据
       {   tree[i].active = 1;
           tree[i].data = a[j++];
       }
       else  tree[ i ]. active = 0;               //后面的结点为空的外结点
    }
   i = loadindex;                                 //进行初始比较寻找最小项
   while( i )
   {  j = i;
      while( j < 2*i )                            //处理各对比赛者
      {   if(!tree[j+1].active || tree[j].data <= tree[j+1].data)
                  tree[(j-1)/2] = tree[j];        //胜者送入双亲
          else    tree[(j-1)/2] = tree[j+1];
          j + = 2;                                //下一对参加比较的项
      }
      i =(i-1)/2;                                 // i退到双亲，直到i = 0为止
   }
   for(i = 0;i < n - 1;i ++)                      //处理剩余n - 1个元素
   {  a[i] = tree[0].data;                        //当前最小元素送数组a
      tree[tree[0].index].active = 0;             //该元素相应外结点不再比赛
      UpdataTree(tree,tree[0].index);             //从该处向上修改
   }
   a[n-1] = tree[0].data;
```

```
}
template < class T >
void UpdataTree(DataNode < T >  *tree,int i)
{   //锦标赛排序中的调整算法：i是表中当前最小元素的下标，即胜者，从它开始向上调整
    if(i%2 == 0)tree[(i-1)/2] = tree[i-1]; //i为偶数，对手为左结点
    else  tree[(i-1)/2] = tree[i+1];         // i为奇数，对手为右结点
                                     //最小元素输出之后，它的对手上升到父结点位置
    i =(i-1)/2;                              //i上升到双亲结点位置
    while( i )
    {   if(i%2 == 0) j=i-1;                  //确定i的对手是左结点还是右结点
         else  j=i+1;
         if(!tree[i].active || !tree[j].active)//比赛对手中间有一个空
              if(tree[i].active)  tree[(i-1)/2] = tree[i];
                   else  tree[(i-1)/2] = tree[j];  //非空者上升到双亲结点位置
         else
                   if(tree[i].data < tree[j].data)  tree[(i-1)/2] = tree[i];
                   else  tree[(i-1)/2] = tree[j];  //胜者上升到双亲结点位置
         i =(i-1)/2;                          //i上升到双亲结点位置
    }
}
```

锦标赛排序构成的树是满的完全二叉树，其高度为$\lceil \log_2 n \rceil$，其中n为待排序元素个数。因此，除第一次选择具有最小关键字的记录需要进行n–1次关键字比较外，重构胜者树，选择具有次小、再次小关键字记录所需的关键字比较次数均为$O(\log_2 n)$。总的关键字比较次数为$O(n\log_2 n)$。记录的移动次数不超过关键字的比较次数，所以锦标赛排序总的时间复杂度为$O(n\log_2 n)$。这种排序方法虽然减少了许多排序时间，但是使用了较多的附加存储。如果有n个记录，则必须使用至少$2n-1$个结点来存放胜者树，最多需要找到满足$2^{k-1} < n \leqslant 2^k$的$k$，使用$2\times 2^k-1$个结点。每个结点包括关键字、记录序号和比较标志三种信息。锦标赛排序是一种稳定的排序方法。

11.4.3 堆排序

1. 堆的定义

如果有一个关键字的集合$\{k_0, k_1, \cdots, k_{n-1}\}$，把它的所有元素按完全二叉树的顺序（数组）存储方式存放在一个一维数组中，当且仅当满足下列关系时，称之为最小堆（或者最大堆）。

$$\begin{cases} k_i \leqslant k_{2i} \\ k_i \leqslant k_{2i+1} \end{cases} \quad 或 \quad \begin{cases} k_i \geqslant k_{2i} \\ k_i \geqslant k_{2i+1} \end{cases} \quad (i = 1, 2, \cdots, \left\lfloor \frac{n}{2} \right\rfloor)$$

图11.4.3（a）给出了最小堆的例子，图11.4.3（b）给出了最大堆的例子。前者任一结点的关键字均小于或等于它的左、右孩子的关键字，位于堆顶（即完全二叉树的根结点位置）的结点的关键字是整个集合中最小的，所以称它为最小堆（MinHeap）；后者任一结点的关键字均大于或等于它的左、右孩子的关键字，位于堆顶（即完全二叉树的根结点位置）的结点的关键字是整个集合中最大的，所以称它为最大堆（MaxHeap）。不失一般性，这里只介绍最小堆，最大堆的情况可仿照最小堆进行处理。

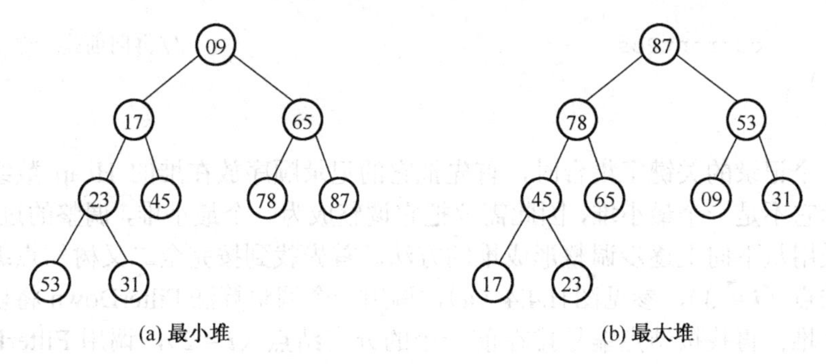

图 11.4.3　堆的例子

最小堆的类的声明如下：

```
template < class T > class  MinHeap:public MinPQ < T > //最小堆的类声明
{   public:
      MinHeap(int  maxSize);                              //构造函数：建立空堆
      MinHeap(T arr[ ],int  n);                           //构造函数
      ~ MinHeap(){ delate [ ] heap;}                      //析构函数
      const  MinHeap < T > & operator =(const MinHeap & R);//堆复制赋值
      int  Insert(const T & x);                           //将 x 插入到最小堆中
      int  RemoveMin(T & x);                              //删除堆顶上的最小元素
      int  IsEmpty()const { return  CurrentSize == 0;}
                                                //判堆空否？空则返回 1，否则返回 0
      int  IsFull()const { return  CurrentSize == MaxHeapSize;}
                                                //判堆满否？满则返回 1，否则返回 0
      void  MakeEmpty(){ CurrentSize == 0;}               //置空堆
    private:
      enum  { DefaultSize = 10;}
      T * heap;                                 //存放最小堆中元素的数组
      int  CurrentSize;                         //最小堆中当前元素个数，亦表示堆结尾
      int  MaxHeapSize;                         //最小堆最多允许元素个数
      void  FilterDown(int  i,int  m);          //从 i 到 m 自顶向下进行调整成为最小堆
      void  FilterUp(int i);                    //从 i 到 0 自底向上进行调整成为最小堆
};
```

2. 堆的建立

有两种方式建立最小堆：一种方式是通过第一个构造函数建立一个空堆，其大小通过动态存储分配得到；另一种方式是通过第二个构造函数复制一个记录数组并加以调整形成一个堆。

```
template < class T > class  MinHeap::MinHeap(int  maxSize)
{   MaxHeapSize = DefaultSize<maxSize?maxSize:DefaultSize;
                                                //按参数给定堆最大体积
    heap = new T[MaxHeapSize];                  //创建堆存储空间 heap[MaxHeapSize]
    CurrentSize = 0;                            //建立当前大小
};
template < class T > class  MinHeap::MinHeap(T arr[ ],int  n)
{   MaxHeapSize = DefaultSize<n ? n:DefaultSize;   //按参数给定堆最大值
    heap = new  T[MaxHeapSize];       //创建堆存储空间 heap[MaxHeapSize]
    heap = arr;
    CurrentSize = n;                  //复制堆数组，建立当前大小
    int currentPos = (CurrentSize-1)/2;  //寻找最初调整位置：最后的分支结点编号
    while(currentPos >= 0)               //自底向上逐步扩大形成堆
    {   FilterDown(currentPos,CurrentSize1);    //局部自上向下调整
```

```
        currentPos - -;                              //再向前换一个分支结点
    }
};
```

当给出一个记录的关键字集合时，首先把它的记录顺序放在堆的 Heap 数组中。最初数据的排列显示它不是一个最小堆，因此需要把它调整成为一个最小堆，调整的过程如图11.4.4所示。这里采用从下向上逐步调整形成堆的方法。首先找到按完全二叉树结点编号排在最后的那个分支结点（$i = 3$），参见图11.4.4（a），调用一个调整算法 FilterDown 将以它为根的子树调整为最小堆；再找按结点编号排在前一个的分支结点（$i = 2$），调用 FilterDown 算法将以它为根的子树调整为最小堆，参见图 11.4.4（b）；再找按结点编号又排在前一个的分支结点，执行同样的 FilterDown 算法对其进行调整，参见图 11.4.4（c）；此时根的左、右子树都已形成堆，调整之后整个子树形成最小堆；最后退到根结点，再调用一次 FilterDown 算法将整个树调整为最小堆，参见图11.4.4（d）和 11.4.4（e）。

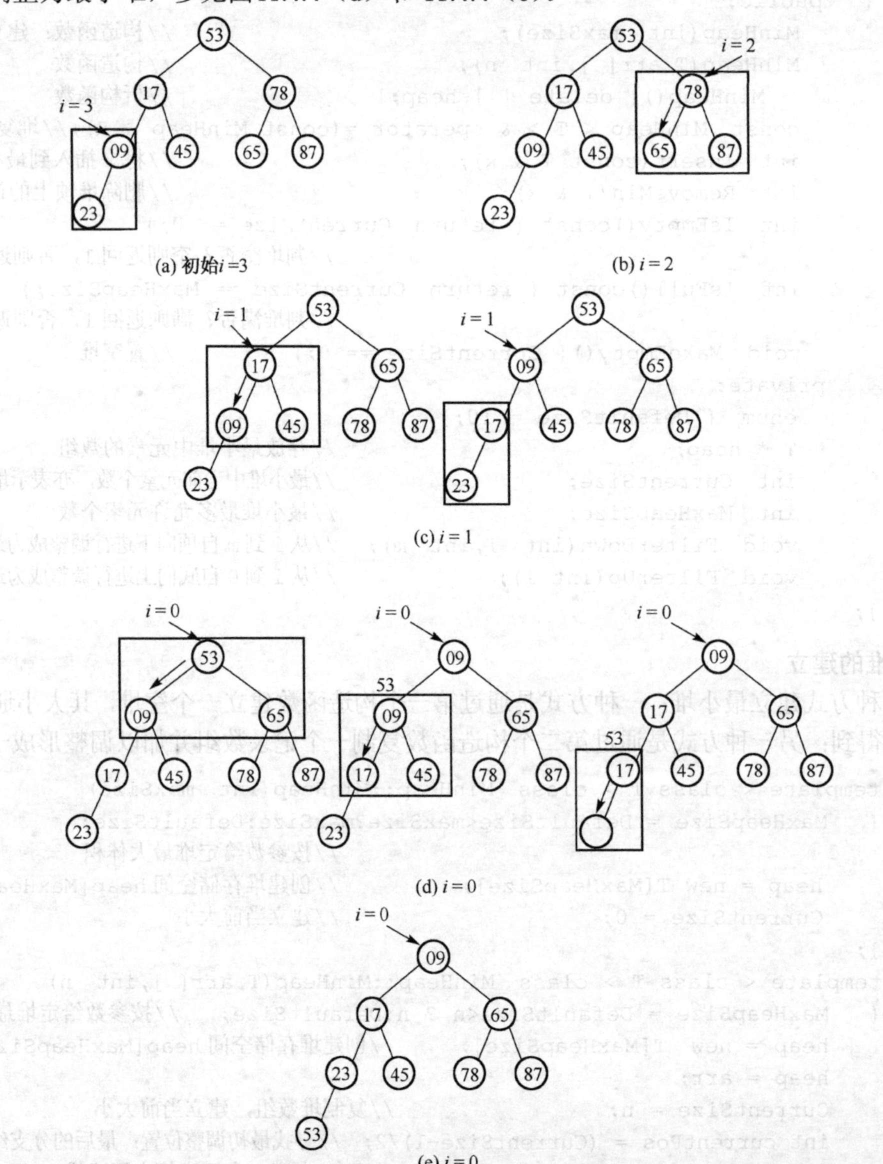

图 11.4.4　自下向上逐步调整为最小堆

FilterDown 算法基本思想如下：对有 m 个记录的集合 R，将它以完全二叉树的顺序存储。现在从某个记录结点 i 开始向下调整，如果结点 i 左孩子的关键字小于右孩子的关键字：$R[j].key < R[j+1].key$（$j = 2i + 1$），则沿结点 i 的左分支进行调整，否则沿结点 i 的右分支进行调整，j 表示参加调整的孩子。调整的方法是以 $R[i]$ 与 $R[j]$ 进行关键字比较：$R[i].key > R[j].key$，则两个结点对调位置，把关键字小的结点上浮。令 $i=j$，$j = 2i + 1$，继续向下一层进行比较；若 $R[i].key \leqslant R[j].key$ 则不对调，也不再向下一层继续比较，算法终止。最后结果是关键字最小的结点上浮到了堆顶，最小堆形成，参见图11.4.4（d）。

```
template < class T > class MinHeap::FilterDown(const  int  start,const  int
EndOfHeap)
{   //私有函数：从结点 start 开始到 EndOfHeap 为止，自上向下比较，如果孩子的值
    小于双亲结点的值，则相互交换，这样即可将一个集合局部调整为最小堆*/
    int  i = start, j = 2*i+1;      //j 是 i 的左孩子位置，暂存结点 i
    T temp = heap[i];

    while( j <= EndOfHeap )         //检查是否到最后位置
    { if(j < EndOfHeap && heap[j].key > heap[j+1].key)
          j++;                      //让 j 指向两个孩子中的小者
      if(temp.key <= heap[j].key) break;      //小者不做调整
      else                          //否则小者上移，i，j 下降
      {   heap[i] = heap[j];
          i = j;
          j = 2*i+1;
      }
    }
    heap[i] = temp;                 //temp 中暂存的元素放到合适的位置
}
```

3. 堆排序

堆排序（Heap Sort）只需要一个记录大小的辅助空间，每个待排序的记录仅占用一个存储空间。堆排序分为两个步骤：根据初始输入数据，利用堆的调整算法 FilterDown()形成初始堆；通过一系列的记录交换和重新调整堆进行排序。为了实现记录按关键字从小到大排序，要求建立最大堆，这只需将上述 FilterDown()算法稍作调整如下。

```
template<class T>class  MaxHeap::FilterDown(const  int  start,const  int
EndOfHeap)
{   /*私有函数：从结点 i 开始到 EndOfHeap 为止，自上向下比较，如果孩子的值小于
    双亲结点的值，则相互交换，这样即可将一个集合局部调整为最大堆*/
    int  current = i, child = 2*i+1;    //child 是 current 的左孩子位置
    T temp = list.Vector[i];            //暂存子树根结点
    while(child <= EndOfHeap)           //检查是否到最后位置
    {   if(child<EndOfHeap&&list.Vector[child].key>
                                        list.Vector[child+1].key)
            child ++;                   //让 child 指向两个孩子中的大者
        if(temp.key <= list.Vector[child].key) break;
                                        // temp 的关键字大则不做调整
        else                            //否则孩子中的大者上移
        {   list.Vector[current] = list.Vector[child];
```

```
            current = child;
            child = 2*child+1;       //current 下降到孩子位置
        }
    }
    list.Vector[current] = temp;          //temp 中暂存的元素放到合适的位置
}
```

如果建立的堆满足最大堆的条件，则堆的第一个记录 *V*[0]具有最大的关键字，将 *V*[0]与 *V*[*n*–1]对调，把具有最大关键字的记录交换到最后，再对前面的 *n*– 2 个记录进行操作，使用堆的调整算法 FilterDown(0，*n* – 2)，重新建立最大堆。结果具有次大关键字的记录又上浮到堆顶，即 *V*[0]位置，再对调 *V*[0]和 *V*[*n*–1]，最后得到全部排序好的记录序列。这个算法即为堆排序算法，其细节在下面的程序中给出。一个执行堆排序的例子如图11.4.5所示。

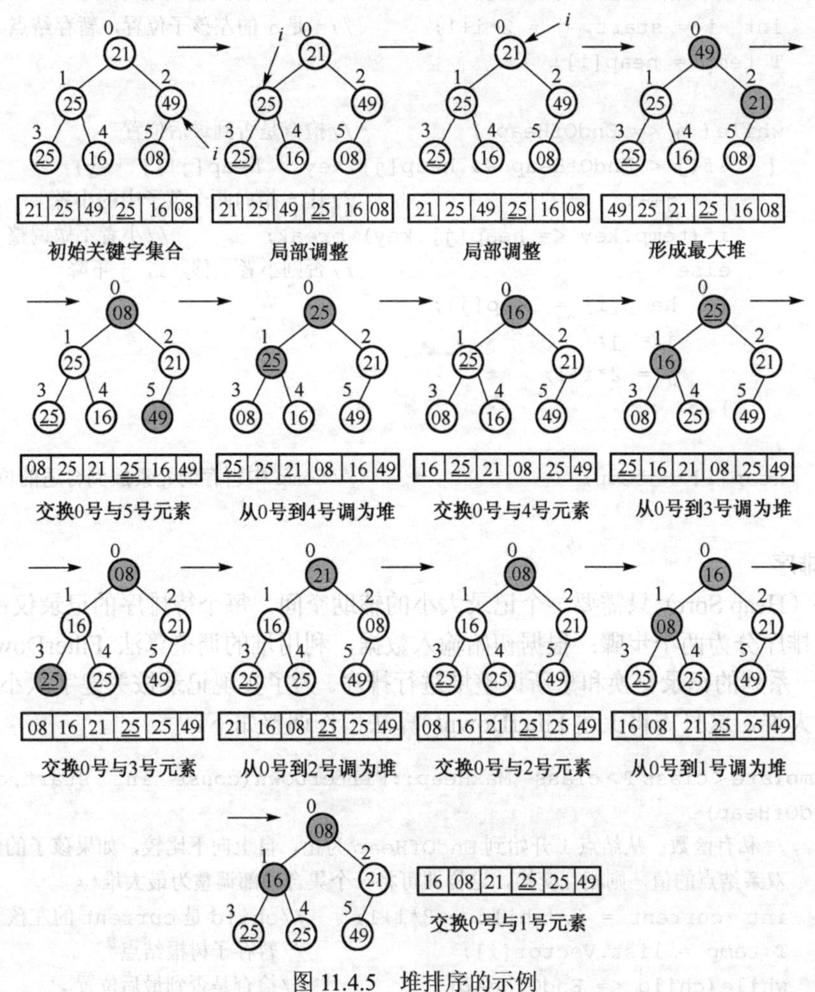

图 11.4.5　堆排序的示例

```
template < class T >
void  HeapSort(datalist < T > & list)
{    /*对表 list.Vector[0]到 list.Vector[n-1]进行排序，使得表中各个记录
     按其关键字非递减有序。n 为表中当前元素个数*/
     for(int i =(list.CurrentSize-2)/2;i >= 0;i- -)
        FilterDown( i, list.CurrentSize-1 );              //将表转换成堆
```

```
        for( i = list.CurrentSize-1;i >= 1;i- - )               //对表排序
        {   Swap(list.Vector[0],list.Vector[i]);                //交换
            FilterDown( 0,i-1 );                                //重建最大堆
        }
    }
```

若设堆中有 n 个结点，且 $2^{k-1} \leqslant n < 2^k$，则对应的完全二叉树有 k 层。在第 i 层上的结点数≤ 2^i（$i = 0, 1, \cdots, k-1$）。在第一个形成初始堆的 for 循环中对每一个非叶结点调用了一次堆调整算法 FilterDown()，因此该循环所用的计算时间为

$$2 \cdot \sum_{i=0}^{k-2} 2^i \cdot (k-i-1)$$

其中，i 是层号，2^i 是第 i 层的最大结点数，（$k-i-1$）是第 i 层结点能够移动的最大距离。

$$2 \cdot \sum_{i=0}^{k-2} 2^i \cdot (k-i-1) = 2 \cdot \sum_{j=1}^{k-1} 2^{k-j-1} \cdot j = 2 \cdot 2^{k-1} \sum_{j-1}^{k-1} \frac{j}{2^j} \le 2 \cdot n \sum_{j=1}^{k-1} \frac{j}{2^j} < 4n = O(n)$$

在第二个 for 循环中，调用了 $n-1$ 次 FilterDown( )算法，该循环的计算时间为 $O(n\log_2 n)$。因此，堆排序的时间复杂度为 $O(n\log_2 n)$。该算法的附加存储主要是在第二个 for 循环中用来执行记录交换时所用的一个临时记录，因此，该算法的空间复杂度为 $O(1)$。堆排序是一个不稳定的排序方法。

11.5 归并排序

11.5.1 归并

所谓归并就是将两个或两个以上的有序表合并成一个新的有序表。如图 11.5.1 所示，在记录序列 initList 中有两个已经排好序的有序表 $V[1] \cdots V[m]$和 $V[m+1] \cdots V[n]$，在图中给出的是它们的关键字。它们可以归并成为一个有序表，并存放于另一个记录序列 mergedList 的 $V[1] \cdots V[n]$中。

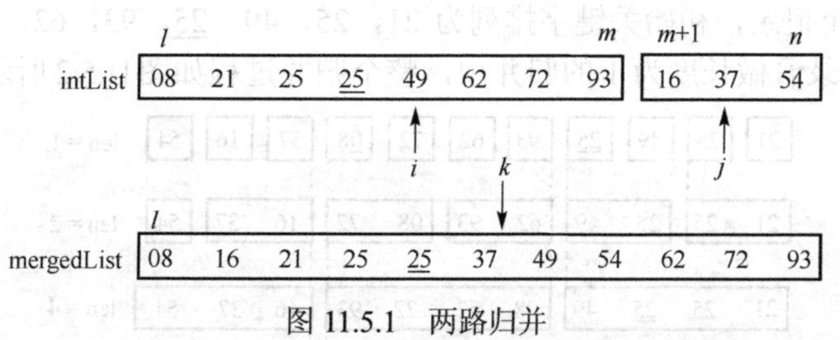

图 11.5.1　两路归并

这种归并方法称为两路归并。其基本思想如下：设两个有序表 A 和 B 的记录个数（表长）分别为 al 和 bl，变量 i 和 j 分别是表 A 和 B 的当前检测指针。设表 C 是归并后的新有序表，变量 k 是它的当前存放指针。当 i 和 j 都在两个表的表长内变化时，根据 $A[i]$和 $B[j]$的关键字的大小，依次把关键字小的记录排放到新表 $C[k]$中；当 i 与 j 中有一个已经超出表长时，将另一个表中的剩余部分照抄到新表 $C[k]$中。

下面给出两路归并的算法。算法中两个待归并的有序表都在数组 initList.Vector 中，其中，第一个表的下标范围是从 1 到 m，另一个表的下标范围是从 $m+1$ 到 n。前一个表中有 $m-l+1$ 个记录，后一个表有 $n-m$ 个记录，两个表的长度不一定相同。归并后得到的新有序表存放在另一个辅助数组 mergedList. Vector 中，其下标范围从 1 到 n。

```
template < class T >
void merge(datalist < T > & initlist, datalist < T > & mergedlist,
                              const int l,const int m, const int n )
{   //initList.Vector[l…m]与initList.Vector[m+1…n]是两个有序表,
    //将这两个有序表归并成一个有序表mergedList.Vector[l…n]
    int i = l, j = m+1, k = l;      //i、j是两个表的检测指针，k是存放指针
    while( i <= m && j <= n )
    if(initList.Vector[i].getKey()<= initList.Vector[j].getKey())
    {   mergedList.Vector[k] = initList.Vector[i];
        i ++; k ++;
    }
    else
    {   mergedList.Vector[k] = initList.Vector[j];
        j ++; k ++;
    }
    if( i <= m )
        for(int n1 = k,n2 = i; n1<=n && n2<=n; n1++,n2++)
              mergedList.Vector[n1] = initList.Vector[n2];
    else
        for(int n1 = k,n2 = j; n1<=n && n2<=n; n1++,n2++)
            mergedList.Vector[n1] = initList.Vector[n2];
}
```

11.5.2 迭代的归并排序算法

迭代的归并排序算法就是利用两路归并过程进行排序。其基本思想如下：假设初始记录序列有 n 个记录，首先把它看做 n 个长度为 *1* 的有序子序列（以后称它们为归并项），先做两两归并，得到 $\lceil n/2 \rceil$ 个长度为 2 的归并项（如果 n 为奇数，则最后一个有序子序列的长度为 1）；再做两两归并，……，如此重复，最后得到一个长度为 n 的有序序列。

例如，有 11 个记录，初始关键字排列为 21，25，49，25，93，62，72，08，37，16，54。先把每一个记录看做长度为 1 的归并项，整个归并过程如图11.5.2所示。

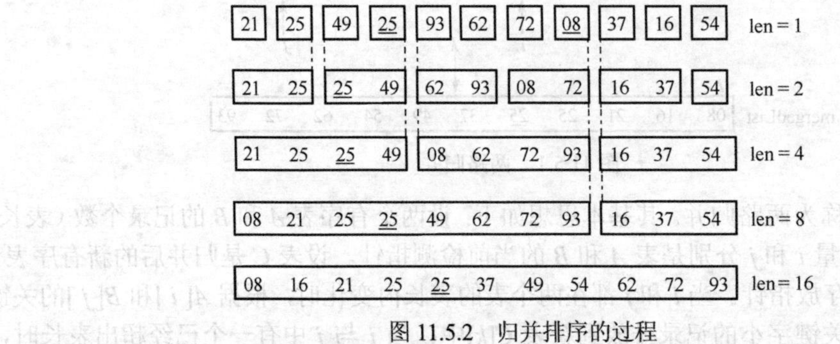

图 11.5.2　归并排序的过程

下面考察一趟归并排序的情形。设此时数组 initList. Vector[0]到 initList. Vector[n−1]中的 n 个记录已经分为一些长度为 len 的归并项，要求将这些归并项两两归并，归并成一些长度为 2len 的归并项，并把结果放置到辅助数组 mergedList. Vector 中。如果 n 不是 2len 的整数倍，则一趟归并到最后，可能遇到以下两种情形：

1）剩下一个长度为 len 的归并项和另一个长度不足 len 的归并项，此时可以再用一次

merge 算法，将它们归并成一个长度小于 2len 的归并项。

2）只剩下一个归并项，其长度小于或等于 len，由于没有另一个归并项可以与它归并，因此可将它直接照抄到辅助 mergedList. Vector 中，准备参加下一趟归并。

一趟归并的算法可参看下面给出的程序。

```
    template < class T >
    void  MergePass(datalist < T > & initlist,datalist < T > & mergedlist,const
int  len)
    {   /*一趟归并排序。将表 initlist 中两个长度为 len 的有序子表（归并项）进行归并，
         结果放在表的 mergedlist 相同位置*/
         int  i = 0;
        while(i+2*len <= initlist.CurrentSize-1)
        {   merge( initlist, mergedlist, i, i+len-1, i+2*len-1 );
            i + = 2*len; //对长度为 len 的子表两两归并，直到表中剩余元素个数不足 2*len 为止
        }
        if(i+len <= initlist.CurrentSize-1)
            merge(initlist,mergedlist,i,i+len-1,lnitlist.CurrentSize-1);
                 //若仍有一个长度为 len 的子表，则再做一次归并，后一子表的长度不足 len
        else                                                //若不能做归并，则复制
            for( int j=i; j <= initlist.CurrentSize-1; j++ )
                mergedList.Vector[j] = initList.Vector[j];
    }
```

利用一趟归并的算法，立刻可以得到（两路）归并排序算法。

两路归并需要做许多趟。第一趟令归并项的长度为 len = 1，以后每执行一趟后将 len 加倍。原始记录序列放在数组 initList. Vector[ ]中，利用辅助数组 mergedList. Vector[ ]存放第一趟归并的结果。第二趟将 mergedList. Vector[ ]中的归并项两两归并，归并结果放回原数组 initList. Vector[ ]中。如此反复进行。为了将最后的归并结果仍放在数组 initList. Vector[ ]中，归并趟数应为偶数。当做奇数趟就能完成时，最后需要执行一次 MergePass( )过程，只是此时的归并项长度 len > n，在一趟归并中 while 循环不执行，只做从 mergedList. Vector[ ]到 initList. Vector[ ]的数据传送工作。

```
   template < class T >
   void MergeSort(datalist < T > &list)
   { //按记录关键字非递减的顺序对表 list 中的记录进行排序
       datalist  < T > & tempList(list.MaxSize);
       int  len = 1;
       while(len < list.CureentSize)                    //归并排序
       {   MergePass(list,tempList,len);len * = 2;//一趟两路归并后归并项长度加倍
           MergePass(tempList,list,len);len * = 2;
       }
       delete [ ] tempList;
   }
```

在迭代的归并排序算法中，函数 MergePass( )做一趟两路归并排序，要调用 merge( )函数$\lceil n/(2*\text{len})\rceil \approx O(n/\text{len})$次，而函数 MergeSort( )调用 MergePass()正好$\lceil \log_2 n\rceil$次，而每次 merge( )要执行比较 $O(\text{len})$次，所以算法总的时间复杂度为 $O(n\log_2 n)$。此外，归并排序占用附加存储较多，还需要另外一个与原待排序记录数组同样大小的辅助数组，这是该算法的

缺点。归并排序是一个稳定的排序方法。

11.6 基数排序

基数排序与前面几种排序方法都不同，前面所介绍的排序方法都是建立在对记录关键字进行比较的基础上的，而基数排序是“分配”与“收集”的方法，用对多关键字进行排序的思想实现对单关键字的排序。

11.6.1 多关键字排序

以扑克牌为例。每张扑克牌具有两个属性：花色（假设梅花 < 方块 < 红心 < 黑桃）和面值（2 <3 < … < 10 < J < Q < K < A），且花色的地位高于面值，一副扑克排序后为

梅花 2，…，梅花 A，…，方块 2，…，方块 A，红心 2，…，红心 A，黑桃 2，…，黑桃 A

对这种具有两个关键字部分的记录进行排序，有两种可选方案：一是先将牌按花色分成 4 组，然后将每堆按面值从小到大排序，最后按花色从小到大叠在一起；二是将牌按面值大小分成 13 组，然后从小到大收集起来，再按花色分成 4 组，最后顺序地收集起来。

一般情况下，假设文件 F 有 n 个记录

$$F = (R_0,\ R_1,\ \cdots,\ R_n)$$

且每个记录 R_i 的关键字中含有 d 个部分（$k_i^0,\ k_i^1,\ \cdots,\ k_i^{d-1}$），则文件 F 对关键字（$k_i^0,\ k_i^1,\ \cdots,\ k_i^{d-1}$）有序是指，文件中任意两个记录 R_i 和 R_j（$0 \leqslant i \leqslant j \leqslant n-1$）满足词典次序有序关系

$$(k_i^0,\ k_i^1,\ \cdots,\ k_i^{d-1}) < (k_j^0,\ k_j^1,\ \cdots,\ k_j^{d-1})$$

其中，k^0 称为**最高关键字**，k^{d-1} 称为**最低关键字**。实现多关键字排序，有两种方法：第一种是先对最高关键字 k^0 排序，将文件分成若干组，每组中的记录都具有相同的 k^0，然后分别就每组对关键字 k^1 排序，分成若干组，如此重复，直到对 k^{d-1} 排序，最后将各组按次序叠在一起成为一个有序文件。这种文件称为**高位优先法**（MSD）；第二种是从最低位关键字 k^{d-1} 起排序，再对高一位关键字 k^{d-2} 排序，如此重复，直到对 k^0 排序后成为一个有序文件，这种方法称为**低位优先法**（LSD）。

低位优先法比高位优先法简单，高位优先排序必须将文件逐层分割成若干子文件，然后各子文件独立排序；低位优先排序不必分成子文件，每个关键字都是整个文件参加排序，且可通过若干次“分配”和“收集”实现排序。下面将介绍的基数排序就是用关键字低位优先法的思想对关键字进行分解后排序的一种方法。

11.6.2 链式基数排序

首先把每个关键字看做一个 d 元组：

$$K_i = (K_i^0,\ K_i^1,\ \cdots,\ K_i^{d-1})$$

其中，每个 K_i 都是集合$\{C_0,\ C_1,\ \cdots,\ C_{r-1}\}$（$C_0 < C_1 < \cdots < C_{r-1}$）中的值，即 $C_0 \leqslant K_i^j \leqslant C_{r-1}$（$0 \leqslant i \leqslant n-1,\ 0 \leqslant j \leqslant d-1$），其中 r 为**基数**。排序时先按 K_i^{d-1} 从小到大将记录分配到 r 个组中，然后依次收集，再按 K_i^{d-2} 分配到 r 个组中，如此反复，直到对 K_i^0 分配、收集，得到的便是排好序的序列。排序时，为了实现记录的分配和收集，可以设 r 个队列，各个队列均采用链式队列结构。排序前为空队列，分配时将记录插入到各自的队列中，收集时将在

队列中的记录排在一起。

例如，初始序列为 36，5，16，98，95，47，32，<u>36</u>，48，10，用链式基数排序法排序，如图11.6.1 所示。

各个队列都采用链式队列结构，分配到同一队列的关键字有链接指针链接起来。每一个队列设置两个队列指针：一个指示队头（第一个进入此队列的关键字），记为 int f[radix]；另一个指示队尾（最后一个进入此队列的关键字），记为 int e[radix]。

下面是基数排序的算法。设待排序的记录为 list. Vector[1]到 list. Vector[n]，按 d 个关键字 key[0]，…，key[d–1]进行排序，这个表是一个静态链表，每个记录具有一个 link 域，表的长度为 n，每个记录的关键字域用一个数组 key[d]表示，取值范围 $0 \leqslant$ key[i] $\leqslant$ radix，其中 radix 是基数。对各关键字的排序采用箱排序，每个箱采用链式队列组织，队列里的记录通过 link 域链接成一个单链表，每一个队列有两个指针 f[i]和 e [i]，分别指示第 i 个队列的第一个记录和最后一个记录（$0 \leqslant i \leqslant$radix）。在算法中，为使描述清晰，假设程序能够直接访问表的 Vector 域。排序结果的记录链的链头在 list. Vector[0]. link 中。

```
template < class T >
void  RadixSort(staticlilist < T > &list,int  d,int  radix)
{   int  rear[radix],front[radix];          //radix 个队列的尾指针与头指针
    for(int  i = 0; i < list.CurrentSize; i++)
        list.Vector[list.CurrentSize].link = i+1;
    list.Vector[list.CurrentSize].link = 0;      //静态链表初始化
    int  current = 1;
    for(int  i = d-1;i >= 0;i- -) //按关键字 key[i]排序，i = d -1，d -2，…，0
    {   for( int  j = 0; j < radix; j++ )
            front[j] = 0;          //将各项初始化为空队
        while(current != 0)        //将 n 个记录分配到 radix 个队列中
        {   int  k=list.Vector[current].key[i]; //取当前检测对象的第 i 个关键字
            if(front[k]==0) front[k]=current;  //第 k 个队列空，该对象成为队头
            else  list.Vector[rear[k]].link = current;
                                                //不空，队尾结点链域指向它
            rear[k] = current;                 //该记录成为新的队尾
            current = list.Vector[current].link;
            }
    }
    j = 0;
    while(front[k] == 0)         j++;        //依次从各个队列中把记录取出并拉链
    list.Vector[0].link = current = front[j];  //寻找第一个非空队列
    int  last = rear[k];                       //新链表的链头和链尾
    for( k=0; k<radix; k++ )                   //连接其余的队列
        if( front[k] )                         //队列非空
        {   list.Vector[last].link = front[k]; //队尾结点的链域链接到它
            last = rear [ k ];
        }
    list.Vector[last].link = 0;                //新链表表尾
}
```

在此算法中，对于有 n 个记录的链表，每趟进行“分配”的 while 循环需要执行 n 次，把 n 个记录分配到 radix 个队列中。进行“收集”的 for 循环需要执行 radix 次，从各个队列

中把记录收集起来按顺序链接。若每个关键字有 d 位，则需要重复执行 d 趟“分配”与“收集”，所以总的时间复杂度为 $O(d(n + \text{radix}))$。若基数 radix 相同，对于记录个数较多而关键字位数较少的情况，使用链式基数需要增加 n + 2radix 个附加链接指针，它是稳定的排序方法。

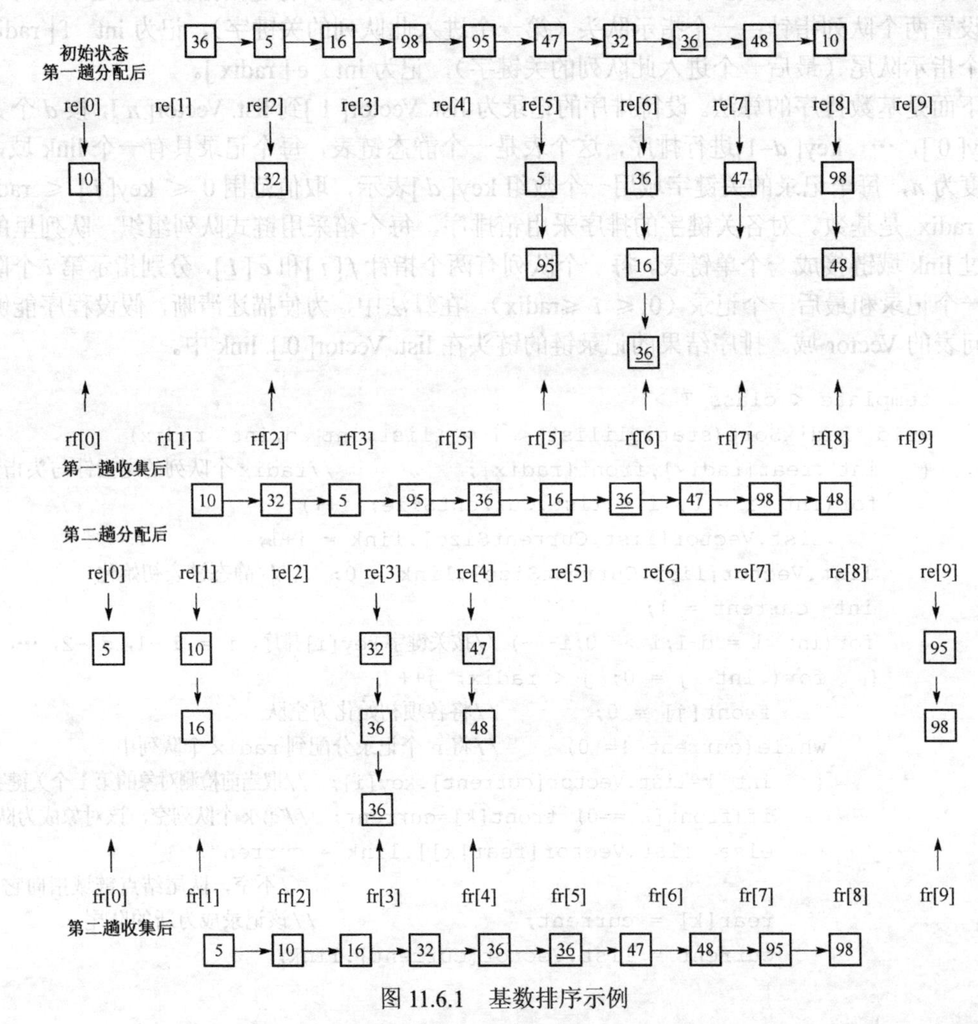

图 11.6.1 基数排序示例

11.7 本章小结

本章介绍的基本内容包括插入排序、选择排序、快速排序、归并排序、基数排序。

插入排序：每步将一个待排序的对象，按其关键字大小插入到前面已经排好序的一组对象的适当位置上，直到对象全部插入为止。

快速排序：基于冒泡排序的方法。

选择排序：每一趟在 $n-i+1$（i=1，2，…，n–1）个记录中选取关键字最小的记录作为有序序列中的第 i 个记录。

归并排序（如 2-路归并排序）：设初始序列含有 n 个记录，则可看做 n 个有序的子序列，每个子序列长度为 1；两两合并，得到 $\lfloor n/2 \rfloor$ 个长度为 2 或 1 的有序子序列；再两两合并……如此重复，直至得到一个长度为 n 的有序序列为止。

基数排序：“分配”与“收集”的方法，用对多关键字进行排序的思想实现对单关键字的排序。

习　题 11

11.1　什么是内排序？什么是外排序？什么排序方法是稳定的？什么排序方法是不稳定的？

11.2　初始关键字序列为{503，017，512，061，908，170，897，275，653，426，154，509，612，677，765，703}，分别写出直接插入排序、希尔排序（增量 $d[1]=8$）、快速排序、堆排序、归并排序和基数排序的各趟运行结果。

11.3　在起泡排序过程中，有的关键字在某一次起泡中可能朝着与最终排序相反的方向移动，试举例说明。

11.4　按锦标赛排序的思想，得到八名运动员之间的名次排列，至少需安排多少场比赛（应考虑最坏的情况）？

11.5　编写非递归的快速排序算法。

11.6　判别以下序列是否为堆（最大堆或最小堆）？如果不是，则把它调整为堆（要求记录交换次数为最少）。

（1）（100，86，48，73，35，39，42，57，66，21）；

（2）（12，70，33，65，24，56，48，92，86，33）；

（3）（103，97，56，38，66，23，42，12，30，52，06，20）；

（4）（05，56，20，23，40，38，29，61，35，76，28，100）；

11.7　已知 k_1，k_2，…，k_n 是堆，试写一算法将 k_1，k_2，…，k_n，k_{n+1} 调整为堆。用此思想写一个从空堆开始，一个一个填入元素的建堆算法。

11.8　分别利用折半插入排序法和 2-路归并排序法对含 4 个记录的序列进行排序，画出描述该排序过程的判定树，并比较它们所需进行的关键字间的比较次数的最大值。

11.9　在基数排序的方法中，在什么条件下 MSD 法比 LSD 法效率更高？

11.10　比较本章所给出的各种排序算法的时间代价和辅助空间代价，并指出各种方法的特点。

实验训练题 11

1．运行下列程序。该程序能够实现直接插入排序、希尔排序、简单选择排序、冒泡排序和快速排序，并用测试函数对其进行测试。

算法设计：根据题目要求，设计 5 个排序函数，实现各种排序功能。

（1）直接插入排序函数 InsSort()：设计思想，首先令排序表中的第 1 个记录有序，然后将第 2 个记录插入到有序表中合适位置，有序表就增加为两个元素；再将第 3 个记录插入到有序表中的合适位置，以此类推，直到表中元素全部有序。

（2）希尔排序函数 ShellSort()：设计思想，取一个整数 d，将全部记录 n 分为 d 个子序列，将所有距离为 d 的记录放在同一个子序列中；在每个子序列内分别使用直接插入排序；缩小间隔 d，重复上述子序列划分和排序，直到最后取 $d==1$，将所有记录放在同一个序列中进行排序为止。

（3）简单选择排序函数 SelectSort()：首先在所有的记录中选出关键字最小的记录，把它与第一个记录交换，然后在其余的记录中再选出关键字最小的记录，与第二个记录交换，以此类推，直到所有记录排序完成。

（4）冒泡排序函数 BubbleSort()：设计思想如 11.3 节所述。

（5）快速排序函数 QuickSort（int low，int high）：设计思想如 11.3 节所述。

```
#include <iostream>
using namespace std;
#define MaxSize 100
typedef int DataType;
class SeqList
{   DataType list[MaxSize];
    int length;
  public:
    SeqList(){length = 0;}
    void SLCreat(int n);                           //创建顺序表
    void InsSort();                                //直接插入排序
    void ShellSort();                              //希尔排序
    void SelectSort();                             //简单选择排序
    void BubbleSort();                             //冒泡排序
    void QuickSort();                              //快速排序
    void QuickSort(int low,int high);              //快速排序
    int partition(int i,int j);
    void SLPrint();                                //将顺序表显示在屏幕上
};
void SeqList::SLCreat(int n);                      //创建顺序表
{   DataType x;
    length = 0;
    cout <<"请输入数据元素值: ";
    for(int i = 0;i < n;i++)
    {   cin >> x;
        list[i] = x;
        length++;
    }
}
void SeqList::InsSort()                            //直接插入排序
{   SLCreat(5);
    DataType x;
    int i, j;
    for(i = 0;i < length;i++)
    {   x = list[i];
        for( j = i-1; j>=0; j-- )
            if( x<list[j] ) list[j+1] = list[j];
            else    break;
        list[j+1] = x;
    }
    cout <<"直接插入排序结果:";
    SLPrint();
}
void SeqList::ShellSort()                          //希尔排序
{   SLCreat(5);
    DataType x;
    int i,j,d,n;
    n = length;
```

```
    for(d = n/2;d >= 1;d/= 2)    //按不同分量进行排序
    {   for(i = d;i < n;i++)     //将 list[i]元素直接插入到对应分组的有序表中
        {   x = list[i];
            for(j = i-d;j >= 0;j-= d)
            {   if( x<list[j] ) list[j+d] = list[j];
                else   break;
            }
            list[j+d] = x;
        }
    }
    cout <<"希尔排序结果:";
    SLPrint();
}
void SeqList::SelectSort()           //简单选择排序
{   SLCreat(5);
    DataType x;
    int i,j,k;
    for( i=0; i<length; i++ )
    {   k = i;        //保存当前得到的最小排序码元素的下标，初值为 i
        for( j = i+1; j<length; j++ )
                      //从当前排序区间中顺序查找出具有最小排序码的元素 list[k]
            if( list[j]<list[k] )  k = j;
        if( k!=i )  //把 list[k]对调到该排序区间的第一个位置
        {   x = list[i];
            list[i] = list[k];
            list[k] = x;
        }
    }
    cout <<"简单选择排序结果: ";
    SLPrint();
}
void SeqList::BubbleSort()      //冒泡排序
{   SLCreat(5);
    DataType x;
    int i, j, flag;
    for( i=1; i<length-1; i++ )
    {   flag = 0;
        for( j=length-1; j>=i; j-- )
        if( list[j]<list[j-1] )
        {   x = list[j-1];
            list[j-1] = list[j];
            list[j] = x;
            flag = 1;
        }
        if(flag == 0)   return;
    }
    cout <<"冒泡排序结果:";
    SLPrint();
```

```
}
void SeqList::QuickSort()                        //快速排序
{   SLCreat(5);
    QuickSort(0,4);
    cout <<"快速排序结果:";
    SLPrint();
}
void SeqList::QuickSort(int low, int high) //快速排序
{   int pos;
    if(low < high)
    {   pos = partition(low, high);
        QuickSort(low, pos-1);
        QuickSort(pos+1, high);
    }
}
int SeqList::partition(int i, int j)
{   DataType pivotkey;
    pivotkey = list[i];
    while(i < j)
    {   while(i < j&&list[j] >= pivotkey) --j;
        if(i < j)list[i++] = list[j];
        while(i < j&&list[i] <= pivotkey) ++i;
        if(i < j)list[j--] = list[i];
    }
    list[i] = pivotkey;
    return i;
}
void SeqList::SLPrint()                              //将顺序表显示在屏幕上
{   for( int i=0; i<length; i++ )
        cout << list[i] <<"";
    cout << endl;
}
int main()
{   SeqList myList1, myList2, myList3, myList4, myList5;
    int ch, flag = 1;
    while( flag )
    {   cout << endl;
        cout <<"1. 直接插入排序\n";
        cout <<"2. 希尔排序\n";
        cout <<"3. 简单选择排序\n";
        cout <<"4. 冒泡排序\n";
        cout <<"5. 快速排序\n";
        cout <<"6. 退出\n";
        cout <<"请选择(1-6):";
        cin >> ch;
        switch(ch)
        {   case 1:     myList1.InsSort();break;
            case 2:     myList2.ShellSort();break;
```

```
            case 3:     myList3.SelectSort();break;
            case 4:     myList4.BubbleSort();break;
            case 5:     myList5.QuickSort();break;
            case 6:     flag = 0;break;
        }
    }
    return 0;
}
```

2．设计一个算法，在单链表存储结构上实现冒泡排序。

3．假设有 100 个关键字互不相同的值为 1～1000 的整数的数据元素序列。试设计一种排序方法，要求不进行关键字比较，用尽可能少的移动次数实现排序，并进行测试。

4．学生的考试成绩表由学生的学号、姓名和成绩组成，设计一个程序，对给定的 n 个学生信息实现以下操作。

（1）按分数高低次序，打印出每个学生在考试中的排名，分数相同的为同一名次，同一名次的学生按学号从小到大排列。

（2）按照名次列出每个学生的名次、学号、姓名和成绩。

5．输入若干个国家的名称，请按照字母顺序对这些国名进行排序（所有名称大写或小写）。

6．给定 n 个记录的有序序列 $A[n]$和 m 个记录的有序序列 $B[m]$，将它们归并为一个有序序列，存放在 $C[m+n]$中，试写出这一算法。

参 考 文 献

[1] 谭浩强. C++面向对象程序设计. 北京：清华大学出版社，2006.

[2] 王燕. 面向对象的理论与C++实践. 北京：清华大学出版社，1997.

[3] 郑莉，董渊. C＋＋语言程序设计. 2版. 北京：清华大学出版，2001.

[4] 罗建军. C/C++语言程序设计案例教程. 北京：清华大学出版，2010.

[5] E. Balagurusamy，高峰. C++面向对象程序设计. 4版. 北京：清华大学出版社，2010.

[6] Nell DaleChip Weeme. C++程序设计. 3版. 北京：高等教育出版社，2009.

[7] 吴国风，宣善立. C/C++程序设计. 2版. 北京：高等教育出版社，2010.

[8] 严蔚敏，吴伟民. 数据结构. 北京：北京理工大学出版社，2004.

[9] 殷人昆，陶永雷，谢若阳，等. 数据结构. 北京：清华大学出版社，2005.

[10] 沈晴霓，聂青，苏京霞. 现代程序设计：C++与数据结构面向对象的方法与实现. 北京：北京理工大学出版社，2002.

[11] 高飞，聂青，李慧芳，等. C++与数据结构. 北京：北京理工大学出版社，2006.

[12] 苏京霞，高飞. C++与数据结构实验教程. 北京：北京理工大学出版社，2006.

反侵权盗版声明

举报电话：（010）88254396；（010）88258888
传　　真：（010）88254397
E-mail：dbqq@phei.com.cn
通信地址：北京市海淀区万寿路 173 信箱
　　　　　电子工业出版社总编办公室
邮　　编：100036